Leitfäden und Monographien
der Informatik

G. Bolch
Leistungsbewertung von Rechensystemen
mittels analytischer Warteschlangenmodelle

Leitfäden und Monographien der Informatik

Herausgegeben von

Prof. Dr. Hans-Jürgen Appelrath, Oldenburg
Prof. Dr. Volker Claus, Oldenburg
Prof. Dr. Günter Hotz, Saarbrücken
Prof. Dr. Klaus Waldschmidt, Frankfurt

Die Leitfäden und Monographien behandeln Themen aus der Theoretischen, Praktischen und Technischen Informatik entsprechend dem aktuellen Stand der Wissenschaft. Besonderer Wert wird auf eine systematische und fundierte Darstellung des jeweiligen Gebietes gelegt. Die Bücher dieser Reihe sind einerseits als Grundlage und Ergänzung zu Vorlesungen der Informatik und andererseits als Standardwerke für die selbständige Einarbeitung in umfassende Themenbereiche der Informatik konzipiert. Sie sprechen vorwiegend Studierende und Lehrende in Informatik-Studiengängen an Hochschulen an, dienen aber auch in Wirtschaft, Industrie und Verwaltung tätigen Informatikern zur Fortbildung im Zuge der fortschreitenden Wissenschaft.

Leistungsbewertung von Rechensystemen

mittels analytischer Warteschlangenmodelle

Von Dr.-Ing. Gunter Bolch
unter Mitwirkung von Dipl.-Inf. Helmut Riedel
Universität Erlangen-Nürnberg

Mit zahlreichen Abbildungen und Aufgaben

 B. G. Teubner Stuttgart 1989

Dr.-Ing. Gunter Bolch

Geboren 1940 in Westhausen/Württ. Studium der Nachrichtentechnik an den Technischen Universitäten Karlsruhe und Berlin. Ab 1967 wiss. Assistent am Institut für Regelungstechnik der TU Karlsruhe, 1973 Promotion über Identifikation linearer Systeme mit Momentenmethoden. Ab 1973 Akademischer Rat und seit 1982 Akademischer Direktor am Lehrstuhl für Betriebssysteme der Friedrich-Alexander-Universität Erlangen-Nürnberg. Lehr- und Forschungstätigkeit auf den Gebieten Analytische Modellbildung von Rechensystemen und Prozeßautomatisierung. Mitarbeit bei mehreren Multiprozessorprojekten. Von 1977 bis 1979 Gastprofessur am Departamento de Informática der Pontifícia Universidade Católica (PUC) von Rio de Janeiro. 1986 und 1987 kürzere Forschungs- und Lehraufenthalte am Mathematischen Institut der Akademie der Wissenschaften der Universität Minsk/UdSSR und wieder an der PUC in Rio de Janeiro.

Dipl.-Inf. Helmut Riedel

Geboren 1958 in Fürth. Studium der Informatik an der Friedrich-Alexander-Universität Erlangen-Nürnberg mit Schwerpunkt Kommunikationssysteme und Analytische Modellbildung von Rechensystemen. Diplomarbeit: Analytische Methoden zur Leistungsbewertung von Rechensystemen, 1988/89 wiss. Mitarbeiter am Lehrstuhl für Betriebssysteme.

CIP-Titelaufnahme der Deutschen Bibliothek

Bolch, Gunter:
Leistungsbewertung von Rechensystemen mittels analytischer
Warteschlangenmodelle / von Gunter Bolch. Unter Mitw. von
Helmut Riedel. – Stuttgart : Teubner, 1989
  (Leitfäden und Monographien der Informatik)
ISBN 978-3-519-02279-4   ISBN 978-3-322-96667-4 (eBook)
DOI 10.1007/978-3-322-96667-4

Gesamtherstellung: Zechnersche Buchdruckerei GmbH, Speyer
Umschlaggestaltung: M. Koch, Reutlingen

Vorwort

Ein wichtiges Kriterium zur Beurteilung moderner Rechnersysteme und -netzwerke ist neben der Zuverlässigkeit und Benutzerfreundlichkeit vor allem die Leistung (Performance). Leistungsgrößen aus Anwendersicht sind z.B. die Antwortzeit und die Bearbeitungszeit bestimmter Aufgaben, aus Betreibersicht der Durchsatz und die Auslastung der einzelnen Rechnerkomponenten. Leistungsbewertung wird im wesentlichen beim Entwurf, bei der Auswahl und beim Tuning von Rechensystemen durchgeführt:

- Durch Vorhersage der Leistungsfähigkeit noch nicht bestehender Systeme können neuartige Konzepte und Strukturen untersucht werden.

- Durch Ermittlung der Leistung bereits vorhandener Rechenanlagen kann der Anwender die für seine Zwecke geeignetste auswählen.

- Durch Erkennen und Beseitigen systeminterner Engpässe kann man gezielte Maßnahmen zur Leistungssteigerung durchführen.

Zur Leistungsbewertung werden Meßmethoden und Modellbildungstechniken eingesetzt. Für die Modellbildung von Rechensystemen sind dabei Warteschlangenmodelle, speziell Warteschlangennetze, die mit Hilfe analytischer Methoden oder simulativ untersucht werden können, besonders geeignet.

Dieses Buch, das eine vollständige Neubearbeitung des 1982 in diesem Verlag erschienenen Buches „Analyse von Rechensystemen" ist, befaßt sich mit der in ihrer Anwendung einfachsten und billigsten dieser Methoden — der analytischen Modellbildung. Messungen erfordern teure Meßapparaturen oder Eingriffe ins Systemprogramm und können nur bei existierenden Systemen angewendet werden. Simulationen sind sehr zeitaufwendig und damit auch teuer. Aus diesem Grund soll man immer versuchen analytische Modellbildung zur Leistungsbewertung einzusetzen.

Ziel des Buches ist es, dem Leser einen leichten Einstieg in das Gebiet der Leistungsbewertung von Rechensystemen auf der Basis analytischer Warteschlangenmodelle zu ermöglichen. Dazu werden nach einer allgemeinen Einführung in die Warteschlangentheorie und einer Übersicht über die Modellbildungsprozedur alle wichtigen Methoden systematisch behandelt, und ihre Anwendung anhand von Beispielen ausführlich erläutert. Das umfangreiche und aktuelle Literaturverzeichnis ermöglicht eine weitere Vertiefung in spezielle Problembereiche.

Die meisten der behandelten Verfahren sind im Rahmen von Studien- und Diplomarbeiten implementiert worden und stehen unter einer einheitlichen Benutzerschnittstelle im Programmsystem PEPSY (Performance Evaluation and Prediction SYstem) zur Verfügung (siehe Kap. 10). PEPSY war vor allem für die Erstellung der vielen Beispiele und Aufgaben eine große Hilfe. Es eignet sich gut als Ergänzung zum vorliegenden Buch. Interessenten können sich an den Autor wenden.

Das Buch ist aus einer Vorlesung und mehreren Seminaren entstanden und hat viel von Anregungen der Teilnehmer dieser Lehrveranstaltungen profitiert. Es wendet sich besonders an Informatikstudenten höherer Semester, aber auch an Fachleute aus der Industrie, die sich mit dem Entwurf und der Bewertung von Rechensystemen befassen. Grundkenntnisse in der Wahrscheinlichkeitstheorie und Informatik werden vorausgesetzt.

An dieser Stelle sei allen gedankt, die zum Entstehen des Buches beigetragen haben. Ohne die maßgebliche Hilfe von Herrn Dipl.-Inf. Helmut Riedel hätte das Buch nicht zum jetzigen Zeitpunkt und nicht in der vorliegenden Form entstehen können. Er hat nicht nur die Ausarbeitung der meisten Kapitel übernommen, sondern auch bei der Überarbeitung des Textes und bei der Erstellung des Manuskripts entscheidend mitgewirkt. Die, auch wegen der vielen Formeln und graphischen Darstellungen, viel Einfühlungsvermögen erfordernde Editierarbeit bewältigte Herr H. Heinze mit Hilfe von TeX, LaTeX und METAFONT. Herr Prof. Dr. I.F. Akyildiz hat umfangreiche, für das Buch relevante, Literatur zur Verfügung gestellt. Die Kapitel Modellerstellung und Performability hat Herr Dipl.-Inf. H. de Meer verfaßt.

Bei einzelnen Kapiteln mitgewirkt haben Frau K. Gipmans, Frau P. Klein, Herr Dipl.-Inf. H. Jung, Herr Dipl.-Inf. A. Sieber, Herr Dipl.-Inf. G. Fleischmann, Herr M. Flemming, Herr Th. Hahn und Herrn O. Niesser.

Für die mühsame Arbeit des Korrekturlesens und konstruktive Kritik bedanke ich mich bei den Herren Dipl.-Inf. W. Jarschel und Dipl.-Inf. H. Jung. Mit zum Gelingen des Buches beigetragen haben auch die sehr guten Arbeitsmöglichkeiten am Lehrstuhl für Betriebssysteme von Herrn Prof. Dr. F. Hofmann, und die gute Zusammenarbeit mit dem Lehrstuhl für Rechnerarchitektur und -Verkehrstheorie von Herrn Prof. Dr. U. Herzog, wofür ich mich an dieser Stelle besonders bedanken möchte. Bedanken möchte ich mich schließlich bei den Herausgebern der Reihe „Leitfäden und Monographien der Informatik", vor allem bei Herrn Prof. Dr. V. Claus für die Aufnahme in das Verlagsprogramm und bei Herrn Dr. P. Spuhler vom Teubner-Verlag für die tatkräftige Unterstützung in allen Phasen der Entstehung dieses Buches.

Erlangen, im Sommer 1989

Gunter Bolch

Hinweis zum Lesen

Da die einzelnen Kapitel des Buches inhaltlich aufeinander aufbauen, sollte sich der Leser an die gewählte Reihenfolge der einzelnen Abschnitte halten. Lediglich Kapitel 1 (Modellerstellung) kann beim ersten Durchlesen übergangen werden, da hierin bereits Kenntnisse aus späteren Kapiteln vorausgesetzt werden.

Inhaltsverzeichnis

0 Einführung und Überblick

Bei jeweils korrekter Bearbeitung einer Aufgabenstellung auf verschiedenen Rechensystemen müssen die hierbei erzielten Resultate überall gleich sind. Unterschiede bestehen jedoch z.B. in der Bearbeitungszeit oder der Auslastung der einzelnen Rechnerkomponenten, wobei die Ursache für diese Unterschiedlichkeit in der ungleichen Leistungsfähigkeit der verschiedenen Rechensysteme liegt. Die Untersuchung und quantitative Bestimmung dieser Leistungsfähigkeit eines Rechensystems wird unter dem Begriff *Leistungsbewertung* von Rechensystemen zusammengefaßt.

Leistungsbewertung von Rechensystemen erfolgt im wesentlichen aus drei Gründen:

- Durch Vorhersage der Leistungsfähigkeit noch nicht bestehender Systeme können neuartige Konzepte und Strukturen des Entwurfs untersucht werden.

- Durch Bewertung und Vergleich der Leistung bereits vorhandener Rechensysteme kann der Anwender bei der Auswahl einer Rechenanlage die für seine Zwecke geeignetste aussuchen.

- Durch Erkennen und Lokalisieren systeminterner Engpässe und Beseitigung dieser Schwachstellen können gezielte Maßnahmen zur Leistungssteigerung (Tuning) eines bisher verwendeten Rechensystems durchgeführt werden.

Bei den Rechensystemen der ersten Generation beschränkte sich deren Leistungsbewertung hauptsächlich auf die Bestimmung der Verarbeitungsgeschwindigkeiten der einzelnen wenigen Systemkomponenten und auf die Messung der mittleren Zeit zwischen dem Auftreten von Störungen. Heutige komplexe Rechensysteme mit einer viel höheren Anzahl unterschiedlichster Komponenten und gleichzeitiger Existenz von mehreren Jobs im System können hierdurch nicht ausreichend bewertet werden. Leistungsbewertung besteht bei diesen Systemen in der Berechnung charakteristischer Gütemerkmale wie z.B. Durchsatz, Antwortzeit oder Auslastung der einzelnen Komponenten bzw. des Gesamtsystems.

Die Leistungsfähigkeit existierender Systeme kann direkt durch *Meßmonitore* ermittelt werden. *Hardwaremonitore* registrieren die Aktivitäten des Systems während des normalen Betriebs mit Sensoren. Die Meßergebnisse werden abgespeichert und in periodischen Abständen durch spezielle Analyseprogramme ausgewertet. Im Gegensatz dazu übernehmen bei *Softwaremonitoren* hauptspeicherresidente Programme die Erfassung der Aktivitäten. Softwaremonitore sind kostengünstiger als Hardwaremonitore, beeinflussen jedoch den Betriebsablauf. Nähere Einzelheiten über Meßmethoden findet man z.B. in [FSZ 83]. Da jedoch in der Entwurfs- und Entwicklungsphase eines Systems Messungen nicht durchführbar sind und zudem bei vielen realen Systemen hierfür ein beträchtlicher Personal- und Materialaufwand erforderlich ist, eignet sich eine ausschließliche Verwendung von Messungen für die Leistungsbewertung von Rechensystemen nicht.

Aus diesem Grund haben *Modellbildungstechniken* für die Leistungsbewertung von Rechensystemen besondere Bedeutung erlangt. Die Modelle stellen hierbei nur die für die spezielle Analyse relevanten Merkmale eines Systems dar, wie z.B. wichtige Systemkomponenten oder Beziehungen zwischen diesen Komponenten. Komplexe Systeme werden so weit abstrahiert, daß die interessierenden Größen noch hinreichend gut erfaßbar sind, für die Fragestellung irrelevante Details aber weitgehend unterdrückt werden. Als Forderung an die Modellbildungstechniken wird gestellt, daß die Modellerstellung und -manipulation einfacher, billiger und schneller sein soll als das Experiment am realen System [LZGS 84].

Die guten Erfolge auf anderen Gebieten führten schon in den frühen Jahren der Rechnerentwicklung auf die Anwendung von *Warteschlangenmodellen* für die Leistungsbewertung von Rechensystemen. Ein Rechensystem wird hierbei dargestellt als einzelnes Wartesystem oder als ein Netz von Wartesystemen (Warteschlangennetz), was beispielhaft in Abb. 0.1 gezeigt ist. Die einzelnen Wartesysteme werden auch als Bedienstation oder Knoten des Warteschlangennetzes bezeichnet. Ausführlich erläutert werden Warteschlangenmodelle in Kap. 2.2 und 2.3.

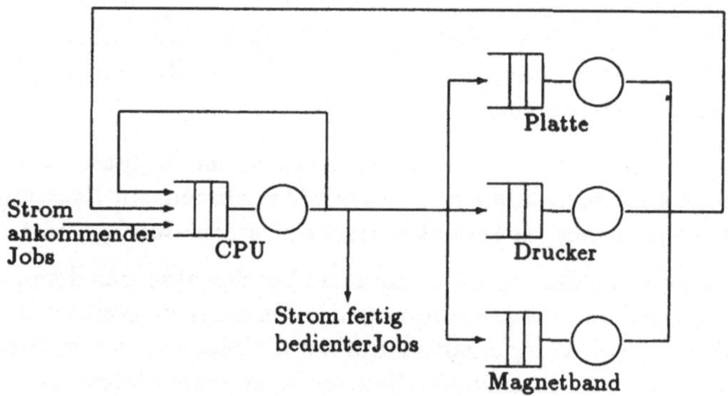

Abb. 0.1: Warteschlangenmodell eines Rechensystems

Warteschlangenmodelle können *analytisch* oder durch *Simulation* untersucht werden.

Bei der *analytischen Vorgehensweise* wird versucht, auf mathematischem Wege Beziehungen zwischen fundamentalen Systemgrößen wie z.B. Anzahl der Geräte, Gerätebedienzeit, Rechenzeit usw. und relevanten Leistungsgrößen wie z.B. Auslastung, Durchsatz, Antwortzeit usw. herzuleiten. Diese analytischen Modelle können stochastisch oder operationell sein. Bei den *stochastischen* Modellen sind die Systemparameter, wie Bearbeitungszeit oder Ankunftszeit eines Jobs, statistisch verteilt und dementsprechend erhält man auch statistisch verteilte Leistungsgrößen. Dagegen werden bei den *operationellen* Modellen für die Systemparameter nicht Mittelwerte und Verteilungen verwendet, sondern gemessene Werte, die sich aus der Beobachtung des Systems während eines festen Zeitraumes ergeben. Diese Beschränkung auf ein festes Beobachtungsintervall führt zu wesentlich einfacheren Gleichungen für die Bestimmung der Leistungsgrößen, trotzdem aber zu relativ guten Aussagen über das Leistungsverhalten des Systems.

Die Vorteile der analytischen Methoden sind zum einen die einfach programmierbaren und schnellen Algorithmen und zum anderen die leicht interpretierbaren Beziehungen zwischen den Modellparametern und den Leistungsgrößen. Jedoch ist es oft schwierig oder gar unmöglich für komplexe Systeme exakte analytische Modelle zu erhalten.

Bei der anderen Untersuchungsmethode, der *Simulation*, werden die Vorgänge im Rechensystem mit speziellen Computer-Programmen nachgespielt, die in üblichen Programmiersprachen oder mit eigens dafür entwickelten Simulationssprachen formuliert werden. Da das Verhalten eines Simulationsmodells in Bezug auf die relevanten Parameter dem Verhalten des realen Systems entspricht, können daraus alle zur Leistungsbewertung interessanten Größen ermittelt werden. Die Simulation von Rechensystemen wird ausführlich bei [FERR 78], [KOBA 78], [SACH 81], [LAVE 83] beschrieben.

Im Vergleich zu analytischen Methoden können bei der Simulation realistischere Annahmen über das System gemacht werden, womit diese einen größeren Anwendungsbereich als die analytischen Methoden besitzt. Nachteile sind jedoch die zeit- und kostenaufwendige Vorbereitung und Ausführung der Simulation sowie die schwer erkennbare Abhängigkeit der Paramater und die daraus resultierende umständliche Optimierung.

Als *Hybrid-Simulation* bezeichnet man die Kombination der analytischen Methoden mit der Simulation. Dabei werden Teilsysteme mit analytischen Methoden untersucht und diese Werte dann bei der Simulation mitverwendet oder umgekehrt.

Neben Warteschlangenmodellen werden in letzter Zeit auch verstärkt stochastische *Petri-Netz-Modelle* zur Leistungsbewertung von Rechensystemen eingesetzt. Manche Eigenschaften von Rechensystemen können damit besser berücksichtigt werden, z.B. gegenseitige Abhängigkeiten von Prozessen. Für etwas umfangreichere Systeme werden diese Modelle jedoch sehr schnell unübersichtlich. Auch stochastische Petri-Netze können analytisch oder simulativ ausgewertet werden [TURI 85].

Im Rahmen dieses Buches werden wir uns ausschließlich mit der analytischen Untersuchung von Rechensystemen auf der Basis von Warteschlangenmodellen befassen. Dabei gehen wir von bereits existierenden Modellen aus. Je detaillierter die vorliegende Modellbeschreibung ist, desto größer ist der Aufwand für die Bestimmung der Leistungsgrößen. Wichtige Voraussetzung ist deshalb eine sorgfältige und der jeweiligen Aufgabenstellung angepaßte Modellierung. Kapitel 1 gibt eine Übersicht über die wichtigsten Schritte der Modellerstellung.

Ein Überblick über die notwendigen Grundkenntnisse aus der Wahrscheinlichkeitstheorie wird im Kapitel 2 gegeben. Dieses Kapitel behandelt auch die Theorie der elementaren Wartesysteme und die verschiedenen Typen von Warteschlangenmodellen, anhand derer das Leistungsverhalten von Rechensystemen analysiert werden kann.

Als besonders nützliche Hilfsmittel zur Berechnung der Leistungsgrößen von Rechensystemen haben sich *Markov-Prozesse* erwiesen. In Kapitel 3 werden die wichtigsten Eigenschaften von Markov-Prozessen erklärt und gezeigt, wie das Verhalten von Warteschlangenmodellen mit Hilfe von sog. Markov-Ketten exakt beschrieben werden kann. Ist die Markov-Kette ergodisch, dann läßt sich ein Gleichungssystem zur Bestimmung der Wahrscheinlichkeiten der einzelnen Systemzustände angeben, woraus dann die Leistungsgrößen des Warteschlangenmodells bestimmt werden können. Man bezeichnet diese Gleichungen als *globale Gleichgewichtsgleichungen*.

Die Lösung des Systems der globalen Gleichgewichtsgleichungen mit Hilfe *numerischer Methoden* wird in Kapitel 4 demonstriert. Die Anwendung dieser Methoden ist prinzipiell nicht gebunden an Voraussetzungen wie sie z.B. von der Klasse der Produktformnetze, die in Kapitel 5 eingeführt werden, her bekannt sind. Dadurch besitzen numerische Methoden einen prinzipiell uneingeschränkten Anwendungsbereich. Jedoch sind diese Verfahren nur zur Untersuchung von Warteschlangennetzen mit einer geringen Anzahl von Knoten und Aufträgen geeignet. Für größere Netze wird der Rechen- und Speicheraufwand zu umfangreich.

Unter bestimmten Voraussetzungen bezüglich der Verteilung der Bedienzeiten und der Warteschlangendisziplin läßt sich das Systemverhalten auch durch die sogenannten *lokalen Gleichgewichtsgleichungen* beschreiben. Dies bedeutet eine wesentliche Vereinfachung gegenüber den globalen Gleichgewichtsgleichungen, da in diesem Fall getrennte Gleichungen für jeden einzelnen Knoten des Warteschlangennetzes existieren. Mit den lokalen Gleichgewichtsgleichungen befassen wir uns in Kapitel 5.1. Warteschlangennetze, für die eine Lösung der lokalen Gleichgewichtsgleichungen existiert, nennt man *Produktformnetze* (auch separable Netze oder BCMP-Netze), weil sich für die Gleichgewichtszustandswahrscheinlichkeiten Lösungen ergeben, die multiplikativ aus Faktoren zusammengesetzt sind, die die Zustände der einzelnen Knoten beschreiben. Die Kapitel 5 und 6 beschäftigen sich ausführlich mit der Analyse von Produktformnetzen.

Die grundlegenden Ergebnisse der analytischen Modellbildung auf der Basis von Warteschlangenmodellen sind die Theoreme von *Jackson* und *Gordon/Newell*. Diese besagen, daß die Lösungen für die Zustandswahrscheinlichkeiten von Warteschlangennetzen mit exponentieller Bedienzeitverteilung Produktform haben. Im klassischen *BCMP*-Theorem werden diese Ergebnisse verwendet um auch Produktformlösungen für Warteschlangennetze mit nichtexponentieller Bedienzeitverteilung, mehreren Jobklassen und verschiedenen Warteschlangendisziplinen zu erhalten (Kapitel 5.2).

Den entscheidenden Durchbruch für die Anwendung von Warteschlangennetzen auf reale Systeme brachte der *Faltungsalgorithmus* von *Buzen*. Bei diesem Verfahren werden die Zustände des Netzes nicht mit in die Berechnung einbezogen, weshalb die Leistungsgrößen mit Hilfe einfacher Formeln bestimmt werden können. Viele Rechensysteme, die bis dahin für eine Analyse zu komplex erschienen, konnten jetzt mit dem Faltungsalgorithmus untersucht werden. Seither gab es große Fortschritte in der Entwicklung geeigneter Methoden für die Analyse von Warteschlangennetzen. In Kapitel 5.3 wird neben dem Faltungsalgorithmus noch das zweite wichtige Analyseverfahren, die *Mittelwertanalyse*, vorgestellt. Bei dieser Methode werden, unter Umgehung der Zustandswahrscheinlichkeiten, Mittelwerte von Leistungsgrößen bestimmt, die ausgehend von drei fundamentalen Gleichungen iterativ berechnet werden. Mit der *Momentanalyse* werden in ähnlicher Weise unter Umgehung der Zustandswahrscheinlichkeiten höhere Momente von Leistungsgrößen berechnet. Für Netze mit mehreren Auftragsklassen ist der *RECAL*-Algorithmus besonders geeignet. Eine andere Möglichkeit zur exakten Analyse von Produktformnetzen ergibt sich aus der

Übertragung von Nortons Theorem aus der Theorie elektrischer Netzwerke auf Warteschlangennetze (*Parametrische Analyse*). Während bei der ursprünglichen Form dieses Verfahrens ein einziger Knoten ausgewählt wird und man den Rest des Netzes zu einer einzigen Bedienstation, zusammenfaßt, wird bei der *Erweiterten Parametrischen Analyse* ein Teilnetz bestehend aus mehreren Knoten ausgewählt. Diese Methode ist speziell dann geeignet, wenn man sich für die Leistungsgrößen einer einzigen Bedienstation bzw. eines Teilnetzes im Warteschlangenmodell interessiert.

Da die exakten Methoden für komplexe Netze sehr aufwendig sind, werden in Kapitel 6 verschiedene Ansätze zur Reduzierung dieses Aufwands durch approximative Berechnung der Leistungsgrößen vorgestellt. Bei den Approximationsverfahren, die auf der Mittelwertanalyse beruhen (Bard–Schweitzer- bzw. SCAT–Algorithmus) kann der Speicherbedarf gegenüber der exakten Mittelwertanalyse erheblich vermindert werden, wobei die Genauigkeit dieser Methoden trotzdem bemerkenswert gut ist. Bei der *Summationsmethode* wird jeder einzelne Knoten eines Warteschlangennetzes durch den Zusammenhang zwischen dem Durchsatz und der mittleren Auftragsanzahl im Knoten charakterisiert. Diese Methode ist anwendbar auf Produktform- und Nichtproduktformnetze. Eine andere Alternative zur exakten Lösung eines Modells besteht darin, Grenzen für den Leistungsumfang des Modells zu bestimmen. Wir werden die *Asymptotische Analyse* (ABA) und die *Balanced-Job-Bound Analyse* (BJB) kennengelernen. Beide Verfahren können leicht von Hand ausgeführt werden. Während BJB nur anwendbar ist auf Produktformnetze, kann das einfachere ABA-Verfahren auch auf allgemeinere Netze angewandt werden. Meist kombiniert man das ABA- mit dem BJB-Verfahren.

Will man Warteschlangennetze analysieren, die die Bedingungen für Produktformlösungen nicht erfüllen, weil z.B. ein Knoten eine hyperexponentielle Bedienzeitverteilung und FCFS-Abarbeitungsstrategie hat, oder Blockierung von Knoten aufgrund begrenzter Warteschlangenkapazitäten vorkommt, so müssen andere Algorithmen angewandt werden um approximative Ergebnisse zu erhalten. Zwar können, ausgehend von den globalen Gleichgewichtsgleichungen, noch die numerischen Methoden zur Berechnung der Leistungsparameter verwendet werden, doch erfordern diese in der Regel einen zu hohen Aufwand. Mit der Analyse von Nichtproduktformnetzen befassen wir uns in den Kapitel 7 und 8.

Es gibt Approximationsverfahren für Nichtproduktformnetze, die auf der Produktform basieren. Dazu zählt die *Diffusionsapproximation* und die *Erweiterte-Produktform-Methode*. Eine andere Approximation ergibt sich aus der Zerlegung der Netze in Teilnetze. Solche Verfahren werden Dekompositionsverfahren genannt. Dazu können die Methoden von *Courtois*, *Kühn* und *Marie*, die *Response-Time-Preservation Methode*, die *Maximum-Entropie-Methode* und die *Erweiterte Summationsmethode* gezählt werden, die wir alle in Kapitel 7 ausführlich vorstellen.

In Kapitel 8 werden Lösungsmethoden für spezielle bei der Modellierung von Rechensystemen auftretende Probleme behandelt. Es sind diese die Abarbeitung der Aufträge nach *Prioritäten*, die *simultane Betriebsmittelbelegung*, d.h. die Tatsache, daß ein Auftrag gleichzeitig mehr als ein Betriebsmittel belegt, oder die Verzögerung von Aufträgen durch Semaphore, die sogenannten *Serialisierungsverzögerungen*. Bei den *Fork-Join-Systemen* erzeugt ein Auftrag mehrere untergeordnete Aufträge, die parallel weiterverarbeitet werden, der erzeugende Prozeß also erst fortgeführt werden kann, wenn alle untergeordneten Aufträge beendet sind. Haben die Warteschlangen eines Netzes endliche Kapazität, dann kann es zu sogenannten Blockierungen kommen. Man bezeichnet solche Netze als *Blockiernetze*. Auch zur Leistungsbewertung von *Lokalen Netzen* (LAN) müssen die herkömmlichen Methoden so erweitert werden, daß deren spezielle Eigenschaften berücksicht werden können. Sehr häufig werden Zuverlässigkeitsuntersuchungen von Rechensystemen mit Leistungsuntersuchungen verknüpft. Hierzu wurde der Begriff *Performability* (aus Performance und Reliability) eingeführt. Performabilityüberlegungen sind Inhalt des letzten Abschnitts von Kapitel 8.

Der Vorteil der *operationellen Analyse*, die in Kapitel 9 behandelt wird, liegt darin, daß keine wahrscheinlichkeitstheoretischen Konzepte verwendet werden. Vielmehr wird das System eine gewisse Zeit beobachtet und bestimmte einfach zu ermittelnde Größen gemessen. Aus diesen Basisgrößen werden dann Leistungsgrößen, deren Messung zu aufwendig wäre, berechnet. Unter bestimmten Annahmen kann die Zahl der Basisgrößen stark reduziert werden und man kommt zu Beziehungen, die denen der Produktformnetze entsprechen. Der Vorteil liegt darin, daß auch der mit der Wahrscheinlichkeitstheorie nicht vertraute Anwender sowohl die Herleitung als auch die Überprüfung der Annahmen selbst nachvollziehen kann.

Den Abschluß dieses Buches bilden einige ausgwählte Beispiele aus der Praxis, die den erfolgreichen Einsatz von analytischen Warteschlangenmodellen zur Leistungsbewertung von Rechensystemen dokumentieren. Zudem erfolgt eine kurze Beschreibung einiger bekannter Leistungsbewertungstools, die mit analytischen Methoden arbeiten.

1 Modellerstellung

Aufgabe der Leistungsbewertung ist nach [HERZ 89] die Untersuchung und Optimierung des dynamischen Ablaufgeschehens innerhalb und zwischen den einzelnen Komponenten eines Rechensystems. Ziel der Leistungsbewertung ist die Messung und formale Beschreibung realer Abläufe, die Definition und Bestimmung charakteristischer Leistungsgrößen sowie das Bereitstellen von Entscheidungshilfen für den Entwurf der Hardware-Struktur, der Systemsoftware und der Anwenderprogramme.

Um möglichst verläßliche Aussagen mit vertretbarem Aufwand machen zu können, kommt der Modellerstellung bei der Leistungsbewertung zentrale Bedeutung zu. Einerseits sollte ein Modell diejenigen Eigenschaften eines realen Rechensystems so genau wie möglich erfassen, die für die jeweilige Fragestellung wichtig sind. Andererseits muß das Modell noch mathematisch handhabbar sein. In dieser Hinsicht sind möglichst „einfache" Modelle wünschenswert. Eine hohe Komplexität von Modellen kann bei der Analyse zu einem nicht mehr vertretbaren Bedarf an Rechenzeit und Speicherplatz führen. Außerdem verschließen sich bestimmte Phänomene einem unmittelbaren mathematischen Zugang. Sogenannte Ersatzdarstellungen sind manchmal ein Ausweg.

Obige Bemerkungen sollen nur kurz andeuten, in welchem Spannungsfeld man sich bewegt, wenn man ein mathematisches Leistungsmodell eines Rechensystems erstellen möchte.

Es gibt verschiedene Alternativen zur Modellierung des Leistungsverhaltens von Rechensystemen. Die gebräuchlichsten sind Warteschlangenmodelle sowie erweiterte Petri-Netz-Modelle. Es hängt von der aktuellen Problemstellung ab, welche Vorgehensweise geeigneter ist. Im vorliegenden Buch wollen wir uns ausschließlich mit Warteschlangenmodellen befassen. Im Mittelpunkt des Interesses stehen dabei die Algorithmen und ihre Eigenschaften, mit denen ein gegebenes Warteschlangenmodell ausgewertet werden kann. Bevor wir uns auf diese Algorithmen konzentrieren, wollen wir uns noch dem Modellierungsprozeß zuwenden. Damit soll erläutert werden, wie man prinzipiell vorgeht, wenn man ein (Warteschlangen-) Modell eines konkreten oder gedachten Rechensystems erstellen und auswerten möchte.

1.1 Konfigurationsbeschreibung

Ein Rechensystem stellt sich einem Benutzer als abstrakte Maschine dar [HOFM 84]. Die Funktionalität und Leistungsfähigkeit dieser Maschine ergibt sich aus der Gesamtheit von (Betriebssystem-) Software und Hardware. Für den Modellierer kommt es zunächst darauf an, die wichtigsten *Komponenten* quantitativ zu beschreiben und mögliche *Interaktionen* zwischen den Komponenten zu erfassen. Ein erster Schritt besteht in einer einfachen Auflistung und Charakterisierung der Bestandteile des zu untersuchenden Rechensystems. Dazu gehören etwa:

- Anzahl und Art der verwendeten Prozessoren, sowie deren Rechengeschwindigkeit (Mips/Mops),

- verfügbare Hauptspeicherkapazität, Speicherverwaltungsstrategien, verfügbare Kachelgröße, Zykluszeiten,

- Prozeßverwaltungsstrategien (Scheduling),

- Komponenten des E/A-Systems, wie Platten mit Zugriffszeitangaben und Verwaltungsstrategien sowie die Verbindungsmedien, z.B. Busse und deren Kapazitäten,

- Art und Weise der Interprozeßkommunikation (eng oder lose gekoppelt).

Diese Liste ließe sich beliebig fortsetzen. Damit werden auch schon die ersten Probleme deutlich, mit denen ein Modellierer konfrontiert ist. Welche Komponenten sind für seine Fragestellung, d.h. hinsichtlich des Analyseziels, maßgeblich und wie detailliert sollen die jeweiligen Komponenten beschrieben werden? Um beispielsweise die Auslastung oder den Durchsatz der CPU eines Rechensystems zu untersuchen, muß das dazugehörige E/A-System, das diese Größen wesentlich beeinflußt, nicht im Detail betrachtet werden, sondern kann als Ganzes im Modell erfaßt werden. Eine allgemeingültige Regel zur Abstraktion gibt es allerdings nicht.

Die notwendige Information zur Beschreibung der *Konfiguration* erhält man durch Beobachtung, Messung und Auswertung von Herstellerangaben.

1.2   Lastbeschreibung

Die Charakterisierung das dynamischen Ablaufgeschehens in einem Rechensystem gilt als eine der schwierigsten und zugleich wichtigsten Aufgaben bei der Modellierung [FSZ 83]. Ziel ist es, Gesetzmäßigkeiten bei der Abwicklung der gesamten Auftragslast durch ein Rechensystem zu bestimmen. Verschiedene typische Benutzerverhalten sind zu identifizieren und zu beschreiben. Jedem solchen Benutzerverhalten, das hinsichtlich der Leistungsfähigkeit des Rechensystems signifikant ist, kann im Modell eine Auftragsklasse zugeordnet werden. Zum einen bedeutet dies, daß man herausfinden muß, mit welcher Intensität das System mit typischen Aufträgen belastet wird. Etwa bei einem Rechenzentrumsbetrieb kann dies stark von der Tageszeit abhängen. Zum anderen ist zu quantifizieren, welche Anforderungen ein solcher typischer Auftrag einschließlich etwaiger Unteraufträge an welche Ressourcen und in welcher Reihenfolge stellt. Dies umfaßt beispielsweise Angaben über die typischen Aufträge hinsichtlich

- ihres Rechenzeitbedarfs an der CPU,

- den jeweiligen Speicheranforderungen,

- der zu erwartenden Arbeitsmengengröße,

- der Datentransferintensität zwischen Haupt- und Massenspeicher.

Es ist klar, daß die Anforderungen der Aufträge an die Ressourcen auf der Grundlage der verfügbaren Kapazitäten der Systemkomponenten zu quantifizieren sind. Synchronisationsanforderungen zwischen den Aufträgen, begrenzter Betriebsmittelvorrat, gleichzeitige Belegung verschiedener Betriebsmittel oder zeitliche Randbedingungen machen eine genaue Charakterisierung äußerst schwierig.

Die notwendigen Parameter werden entweder (mit Hardware- oder Software-Monitoren) gemessen, geschätzt oder aus anderen Größen abgeleitet. Wegen der enormen Komplexität des Ablaufgeschehens in heutigen Rechenanlagen ist ein Lastbeschreibung grundsätzlich von Ungenauigkeiten geprägt. Trotzdem ist gerade bei dieser Aufgabe größte Sorgfalt geboten. Die Leistung eines Systems ist nämlich von der jeweiligen Last abhängig. Wie schwierig eine Quantifizierung ist, sei an einem kleinen Beispiel verdeutlicht: In einem interaktiven System etwa werden Aufträge an den angeschlossenen Terminals im Dialog von den Benutzern an das Rechensystem übergeben. In welchen Abständen dies geschieht, bestimmt die Lastintensität. Verläßliche Angaben darüber lassen sich kaum machen. Das Benutzerverhalten (d.h. die Eingabegeschwindigkeit) hängt von so wenig quantifizierbaren Faktoren wie dessen Geübtheit oder seiner Reaktion auf das Antwortverhalten des Rechensystems ab. Zudem ist es schwierig genau festzulegen was es heißt, daß ein Auftrag von einem Rechensystem übernommen bzw. erledigt worden ist. Die Zeitspanne zwischen diesen Ereignissen — sie wird auch Denkzeit genannt — ist aber gerade ein äußerst wichtiger Parameter zur Charakterisierung einer interaktiven Last.

1.3 Modellbeschreibung

Auf der Grundlage einer erfolgten Last- und Konfigurations- oder Maschinenbeschreibung kann schließlich die modellhafte Erfassung des Ablaufgeschehens geleistet werden. Damit erfolgt ein weiterer, im Sinne der spezifischen mathematischen Modellierung entscheidender, Abstraktionsschritt. Die Modellwelt der *Warteschlangentheorie* bildet jetzt den Horizont, innerhalb dessen die Systembeschreibung erfolgt. Es handelt sich hierbei um eine wahrscheinlichkeitstheoretische Beschreibungstechnik. Eine solche Technik ist zunächst einmal dann verwendbar [HERZ 87], wenn

1. man komplexe deterministische Vorgänge angenähert mittels stochastischer Regularitäten erfassen möchte und kann,

2. grundlegende Unbestimmtheiten für die zu beschreibenden Abläufe charakteristisch sind oder

3. aktuell nicht genügend Information über die Bedingungen der Abläufe zur Verfügung steht.

Für die Modellierung von Rechensystemen sind alle drei Gesichtspunkte maßgebend. Das Ablaufgeschehen ist zunächst einmal grundsätzlich deterministisch. Jedoch sind die Bedingungen des Zusammenspiels der einzelnen Systemkomponenten für eine formale Beschreibung hoffnungslos komplex. Eine der wenigen tatsächlich nicht deterministischen Größen ist die (System-) Zeit. Insbesondere bei verteilten Systemen ergeben sich daraus grundlegende Eigenschaften des Rechensystems. Schließlich kann man generell davon ausgehen, daß man nicht genügend Daten über das System verfügbar hat. Wie oben erwähnt, sind manche Parameter, insbesondere der Last, grundsätzlich schwer zu ermitteln. Außerdem ist gezieltes Messen sehr aufwendig und kostspielig. Man gibt sich daher oft mit bestimmten (stochastischen) Annahmen zufrieden, die sich in der Erfahrung bewährt haben.

Bei Warteschlangenmodellen, die in Kap. 2 näher eingeführt werden, wird die Auftragslast bzw. das Ablaufgeschehen mittels stochastischer Prozesse beschrieben. Vorzugsweise werden dabei wegen der guten mathematischen Handhabbarkeit Exponentialverteilungen verwendet. Aber auch Phasenverteilungen, wie Cox-, Erlang- oder Hyperexponentialverteilungen sind üblich. Mit diesen lassen sich beliebige Verteilungen beliebig genau appoximieren (siehe Kap. 2).

Die *Lastbeschreibung* gliedert sich dabei in Angaben über:

- Ankunftsprozeß (die für jeden typischen Auftrag durch Zufallsvariablen charakterisierten Ankunftszeitpunkte),

- Bedienprozeß (die für jeden typischen Auftrag und modellierte Systemkomponente durch Zufallsvariablen charakterisierte Bedienzeitanforderung),

- zusätzliche Merkmale (Dringlichkeit, Speicherbedarf der Auftragstypen).

Das *Bediensystem* (die modellierten Konfigurationselemente) wird charakterisiert durch Angaben über die

- Systemkomponenten (Hardware/Software, Anzahl und Art der Bedieneinheiten),

- Systemstruktur (Verbindungswege),

- Bearbeitungsstrategie der Auftragsanforderungen (Warteschlangenverwaltung).

1.4   Modellierbarkeit realer Rechensysteme mit Warteschlangennetzen

Für viele Anwendungen ist die (analytische) Modellierung mit Hilfe von Warteschlangennetzen besonders geeignet. Typische wesentliche Komponenten von Rechensystemen lassen sich unmittelbar standardmäßig in Warteschlangenmodellen darstellen. Anhand eines Beispiels soll im folgenden ein Eindruck davon vermittelt werden, wie man ein reales Rechensystem modellieren kann. Das Warteschlangenmodell soll ein typisches, (einfaches) interaktives Rechensystem, das aus einer Zentraleinheit, einer Externspeicherkomponente und einer Anzahl von Terminals besteht, geeignet darstellen.

Oft ist es angemessen, die Betriebsart einer CPU durch Zeitscheibentechnik kombiniert mit Round-Robin-Strategie zu charakterisieren. Nimmt man noch an, daß die Zeitscheiben sehr klein sind, und die Auftragsankunftsabstände dem Markov-Gesetz genügen, dann läßt sich diese Systemeinheit durch einen Standardknoten in einem Warteschlangensystem repräsentieren. In diesem Fall würde man also eine sog. M/G/1-Processorsharing Bedienstation (siehe Kap. 2.3.3) wählen. Die Anforderung der verschiedenen Auftragstypen dürfen dabei sogar durch beliebige, verschiedene Verteilungen beschrieben werden. Zur vollständigen Spezifikation eines solchen (Teil-) Systems bedarf es dann lediglich noch der Angabe der mittleren Auftragsankunftsabstände (genauer, der Erwartungswerte entsprechender Zufallsgrößen).

Im folgenden soll gezeigt werden, wie man Terminals in einem interaktiven System im Modell berücksichtigen kann. Im allgemeinen geht man davon aus, daß einem Benutzer jeweils ein Terminal zur Verfügung steht. Belegungskonflikte entstehen in diesem Fall also nicht. Eine Warteschlange für diese Art von Ressourcen braucht man daher nicht vorzusehen. Aus der Systemsicht ist interessant, wie lange ein Benutzer braucht, um erneut einen Auftrag an das Rechensystem zu erteilen (umfaßt Auswertung von Antwortnachrichten sowie Eingabe des neuen Auftrags einschließlich etwaiger Leerzeiten), nachdem er das Ergebnis des vorliegenden Auftrags erhalten hat. Außerdem ist noch wichtig, wieviele Terminals aktiv sind. Eine äquivalente Sichtweise des „Denkvorgangs" ist die, daß man sich vorstellt, eine feste Anzahl im System zirkulierender Aufträge werden ohne Wartezeit an den Terminals „bedient" bzw. verzögert (engl. delay). Unter der Annahme, daß die Zwischenankunftszeiten des Rechensystems wiederum dem Markov-Gesetz genügen und sehr viele Terminals angeschlossen sind, repäsentiert eine sog. M/G/∞-Bedienstation (siehe Kap. 2.2.3) häufig die charakterisierte System-Komponente gut.

Da bei modernen Rechensystemen die E/A-Komponenten unabhängig von bzw. parallel mit den übrigen Komponenten arbeiten können, und diese entscheidend die Gesamtleistung eines Systems beeinflussen, ist es sinnvoll, diese gegebenenfalls eigenständig im Modell zu berücksichtigen. Mindestens ein solches Sekundärspeichermedium hat jedes Rechensystem. Um die Effizienz einer Platte etwa zu optimieren, gibt es ausgeklügelte Strategien, nach denen die Aufträge bearbeitet werden. Für die Berücksichtigung in einem — aus mehreren Komponenten zusammengesetzten — Modell sind allerdings enge Grenzen gesetzt. Oft erhält man auch schon gute Ergebnisse, wenn man annimmt, daß die Aufträge in der Reihenfolge ausgeführt werden, in der sie erteilt werden (d.h. nach der FCFS-Strategie). Um allerdings ein mathematisch leicht handhabbares Modell zu erhalten, bedarf es in diesem Fall sowohl hinsichtlich der Auftrags-Zwischenankunftsabstände als auch der -Bedienzeiten der Markov-Annahme. Mit diesen Annahmen repräsentiert eine M/M/1-FCFS-Bedienstation (siehe Kap. 2.2.3) die Platte angemessen.

Vergegenwärtigt man sich jetzt noch, daß ein typischer Auftrag in unserem (einfachen) interaktiven Rechensystem von den Terminals zunächst zur CPU gelangt, dort bearbeitet wird und dann entweder — durch entsprechende Meldung am Terminal angezeigt — fertig bearbeitet ist oder einer oder mehrerer zwischenzeitlicher Ein-/Ausgaben bedarf und berücksichtigt dies im Modell, dann erhält man das in Abb. 1.1 gezeigte Systemmodell. Ein solches Modell läßt sich unter obigen Annahmen zur Leistungsuntersuchung sehr gut mathematisch lösen. Man erhält also auf einfachem und sehr effizienten Weg wertvolle Aussagen über das Leistungsverhalten des Rechensystems. Ein nicht zu unterschätzender Vorteil ist außerdem, daß das Modell — eine formale Beschreibung — unmittelbar einsichtig und verständlich ist. Natürlich muß man die getroffenen — vereinfachenden — Annahmen bei der Interpretation der Ergebnisse berücksichtigen. Einen Eindruck davon, wie anschaulich Warteschlangenmodelle sein können, bekommt man etwa beim Vergleich eines Warteschlangenmodells mit einem Markov-Modell.

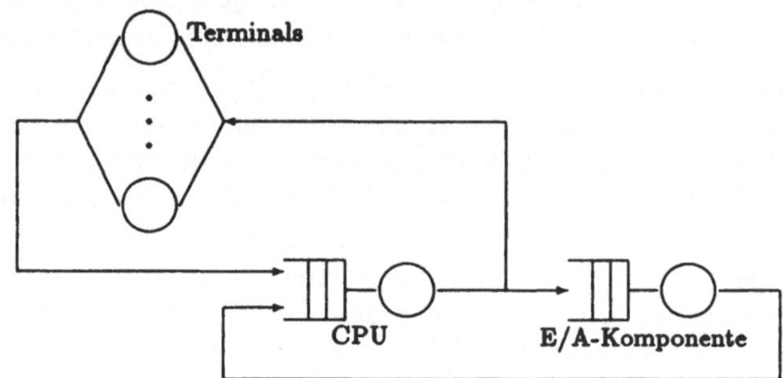

Abb. 1.1: Modell eines interaktiven Rechensystems

An dieser Stelle kann der Weg vom Rechensystem zum Modell aus Platzgründen nur qualitativ beschrieben werden. Neben manchen diskussionswürdigen Annahmen bezüglich Ankunfts- und Bedienprozessen sind noch quantitative Ergänzungen zu erörtern. Es handelt sich hierbei vorrangig um die Parameter der Verteilungen, wie Mittelwert oder Varianz. In der Literatur werden in reichhaltigem Maße für Spezialfälle Beispiele vorgestellt [BARD 81,LZGS 84,LZCZ 84].

Bezüglich der Verteilungsannahmen ist auch noch relativierend anzumerken, daß die Leistungsgrößen in Warteschlangenmodellen häufig sehr *robust* sind, so daß die Markov-Annahme durchaus brauchbare Ergebnisse zuläßt. Die Robustheit ist aber jeweils von Fall zu Fall genau zu prüfen.

Ein weiterer wichtiger Punkt ist, wie *sensitiv* die berechneten Leistungsgrößen auf Parameterschwankungen reagieren. Einklassenmodelle sind wenig sensitiv. Die Leistungsgrößen schwanken ungefähr linear mit den Eingabegrößen. Im Mehrklassenfall dagegen können sich Parameterschätzfehler gravierend auf die Ergebnisse auswirken. Parameterschwankungen von 5%, was aufgrund der in Kap. 1.2 angedeuteten Probleme bei der Lastbeschreibung meist uneingeschränkt akzeptiert wird, können ohne weiteres zu einer Ergebnisabweichung von 50% oder mehr führen [GoDo 80]. Ein Mehrklassenmodell, das gegenüber einem Einklassenmodell zwar eine scheinbar genauere Darstellung realer Verhältnisse erlaubt, muß wegen der erhöhten Parametersensitivität also nicht zwangsläufig auch bessere Ergebnisse liefern! Aufwand zur Lösung des Modells, Zuverlässigkeit der Ergebnisse und Art der Fragestellung sind also wesentliche, zum Teil sich widersprechende Randbedingungen unter denen ein Modell entsteht.

Wichtige Phänomene, die im Ablaufgeschehen von Rechensystemen häufig auftreten und das Leistungsverhalten entscheidend beeinflussen, aber nur eingeschränkt in einem Warteschlangenmodell berücksichtigt werden können, sind beispielsweise:

– gleichzeitige Belegung mehrerer Betriebsmittel (z.B. Hauptspeicher + CPU),

– Speicherbeschränkungen (z.B. maximaler Multiprogramminggrad),

– Blockierung (Wechselwirkung zwischen den Ressourcen durch Kapazitätsbeschränkungen) oder

– Synchronisation und Prozeßerzeugung.

Diese Liste ließe sich noch sehr viel weiter ausdehnen. Auf Möglichkeiten, auch solche Phänomene im Modell approximativ zu berücksichtigen, wird in Kap. 8 hingewiesen.

1.5 Offene und geschlossene Modelle

Eine wichtige Rolle für die Modellierung von Rechensystemen mit Warteschlangennetzen spielt die Unterscheidung sogenannter *geschlossener* und *offener* Warteschlangennetze. Die praktische Relevanz hierfür soll an einem kurzen Beispiel motiviert werden. Im übrigen kann man die beiden diskutierten Sonderfälle auch unter dem Gesichtspunkt von Ersatzdarstellungen einordnen. Die weiter unten getroffene — konzeptionelle — Unterscheidung zwischen Beschreibungs- und Berechnungsmodellierung kommt hier zum Tragen.

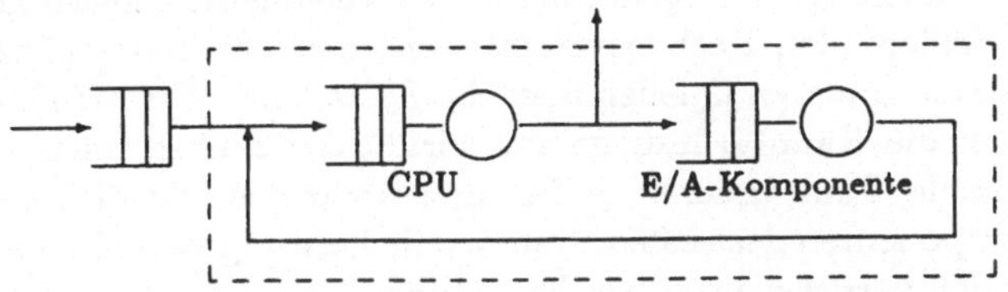

Abb. 1.2: Modell mit maximalem „Multiprogramming"-Grad

Abb. 1.2 stellt das Modell eines Systems dar, für das Speicherbeschränkungen existieren. Nur eine fest begrenzte Anzahl von Aufträgen kann sich zu einem Zeitpunkt innerhalb des umrandeten Bereichs aufhalten. Eventuell zusätzlich ankommende Aufträge müssen in der Warteschlange, die keiner Ressource zugeordnet ist, auf den Abgang eines anderen Auftrags warten. In dieser Form entzieht sich das Modell einer einfachen mathematischen Auswertung. Betrachtet man jedoch zwei Spezialfälle, so erhält man jeweils durch Veränderungen am Modell sehr einfach zu lösende Darstellungen. Abb. 1.3a zeigt den Spezialfall eines sehr niedrigen Lastniveaus: Ankommende Aufträge können wegen der nicht erschöpften Kapazität sofort in das Kernsystem gelangen und bedient werden. Die Eingangswarteschlange kann wegfallen und man erhält ein *offenes Modell*. Abb. 1.3b zeigt den anderen Extremfall: Sehr hohe Last sorgt hier dafür, daß die Kapazität ($\hat{=}$ max. Multiprogramminggrad) nahezu immer ausgeschöpft ist, d.h. daß sich immer eine feste Anzahl von Aufträgen im Kernsystem befinden. Ein Auftrag, der das Kernsystem verläßt, wird sofort ersetzt durch einen neuen Auftrag, der das Kernsystem betritt. Man kann daher das System als ein geschlossenes Warteschlangennetz darstellen und auch in diesem Fall die Eingangswarteschlange weglassen. Auch dieses Modell ist sehr einfach zu lösen.

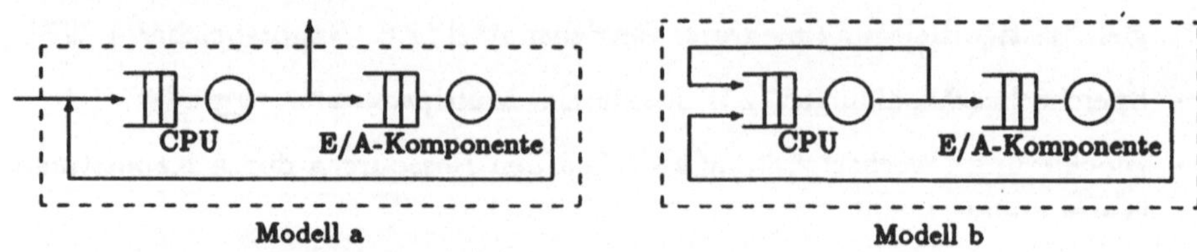

Modell a   Modell b

Abb. 1.3: Ersatzdarstellungen des Modells mit Speicherbeschränkungen bei a) niedrigem Lastniveau und b) hohem Lastniveau

1.6   Zusammenfassung

Der Modellierungsprozess wurde oben in groben Zügen charakterisiert. Viele Details, Beispiele und eine Diskussion von Modellierungsschritten findet sich in der Literatur [KOBA 78,BARD 81,LAVE 83,LZGS 84]. Eine formale Darstellung bietet [DEME 89]. Die Umsetzung eines realen Rechensystems in ein Modell erfolgt in mehreren Schritten, die teils nacheinander folgen und sich teils wechselseitig bedingen.

Im einzelnen handelt es sich um

1. Messungen:

    (a) Charakteristische Eigenschaften des Ablaufgeschehens innerhalb eines zu modellierenden Rechensystems werden erfaßt und ergänzen Daten, die man aus anderen Quellen über das System hat. Die Meßdaten bilden zum einen die Hauptgrundlage zur wirklichkeitsnahen Parametrisierung des Modells. Zum anderen helfen sie entscheidend zu differenzieren, welche Komponenten des realen Systems die Leistung beeinflussen und daher im Modell berücksichtigt werden sollten.

    (b) Um zu überprüfen, ob ein Modell ein reales System angemessen erfaßt, werden die durch das Modell ermittelten Leistungsgrößen mit Meßergebnissen am realen System verglichen (siehe auch Punkt 6 dieser Aufzählung).

2. Lastmodellierung

    Auf der Basis von Meßergebnissen, funktionalen Überlegungen und der Konfigurationsbeschreibungen werden Ankunfts- und Bedienprozesse entwickelt. Für Lastmodellierung wird häufig eine hierarchische Vorgehensweise vorgeschlagen [HERZ 87,BESC 85]. Im Modellierungsprozeß ist die Lastmodellierung iterativ eingebunden. Solange aufgrund der Validierung festgestellt wird, daß ein Modell zu ungenau ist, sind gegebenenfalls Modifikationen am Lastmodell vorzunehmen.

3. Beschreibungsmodellierung

    Unter den Randbedingungen der Modellierung entsteht hinsichtlich des Modellierungsziels und den gewünschten Leistungsgrößen ein dem realen System angemessenes Modell. Das Systemmodell wird in mehreren Schritten entwikkelt, und es gibt Verschränkungen zwischen den Teilaufgaben. So bestimmt

die Konfigurationsstruktur mit, was zu messen ist und bildet letztendlich auch
die Grundlage der Lastmodellierung.

4. Berechnungsmodellierung

Das Systemmodell ist oft zu komplex, als daß es unmittelbar mit mathematischen Methoden behandelbar wäre. Es gibt auch viele Phänomene, die sich
einer einfachen mathematischen Lösung entziehen. Aus diesen Gründen wird
das Modell modifiziert und mittels Transformationen (Dekomposition) und Ersatzdarstellungen in eines überführt, das der mathematischen Lösung zugänglicher ist. Wichtig ist, daß die möglichen Verfälschungen die Ergebnisse nicht
signifikant verändern.

5. Modellösung

Hierunter fallen alle Berechnungsalgorithmen zur Lösung von Warteschlangenmodellen, wie sie in diesem Buch umfangreich dargestellt werden.

6. Validierung

Die Güte der ermittelten Leistungsgrößen ist zu beurteilen. Nur ausreichend
validierte Modelle haben eine Aussagekraft. Gibt es zu große Abweichungen
zwischen den gemessenen Leistungscharakterista und den modellhaft ermittelten, dann muß der Modellierungsprozeß modifiziert wiederholt werden. Jeder Teilschritt kann verantwortlich für die Fehlerhaftigkeit des Modells sein.
Eine gute Dokumentation der Modellierungshistorie ist für eine Validierung
hilfreich.

Das vorliegende Buch beschäftigt sich vorzugsweise mit Verfahren der Modellösung.
Aber auch die Berechnungsmodellierung wird diskutiert. Diese *konzeptionellen* Un-
terscheidungen sind oft an den — vorzugsweise approximativen — Algorithmen
nicht unmittelbar wiederzuerkennen. Beide Aspekte fließen in sie ein.

In Anlehnung an [DEME 89] wird in Abb. 1.4 eine vereinfachte Darstellung des Modellierungsprozesses zusammengefaßt. Kästchen stellen Funktionen bzw. Teilschritte
des Modellierungsprozesses dar. Entsprechend den einfachen Pfeilen werden aus Ein-
gangsgrößen Ausgangsgrößen ermittelt. Hervorgehobene Pfeillinien charakterisieren
Wechselwirkungen bzw. Rückkopplungen. Zur Vereinfachung wird die Verflechtung
zwischen Beschreibungsmodellierung, Messung und Lastmodellierung im Schaubild
nicht detaillierter dargestellt. Hervorgehobene Pfeillinien in *beide* Richtungen sollen
dies andeuten.

Inbesondere im — über Warteschlangenmodellierung hinausgehenden — Bereich
von Simulation gibt es, den Modellierungsprozeß im allgemeinen betreffend, umfangreiche Literatur [SCHM 85,OKEE 86,LEHM 87]. Die vielfältigen Teilaufgaben
der Modellierung werden zunehmend computergestützt gelöst. Von Tools mit mehr
oder weniger komfortabler Benutzeroberfläche bis hin zu Expertensystemen reichen
die Instrumente. Dabei werden entweder gezielt Modellierungsteilschritte, wie Messung oder Lastmodellierung, oder der Modellierungsprozeß insgesamt weitgehend

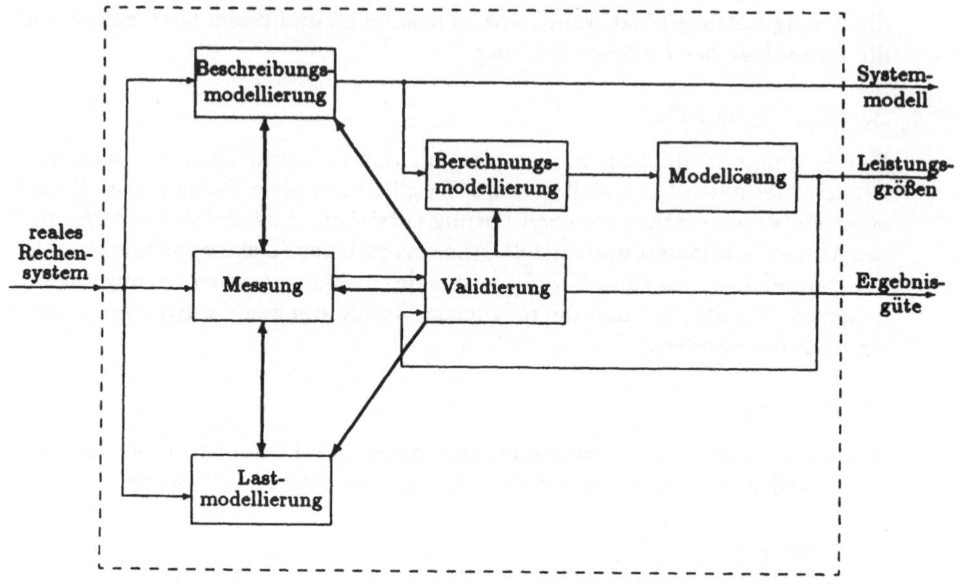

Abb. 1.4: Funktionale Zusammenhänge des Modellierungsprozesses

unterstützt. INT³ [LeSz 87] beispielsweise bietet Hilfe von der Erstellung einer Systemspezifikation bis hin zum Systemmodell an. Aspekte der Beschreibungsmodellierung werden also weitgehend abgedeckt. Außerdem kann die Modellierungsmethode ebenso im Dialog bestimmt werden wie die Art der Analyse. Möglich sind Leistungsbewertung, Zuverlässigkeits- oder funktionale Untersuchungen. Speziell auf die Unterstützung von Messungen ist [Hits 88] zugeschnitten. Unterstützung für die Berechnungsmodellierung bietet [MFH 85] an. HIT [BeSc 85] ist ein Tool zur Lastmodellierung und Modellierung (abstrakter) Maschinen. Dabei wird eine streng hierarchische Struktur gefordert, und die Trennung von Last- und Maschinenmodell betont. Für Modellösungen gibt es je nach Problemstellung (Zuverlässigkeit, Leistung) und verwendeter Lösungstechnik (analytisch, numerisch, simulativ) maßgeschneiderte Tools oder Mischformen in vielen Varianten (siehe Kap. 10).

2 Warteschlangenmodelle von Rechensystemen

Warteschlangenmodelle wurden zum ersten Mal Mitte der sechziger Jahre zur Leistungsbewertung von Rechensystemen eingesetzt. Seither hat man große Fortschritte in der Anwendung dieser Modelle für die Analyse von Rechensystemen erzielt.

Warteschlangenmodelle eignen sich zur Modellierung besonders, da sie folgende wichtige Eigenschaften von Rechensystemen nachbilden können:

- viele unabhängige Bedieneinheiten (CPU, Geräte),

- die sequentielle Beanspruchung dieser Bedieneinheiten durch die Jobs,

- die gleichzeitige Beanspruchung verschiedener Bedieneinheiten durch verschiedene Jobs.

Da zur Untersuchung stochastischer Warteschlangenmodelle bestimmte Kenntnisse der Wahrscheinlichkeitstheorie unabdingbare Voraussetzung sind, wollen wir einleitend auf die benötigten Grundlagen der Wahrscheinlichkeitstheorie kurz eingehen.

2.1 Wahrscheinlichkeitstheoretische Grundlagen

Wir geben in diesem Abschnitt einen Überblick über die wichtigsten Definitionen und Resultate der Wahrscheinlichkeitsrechnung. Weitergehende Einzelheiten können z.B. bei [ALLE 78],[FELL 68], [KOBA 78], [TRIV 82] nachgelesen werden. Wir setzen dabei voraus, daß der Leser bereits mit den grundlegenden Eigenschaften und Schreibweisen der Wahrscheinlichkeitstheorie vertraut ist.

2.1.1 Zufallsvariablen

Eine Zufallsvariable ist eine Funktion, die das Ergebnis eines zufallsbedingten Vorgangs (Zufallsexperiments) ausdrückt. So kann beispielsweise das Ergebnis des Zufallsexperiments 'Werfen eines einzelnen Würfels' durch die Zufallsvariable 'Geworfene Augenzahl', die die möglichen Werte $1, 2, \ldots, 6$ annehmen kann, beschrieben werden. Ebenso eine Zufallsvariable ist die Zahl der während einer Stunde eintreffenden Anfragen bei einem Flugbuchungssystem oder die Anzahl der bei einem Rechensystem ankommenden Aufträge. Eine Zufallsvariable ist auch die Zeit zwischen der Ankunft zweier aufeinanderfolgender Aufträge bei einem Rechensystem oder die Antwortzeit oder der Durchsatz eines Rechensystems. Bei den letztgenannten Beispielen können die Zufallsvariablen kontinuierliche Werte annehmen, bei den anderen nur diskrete. Dementsprechend unterscheidet man auch kontinuierliche und diskrete Zufallsvariablen.

2.1.1.1 Diskrete Zufallsvariablen

Eine Zufallsvariable, die nur diskrete Werte annehmen kann, bezeichnet man als *diskrete Zufallsvariable*, wobei die diskreten Werte im allgemeinen ganze Zahlen sind. Beschrieben wird die diskrete Zufallsvariable durch die möglichen Werte, die sie annehmen kann und die Wahrscheinlichkeiten für diese Werte. Die Menge dieser Wahrscheinlichkeiten nennt man *Wahrscheinlichkeitsverteilung* oder kurz *Verteilung* der Zufallsvariablen. Sind z.B. die möglichen Werte einer Zufallsvariablen X die nichtnegativen ganzen Zahlen, dann ist die Wahrscheinlichkeitsverteilung durch die *Wahrscheinlichkeitsfunktion*

$$p_k = P(X = k) \quad \text{für } k = 0, 1, 2 \dots \tag{2.1}$$

gegeben, d.h. durch die Wahrscheinlichkeiten, daß die Zufallsvariable X den Wert k annimmt.

Es muß gelten:

$$P(X = k) \geq 0,$$
$$\sum_{\text{alle } k} P(X = k) = 1.$$

Für das Zufallsexperiment 'Werfen eines Würfels' ergibt sich zum Beispiel die folgende Verteilung:

$$P(X = k) = \frac{1}{6} \quad \text{für } k = 1, 2, \dots, 6.$$

Andere diskrete Verteilungen sind:

- Bernoulli-Verteilung:
  Wir betrachten ein Zufallsexperiment, das nur zwei mögliche Ausgänge haben kann, z.B. das Werfen einer Münze ($k = 1, 2$). Für die Wahrscheinlichkeitsverteilung der dazugehörigen Zufallsvariablen X gilt dann:
  $$P(X = 1) = p \quad \text{und} \quad P(X = 2) = 1 - p \quad \text{mit } 0 < p < 1. \tag{2.2}$$

- Binomial-Verteilung:
  Das Zufallsexperiment mit zwei möglichen Ausgängen wird n-mal durchgeführt. Die Zufallsvariable X soll jetzt die Zahl der hierbei auftretenden Einsen angeben. Dann ist die Wahrscheinlichkeitsverteilung von X gegeben durch:
  $$P(X = k) = \binom{n}{k} p^k (1 - p)^{n-k} \quad k = 0, 1, \dots, n. \tag{2.3}$$

- Geometrische Verteilung:
  Das Zufallsexperiment mit zwei Ausgängen wird mehrfach durchgeführt, wobei die Zufallsvariable X jetzt die Zahl der Versuche angeben soll bis zum erstenmal die Eins erscheint (inklusive dieses Versuchs). Für die Wahrscheinlichkeitsverteilung von X gilt:
  $$P(X = k) = p(1 - p)^{k-1} \quad k = 1, 2, \dots . \tag{2.4}$$

- Poisson-Verteilung:
  Sind beliebige Ereignisse voneinander unabhängig und gibt die Zufallsvariable X die Anzahl dieser Ereignisse während der Zeit t an, dann ist X poissonverteilt:

$$P(X = k) = \frac{(\lambda t)^k}{k!} \cdot e^{-\lambda t} \qquad k = 0, 1, 2, \ldots, \tag{2.5}$$

wobei $\lambda > 0$ die Rate ist, mit der die Ereignisse eintreten, d.h. im Mittel treten pro Zeiteinheit λ Ereignisse ein.

Es gibt eine Vielzahl von zufallsbedingten Vorgängen, bei denen die Einzelereignisse voneinander unabhängig sind und deren Anzahl damit poissonverteilt ist, z.B.:

- o Zahl der Geburten in einer Stadt
- o Zahl der Verkehrsunfälle in einer Stadt
- o Zahl der Anrufe in einem Fernsprechnetz
- o Zahl der ankommenden Aufträge bei einem Rechensystem.

Die Poisson-Verteilung und die geometrische Verteilung sind für die Warteschlangentheorie besonders wichtig; wir werden ihnen noch häufig begegnen.

Aus der Wahrscheinlichkeitsfunktion einer diskreten Verteilung können weitere wichtige Parameter abgeleitet werden:

- Mittelwert oder Erwartungswert:

$$\overline{X} = E[X] = \sum_{\text{alle } k} k \cdot P(X = k). \tag{2.6}$$

Die Funktion einer Zufallsvariablen ist wieder eine Zufallsvariable mit dem Erwartungswert

$$E[f(X)] = \sum_{\text{alle } k} f(k) \cdot P(X = k). \tag{2.7}$$

- n-tes Moment:

$$\overline{X^n} = E[X^n] = \sum_{\text{alle } k} k^n \cdot P(X = k), \tag{2.8}$$

d.h. das n-te Moment ist der Erwartungswert der n-ten Potenz von X. Das erste Moment von X ist der Mittelwert von X.

- n-tes zentrales Moment:

$$\overline{(X - \overline{X})^n} = E[(X - E[X])^n] = \sum_{\text{alle } k} (k - \overline{X})^n \cdot P(X = k), \tag{2.9}$$

d.h. das n-te zentrale Moment ist der Erwartungswert der n-ten Potenz der Differenz zwischen X und dem Mittelwert von X. Das erste zentrale Moment ist Null.

- Das zweite zentrale Moment bezeichnet man als die Varianz von X:

$$\sigma_X^2 = \text{var}(X) = \overline{(X - \overline{X})^2} = \overline{X^2} - \overline{X}^2. \tag{2.10}$$

σ_X heißt Standardabweichung.

- Der Variationskoeffizient ist die normierte Standardabweichung:

$$c_X = \frac{\sigma_X}{\overline{X}}. \tag{2.11}$$

c_X, σ_X und $\text{var}(X)$ geben an wie stark der Wert einer Zufallsvariablen im Mittel vom Erwartungswert abweicht. Ist $c_X = \sigma_X = \text{var}(X) = 0$, so bedeutet dies, daß die Zufallsvariable mit Wahrscheinlichkeit Eins einen festen Wert annimmt.

In Tabelle 2.1 sind die Werte für den Mittelwert, die Varianz und den quadrierten Variationskoeffzienten wichtiger diskreter Verteilung angegeben.

Verteilung	Parameter	$\overline{X}$	$\mathrm{var}(X)$	c_X^2
Bernoulli	p	p	$p(1-p)$	$\dfrac{p(1-p)}{p^2}$
Binomial	n, p	np	$np(1-p)$	$\dfrac{1-p}{np}$
Geometrisch	p	$\dfrac{1}{p}$	$\dfrac{1-p}{p^2}$	$1-p$
Poisson	λt	λt	λt	$\dfrac{1}{\lambda t}$

Tab. 2.1: Eigenschaften wichtiger diskreter Verteilungen ($0 < p < 1$)

2.1.1.2   Kontinuierliche Zufallsvariablen

Eine Zufallsvariable X, die alle Werte im Intervall $[a, b]$ annehmen kann, d.h. $-\infty \leq a < b \leq +\infty$, bezeichnet man als *kontinuierliche Zufallsvariable*. Sie wird beschrieben durch die dazugehörige *Verteilungsfunktion*

$$F_X(x) = P(X \leq x), \tag{2.12}$$

die für alle Werte x aus der Wertemenge von X die Wahrscheinlichkeit dafür angibt, daß der Wert der Zufallsvariablen X kleiner oder gleich einem betrachteten x ist. Aus Gl. (2.12) folgt unmittelbar für $x < y$:

$$F_X(x) \leq F_X(y),$$
$$P(x < X \leq y) = F_X(y) - F_X(x).$$

Statt der Verteilungsfunktion kann auch die *Dichtefunktion* $f_X(x)$ verwendet werden:

$$f_X(x) = \frac{dF_X(x)}{dx}. \tag{2.13}$$

Einige Eigenschaften der Dichtefunktion:

$$f_X(x) \geq 0 \qquad \text{für alle } x,$$

$$\int_{-\infty}^{\infty} f_X(x)dx = 1,$$

$$P(x_1 \leq X \leq x_2) = \int_{x_1}^{x_2} f_X(x)dx,$$

$$P(X = x) = \int_{x}^{x} f_X(x)dx = 0,$$

$$P(X > x_3) = \int_{x_3}^{\infty} f_X(x)dx.$$

Die Dichtefunktion einer kontinuierlichen Zufallsvariablen entspricht der Wahrscheinlichkeitsfunktion einer diskreten Zufallsvariablen. Die Formeln für den Mittelwert und die höheren Momente einer kontinuierlichen Zufallsvariablen erhält man

deshalb aus den Formeln für diskrete Zufallsvariablen, indem man die Wahrscheinlichkeitsfunktion durch die Dichtefunktion und die Summation durch die Integration
ersetzt:

- Mittelwert oder Erwartungswert:

$$\overline{X} = E[X] = \int\limits_{-\infty}^{\infty} x \cdot f_X(x)dx, \tag{2.14}$$

bzw.

$$E[g(X)] = \int\limits_{-\infty}^{\infty} g(x) \cdot f_X(x)dx. \tag{2.15}$$

- n-tes Moment:

$$\overline{X^n} = E[X^n] = \int\limits_{-\infty}^{\infty} x^n \cdot f_X(x)dx. \tag{2.16}$$

- n-tes zentrales Moment:

$$\overline{(X - \overline{X})^n} = E[(X - E[X])^n] = \int\limits_{-\infty}^{\infty} (x - \overline{X})^n f_X(x)dx. \tag{2.17}$$

- Varianz:

$$\sigma_X^2 = \mathrm{var}(X) = \overline{(X - \overline{X})^2} = \overline{X^2} - \overline{X}^2 \tag{2.18}$$

mit σ_X als der Standardabweichung.

- Variationskoeffizient:

$$c_X = \frac{\sigma_X}{\overline{X}}. \tag{2.19}$$

Eine der bekanntesten und wichtigsten kontinuierlichen Verteilungen ist die *Normalverteilung*. Für die Verteilungsfunktion einer normalverteilten Zufallsvariablen
X gilt:

$$F_X(x) = \frac{1}{\sqrt{2\pi\sigma_X^2}} \int\limits_{-\infty}^{x} \exp\left(-\frac{(s - \overline{X})^2}{2\sigma_X^2}\right) ds, \tag{2.20}$$

bzw. für die Dichtefunktion:

$$f_X(x) = \frac{1}{\sqrt{2\pi\sigma_X^2}} \exp\left(-\frac{(x - \overline{X})^2}{2\sigma_X^2}\right).$$

Für $\overline{X} = 0$ und $\sigma_X = 1$ erhält man die *Standard-Normalverteilung*:

$$\text{Verteilungsfunktion:} \quad \Phi(x) = \frac{1}{\sqrt{2\pi}} \cdot \int\limits_{-\infty}^{x} \exp\left(-\frac{s^2}{2}\right) ds, \tag{2.21}$$

$$\text{Dichtefunktion:} \qquad \phi(x) = \frac{1}{\sqrt{2\pi}} \cdot \exp\left(-\frac{x^2}{2}\right).$$

Für eine beliebige Normalverteilung gilt:

$$F_X(x) = \Phi\left(\frac{x - \overline{X}}{\sigma_X}\right) \quad \text{bzw.} \quad f_X(x) = \phi\left(\frac{x - \overline{X}}{\sigma_X}\right).$$

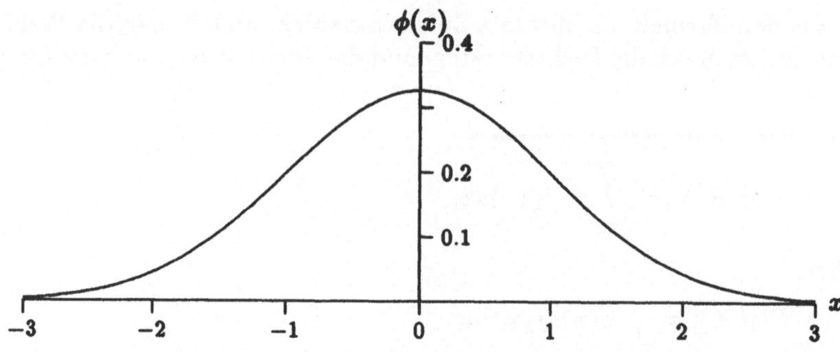

Abb. 2.1: Dichtefunktion der Standard-Normalverteilung

Weitere wichtige Verteilungsfunktionen kontinuierlicher Zufallsvariablen werden in Kap. 2.2 eingeführt. Sie dienen dort zur Beschreibung von Wartesystemen, bei denen im allgemeinen die Bedienzeiten und die Zwischenankunftszeiten von Aufträgen Zufallsvariable sind.

2.1.1.3 Mehrdimensionale Zufallsvariablen, Abhängigkeit zwischen mehreren Zufallsvariablen

In manchen Fällen werden durch den Ausgang ein und desselben Zufallsexperiments die Werte mehrerer Zufallsvariablen bestimmt, wobei sich diese Werte zusätzlich noch gegenseitig beeinflussen können.

Sind $X_1, X_2, \ldots, X_n$ diskrete Zufallsvariable, dann bezeichnet die *Verbundwahrscheinlichkeit*

$$P(X_1 = x_1, X_2 = x_2, \ldots, X_n = x_n) \tag{2.22}$$

die Wahrscheinlichkeit dafür, daß $X_1 = x_1$ und $X_2 = x_2$ und ... und $X_n = x_n$ ist. Im kontinuierlichen Fall bezeichnet die *Verbundverteilung*

$$F_{\underline{X}}(\underline{x}) = P(X_1 \leq x_1, X_2 \leq x_2, \ldots, X_n \leq x_n) \tag{2.23}$$

die Wahrscheinlichkeit dafür, daß $X_1 \leq x_1$ und $X_2 \leq x_2$ und ... und $X_n \leq x_n$ gilt, wobei $\underline{X} = (X_1, X_2, \ldots, X_n)$ eine n-dimensionale Zufallsvariable und $\underline{x} = (x_1, x_2, \ldots, x_n)$ ist.

Ein einfaches Beispiel für ein Zufallsexperiment mit mehreren diskreten Zufallsvariablen ist das zweimalige Werfen eines Würfels. Folgende Zufallsvariablen sind denkbar:

X_1 Augenzahl beim ersten Wurf,

X_2 Augenzahl beim zweiten Wurf,

$X_3 = X_1 + X_2$ Summe beider Würfe.

a)   Unabhängigkeit

Gilt im kontinuierlichen Fall

$$P(X_1 \leq x_1, X_2 \leq x_2, \ldots, X_n \leq x_n)$$
$$= P(X_1 \leq x_1) \cdot P(X_2 \leq x_2) \cdot \ldots \cdot P(X_n \leq x_n), \qquad (2.24)$$

bzw. im diskreten Fall

$$P(X_1 = x_1, X_2 = x_2, \ldots, X_n = x_n)$$
$$= P(X_1 = x_1) \cdot P(X_2 = x_2) \cdot \ldots \cdot P(X_n = x_n), \qquad (2.25)$$

dann werden die Zufallsvariablen $X_1, X_2, \ldots, X_n$ (*statistisch*) *unabhängig* genannt. Im anderen Fall heißen sie (*statistisch*) *abhängig*.

Im obigen Beispiel 'Zweimaliges Werfen eines Würfels' sind die Zufallsvariablen X_1 und X_2 offensichtlich voneinander unabhängig, während z.B. X_1 und X_3 voneinander abhängig sind. Es gilt beispielsweise:

$$P(X_1 = i, X_2 = j) = \frac{1}{36} \qquad \text{für } i, j = 1, \ldots, 6,$$

da es insgesamt 36 unterschiedliche Ergebnisse gibt, die alle gleichwahrscheinlich sind. Weil für $i, j = 1, \ldots, 6$ ebenfalls gilt

$$P(X_1 = i) \cdot P(X_2 = j) = \frac{1}{6} \cdot \frac{1}{6} = \frac{1}{36},$$

folgt $P(X_1 = i, X_2 = j) = P(X_1 = i) \cdot P(X_2 = j)$ und damit die Unabhängigkeit von X_1 und X_2.

Betrachten wir dagegen die beiden abhängigen Variablen X_1 und X_3, dann ergibt sich z.B.:

$$P(X_1 = 2, X_3 = 4) = P(X_1 = 2, X_2 = 2) = \frac{1}{36},$$

da X_1 und X_2 voneinander unabhängig sind. Mit

$$P(X_1 = 2) = \frac{1}{6} \quad \text{und}$$
$$P(X_3 = 4) = P(X_1 = 1, X_2 = 3) + P(X_1 = 2, X_2 = 2)$$
$$+ P(X_1 = 3, X_2 = 1) = \frac{3}{36} = \frac{1}{12}$$

erhält man $P(X_1 = 2) \cdot P(X_3 = 4) = \frac{1}{6} \cdot \frac{1}{12} = \frac{1}{72}$, woraus die Abhängigkeit folgt:

$$P(X_1 = 2, X_3 = 4) \neq P(X_1 = 2) \cdot P(X_3 = 4).$$

b)   Bedingte Wahrscheinlichkeit

Im diskreten Fall gibt die *bedingte Wahrscheinlichkeit*

$$P(X_1 = x_1 | X_2 = x_2, \ldots, X_n = x_n)$$

die Wahrscheinlichkeit für $X_1 = x_1$ an, wenn die Bedingungen $X_2 = x_2$ und ... und $X_n = x_n$ erfüllt sind. Es gilt:

$$P(X_1 = x_1 | X_2 = x_2, \ldots, X_n = x_n)$$
$$= \frac{P(X_1 = x_1, X_2 = x_2, \ldots, X_n = x_n)}{P(X_2 = x_2, \ldots, X_n = x_n)}. \tag{2.26}$$

Entsprechend gilt für kontinuierliche Zufallsvariable:

$$P(X_1 \leq x_1 | X_2 \leq x_2, \ldots, X_n \leq x_n)$$
$$= \frac{P(X_1 \leq x_1, X_2 \leq x_2, \ldots, X_n \leq x_n)}{P(X_2 \leq x_2, \ldots, X_n \leq x_n)}. \tag{2.27}$$

Auch die bedingte Wahrscheinlichkeit wollen wir an dem obigem Beispiel 'Zweimaliges Werfen eines Würfels' verdeutlichen. So gibt

$$P(X_3 = j | X_1 = i) = \frac{P(X_3 = j, X_1 = i)}{P(X_1 = i)}$$

die Wahrscheinlichkeit dafür an, daß $X_3 = j$ ist unter der Bedingung $X_1 = i$. Mit $j = 4$ und $i = 2$ gilt beispielsweise:

$$P(X_3 = 4 | X_1 = 2) = \frac{1/36}{1/6} = \frac{1}{6}.$$

Betrachten wir nun die beiden Zufallsvariablen X_1 und X_2, dann folgt speziell wegen der Unabhängigkeit von X_1 und X_2:

$$P(X_1 = j | X_2 = i) = \frac{P(X_1 = j, X_2 = i)}{P(X_2 = i)}$$
$$= \frac{P(X_1 = j) \cdot P(X_2 = i)}{P(X_2 = i)} = P(X_1 = j).$$

c)   Wichtige Beziehungen

- Der Erwartungswert einer Summe von Zufallsvariablen ist gleich der Summe der Erwartungswerte dieser Zufallsvariablen. Sind $c_1, \ldots, c_n$ beliebige Zahlen, so gilt also:

$$E[\sum_{i=1}^{n} c_i X_i] = \sum_{i=1}^{n} c_i E[X_i]. \tag{2.28}$$

- Im Falle stochastischer Unabhängigkeit gilt:
  Der Erwartungswert eines Produkts von Zufallsvariablen ist gleich dem Produkt der Erwartungswerte dieser Zufallsvariablen:

$$E[\prod_{i=1}^{n} X_i] = \prod_{i=1}^{n} E[X_i]. \tag{2.29}$$

- Die *Kovarianz* zweier Zufallsvariablen X und Y ist ein Maß für die Abhängigkeit zwischen X und Y. Sie ist folgendermaßen definiert:

$$\text{cov}[X,Y] = E\left[(X - E[X])(Y - E[Y])\right] = \overline{(X - \overline{X})(Y - \overline{Y})}$$
$$= E[X \cdot Y] - E[X] \cdot E[Y] = \overline{XY} - \overline{X} \cdot \overline{Y}. \qquad (2.30)$$

Für $X = Y$ geht die Kovarianz über in die Varianz:

$$\text{cov}[X,X] = \overline{X^2} - \overline{X}^2 = \text{var}(X) = \sigma_X^2.$$

Sind X und Y statistisch unabhängig, dann gilt mit Gl. (2.29)

$$E[X \cdot Y] = E[X] \cdot E[Y],$$

und mit Gl. (2.30)

$$\text{cov}(X,Y) = 0.$$

In diesem Fall bezeichnet man X und Y als unkorreliert.

- Der *Korrelationskoeffizient* ist die auf die Standardabweichung normierte Kovarianz:

$$\text{cor}[X,Y] = \frac{\text{cov}[X,Y]}{\sigma_X \cdot \sigma_Y}. \qquad (2.31)$$

Für $X = Y$ folgt somit:

$$\text{cor}[X,X] = \frac{\sigma_X^2}{\sigma_Y^2} = 1.$$

- Mit der Kovarianz kann die Varianz einer Summe von Zufallsvariablen ausgedrückt werden:

$$\text{var}\left[\sum_{i=1}^{n} c_i X_i\right] = \sum_{i=1}^{n} c_i^2 \, \text{var}(X_i) + 2 \cdot \sum_{i=1}^{n-1} \sum_{j=i+1}^{n} c_i c_j \, \text{cov}[X_i, X_j]. \qquad (2.32)$$

Für unabhängige (unkorrelierte) Zufallsvariable X_i, X_j ergibt sich hieraus:

$$\text{var}\left[\sum_{i=1}^{n} c_i X_i\right] = \sum_{i=1}^{n} c_i^2 \text{var}(X_i). \qquad (2.33)$$

d)   Zentraler Grenzwertsatz

Seien $X_1, X_2, \ldots, X_n$ unabhängige und identisch verteilte Zufallsvariable mit dem Mittelwert $E[X_i] = \overline{X}$ und der Varianz $\text{var}(X_i) = \sigma_X^2$. Für die Summe

$$S_n = \frac{1}{n} \sum_{i=1}^{n} X_i$$

gilt dann $E[S_n] = \overline{X}$ und $\text{var}(S_n) = \sigma_X^2/n$. Unabhängig von der Verteilung der X_i nähert sich die Zufallsvariable S_n mit wachsendem n einer Normalverteilung mit Mittelwert $\overline{X}$ und der Varianz $\text{var}(X)/n$ an:

$$f_{S_n}(x) \xrightarrow[n \to \infty]{} \frac{1}{\sigma_X \sqrt{2\pi/n}} \cdot \exp\left(-\frac{(x - \overline{X})^2}{2\sigma_X^2/n}\right). \qquad (2.34)$$

Faßt man die X_i als „Stichproben" auf, dann können Mittelwert und zweites Moment
der dazugehörigen Verteilung wie folgt geschätzt werden:

$$\overline{X} \approx \frac{1}{n} \sum_{i=1}^{n} X_i, \tag{2.35}$$

$$\overline{X^2} \approx \frac{1}{n} \sum_{i=1}^{n} X_i^2. \tag{2.36}$$

2.1.2 Transformationen

Die Bestimmung des Mittelwertes, der Varianz und der Momente einer Zufallsvariablen kann oftmals sehr mühsam sein. Diese Schwierigkeiten lassen sich bei Verwendung von Transformationen häufig umgehen. Denn die Wahrscheinlichkeits- bzw.
Dichtefunktion einer Zufallsvariablen ist eindeutig durch die dazugehörige z- bzw.
Laplace-Transformierte festgelegt. Besitzen also zwei Zufallsvariable dieselbe Trans-
formierte, dann besitzen sie auch dieselbe Verteilungsfunktion und umgekehrt. In
vielen Fällen werden daher die Parameter einer Zufallsvariablen vorteilhafter mit
Hilfe der Transformierten bestimmt.

2.1.2.1 z-Transformation

Sei X eine diskrete Zufallsvariable mit Wahrscheinlichkeitsfunktion $p_k = P(X = k)$
für $k = 0, 1, 2, \ldots$ Dann ist die *z-Transformierte* der Wahrscheinlichkeitsfunktion
von X definiert durch

$$G_X(z) = \sum_{k=0}^{\infty} p_k \cdot z^k \qquad \text{mit } |z| \leq 1. \tag{2.37}$$

$G_X(z)$ nennt man auch *erzeugende Funktion*. Für einige wichtige diskrete Verteilungen ist die erzeugende Funktion in Tabelle 2.2 angegeben.

Verteilung	Parameter	$G_X(z)$
Binomial	n, p	$[(1 - p) + pz]^n$
Geometrisch	p	$\dfrac{pz}{1 - (1 - p)z}$
Poisson	λ, t	$e^{\lambda t(z-1)}$

Tab. 2.2: Erzeugende Funktion einiger diskreter Verteilungen

Ist die z-Transformierte $G_X(z)$ einer Verteilung gegeben, so kann man hieraus unmittelbar die Wahrscheinlichkeiten p_k berechnen:

$$p_0 = G_X(0), \tag{2.38}$$

$$p_k = \frac{1}{k!} \cdot \left. \frac{d^k G_X(z)}{dz^k} \right|_{z=0}, \qquad k = 1, 2, 3, \ldots \tag{2.39}$$

Für die Momente gilt:

$$\overline{X} = \left.\frac{dG_X(z)}{dz}\right|_{z=1}, \tag{2.40}$$

$$\overline{X^2} = \left.\frac{d^2G_X(z)}{dz^2}\right|_{z=1} + \overline{X}, \tag{2.41}$$

$$\overline{X^k} = \left.\frac{d^kG_X(z)}{dz^k}\right|_{z=1} + \sum_{i=1}^{k-1} a_{k,i}\cdot \overline{X^i}, \qquad k = 3, 4, \ldots, \tag{2.42}$$

mit

$$a_{k,1} = (-1)^k(k-1)! \qquad k = 3, 4\ldots,$$

$$a_{k,k-1} = \frac{k(k-1)}{2} \qquad k = 3, 4\ldots,$$

$$a_{k,i} = a_{k-1,i-1} - (k-1)a_{k-1,i} \quad k = 4, 5, \ldots \text{ und } i = 2, \ldots, k-2.$$

Die erzeugende Funktion einer Summe von unabhängigen Zufallsvariablen ist das Produkt der erzeugenden Funktionen der einzelnen Zufallsvariablen, d.h. für $X = \sum_{i=1}^n X_i$ gilt:

$$G_X(z) = \prod_{i=1}^n G_{X_i}(z). \tag{2.43}$$

2.1.2.2 Laplace-Transformation

Die Laplace-Transformation spielt für nichtnegative kontinuierliche Zufallsvariable eine ähnliche Rolle wie die z-Transformation für diskrete Zufallsvariable.

Sei X eine kontinuierliche Zufallsvariable mit Dichtefunktion $f_X(x)$, dann ist die *Laplace-Transformierte* der Dichtefunktion von X definiert durch:

$$L_X(s) = \int_0^\infty f_X(x)e^{-sx}dx, \tag{2.44}$$

wobei s einen komplexen Parameter bezeichnet. Durch Differentiation lassen sich aus $L_x(s)$ wieder sehr einfach die Momente berechnen:

$$\overline{X^k} = (-1)^k \left.\frac{d^kL_X(s)}{ds^k}\right|_{s=0}, \qquad k = 1, 2, \ldots. \tag{2.45}$$

Für einige bekannte Verteilungen (siehe Kap. 2.2) sind Laplace-Transformierte und Momente in Tabelle 2.3 angegeben.

Analog zur z-Transformierten gilt: Die Laplace-Transformierte einer Summe von unabhängigen Zufallsvariablen ist das Produkt der Laplace-Transformierten der einzelnen Zufallsvariablen, d.h. für $X = \sum_{i=1}^n X_i$ folgt:

$$L_X(s) = \prod_{i=1}^n L_{X_i}(s). \tag{2.46}$$

Weitere Gesetzmäßigkeiten und nähere Einzelheiten zur Laplace- und z-Transformation finden sich in [KLEI 75].

Verteilung	Parameter	$L_X(s)$	$\overline{X^n}$
Exponential	λ	$\dfrac{\lambda}{\lambda + s}$	$\dfrac{n!}{\lambda^n}$
Erlang	k, λ	$\left(\dfrac{\lambda}{\lambda + s}\right)^k$	$\dfrac{k(k+1)\ldots(k+n-1)}{\lambda^n}$
Gamma	α, λ	$\left(\dfrac{\lambda}{\lambda + s}\right)^\alpha$	$\dfrac{\alpha(\alpha+1)\ldots(\alpha+n-1)}{\lambda^n}$

Tab. 2.3: Laplace-Transformierte und Momente einiger kontinuierlicher Verteilungen

2.2   Elementare Wartesysteme

Die ersten Untersuchungen von Rechensystemen mit Hilfe von Warteschlangenmodellen beschränkten sich auf Modelle mit nur einer Bedienstation. Man betrachtete lediglich den Prozessor als wichtigste Komponente des Systems bzw. das gesamte System als eine einzige Bedienstation. Da es sich hierbei um die elementarste Form von Warteschlangenmodellen handelt, spricht man auch von *elementaren Wartesystemen*.

In diesem Kapitel werden wir uns mit der Beschreibung und den Eigenschaften solcher elementarer Wartesysteme befassen und dabei Begriffe und Beziehungen einführen, die grundlegend für die weiteren Kapitel dieses Buches sind.

2.2.1   Beschreibung

Ein elementares Wartesystem (Abb. 2.2) besteht aus einer *Warteschlange* sowie einer oder mehrerer identischer *Bedieneinheiten*, in denen Aufträge bedient werden. Solch ein Wartesystem wird in der Warteschlangentheorie auch *Bedienstation* oder *Knoten* genannt. Häufig ist auch die Bezeichnung *„single server"* für Wartesysteme mit einer Bedieneinheit bzw. *„multiple server"* für Wartesysteme mit mehreren Bedieneinheiten zu finden.

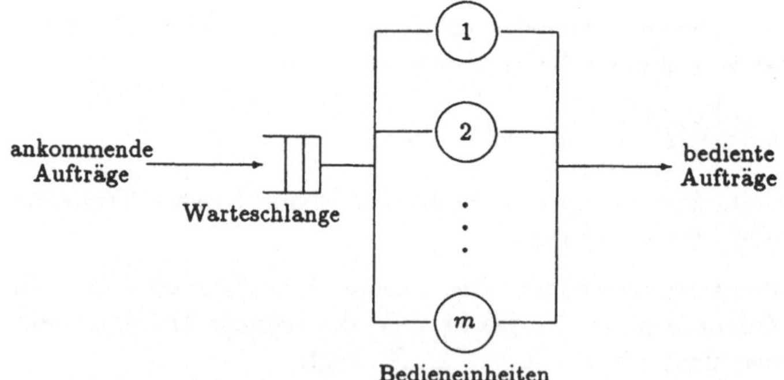

Abb. 2.2: Bedienstation mit m Bedieneinheiten (multiple server)

Eine einzelne Bedieneinheit eines Wartesystems kann immer nur einen Auftrag gleichzeitig bedienen. Sie befindet sich deshalb stets in einem der beiden Zustände

„belegt" oder „frei". Sind bei Ankunft eines Auftrags an einem Wartesystem alle Bedieneinheiten belegt, so muß sich der Auftrag in die gemeinsame Warteschlange einreihen. Wird ein Auftrag in einer Bedieneinheit fertig bedient und diese somit frei, dann wird aus der Warteschlange ein neuer Auftrag entsprechend einer *Warteschlangendisziplin* ausgewählt, mit dessen Bedienung daraufhin begonnen wird.

Ein Wartesystem ist weiterhin charakterisiert durch die *Zwischenankunftszeit* t_a zwischen aufeinanderfolgend ankommenden Aufträgen und durch die *Bedienzeit* t_b für einzelne Aufträge. Da der Zugang der Aufträge genau wie deren Abfertigung in der Regel zufällig erfolgt, sind die Zwischenankunftszeit und die Bedienzeit Zufallsgrößen und damit durch ihre Verteilung gegeben.

Aus der mittleren Zwischenankunftszeit $\bar{t}_a$ erhält man durch Kehrwertbildung die *Ankunftsrate*

$$\lambda = \frac{1}{\bar{t}_a}.$$

λ kann als die mittlere Anzahl von Aufträgen, die pro Zeiteinheit eintreffen, interpretiert werden.

Man spricht in diesem Zusammenhang allgemein auch von einem *Ankunftsprozeß*, der durch die Wahrscheinlichkeit gegeben ist, daß in einem festen Zeitintervall eine bestimmte Anzahl von Ankünften stattfindet.

Im Gegensatz zum Ankunftsprozeß ist der *Bedienprozeß* außer von den zu bearbeitenden Aufträgen zusätzlich noch vom gegebenen Wartesystem abhängig. Die Bedienzeit t_b für einen einzelnen Auftrag bestimmt sich nämlich nicht nur aus der Bedienanforderung d, die den benötigten Bedienungsumfang des Auftrags angibt, sondern auch noch aus der Arbeitsgeschwindigkeit v der Bedieneinheit:

$$t_b = \frac{d}{v}.$$

Da wir voraussetzen, daß die Bedienanforderungen für alle Aufträge zufällig sind, können auch die Bedienzeiten für alle Aufträge als Zufallsgrößen angesehen werden. Wir nehmen dabei an, daß sämtliche Aufträge im Wartesystem die gleiche Bedienzeitverteilung besitzen.

Aus der mittleren Bedienzeit $\bar{t}_b$ ergibt sich die *Bedienrate*:

$$\mu = \frac{1}{\bar{t}_b}.$$

μ bezeichnet die mittlere Anzahl von Aufträgen, die pro Zeiteinheit bedient werden.

2.2.2 Wichtige Verteilungsfunktionen

Wir haben festgestellt, daß die Zwischenankunftszeit und die Bedienzeit eines Wartesystems Zufallsgrößen und damit durch die dazugehörigen Verteilungen eindeutig festgelegt sind. Im folgenden wollen wir die in der Warteschlangentheorie gebräuchlichsten Verteilungsfunktionen explizit angeben und deren charakteristische Eigenschaften zum Teil ausführlich erläutern. In Tab. 2.4 werden diese Ergebnisse zusammengefaßt.

Häufig sind von einer Verteilung nur Mittelwerte und zweites Moment bzw. die daraus unmittelbar berechenbare Varianz oder der Variationskoeffizient bekannt, wobei Mittelwert und zweites Moment z.B. mithilfe von Stichproben nach Gl. (2.35) und Gl. (2.36) geschätzt worden sein können. Wir geben daher zusätzlich an, welche Verteilung bei gegebenem Mittelwert und Variationskoeffizient zur Approximation geeignet ist und wie sich die Parameter der jeweiligen Verteilung aus Mittelwert und Variationskoeffizient berechnen lassen. Einen Überblick über diese Resultate gibt abschließend Tab. 2.5.

2.2.2.1   Exponentialverteilung

Die Exponentialverteilung ist die wichtigste und auch die am leichtesten handhabbare Verteilung in der Warteschlangentheorie. Viele Ankunfts- und Bedienprozesse lassen sich damit exakt oder näherungsweise beschreiben. Die Verteilungsfunktion einer exponentiell verteilten Zufallsvariablen X ist gegeben durch:

$$F_X(x) = 1 - \exp\left(-\frac{x}{\overline{X}}\right), \qquad x \geq 0, \tag{2.47}$$

$$\text{wobei } \overline{X} = \begin{cases} \dfrac{1}{\lambda} & \text{für den Ankunftsprozeß} \\[2ex] \dfrac{1}{\mu} & \text{für den Bedienprozeß.} \end{cases}$$

Weiterhin gilt z.B. für einen Ankunftsprozeß mit exponentiell verteilten Zwischenankunftszeiten:

$$\text{Dichtefunktion:} \qquad f_X(x) \;=\; \lambda e^{-\lambda x}, \qquad x > 0,$$

$$\text{Mittelwert:} \qquad \overline{X} \;=\; \frac{1}{\lambda},$$

$$\text{Varianz:} \qquad \mathrm{var}(X) \;=\; \frac{1}{\lambda^2},$$

$$\text{Variationskoeffizient:} \qquad c_X \;=\; 1.$$

Die Exponentialverteilung ist somit vollständig durch ihren Mittelwert bestimmt.

Die Wichtigkeit der Exponentialverteilung läßt sich vor allem damit begründen, daß sie als einzige kontinuierliche Verteilung die *Markov-Eigenschaft der Gedächtnislosigkeit* (memoryless property) besitzt:

$$P(T \leq s + t \mid T > s) = 1 - \exp(-\frac{t}{\overline{T}}) = P(T \leq t). \tag{2.48}$$

Zur Interpretation von Gl. (2.48) betrachten wir eine Bedienstation mit exponentiell verteilten Zwischenankunftszeiten T. Hat man diese Station bereits s Zeiteinheiten lang beobachtet und während dieser Zeit kam dort kein neuer Auftrag an, dann ist die Wahrscheinlichkeit noch weitere t Zeiteinheiten bis zur Ankunft des nächsten Auftrags warten zu müssen, vollkommen unabhängig von der bislang gewarteten Zeit s. Die Station erinnert sich also nicht daran, bereits s Zeiteinheiten gewartet zu haben.

Exponentialverteilung liegt demnach immer genau dann vor, wenn die einzelnen Ereignisse eines (Ankunfts- oder Bedien-) Prozesses voneinander unabhängig sind. Ein weiteres wichtiges Charakteristikum der Exponentialverteilung ist noch die sog. *Poisson-Eigenschaft*: Sind nämlich die Zwischenankunfts- oder Bedienzeiten einer Bedienstation exponentiell verteilt, dann ist die Zufallsvariable für die Anzahl der Aufträge, die in einem festen Zeitintervall eintreffen bzw. bedient werden, poissonverteilt. Man spricht dann auch von einem Poisson'schen Ankunfts- bzw. Bedienprozeß. Aus der Poisson-Eigenschaft leiten sich zwei weitere wichtige Besonderheiten der Exponentialverteilung ab:

Faßt man n Poissonprozesse mit Zwischenankunftszeitverteilung $1-e^{-\lambda_i t}$, $1 \leq i \leq n$, zu einem einzigen Prozeß zusammen , so erhält man wieder einen Poissonprozeß, der nun die Zwischenankunftszeitverteilung $1 - e^{-\lambda t}$ mit $\lambda = \sum_{i=1}^{n} \lambda_i$ besitzt (Abb. 2.3).

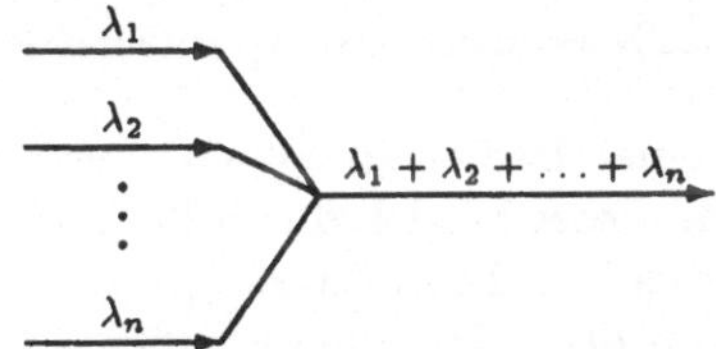

Abb. 2.3: Verschmelzen von Poissonprozessen

Wird ein Poissonprozeß mit Zwischenankunftszeitverteilung $1-e^{-\lambda t}$ so in n Prozesse aufgespalten, daß die Ankünfte mit Wahrscheinlichkeit q_i, $1 \leq i \leq n$, beim i-ten Prozeß ankommen, dann besitzt der i-te Teilprozeß die Zwischenankunftszeitverteilung $1 - e^{-q_i \lambda t}$, d.h. es entstehen wieder n Poissonprozesse (Abb. 2.4).

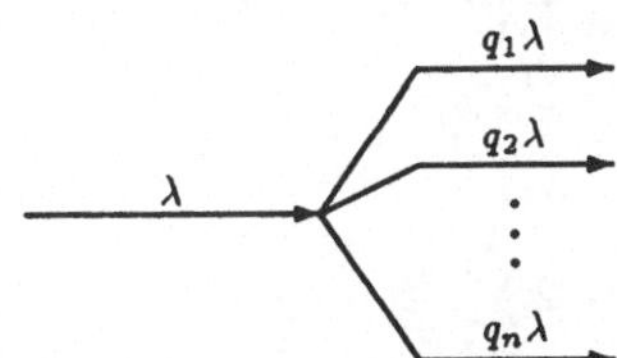

Abb. 2.4: Aufspalten eines Poissonprozesses

Nicht immer jedoch ist die Exponentialverteilung eine gute Approximation der tatsächlich vorliegenden Verteilung. So haben sich bei konkret durchgeführten Leistungsbewertungen Abweichungen ergeben: Zum Beispiel ist bei der Bedienzeit eines Prozessors der Variationskoeffizient häufig größer als Eins, während er bei peripheren Geräten meist kleiner als Eins ist. Dies führt direkt zu den nachfolgenden Verteilungen.

2.2.2.2 Hyperexponentialverteilung H_k

Mit der H_k-Verteilung können nichtexponentielle Verteilungen mit einem Variationskoeffzient größer als Eins approximiert werden. k gibt dabei die Anzahl der exponentiellen Phasen an.

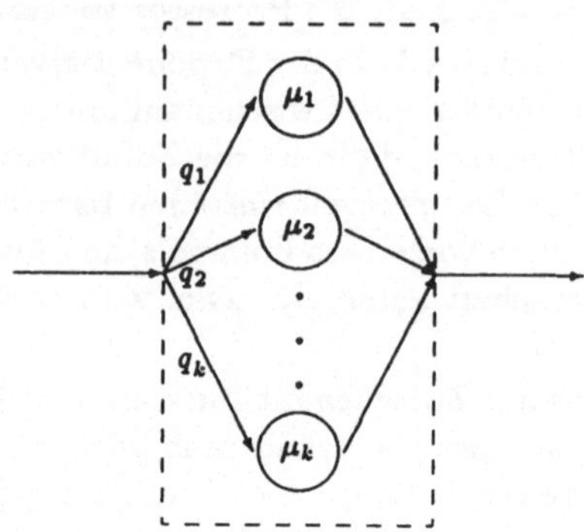

Abb. 2.5: Modellvorstellung einer H_k-verteilten Bedieneinheit

Abb. 2.5 zeigt das Modell einer Bedieneinheit mit hyperexponentieller Verteilung der Bedienzeiten. Man erhält dieses Modell durch Parallelschalten von k Phasen mit exponentiell verteilter Bedienzeit und den Raten $\mu_1, \mu_2, \ldots, \mu_k$. Ein Auftrag wird mit der Wahrscheinlichkeit q_j von der j-ten Phase bedient, wobei gilt $\sum_{j=1}^{k} q_j = 1$. Es kann jedoch immer nur eine der k Phasen belegt sein.

Hieraus resultiert für die Verteilungsfunktion:

$$F_X(x) = \sum_{j=1}^{k} q_j(1 - e^{-\mu_j x}), \qquad x \geq 0. \tag{2.49}$$

Dichtefunktion:
$$f_X(x) = \sum_{j=1}^{k} q_j \mu_j (e^{-\mu_j x}), \qquad x > 0,$$

Mittelwert:
$$\overline{X} = \sum_{j=1}^{k} \frac{q_j}{\mu_j} = \frac{1}{\mu}, \qquad x > 0,$$

Varianz:
$$\mathrm{var}(X) = 2 \sum_{j=1}^{k} \frac{q_j}{\mu_j^2} - \frac{1}{\mu^2},$$

Variationskoeffizient:
$$c_X = \sqrt{2\mu^2 \sum_{j=1}^{k} \frac{q_j}{\mu_j^2} - 1} \;\; > 1.$$

Liegt z.B. eine H_2-Verteilung vor, so können bei gegebenem Mittelwert $\overline{X}$ und Variationskoeffzient c_X die Parameter μ_1, μ_2 wie folgt bestimmt werden:

$$\mu_1 = \frac{1}{\overline{X}} \left[1 + \sqrt{\frac{q_2}{q_1} \frac{c_X^2 - 1}{2}} \right]^{-1},$$

$$\mu_2 = \frac{1}{\overline{X}} \left[1 - \sqrt{\frac{q_1}{q_2} \frac{c_X^2 - 1}{2}} \right]^{-1}.$$

Die Parameter q_1 und q_2 dürfen dabei unter der Voraussetzung $q_1 + q_2 = 1$ und $\mu_2 > 0$ beliebig gewählt werden.

2.2.2.3   Erlang-k Verteilung E_k

Nichtexponentielle Verteilungen mit einem Variationskoeffizient kleiner als Eins können durch die Erlang-k Verteilung E_k approximiert werden. k bezeichnet hierbei wieder die Anzahl der exponentiellen Phasen.

In Abb. 2.6 ist das Modell einer Bedieneinheit mit E_k-Verteilung der Bedienzeiten gezeigt. Es enthält k in Serie geschaltete identische Phasen mit jeweils exponentiell verteilter Bedienzeit. Die Bedienrate einer Phase ist $k\mu$. Ein Auftrag kann erst dann von der ersten Phase bedient werden, wenn der vorgehende Auftrag die letzte Phase verlassen hat.

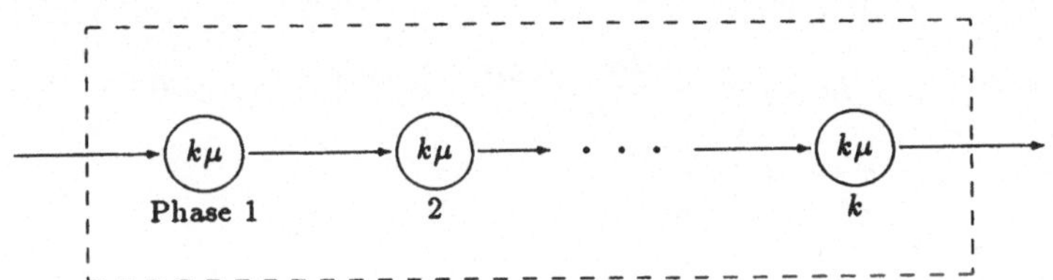

Abb. 2.6: Modellvorstellung einer E_k-verteilten Bedieneinheit

Wenn beispielsweise die Zwischenankunftszeit eines Wartesystems exponentiell verteilt ist, dann folgt, daß die Zeit zwischen der Ankunft des ersten und des $(k+1)$-ten Auftrags Erlang-k verteilt ist.

Für die Verteilungsfunktion gilt:

$$F_X(x) = 1 - e^{-k\mu x} \cdot \sum_{j=0}^{k-1} \frac{(k\mu x)^j}{j!}, \qquad x \geq 0, \; k = 1, 2 \ldots \tag{2.50}$$

Dichtefunktion: $\qquad f_X(x) = \dfrac{k\mu(k\mu x)^{k-1}}{(k-1)!} e^{-k\mu x}, \quad x > 0, \; k = 1, 2, \ldots,$

Mittelwert: $\qquad \overline{X} = \dfrac{1}{\mu},$

Varianz: $\qquad \mathrm{var}(X) = \dfrac{1}{k\mu^2},$

Variationskoeffizient: $\qquad c_X = \dfrac{1}{\sqrt{k}} \leq 1.$

Sind der Mittelwert $\overline{X}$ und der Variationskoeffizient c_X gegeben, so ergeben sich die Parameter k und μ einer Erlang-Verteilung zu:

$$k = ceil(\frac{1}{c_X^2}),$$

wobei die Funktion $ceil$ den Wert $1/c_X^2$ zur nächsthöheren ganzen Zahl aufrundet, und

$$\mu = \frac{1}{c_X^2 k \overline{X}}.$$

2.2.2.4   Hypoexponentialverteilung

Die Hypoexponentialverteilung erhält man, wenn die einzelnen Phasen der E_k-Verteilung zusätzlich noch unterschiedliche Bedienraten haben dürfen. Somit ist die Erlang-Verteilung ein Spezialfall der Hypoexponentialverteilung.

Für eine Hypoexponentialverteilung mit zwei Phasen und den Bedienraten μ_1 und μ_2 gilt beispielsweise ($\mu_1 \neq \mu_2$):

Verteilungsfunktion:

$$F_X(x) = 1 - \frac{\mu_2}{\mu_2 - \mu_1} e^{-\mu_1 x} + \frac{\mu_1}{\mu_2 - \mu_1} e^{-\mu_2 x}, \qquad x \geq 0. \tag{2.51}$$

Dichtefunktion: $\qquad f_X(x) = \dfrac{\mu_1 \mu_2}{\mu_1 - \mu_2}(e^{-\mu_2 x} - e^{-\mu_1 x}), \qquad x > 0,$

Mittelwert: $\qquad \overline{X} = \dfrac{1}{\mu_1} + \dfrac{1}{\mu_2},$

Varianz: $\qquad \mathrm{var}(X) = \dfrac{1}{\mu_1^2} + \dfrac{1}{\mu_2^2},$

Variationskoeffzient: $\qquad c_X = \dfrac{\sqrt{\mu_1^2 + \mu_2^2}}{\mu_1 + \mu_2} < 1.$

Bei gegebenen $\overline{X}$ und c_X erhält man die Parameter μ_1 und μ_2 der zweiphasigen Hypoexponentialverteilung wie folgt:

$$\mu_1 = \frac{2}{\overline{X}}\left[1 + \sqrt{1 + 2\left(c_X^2 - 1\right)}\right]^{-1},$$

$$\mu_2 = \frac{2}{\overline{X}}\left[1 - \sqrt{1 + 2\left(c_X^2 - 1\right)}\right]^{-1},$$

$$\text{mit } 0.5 \leq c_X^2 \leq 1.$$

2.2.2.5   Gamma-Verteilung

Eine andere Verallgemeinerung der Erlang-k-Verteilung für beliebige Variationskoeffizienten ist die Gamma-Verteilung. Für die Verteilungsfunktion gilt:

$$F_X(x) = \int\limits_0^x \frac{\alpha\mu \cdot (\alpha\mu x)^{\alpha-1}}{G(\alpha)} \cdot e^{-\alpha\mu s} ds, \qquad x \geq 0, \; \alpha > 0 \tag{2.52}$$

$$\text{mit}$$

$$G(\alpha) = \int\limits_0^\infty s^{\alpha-1} \cdot e^{-s} ds, \qquad \alpha > 0.$$

Wenn $\alpha = k$ positiv ganzzahlig ist, dann ergibt sich insbesondere

$$G(k) = (k-1)!$$

Demnach kann die Erlang-k Verteilung als ein Spezialfall der Gamma-Verteilung angesehen werden.

Es gilt:

Dichtefunktion:
$$f_X(x) = \frac{\alpha\mu \cdot (\alpha\mu x)^{\alpha-1}}{G(\alpha)} \cdot e^{-\alpha\mu x} \quad x > 0,\ \alpha > 0,$$

Mittelwert:
$$\overline{X} = \frac{1}{\mu},$$

Varianz:
$$\mathrm{var}(X) = \frac{1}{\alpha\mu^2},$$

Variationskoeffizent:
$$c_X = \frac{1}{\sqrt{\alpha}}.$$

Man erkennt, daß sich die Parameter α und μ der Gammaverteilung sehr einfach aus c_X und $\overline{X}$ berechnen lassen:

$$\mu = \frac{1}{\overline{X}} \quad \text{und} \quad \alpha = \frac{1}{c_X^2}$$

2.2.2.6 Verallgemeinerte Erlang-Verteilung

Durch die Kombination der Hyperexponential- und der Erlang-k-Verteilung kann man beliebig komplexe Strukturen erzeugen, die als verallgemeinerte Erlang-Verteilungen bezeichnet werden. Abb. 2.7 zeigt ein Beispiel.

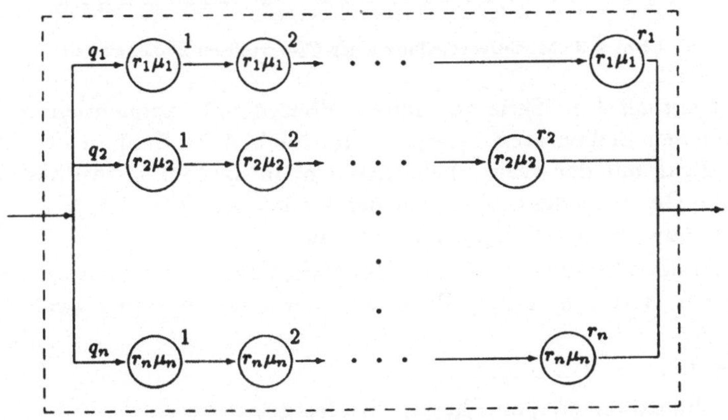

Abb. 2.7: Serien-Parallel-Bedieneinheit

Man erkennt n parallele „Stufen", wobei die j-te Stufe mit Wahrscheinlichkeit q_j betreten wird. Diese enthält r_j in Serie geschaltete Phasen mit exponentiell verteilter Bedienzeit und jeweils der Bedienrate $r_j \cdot \mu_j$. Es kann dabei immer nur eine der vielen Phasen belegt sein, d.h. ein neuer Auftrag kann erst dann den gestrichelten Bereich betreten, wenn der vorhergehende Auftrag diesen verlassen hat.

Die Dichtefunktion ergibt sich in diesem Fall zu

$$f_X(x) = \sum_{j=1}^{n} q_j \cdot \frac{r_j\mu_j(r_j\mu_j x)^{r_j-1}}{(r_j-1)!} \cdot e^{-r_j\mu_j x}, \qquad x \geq 0. \tag{2.53}$$

Andere Typen verallgemeinerter Erlang-Verteilungen erhält man z.B. durch Aufhebung der Einschränkung, daß jede Phase innerhalb der gleichen Stufe die selbe Bedienrate haben muß, oder wenn zusätzlich erlaubt wird, daß die j-te Stufe vor Erreichen der r_j-ten Phase mit einer bestimmten Wahrscheinlichkeit verlassen werden darf. Diese Verallgemeinerungen führen aber zu sehr komplizierten Gleichungen, auf deren Darstellung wir hier verzichten wollen.

2.2.2.7   Cox-Verteilung C_k (Branching-Erlang-Verteilung)

Das Prinzip der Kombination von Exponentialverteilungen wurde von [COX 55] so weit verallgemeinert, daß jede beliebige Verteilung, die eine rationale Laplace-Transformierte besitzt, durch eine Folge fiktiver exponentieller Phasen dargestellt werden kann. Abb. 2.8 zeigt das Modell einer Cox-Verteilung mit k exponentiellen Phasen.

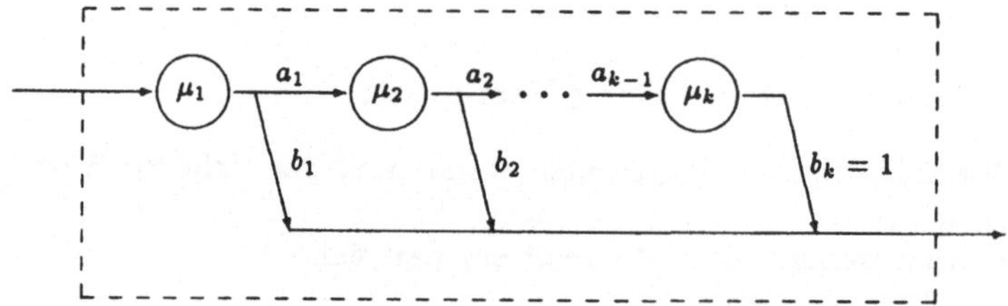

Abb. 2.8: Modellvorstellung einer C_k-verteilten Bedieneinheit

Das Modell enthält k in Serie geschaltete Phasen mit exponentiell verteilter Bedienzeit und den Bedienraten $\mu_1, \mu_2, \ldots, \mu_k$. Nach Aufenthalt in der j-ten Phase geht ein Auftrag mit der Wahrscheinlichkeit a_j in die $(j+1)$-te Phase über, oder er verläßt die Gesamtbedieneinheit mit der Wahrscheinlichkeit $b_j = 1 - a_j$. Es darf dabei immer nur eine der k Phasen belegt sein.

Bei Kenntnis des Mittelwertes $\overline{X}$ und des Variationskoeffizienten c_X werden nach [SACH 81] zur Bestimmung der Parameter der Cox-Verteilung zwei Fälle unterschieden:

Fall 1: $c_X \leq 1$

Die Anzahl der exponentiellen Phasen wird festgelegt durch

$$k = ceil\left(\frac{1}{c_X^2}\right),$$

und für die anderen Parameter gilt:

$$b_1 = \frac{2kc_X^2 + k - 2 - \sqrt{k^2 + 4 - 4kc_X^2}}{2(c_X^2 + 1)(k - 1)},$$

$$b_2 = b_3 = \ldots = b_{k-1} = 0,$$

$$b_k = 1,$$

$$\mu_1 = \mu_2 = \ldots = \mu_k = \frac{k - b_1 \cdot (k - 1)}{\overline{X}}.$$

Verteilung	Parameter	$\overline{X}$	$\mathrm{var}(X)$	c_X
Exponential	μ	$\dfrac{1}{\mu}$	$\dfrac{1}{\mu^2}$	1
Erlang	μ, k $k=1,2,\ldots$	$\dfrac{1}{\mu}$	$\dfrac{1}{k\mu^2}$	$\dfrac{1}{\sqrt{k}} \le 1$
Gamma	μ, α $(0<\alpha<\infty)$	$\dfrac{1}{\mu}$	$\dfrac{1}{\alpha\mu^2}$	$0 < \dfrac{1}{\sqrt{\alpha}} < \infty$
Hypoexponential	μ_1, μ_2	$\dfrac{1}{\mu_1}+\dfrac{1}{\mu_2}$	$\dfrac{1}{\mu_1^2}+\dfrac{1}{\mu_2^2}$	$\dfrac{\sqrt{\mu_1^2+\mu_2^2}}{\mu_1+\mu_2} < 1$
Hyperexponential	k, μ_i, q_i	$\displaystyle\sum_{i=1}^{k}\dfrac{q_i}{\mu_i}=\dfrac{1}{\mu}$	$2\displaystyle\sum_{i=1}^{k}\dfrac{q_i}{\mu_i^2}-\dfrac{1}{\mu^2}$	$\sqrt{2\mu^2\displaystyle\sum_{i=1}^{k}\dfrac{q_i}{\mu_i^2}-1} > 1$

Tab. 2.4: Übersicht über Mittelwert $\overline{X}$, Varianz $\mathrm{var}(X)$ und Variationskoeffizient c_X wichtiger Verteilungen

Verteilung	Parameter	Berechnung der Parameter
Exponential	μ	$\mu = 1/\overline{X}$
Erlang	μ, k $k=1,2,\ldots$	$k = ceil(1/c_X^2)$ $\mu = 1/(c_X^2 \cdot k\overline{X})$
Gamma	μ, α $0<\alpha<\infty$	$\alpha = 1/c_X^2$ $\mu = 1/\overline{X}$
Hypoexponential	μ_1, μ_2	$\mu_{1/2} = \dfrac{2}{\overline{X}}\left[1 \pm \sqrt{1+2(c_X^2-1)}\right]^{-1}$
Hyperexponential (H_2)	μ_1, μ_2, q_1, q_2	$\mu_{1/2} = \dfrac{1}{\overline{X}}\left[1 \pm \sqrt{\dfrac{q_1}{q_2}\dfrac{c_X^2-1}{2}}\right]^{-1}$ $q_1+q_2=1, \mu_2>0$
Cox ($c_X \le 1$)	k, b_i, μ_i	$k = ceil(1/c_X^2)$ $b_1 = \dfrac{2kc_X^2+k-2-\sqrt{k^2+4-4kc_X^2}}{2(c_X^2+1)(k-1)}$ $b_2 = b_3 = \ldots = b_{k-1} = 0, \quad b_k = 1$ $\mu_1 = \mu_2 = \ldots = \mu_k = \dfrac{k - b_1\cdot(k-1)}{\overline{X}}$
Cox ($c_X > 1$)	k, b, μ_1, μ_2	$k = 2$ $b = c_X^2\left(1-\sqrt{1-\dfrac{2}{1+c_X^2}}\right)$ $\mu_{1/2} = \dfrac{1}{\overline{X}}\left(1 \pm \sqrt{1-\dfrac{2}{1+c_X^2}}\right)$

Tab. 2.5: Zusammenfassung der Berechnungsformeln für die Parameter wichtiger Verteilungen

Fall 2: $c_X > 1$

In diesem Fall wird $k = 2$ gewählt und für die Parameter b, μ_1, μ_2 gilt:

$$b = c_X^2 \left(1 - \sqrt{1 - \frac{2}{1 + c_X^2}}\right),$$

$$\mu_1 = \frac{1 + \sqrt{1 - 2/(1 + c_X^2)}}{\overline{X}},$$

$$\mu_2 = \frac{1 - \sqrt{1 - 2/(1 + c_X^2)}}{\overline{X}}.$$

Die beiden Fälle sind die jeweils einfachsten Möglichkeiten, um eine gegebene Verteilung durch eine Cox-Verteilung zu approximieren. Sie werden daher sehr häufig angewendet. Es sind aber durchaus andere Parametertupel möglich.

2.2.3   Kurzschreibweise

Zur einheitlichen Beschreibung elementarer Wartesysteme hat sich folgende, als _Kendall'sche Notation_ bezeichnete, Kurzschreibweise durchgesetzt:

$$A/B/m \; - \; \text{Warteschlangendisziplin.}$$

Hierin kennzeichnet A die Verteilung der Zwischenankunftszeiten und B die Verteilung der Bedienzeiten des Wartesystems, während m die Anzahl der identischen Bedieneinheiten angibt ($m \geq 1$). Für A und B werden traditionell die folgenden Symbole verwendet:

M Exponentialverteilung (Markov-Eigenschaft),

E_k Erlang-Verteilung mit k Phasen,

H_k Hyperexponentialverteilung mit k Phasen,

C_k Cox-Verteilung mit k Phasen,

D Deterministische Verteilung, d.h. die Zwischenankunfts- bzw. Bedienzeiten sind konstant,

G Allgemeine Verteilung,

GI Allgemeine unabhängige Verteilung.

Die Warteschlangendisziplin (Bedienstrategie) legt fest, welcher Auftrag aus der Warteschlange als nächstes zur Bedienung ansteht.

Es gibt eine Vielzahl unterschiedlichster Warteschlangendisziplinen. Die wichtigsten sind:

FCFS (First-Come-First-Served):

   Die Aufträge werden in der Reihenfolge ihrer Ankunft bedient.

   Ist in der Kendall'schen Notation keine Disziplin angegeben, so impliziert dies FCFS.

LCFS (Last-Come-First-Served):

   Der zuletzt angekommene Auftrag wird als nächster bedient.

SIRO (Service-In-Random-Order):
Die Auswahl erfolgt zufällig.

RR (Round Robin):
Ist die Bedienung eines Auftrags nach einer fest vorgegebenen Zeitscheibe noch nicht beendet, so wird der Auftrag verdrängt und wieder in die Warteschlange eingereiht, die nach FCFS abgearbeitet wird. Dies wiederholt sich so oft, bis der Auftrag vollständig bedient ist.

PS (Processor Sharing):
Entspricht Round Robin mit infinitesimal kleiner Zeitscheibe. Dadurch entsteht der Eindruck, als ob alle Aufträge gleichzeitig bedient würden mit entsprechend längerer Bedienzeit.

Statische Prioritäten:
Die Auswahl erfolgt nach fest vorgegebenen Prioritäten der Aufträge. Innerhalb einer Prioritätsklasse (mit gleichen Prioritäten) erfolgt die Auswahl nach FCFS.

Dynamische Prioritäten:
Die Auswahl erfolgt nach dynamischen Prioritäten, die sich in Abhängigkeit von der Zeit ändern.

Verdrängung:
Bei den Prioritätsdisziplinen und LCFS kann auch Unterbrechung und Verdrängung eines gerade in Bedienung befindlichen Auftrags erfolgen, so z.B. wenn ein Auftrag in der Warteschlange höhere Priorität erhält.

Beispiel zur Kendall'schen Notation:

Die Notation

$$M/G/1 - \text{LCFS Preemptive Resume (PR)}$$

beschreibt ein elementares Warteschlangensystem mit exponentiell verteilter Zwischenankunftszeit, beliebig verteilter Bedienzeit sowie einer einzigen Bedieneinheit. Die Bedienstrategie ist LCFS, wobei gilt, daß ein neu ankommender Auftrag den gerade in Bedienung befindlichen unterbricht um selbst bedient zu werden. Der unterbrochene Auftrag wird erst dann weiterbedient, wenn alle nach ihm angekommenen Aufträge vollständig abgearbeitet sind.

Es gibt verschiedene Möglichkeiten zur Erweiterung der Kendall'schen Notation. So wird häufig eine zusätzliche Position eingeführt um die Anzahl der Warteplätze im System angeben zu können. Oder man fügt eine Stelle an zur Angabe der Zahl der Aufträge in der Quelle, das ist die maximale Anzahl von Aufträgen, die insgesamt am Wartesystem ankommen können.

2.2.4 Leistungsgrößen

Ziel von Modellierung ist immer die Ermittlung von Leistungsgrößen. Zur Bestimmung dieser Leistungsgrößen aus den durch die Systembeschreibung gegebenen Parametern werden die unterschiedlichen Wartesysteme mit mathematischen Mitteln analysiert. Da es sich bei einem Warteschlangenmodell um ein dynamisches Modell handelt, sind die Leistungsgrößen zeitabhängig. In der Regel interessiert man sich jedoch nur für die Ergebnisse im sog. *stationären Zustand.* In diesem Fall sind sämtliche Einschwingvorgänge abgeklungen und die Leistungsgrößen zeitunabhängig. Man sagt dann auch, das System befindet sich im *statistischen Gleichgewicht,* was bedeutet, daß die Rate mit der die Aufträge ankommen gleich der Rate ist, mit der Aufträge abgehen. Im anderen Fall erhält man meist gar keine oder nur sehr komplexe Lösungen. Es müssen jedoch stets bestimmte Bedingungen erfüllt sein, damit ein Wartesystem statistisches Gleichgewicht besitzt (vgl. Gl. 2.56).

Die wichtigsten Leistungsgrößen sind:

Zustandswahrscheinlichkeit $p(k)$:

> Das Systemverhalten eines Wartesystems kann in vielen Fällen mit den Zustandswahrscheinlichkeiten $p(k)$ ausreichend beschrieben werden. Denn hieraus lassen sich die Mittelwerte aller anderen interessierenden Leistungsgrößen ableiten. Es gilt:

$$p(k) = P \text{ [es befinden sich } k \text{ Aufträge im Wartesystem]}.$$

Auslastung ρ:

> Bei Wartesystemen mit einer Bedieneinheit (single servers) gibt die Auslastung ρ den Bruchteil der Gesamtzeit an, den die Bedieneinheit aktiv (belegt) ist. Sie berechet sich zu
>
> $$\rho = \frac{\text{mittlere Bedienzeit}}{\text{mittlere Zwischenankunftszeit}}$$
>
> $$= \frac{\text{Ankunftsrate}}{\text{Bedienrate}} = \frac{\lambda}{\mu}. \tag{2.54}$$

Bei mehreren Bedieneinheiten (multiple servers) gibt die Auslastung auch den mittleren Anteil der aktiven Bedieneinheiten an. Da $m \cdot \mu$ die Gesamtbedienrate ist, gilt:

$$\rho = \frac{\lambda}{m\mu}. \tag{2.55}$$

Mit Hilfe von ρ kann die eingangs erwähnte Gleichgewichtsbedingung formuliert werden. Für ein stabiles System (Gleichgewichtszustand) muß nämlich die Bedingung

$$\rho < 1 \tag{2.56}$$

erfüllt sein, d.h. es dürfen pro Zeiteinheit im Mittel nicht mehr Aufträge ankommen als bedient werden können. Alle Ergebnisse in diesem Buch gelten nur für stabile Systeme.

Durchsatz λ:

Der Durchsatz eines elementaren Wartesystems ist definiert als die mittlere Anzahl von Aufträgen, die pro Zeiteinheit fertig bedient werden (Abgangsrate). Da im statistischen Gleichgewicht die Abgangsrate eines Wartesystems gleich der Ankunftsrate λ dieses Wartesystems ist, berechnet sich der Durchsatz mit Gl. (2.55) wie folgt:

$$\lambda = m \cdot \rho \cdot \mu. \tag{2.57}$$

Antwortzeit t:

Als Antwortzeit (Verweilzeit) bezeichnet man die Gesamtheit der Zeit, die ein Auftrag im Wartesystem verbringt, während die

Wartezeit w

die Zeit angibt, wie lange ein Auftrag in der Warteschlange warten muß bis seine Bearbeitung beginnt. Es gilt:

Antwortzeit = Wartezeit + Bedienzeit.

Da w und t meistens als Zufallsgrößen gegeben sind, wird ihr Mittelwert berechnet, so daß

$$\bar{t} = \bar{w} + \frac{1}{\mu}. \tag{2.58}$$

Häufig werden auch die Verteilungsfunktionen der Warte- und der Antwortzeit, $F_w(x)$ bzw. $F_t(x)$, benötigt.

Warteschlangenlänge Q:

Die Anzahl der Aufträge in der Warteschlange wird Warteschlangenlänge genannt und mit Q bezeichnet, während die

Anzahl der Aufträge im Wartesystem,

oft auch kurz Füllung genannt, wie bereits erwähnt mit k bezeichnet wird. Es gilt:

$$\bar{k} = \sum_{k=1}^{\infty} k \cdot p(k).$$

Der Mittelwert $\bar{k}$ der Anzahl der Aufträge läßt sich ebenso wie die mittlere Warteschlangenlänge $\overline{Q}$ über eines der wichtigsten Gesetze der Warteschlangentheorie berechnen:

Das Gesetz von Little:

$$\bar{k} = \lambda \bar{t} \tag{2.59}$$

$$\text{bzw. } \overline{Q} = \lambda \bar{w} \tag{2.60}$$

Littles Gesetz gilt für alle Warteschlangendisziplinen und beliebige G/G/m-Systeme. Der Beweis findet sich in [LITT 61].

2.2.5   Wichtige Formeln

Dieses Kapitel ist als Formelsammlung für spätere Anwendungen gedacht. Es enthält einen Überblick über die wichtigsten Ergebnisse für elementare Wartesysteme. Bei [KLEI 75], [ALLE 78], [LAVE 83] kann die Herleitung dieser Formeln sowie weitere Einzelheiten nachgelesen werden; für M/M/1-FCFS Wartesysteme findet sie sich auch in Beispiel 3.2.

Wie zum Teil im letzten Abschnitt bereits festgestellt wurde, existieren folgende allgemeine Formeln für

G/G/m-Wartesysteme:

$$\rho = \frac{\lambda}{m\mu},$$

$$\bar{t} = \bar{w} + \frac{1}{\mu},$$

$$\bar{k} = \lambda\bar{t},$$

$$\overline{Q} = \lambda\bar{w},$$

$$\bar{k} = \overline{Q} + m\rho. \tag{2.61}$$

Desweiteren gilt speziell für Wartesysteme der Typen
M/M/1-FCFS,   M/G/1-PS,   M/G/1-LCFS PR:

$$p(k) = (1 - \rho)\rho^k \qquad \text{für } k = 0, 1, 2, \ldots, \tag{2.62}$$

$$\bar{k} = \frac{\rho}{1 - \rho}, \tag{2.63}$$

$$\text{var}(k) = \frac{\rho}{(1 - \rho)^2}, \tag{2.64}$$

$$\bar{t} = \frac{1/\mu}{1 - \rho}, \tag{2.65}$$

$$\bar{w} = \frac{\rho/\mu}{1 - \rho}, \tag{2.66}$$

$$\overline{Q} = \frac{\rho^2}{1 - \rho}, \tag{2.67}$$

$$\text{var}(Q) = \frac{\rho^2(1 + \rho - \rho^2)}{(1 - \rho)^2}. \tag{2.68}$$

Für M/M/1-FCFS Wartesysteme gilt zusätzlich:

$$\text{var}(t) = \left(\frac{1/\mu}{1 - \rho}\right)^2 \tag{2.69}$$

$$F_w(x) = 1 - \rho \cdot exp(-\mu(1 - \rho)x), \qquad x \geq 0, \tag{2.70}$$

$$F_t(x) = 1 - exp(-\mu(1 - \rho)x), \qquad x \geq 0. \tag{2.71}$$

Für M/M/m-FCFS Wartesysteme existieren folgende wichtige Formeln:

$$p(k) = \begin{cases} p(0)\dfrac{(m\rho)^k}{k!} & \text{für } k \le m \\[2ex] p(0)\dfrac{\rho^k m^m}{m!} & \text{für } k \ge m, \end{cases} \tag{2.72}$$

$$p(0) = \left[\sum_{k=0}^{m-1} \frac{(m\rho)^k}{k!} + \frac{(m\rho)^m}{m!}\frac{1}{1-\rho} \right]^{-1}, \tag{2.73}$$

$$F_w(x) = 1 - p(0)\frac{m\rho^m}{m!(1-\rho)}\exp(-m\mu(1-\rho)x), \qquad x \ge 0, \tag{2.74}$$

$$P_m = P(k \ge m) = \frac{(m\rho)^m}{m!(1-\rho)}\cdot p(0), \tag{2.75}$$

$$\overline{Q} = \frac{\rho}{1-\rho}\cdot P_m, \tag{2.76}$$

wobei die Wartewahrscheinlichkeit P_m die Wahrscheinlichkeit dafür angibt, daß ein ankommender Auftrag nicht sofort bedient werden kann.

Für M/D/1-FCFS Wartesysteme gilt:

$$p(k) = \begin{cases} 1-\rho & k=0 \\[1ex] (1-\rho)(e^\rho - 1) & k=1 \\[1ex] (1-\rho)\displaystyle\sum_{j=0}^{k}\frac{(-1)^{k-j}(j\rho)^{k-j-1}(j\rho+k-j)e^{j\rho}}{(k-j)!} & k \ge 2, \end{cases} \tag{2.77}$$

$$\overline{k} = \rho + \frac{\rho^2}{2(1-\rho)}. \tag{2.78}$$

Für M/G/1-FCFS Wartesysteme existiert die sog. Pollaczek-Khinchin-Mittelwert-Formel

$$\overline{k} = \rho + \rho^2\cdot\frac{1+c_B^2}{2(1-\rho)}, \tag{2.79}$$

worin mit c_B^2 der quadrierte Variationskoeffizient der Bedienzeit bezeichnet ist.

Außerdem gilt die sog. Pollaczek–Khinchin-Transformationsgleichung:

$$G(z) = L(\lambda - \lambda z)\frac{(1-\rho)(1-z)}{L(\lambda-\lambda z)-z}, \tag{2.80}$$

wobei $G(z)$ die z-Transformierte der Zustandswahrscheinlichkeiten $p(k)$ ist und $L(s)$ die Laplace-Transformierte der zugrundeliegenden Bedienzeit-Dichtefunktion.

Für M/G/∞ (Infinite Server) Wartesysteme erhält man:

$$p(k) = \frac{\rho^k}{k!}e^{-\rho} \qquad k=0,1,2,\dots, \tag{2.81}$$

$$\overline{k} = \frac{\lambda}{\mu}, \tag{2.82}$$

$$\overline{t} = \frac{1}{\mu}. \tag{2.83}$$

In diesem Wartesystem gibt es „unendlich viele" Bedieneinheiten, so daß kein Auftrag warten muß.

Für <u>M/G/1-Wartesysteme mit unterschiedlichen Prioritätsklassen</u> eignet sich das folgende Warteschlangenmodell (Abb. 2.9):

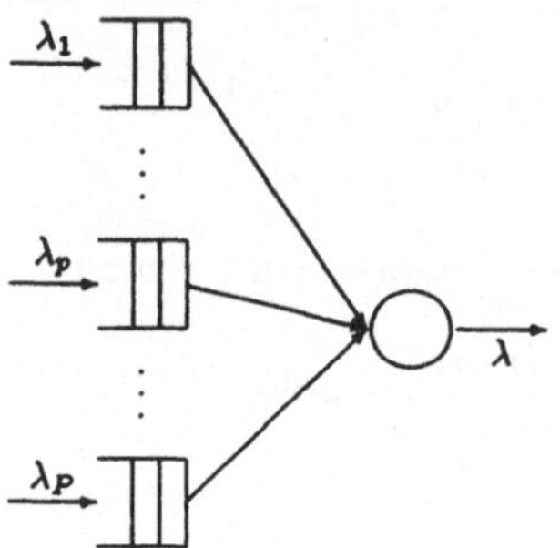

Abb. 2.9: M/G/1-Wartesystem mit P Prioritätsklassen

Es wird immer der Auftrag mit der höchsten Priorität unter den vorhandenen Aufträgen als nächstes bedient. Unter Aufträgen mit derselben Priorität erfolgt die Abarbeitung nach FCFS.

Für den Fall *ohne Verdrängung*, d.h. ein Auftrag niederer Priorität, der gerade bearbeitet wird, kann nicht durch einen neu ankommenden Auftrag höherer Priorität von der Bedienung verdrängt werden, gibt [KLEI 76] die folgende Formel für die mittlere Anzahl von Aufträgen der Prioritätsklasse p, $p = 1, \ldots, P$, an.

$$\overline{k}_p = \rho_p + \frac{\lambda_p \sum_{i=1}^{P} \frac{\rho_i}{\mu_i}(1 + c_i^2)}{2(1 - \sigma_p)(1 - \sigma_{p+1})} \tag{2.84}$$

mit

λ_i Ankunftsrate von Aufträgen der Priorität i,

μ_i Bedienrate für Aufträge der Priorität i,

c_i Variationskoeffizient der Bedienzeit von Aufträgen der Priorität i,

$\rho_i = \dfrac{\lambda_i}{\mu_i}$ Auslastung mit Aufträgen der Priorität i,

$\sigma_p = \displaystyle\sum_{i=p}^{P} \rho_i.$

Für den Fall *mit Verdrängung*, d.h. ein neu ankommender Auftrag verdrängt einen Auftrag niederer Priorität, erhält man für $p = 1, \ldots, P$ [KLEI 76]:

$$\overline{k}_p = \frac{\rho_p(1 - \sigma_p) + \frac{1}{2}\lambda_p \sum_{i=1}^{P} \frac{\rho_i}{\mu_i}(1 + c_i^2)}{(1 - \sigma_p)(1 - \sigma_{p+1})}. \tag{2.85}$$

2.3   Warteschlangennetze

Warteschlangenmodelle, die sich aus mehreren Wartesystemen (Bedienstationen) zusammensetzen, werden dem aus vielen Komponenten bestehenden wirklichen Aufbau heutiger Rechensysteme besser gerecht als Modelle, die nur ein einziges Wartesystem beinhalten. Man spricht von einem *Warteschlangennetz*, wenn mindestens zwei Bedienstationen miteinander verbunden sind. Eine Station im Netz (Knoten) repräsentiert eine aktive Komponente im realen System (CPU, Geräte, Kanäle etc.). Übergänge von Aufträgen sind prinzipiell zwischen allen Knoten des Netzes möglich, insbesondere auch die direkte Rückkehr eines Auftrags zum gleichen Knoten. Es werden verschiedene Netzwerktypen unterschieden, die wir nun im einzelnen näher beschreiben wollen.

2.3.1   Offene, geschlossene und gemischte Warteschlangennetze

Ein Warteschlangennetz ist *offen*, wenn Aufträge von außerhalb des Netzes ankommen und Aufträge dieses Netz auch wieder verlassen können. Demgegenüber heißt ein Warteschlangennetz *geschlossen*, wenn keine externen Auftragsankünfte und -abgänge möglich sind. Dies hat zur Folge, daß die Anzahl der Aufträge im geschlossenen Netz stets konstant ist. Man kann ein geschlossenes Netz aber auch so interpretieren, daß für einen das System verlassenden Auftrag unmittelbar ein neuer Auftrag nachrückt.

Offene Netze besitzen in der Regel einfachere Lösungsverfahren als geschlossene Netze, wobei mit letzteren aber das Verhalten vieler Rechensysteme oft besser modelliert werden kann; insbesondere Multiprogrammingsysteme mit festem Multiprogramminggrad oder interaktive Systeme mit einer geringen Anzahl Terminals. Offene Modelle werden dagegen häufig für Rechnernetze und interaktive Systeme mit vielen Terminals verwendet.

Eine zusätzliche Verfeinerung dieser Modelltypen ist möglich durch Einführung unterschiedlicher Auftragsklassen im Netz, die den unterschiedlichen Programmklassen im realen System entsprechen. Die Auftragsklassen unterscheiden sich durch unterschiedliche Bedienzeiten und durch unterschiedliche Beanspruchung der einzelnen Knoten (unterschiedliche Übergangswahrscheinlichkeiten). In manchen Fällen kann es sogar erlaubt sein, daß ein Auftrag beim Übergang zwischen zwei Knoten seine Klassenzugehörigkeit wechselt.

Enthält ein Warteschlangenmodell sowohl offene als auch geschlossene Klassen, dann wird es *gemischt* genannt. Ein Rechensystem mit Online- und Batch-Betrieb kann beispielsweise als gemischtes Netz modelliert werden. Der Online-Betrieb wird durch eine geschlossene Klasse dargestellt, da die Anzahl der Benutzer konstant ist, und der Batch-Betrieb durch eine offene Klasse. Weil diese Betriebsart häufig vorkommt, spielen auch gemischte Warteschlangenmodelle eine wichtige Rolle bei der Modellierung von Rechensystemen.

Als Beispiel für ein Warteschlangennetzmodell wollen wir mit dem sog. *Central-Server-Modell* aus Abb. 2.10 ein spezielles geschlossenes Netzwerkmodell angeben, das [BUZE 71] zur Untersuchung des Systemverhaltens von Multiprogrammingsystemen mit festem Multiprogramminggrad vorgeschlagen hat. In diesem Modell repräsentiert der zentrale Knoten 1 (central server) die CPU und die übrigen Knoten die peripheren Geräte (Plattengeräte, Drucker, Plotter, etc.).

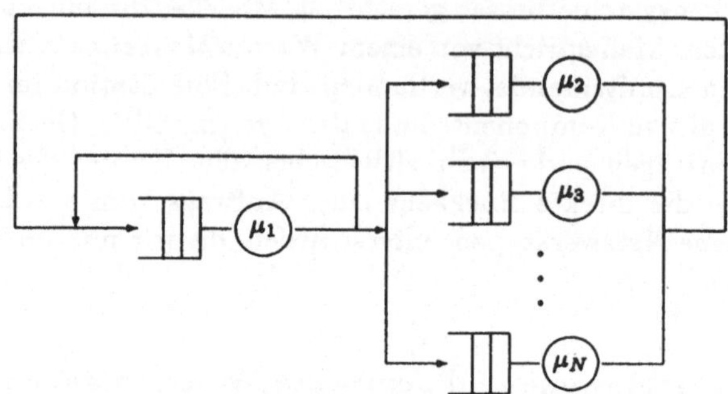

Abb. 2.10: Central-Server-Modell

Das Warteschlangenmodell aus Abb. 0.1 ist ein Beispiel für ein offenes Warteschlangennetz.

2.3.2   Formale Beschreibung von Warteschlangennetzen

Zur formalen Beschreibung von Warteschlangennetzen verwenden wir die nachfolgenden Bezeichnungen:

N — gibt die Anzahl der Knoten des Netzes an;

K — bezeichnet bei geschlossenen Netzen die konstante Anzahl der Aufträge im Netz;

$(k_1, k_2, \ldots, k_n)$ — ist der Zustand des Warteschlangennetzes, wobei

k_i — die Anzahl der Aufträge im i-ten Knoten angibt. Für geschlossene Netze gilt: $\sum_{i=1}^{N} k_i = K$.

m_i — ist die Anzahl der parallelen Bedieneinheiten des i-ten Knoten ($m_i \geq 1$);

μ_i — ist die mittlere Bedienrate von Aufträgen im Knoten i;

$1/\mu_i$ — ist die mittlere Bedienzeit eines Auftrags im Knoten i;

p_{ij} — ist die Wahrscheinlichkeit, daß ein in Knoten i fertigbedienter Auftrag zum Knoten j überwechselt. Bei offenen Netzen repräsentiert Knoten 0 die Außenwelt. Dementsprechend bezeichnet

p_{0j} die Wahrscheinlichkeit, daß ein von außen kommender Auftrag zuerst den Knoten j betritt und

p_{i0} $= 1 - \sum_{j=1}^{N} p_{ij}$ ist die Wahrscheinlichkeit, daß ein Auftrag nach Abfertigung durch Knoten i das Netz anschließend verläßt.

λ_{0i} ist die mittlere Ankunftsrate von außen beim i- ten Knoten, und

λ_i ist die gesamte mittlere Ankunftsrate von Aufträgen bei Knoten i.

Zur Berechnung der *mittleren Ankunftsraten* λ_i bei den Knoten $i = 1, \ldots, N$ müssen im offenen Netz die Ankünfte von außerhalb des Netzes und die Ankünfte von allen internen Knoten summiert werden. Da im statistischen Gleichgewicht die mittlere Ankunftsrate an einem Knoten gleich der mittleren Abgangsrate aus diesem Knoten ist, erhalten wir:

$$\lambda_i = \lambda_{0i} + \sum_{j=1}^{N} \lambda_j p_{ji} \qquad \text{für } i = 1, \ldots, N. \tag{2.86}$$

Dieses Gleichungssystem bekommt für geschlossene Netze die Form

$$\lambda_i = \sum_{j=1}^{N} \lambda_j p_{ji} \qquad \text{für } i = 1, \ldots, N, \tag{2.87}$$

weil in diesem Fall keine Aufträge von außen in das Netz gelangen können.

Ein weiterer wichtiger Netzwerkparameter ist die *mittlere Anzahl der Besuche e_i* eines Auftrags beim i-ten Knoten, auch *Besuchshäufigkeit* oder *relative Ankunftsrate* genannt:

$$e_i = \frac{\lambda_i}{\lambda}, \tag{2.88}$$

wobei λ den Gesamtdurchsatz des Netzes (siehe Kap 2.3.3) bezeichnet. Mit Hilfe der Gleichungen (2.88) und (2.86) bzw. (2.88) und (2.87) können die Besuchshäufigkeiten auch unmittelbar aus den Übergangswahrscheinlichkeiten bestimmt werden. Für offene Netze gilt, da $\lambda_{0i} = \lambda \cdot p_{0i}$ ist:

$$e_i = p_{0i} + \sum_{j=1}^{N} e_j p_{ji} \qquad \text{für } i = 1, \ldots, N, \tag{2.89}$$

und für geschlossene Netze:

$$e_i = \sum_{j=1}^{N} e_j p_{ji} \qquad \text{für } i = 1, \ldots, N. \tag{2.90}$$

Weil es im geschlossenen Netz lediglich $(N - 1)$ unabhängige Gleichungen für die Besuchshäufigkeiten gibt, können die e_i in diesem Fall nur in Abhängigkeit von einer multiplikativen Konstanten bestimmt werden. Man nimmt daher meist $e_1 = 1$ an.

Mit Hilfe der e_i kann nun auch die Größe

$$x_i = \frac{e_i}{\mu_i}, \qquad\qquad (2.91)$$

berechnet werden, die häufig zur einfacheren Darstellung vieler Gleichungen verwendet wird. x_i wird *relative Auslastung* des i-ten Knoten genannt. Wird mit ρ_i die Auslastung des i-ten Knotens bezeichnet, dann gilt in geschlossenen Netzen nach dem Work-Rate-Theorem [CHLA 71] für das Verhältnis der Auslastungen untereinander:

$$\frac{x_i}{x_j} = \frac{\rho_i}{\rho_j} \qquad \text{für } i \neq j. \qquad\qquad (2.92)$$

Folgende zusätzliche Bezeichnungen werden noch bei der Betrachtung von Warteschlangennetzen benötigt, die mehrere Auftragsklassen beinhalten:

R gibt die Anzahl der Auftragsklassen im Mehrklassennetz an, und

k_{ir} die Anzahl der Klasse-r Aufträge im i-ten Knoten, wobei für geschlossene Netze gilt:

$$\sum_{i=1}^{N}\sum_{r=1}^{R} k_{ir} = K.$$

K_r ist die (auch in geschlossenen Netzen nicht notwendigerweise konstante) Anzahl von Klasse-r Aufträgen im Netz, und es gilt

$$\sum_{i=1}^{N} k_{ir} = K_r.$$

$\underline{K} = (K_1, \ldots, K_R)$ ist die Anzahl der Aufträge in den verschiedenen Klassen (Populationsvektor).

$\underline{S}_i = (k_{i1}, \ldots, k_{iR})$ bezeichnet den Zustand des i-ten Knotens mit

$$\sum_{i=1}^{N} \underline{S}_i = \underline{K}.$$

$\underline{S} = (\underline{S}_1, \ldots, \underline{S}_N)$ beschreibt den Gesamtzustand des Mehrklassennetzes.

μ_{ir} ist die mittlere Bedienrate von Aufträgen der Klasse r beim Knoten i.

$p_{ir,js}$ ist die Wahrscheinlichkeit, daß ein Auftrag der Klasse r nach Bedienung im Knoten i dann in Klasse s und zu Knoten j überwechselt. Im Falle offener Netze bezeichnet somit

$p_{0,js}$ die Wahrscheinlichkeit, daß ein Auftrag von außerhalb des Netzes zum Knoten j in Klasse s gelangt, und

$p_{ir,0}$ die Wahrscheinlichkeit, daß ein Auftrag der Klasse r nach Beendigung der Bedienung durch Knoten i das Netz verläßt:

$$p_{ir,0} = 1 - \sum_{j=1}^{N} \sum_{s=1}^{R} p_{ir,js}.$$

λ_{ir} ist die mittlere Ankunftsrate von Aufträgen der Klasse r beim Knoten i. Es gilt:

$$\lambda_i = \sum_{r=1}^{R} \lambda_{ir}$$

Die mittlere Anzahl der Besuche e_{ir} eines Auftrags der Klasse r beim i-ten Knoten eines offenen Netzes kann ähnlich wie in Gl. (2.89) unmittelbar aus den Übergangswahrscheinlichkeiten bestimmt werden:

$$e_{ir} = p_{0,ir} + \sum_{j=1}^{N} \sum_{s=1}^{R} e_{js} p_{js,ir} \qquad \text{für} \quad \begin{array}{l} i = 1, \ldots, N \\ r = 1, \ldots, R. \end{array} \tag{2.93}$$

Die Gleichung bekommt für geschlossene Netze die Form

$$e_{ir} = \sum_{j=1}^{N} \sum_{s=1}^{R} e_{js} p_{js,ir} \qquad \text{für} \quad \begin{array}{l} i = 1, \ldots, N \\ r = 1, \ldots, R. \end{array} \tag{2.94}$$

Hierbei nimmt man meist $e_{1r} = 1$ für $r = 1, \ldots, R$ an.

2.3.3 Leistungsgrößen von Warteschlangennetzen

In diesem Buch werden wir Analysemethoden beschreiben, die die Berechnung der Zustandswahrscheinlichkeiten und anderer Leistungsgrößen von Warteschlangennetzen ermöglichen.

Die *Zustandswahrscheinlichkeit* eines Netzes wird mit $p(k_1, \ldots, k_N)$ bezeichnet (bzw. mit $p(\underline{S}_1, \ldots, \underline{S}_N)$ im Falle von Mehrklassennetzen). Es gilt stets die Normalisierungsbedingung, daß die Summe der Wahrscheinlichkeiten aller möglichen Zustände $(k_1, \ldots, k_N)$, die die Bedingung $\sum_{j=1}^{N} k_j = K$ erfüllen, gleich Eins sein muß $(0 \leq k_i \leq K)$:

$$\sum_{\sum_{j=1}^{N} k_j = K} p(k_1, \ldots, k_N) = 1. \tag{2.95}$$

Die Bestimmung der Zustandswahrscheinlichkeiten $p(k_1, \ldots, k_N)$ aller möglichen Systemzustände im Gleichgewicht kann als das Hauptproblem der analytischen Modellbildung angesehen werden. Denn aus diesen Wahrscheinlichkeiten lassen sich die Mittelwerte aller anderen wichtigen Leistungsgrößen des Netzes ableiten. Manche Verfahren liefern aber auch direkt die anderen Leistungsgrößen unter Umgehung des Zustandswahrscheinlichkeiten und sind dann entsprechend einfacher.

Aus den Zustandswahrscheinlichkeiten $p(k_1, \ldots, k_N)$ werden die _Randwahrschein-lichkeiten_ $p_i(k)$, daß sich im i-ten Knoten genau $k_i = k$ Aufträge befinden, wie folgt berechnet:

$$p_i(k) = \sum_{\substack{\sum\limits_{j=1}^{N} k_j = K \\ \& k_i = k}} p(k_1, \ldots, k_N). \tag{2.96}$$

Man erhält $p_i(k)$ somit als die Summe der Wahrscheinlichkeiten aller möglichen Zustände $(k_1, \ldots, k_N), 0 \leq k_i \leq K$, welche die Bedingung $\sum_{j=1}^{N} k_j = K$ erfüllen, wobei nur im i-ten Knoten eine konstante Anzahl von Aufträgen, nämlich k, festgelegt wird.

Bei Mehrklassennetzen ergibt sich für die Randwahrscheinlichkeit, daß sich der i-te Knoten im Zustand $\underline{S}_i = \underline{k}$ befindet:

$$p_i(\underline{k}) = \sum_{\substack{\sum\limits_{j=1}^{N} \underline{S}_j = \underline{K} \\ \& \underline{S}_i = \underline{k}}} p(\underline{S}_1, \ldots, \underline{S}_N). \tag{2.97}$$

Der _Durchsatz_ λ_i eines einzelnen Knotens i im Netz bezeichnet allgemein die Rate mit der Aufträge diesen Knoten verlassen:

$$\lambda_i = \sum_{k=1}^{\infty} p_i(k)\mu_i(k), \tag{2.98}$$

wobei die Bedienrate $\mu_i(k)$ im allgemeinen Fall lastabhängig ist, d.h. sie ist von der Anzahl der Aufträge im Knoten abhängig. Für einen multiple-server Knoten $(m_i > 1)$ gilt z.B. $\mu_i(k) = \min(k, m_i) \cdot \mu_i$.

Im Falle konstanter Bedienraten gilt auch:

$$\lambda_i = m_i \cdot \varrho_i \cdot \mu_i. \tag{2.99}$$

Für Mehrklassennetze erhält man den Durchsatz λ_{ir} als die Rate, mit der Klasse-r Aufträge im Knoten i bedient und abgefertigt werden [BRBA 80]:

$$\lambda_{ir} = \sum_{\substack{\text{alle Zustände } \underline{k} \\ \text{mit } k_r > 0}} p_i(\underline{k})\frac{k_{ir}}{k_i}\mu_i(k_i), \tag{2.100}$$

oder falls die Bedienraten konstant sind $(m_i = 1)$:

$$\lambda_{ir} = \rho_{ir} \cdot \mu_{ir} \tag{2.101}$$

Der _Gesamtdurchsatz_ λ eines offenen Netzes ist definiert als die Rate mit der Aufträge dieses Netz verlassen. Diese Abgangsrate ist im Gleichgewicht gleich der Ankunftsrate mit der Aufträge pro Zeiteinheit in dieses Netz gelangen:

$$\lambda = \sum_{i=1}^{N} \lambda_{0i}. \tag{2.102}$$

Der Gesamtdurchsatz eines geschlossenen Netzes ist festgelegt als der Durchsatz durch einen Bezugsknoten i (z.B. die CPU) für den $e_i = 1$ gilt. Der Gesamtdurchsatz von Aufträgen der Klasse r in geschlossenen Mehrklassennetzen berechnet sich demnach zu:

$$\lambda_r = \frac{\lambda_{ir}}{e_{ir}} \qquad (2.103)$$

Die _Auslastung_ ρ_i eines single-server-Knotens i ist wie folgt definiert:

$$\rho_i = \sum_{k=1}^{\infty} p_i(k). \qquad (2.104)$$

ρ_i gibt also die Wahrscheinlichkeit an, daß Knoten i aktiv ist, d.h.

$$\rho_i = 1 - p_i(0). \qquad (2.105)$$

Für multiple-server-Knoten gilt:

$$\rho_i = \frac{1}{m_i} \sum_{k=0}^{\infty} \min(m_i, k) p_i(k)$$

$$= 1 - \sum_{k=0}^{m_i-1} \frac{m_i - k}{m_i} \cdot p_i(k), \qquad (2.106)$$

und falls die Bedienraten konstant sind:

$$\rho_i = \frac{\lambda_i}{m_i \mu_i}. \qquad (2.107)$$

Für Mehrklassennetze gilt:

$$\rho_{ir} = \frac{1}{m_i} \sum_{\substack{\text{alle Zustände } \underline{k} \\ \text{mit } k_r > 0}} p_i(\underline{k}) \frac{k_{ir}}{k_i} \min(m_i, k_i), \qquad (2.108)$$

und bei konstanten Bedienraten:

$$\rho_{ir} = \frac{\lambda_{ir}}{m_i \mu_{ir}}. $$

Die _mittlere Anzahl von Aufträgen_ im i-ten Knoten berechnet sich zu:

$$\overline{k}_i = \sum_{k=1}^{\infty} k \cdot p_i(k), \qquad (2.109)$$

bzw. bei Mehrklassennetzen:

$$\overline{k}_{ir} = \sum_{\substack{\text{alle Zustände } \underline{k} \\ \text{mit } k_r > 0}} k_r \cdot p_i(\underline{k}). \qquad (2.110)$$

Es kann aber auch das Little'sche Gesetz (Gl. 2.59) verwendet werden:

$$\overline{k}_{ir} = \lambda_{ir} \cdot \overline{t}_{ir}. \qquad (2.111)$$

Die _mittlere Warteschlangenlänge_ im i-ten Knoten ($m_i = 1$) wird wie folgt berechnet:

$$\overline{Q}_i = \sum_{k=1}^{\infty} (k - 1) \cdot p_i(k), $$

oder allgemeiner mit Little's Gesetz:

$$\overline{Q}_{ir} = \lambda_{ir} \overline{w}_{ir}. \qquad (2.112)$$

Die _mittlere Anwortzeit_ für Aufträge der Klasse r im Knoten i kann ebenfalls mit Hilfe des Little'schen Gesetzes bestimmt werden (vgl. Gl. 2.111):

$$\bar{t}_{ir} = \frac{\bar{k}_{ir}}{\lambda_{ir}}. \tag{2.113}$$

Sind die Bedienraten konstant, dann gilt für die _mittlere Wartezeit_:

$$\overline{w}_{ir} = \bar{t}_{ir} - \frac{1}{\mu_{ir}}. \tag{2.114}$$

3 Markov-Prozesse

Markov-Prozesse sind sehr leistungsfähige Hilfsmittel zur Modellierung und Leistungsbewertung von Rechensystemen. Zum einen kann das Verhalten sehr vieler Rechensysteme als Markov-Prozeß modelliert werden, und zum anderen sind Markov-Prozesse mit relativ leicht verständlichen mathematischen Mitteln zu analysieren.

Wir werden in diesem Kapitel zunächst die wichtigsten Eigenschaften von Markov-Prozessen erklären und daran anschließend zeigen, wie das Verhalten von Warteschlangenmodellen mit Hilfe spezieller Markov-Prozesse, den sog. Markov-Ketten, präzise beschrieben werden kann. Durch Analyse dieser Markov-Ketten ist es dann möglich, die Zustandswahrscheinlichkeiten und hieraus die Leistungsgrößen eines Warteschlangenmodells zu bestimmen.

3.1 Stochastische Prozesse

Ein Warteschlangenmodell beschreibt das dynamische Ablaufgeschehen in einem Rechensystem mit Hilfe von Zufallsvariablen. Angenommen das Warteschlangenmodell wird zur Zeit t durch die (evtl. mehrdimensionale) Zufallsvariable $X(t)$ repräsentiert, dann ist das Modell zu einem anderen Zeitpunkt t' auch durch eine andere Zufallsvariable $X(t')$ charakterisiert. Ein geeignetes Hilfsmittel zur Beschreibung des Verhaltens eines Warteschlangenmodells ist demnach eine Familie von Zufallsvariablen $\{X(t), t \in T\}$, bei der sich die einzelnen Zufallsgrößen durch einen *Zeitparameter* t voneinander unterscheiden. So eine Familie wird *stochastischer Prozeß* genannt. T heißt die *Indexmenge* des Prozesses.

Die Gesamtheit der möglichen Werte, die die Zufallsvariablen $X(t), t \in T$, annehmen können, bildet den *Zustandsraum* Z des stochastischen Prozesses. Jeder einzelne dieser Werte $X(t)$ wird *Zustand* des Prozesses zur Zeit t genannt. Setzt sich die Menge Z aus einem oder mehreren Intervallen der reellen Zahlen zusammen, so heißt der Prozeß *zustandskontinuierlich*; ist der Zustandsraum Z dagegen endlich oder abzählbar, dann spricht man von einem *zustandsdiskreten* Prozeß. Zustandsdiskrete Prozesse werden auch als *Ketten* bezeichnet, wobei der Zustandsraum in diesem Fall meist durch die Menge $\{0, 1, 2, \ldots\}$ angegeben wird.

In ähnlicher Weise können stochastische Prozesse auch bezüglich der Indexmenge T klassifiziert werden. Beinhaltet T nämlich ein (endliches oder unendliches) Intervall der Zeit, so wird der Prozeß *zeitkontinuierlich* genannt. Ist T dagegen endlich oder abzählbar, sprechen wir von einem *zeitdiskreten* Prozeß. Zeitdiskrete Prozesse werden auch als *Folgen* bezeichnet und man schreibt dann gewöhnlich $X_t, t = 0, 1, 2, \ldots$, anstelle von $X(t)$.

Das Hauptkriterium zur Klassifizierung von stochastischen Prozessen ist jedoch die Art, wie die einzelnen Zufallsvariablen eines Prozesses voneinander abhängen. Wir können hierbei zwischen Markov-Prozessen und Nicht-Markov-Prozessen unterscheiden. Ein stochastischer Prozeß gehört genau dann zur Klasse der *Markov-Prozesse*, wenn er die (Markov-) Eigenschaft besitzt, daß der zukünftige Verlauf des Prozesses nur vom augenblicklichen Zustand $X(t)$ zur Zeit t abhängt und nicht von der Vorgeschichte. Besitzt ein stochastischer Prozeß diese Eigenschaft nicht, dann gehört er zur Klasse der *Nicht-Markov-Prozesse*.

Von zentraler Bedeutung für die Leistungsbewertung von Rechensystemen sind vor allem zeitkontinuierliche und zustandsdiskrete Markov-Prozesse. Mit diesen wollen wir uns daher jetzt genauer beschäftigen.

3.2   Markov-Ketten

Die formale Definiton für zeitkontinuierliche Markov-Ketten lautet:

> Ein stochastischer Prozeß $\{X(t), t \geq 0\}$ bildet eine *zeitkontinuierliche Markov-Kette*, wenn für alle $n \in \mathbf{N}$, alle $x_k \in Z$ und alle $\{t_1, t_2, \ldots, t_{n+1}\}$ mit $t_1 < t_2 \ldots < t_{n+1}$ gilt:

$$P(X(t_{n+1}) = x_{n+1} \mid X(t_1) = x_1, X(t_2) = x_2, \ldots, X(t_n) = x_n)$$
$$= P(X(t_{n+1}) = x_{n+1} \mid X(t_n) = x_n). \tag{3.1}$$

Gl. (3.1) bringt die *Markov-Eigenschaft* zum Ausdruck. Diese besagt, daß die gesamte relevante Information über die Vergangenheit eines Markov-Prozesses vollständig im augenblicklichen Zustand $X(t_n)$ des Prozesses enthalten ist. Auch hängt es einzig und allein vom augenblicklichen Zustand $X(t_n)$ ab, in welchen Zustand $X(t_{n+1})$ der Prozeß als nächstes übergehen wird. Dies hat zur Folge, daß die Zeit, wie lange sich der Prozeß noch im Zustand $X(t_n)$ aufhalten wird, vollkommen unabhängig von der Zeit ist, wie lange sich der Prozeß bereits vor dem Beobachtungszeitpunkt t_n in diesem Zustand befunden hat. Die Verteilung der „Zustandszeiten" (engl: sojourn times; dies sind die Zeiten wie lange sich der Prozeß in den einzelnen Zuständen aufhält) hat demnach die Eigenschaft der Gedächtnislosigkeit. Da wir aus Kap. 2.2.2 wissen, daß die Exponentialverteilung als einzige kontinuierliche Verteilung diese Eigenschaft besitzt, ergibt sich die wichtige Folgerung, daß alle Zustandszeiten einer zeitkontinuierlichen Markov-Kette *exponentiell* verteilt sein müssen.

Betrachten wir nun wieder Gl. (3.1). Der Ausdruck auf der rechten Seite dieser Gleichung bezeichnet die *Übergangswahrscheinlichkeit* der Markov-Kette, wofür wir jetzt folgende Schreibweise verwenden wollen:

$$p_{ij}(s,t) = P(X(t) = j \mid X(s) = i), \qquad t > s. \tag{3.2}$$

$p_{ij}(s,t)$ ist die bedingte Wahrscheinlichkeit dafür, daß sich der Prozeß zur Zeit t im Zustand j befindet, wenn er zur Zeit s im Zustand i ist.

Hängen die Übergangswahrscheinlichkeiten nicht vom Zeitpunkt t ab, sondern nur von der Zeitdifferenz $\tau = t - s$, so wird die Markov-Kette *homogen* genannt. Gl. (3.2) kann in diesem Fall durch Weglassen von t vereinfacht geschrieben werden:

$$p_{ij}(\tau) = P(X(s+\tau) = j \mid X(s) = i). \tag{3.3}$$

Es gilt:

$$p_{ij}(\tau) \geq 0, \qquad i,j \in Z, \tag{3.4}$$

$$\sum_{j \in Z} p_{ij}(\tau) = 1, \qquad i \in Z, \tag{3.5}$$

$$p_{ij}(\tau) = \sum_{k \in Z} p_{ik}(\tau - \theta)p_{kj}(\theta), \qquad i,j \in Z. \tag{3.6}$$

Gl. (3.6) ist bekannt als *Chapman-Kolmogorov-Gleichung* für homogene Markov-Ketten. Folgende Überlegung dient zur Erläuterung dieser Gleichung:

Geht ein Prozeß in der der Zeit τ vom Zustand i in einen anderen Zustand j über, so muß er sich nach Ablauf des Zeitintervalls $\tau - \theta$ in irgendeinem Zwischenzustand k befinden. Ausgehend von diesem Zwischenzustand gelangt er dann in der Zeit θ zum Endzustand j. Dies ist in Abb. 3.1 für vier verschiedene Prozeßverläufe beispielhaft gezeigt. Da sich der Prozeß nach Ablauf des Zeitintervalls $(\tau - \theta)$ in irgendeinem von vielen möglichen Zwischenzuständen befinden kann, erhält man durch Summation über sämtliche möglichen Zwischenzustände k alle Prozeßverläufe, die in der Zeit τ von i nach j führen (Gl. 3.6).

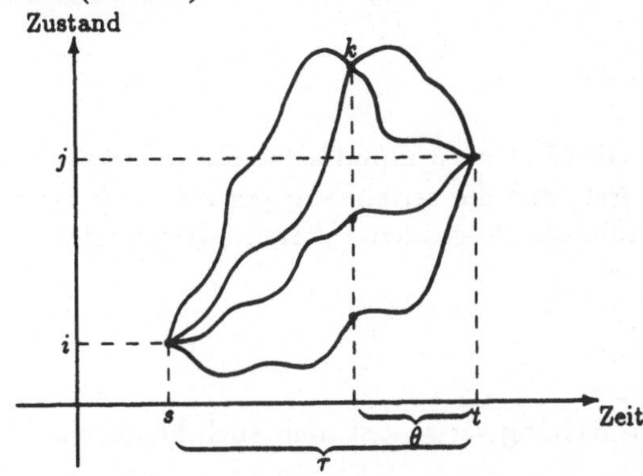

Abb. 3.1: Mögliche Verläufe eines Markov-Prozesses

Unser Ziel bei der Untersuchung von Markov-Prozessen ist die Bestimmung der *Zustandswahrscheinlichkeiten* $p_j(t) = P(X(t) = j)$. Diese geben an, mit welcher Wahrscheinlichkeit sich der Prozeß zur Zeit t im Zustand j befindet. Mit den allgemeinen Anfangsbedingungen $p_i(0) = P(X(0) = i)$ gilt:

$$p_j(t) = \sum_{i \in Z} p_{ij}(t)p_i(0), \qquad j \in Z. \tag{3.7}$$

Die Markov-Kette ist somit durch die Wahrscheinlichkeiten $p_i(0)$ für die Anfangszustände und durch die Übergangswahrscheinlichkeiten vollständig definiert. Die direkte Benutzung von Gl. (3.6) zur Bestimmung der Übergangswahrscheinlichkeiten ist schwierig. Gewöhnlich werden diese daher unter Zuhilfenahme der Grenzwerte

$$q_{ij} = \lim_{t \to 0} \frac{p_{ij}(t) - \delta_{ij}}{t} \tag{3.8}$$

$$\text{mit } \delta_{ij} = \begin{cases} 1 & \text{für } i = j \\ 0 & \text{sonst} \end{cases}$$

bestimmt. q_{ij} ist die *Übergangsrate* des Prozesses vom Zustand i in den Zustand j. Da $-q_{ii}$ die Rate ist, mit der Zustand i verlassen wird, gilt:

$$\sum_{j \in Z} q_{ij} = 0 \qquad \text{für alle } i \in Z. \tag{3.9}$$

Aus der Chapman-Kolmogorov-Gleichung (3.6) folgt damit:

$$p_{ij}(t + \Delta t) - p_{ij}(t) = \sum_{k \in Z} [p_{ik}(t + \Delta t - \theta) - p_{ik}(t - \theta)] \cdot p_{kj}(\theta).$$

Dividiert man beide Seiten durch Δt und läßt Δt gegen Null und θ gegen t gehen, dann erhält man die sog. *Kolmogorov-Rückwärtsgleichungen*:

$$\frac{d}{dt} p_{ij}(t) = \sum_{k \in Z} p_{kj}(t) q_{ik}. \tag{3.10}$$

Auf ähnliche Weise erhält man die *Kolmogorov-Vorwärtsgleichungen*:

$$\frac{d}{dt} p_{ij}(t) = \sum_{k \in Z} p_{ik}(t) q_{ik}. \tag{3.11}$$

Differenziert man jetzt Gl. (3.7) nach t und setzt die soeben gewonnenen Ergebnisse ein, so stellt man fest, daß die zeitabhängigen Zustandswahrscheinlichkeiten des Prozesses durch Lösung des folgenden Differentialgleichungssystems bestimmt werden können:

$$\frac{d}{dt} p_j(t) = \sum_{i \in Z} p_i(t) q_{ij}. \tag{3.12}$$

Zur Darstellung dieser Gleichung verwendet man auch häufig die Matrizenschreibweise.

$$\frac{d}{dt} \underline{p}(t) = \underline{p}(t) \cdot Q, \tag{3.13}$$

mit dem Zeilenvektor $\underline{p}(t) = (p_1(t), p_2(t), p_3(t), \dots)$.

Q wird *Übergangsratenmatrix* oder *Generatormatrix* genannt:

$$Q = \begin{pmatrix} q_{11} & q_{12} & q_{13} & \cdots \\ q_{21} & q_{22} & q_{23} & \cdots \\ q_{31} & \cdots & \cdots & \cdots \\ \vdots & \vdots & \vdots & \vdots \end{pmatrix},$$

wobei sich die Diagonalelemente dieser Matrix ergeben aus $q_{ii} = -\sum_{j \neq i} q_{ij}$.

Leider ist Gl. (3.13) in der Regel nur mit erheblichem Aufwand zu lösen und oftmals erhält man gar keine oder nur sehr komplexe Lösungen.

Beispiel 3.1
Geburts-/Sterbeprozesse sind spezielle Markov-Prozesse, die die einschränkende Bedingung besitzen, daß Übergänge ausschließlich zwischen benachbarten Zuständen des Prozesses möglich sind. Bezeichnen wir mit k einen beliebigen Prozeßzustand, dann geht der Prozeß mit der *Geburtsrate* $q_{k,k+1} = \lambda_k$ in den Zustand $k+1$ über und mit der Sterberate $q_{k,k-1} = \mu_k$ in den Zustand $k-1$. Für $|k-j| > 1$ gilt $q_{kj} = 0$.
Die (unendliche) Generatormatrix Q bekommt für Geburts-/Sterbeprozesse somit folgendes Aussehen:

$$Q = \begin{pmatrix} -\lambda_0 & \lambda_0 & 0 & 0 & \cdots \\ \mu_1 & -(\lambda_1 + \mu_1) & \lambda_1 & 0 & \cdots \\ 0 & \mu_2 & -(\lambda_2 + \mu_2) & \lambda_2 & \cdots \\ 0 & 0 & \mu_3 & -(\lambda_3 + \mu_3) & \cdots \\ \vdots & \vdots & \vdots & \vdots & \vdots \end{pmatrix}.$$

Mit Gl. (3.13) und dem Vektor $\underline{p}(t) = (p_0(t), p_1(t), p_2(t), \ldots)$ ergibt sich hieraus das nachstehende Differentialgleichungssystem zur Bestimmung der Zustandswahrscheinlichkeiten des Geburts-/Sterbeprozesses zur Zeit t:

$$\frac{d}{dt}p_0(t) = -p_0(t)\lambda_0 + p_1(t)\mu_1, \tag{3.14}$$

$$\frac{d}{dt}p_k(t) = -p_k(t)(\lambda_k + \mu_k) + p_{k-1}(t)\lambda_{k-1} + p_{k+1}(t)\mu_{k+1} \qquad \text{für } k \geq 1. \tag{3.15}$$

Wir wollen auf die sehr aufwendige allgemeine Lösung dieses Gleichungssystems verzichten und stattdessen lediglich den Spezialfall des sog. „Reinen Geburtsprozesses" näher betrachten, der die zusätzliche Eigenschaft $\lambda_k = \lambda$ und $\mu_k = 0$ für alle k besitzt. Mit den Anfangsbedingungen

$$p_k(0) = \begin{cases} 1 & \text{für } k = 0 \\ 0 & \text{für } k \neq 0 \end{cases}$$

erhalten wir jetzt mit Hilfe der Laplace-Transformation

$$p_0(t) = e^{-\lambda t} \tag{3.16}$$

und hieraus für $k \geq 0$ und $t \geq 0$

$$p_k(t) = \frac{(\lambda t)^k}{k!} e^{-\lambda t}. \tag{3.17}$$

Da dies die bekannte Poissonverteilung (2.5) ist, werden Geburts-/Sterbeprozesse mit der genannten Spezialisierung auch als *Poissonprozesse* bezeichnet (siehe hierzu auch Kap. 2.2.2.1).

Unser Hauptinteresse bei der Betrachtung von Markov-Ketten gilt stets der Untersuchung des *stationären Zustands*. Dieser stationäre Zustand stellt sich genau dann ein, wenn der Prozeß hinreichend lange Zeit gelaufen ist bis sämtliche Einschwingvorgänge abgeklungen sind. Die Wahrscheinlichkeit für einen bestimmten Prozeßzustand ist dann unabhängig vom Anfangszustand des Prozesses und ändert sich auch nicht mehr mit der Zeit. Man sagt dann auch, der Prozeß befindet sich im *statistischen Gleichgewicht*. Die Existenz des stationären Zustands ist an verschiedene Bedingungen geknüpft, die von der Markov-Kette bzw. deren Zuständen erfüllt werden müssen. Um diese Bedingungen angeben zu können, sind vorab noch einige Festlegungen zu treffen.

Eine Markov-Kette heißt *irreduzibel*, wenn jeder Zustand der Kette ausgehend von jedem anderen Zustand der Kette erreicht werden kann, d.h. $p_{ij}(t) > 0$ für alle $i, j \in Z$. Ein Zustand einer Markov-Kette heißt *transient*, wenn der Prozeß nach Verlassen dieses Zustandes mit einer Wahrscheinlichkeit größer als Null *nie* wieder in diesen Zustand zurückkehrt. Kehrt der Prozeß dagegen mit Wahrscheinlichkeit Eins wieder dorthin zurück, so wird der Zustand *rekurrent* genannt. Die nach Verlassen dieses Zustandes bis zur ersten Rückkehr verstrichene Zeit heißt *Rekurrenzzeit*. Je nachdem ob die mittlere Rekurrenzzeit für einen Zustand endlich oder unendlich ist, nennt man den Zustand *rekurrent nichtnull* oder *rekurrent null*.

Es kann gezeigt werden, daß für irreduzible homogene Markov-Ketten stets die Grenzwerte

$$p_j = \lim_{t \to \infty} p_{ij}(t)$$

existieren und unabhängig von den Anfangsbedingungen sind.

Wenn dann sämtliche Zustände einer Markov-Kette transient oder rekurrent null sind, folgt, daß die obigen Grenzwerte p_j gleich Null sind. In diesem Fall existiert für den Prozeß *kein* stationärer Zustand.

Demgegenüber existiert ein stationärer Zustand, wenn sämtliche Zustände der Markov-Kette rekurrent nichtnull sind. In diesem Fall sind sämtliche Grenzwerte p_j größer als Null, und die Zustände der Markov-Kette, wie auch die Markov-Kette selbst, werden *ergodisch* genannt. Die Grenzwahrscheinlichkeiten einer ergodischen Markov-Kette heißen *stationäre Zustandswahrscheinlichkeiten* oder *Gleichgewichtszustandswahrscheinlichkeiten* und erfüllen die Beziehung

$$p_j = \lim_{t \to \infty} p_j(t). \tag{3.18}$$

Existieren diese Grenzwahrscheinlichkeiten, dann gilt:

$$\lim_{t \to \infty} \frac{d}{dt} p_j(t) = 0.$$

Die eindeutige Lösung für die stationären Zustandswahrscheinlichkeiten ergibt sich daher mit Gl. (3.12) aus dem folgenden linearen Gleichungssystem

$$\sum_{i \in Z} p_i q_{ij} = 0, \tag{3.19}$$

unter Hinzunahme der Normalisierungsbedingung

$$\sum_{i \in Z} p_i = 1. \tag{3.20}$$

Es ist üblich, Gleichung (3.19) in Matrixform zu schreiben:

$$\underline{p} \cdot Q = \underline{0}, \tag{3.21}$$

mit dem Zeilenvektor $\underline{p} = (p_0, p_1, p_2, \ldots)$ als dem Lösungsvektor für die Gleichgewichtszustandswahrscheinlichkeiten und Q als der Generatormatrix.

Am Beispiel der Geburts-/Sterbeprozesse wollen wir nun demonstrieren, mit welch geringem Aufwand diese stationären Zustandswahrscheinlichkeiten bestimmt werden können.

Fortsetzung Beispiel 3.1
Für die Existenz der Gleichgewichtszustandswahrscheinlichkeiten eines Geburts-/Sterbeprozesses müssen sämtliche Zustände dieses Prozesses ergodisch sein. In [KLEI 75] ist gezeigt, daß dies genau dann der Fall ist, wenn ein k_0 existiert, so daß für alle $k > k_0$ die Ungleichung

$$\frac{\lambda_k}{\mu_k} < 1$$

erfüllt ist. Trifft dies zu, dann existieren die Grenzwerte $p_k = \lim_{t \to \infty} p_k(t)$ und es gilt: $\lim_{t \to \infty} \frac{d}{dt} p_k(t) = 0$.
Die eindeutige Lösung für die Gleichgewichtszustandswahrscheinlichkeiten des ergodischen Geburts-/
Sterbeprozesses kann daher unter Zuhilfenahme von Gl. (3.14, 3.15) aus dem folgenden Gleichungs-
system gewonnen werden:

$$0 = -p_0\lambda_0 + p_1\mu_1 \tag{3.22}$$
$$0 = -p_k(\lambda_k + \mu_k) + p_{k-1}\lambda_{k-1} + p_{k+1}\mu_{k+1}, \qquad k \geq 1. \tag{3.23}$$

Ein äquivalentes, aber einfacheres Gleichungssystem erhalten wir durch Aufaddieren dieser Gleichungen:

$$0 = -p_{k-1}\lambda_{k-1} + p_k\mu_k, \qquad k \geq 1, \tag{3.24}$$

Die allgemeine Lösung für die Gleichgewichtszustandswahrscheinlichkeiten ergibt sich somit zu:

$$p_k = \prod_{i=0}^{k-1} \frac{\lambda_i}{\mu_{i+1}} \cdot p_0, \qquad k \geq 1, \tag{3.25}$$

wobei die Konstante p_0 mit Hilfe der Normalisierungsbedingung (3.20) bestimmt werden kann:

$$p_0 = \frac{1}{1 + \sum_{k=1}^{\infty} \prod_{i=0}^{k-1} \frac{\lambda_i}{\mu_{i+1}}}. \tag{3.26}$$

Beispiel 3.2

Als weiteres Beispiel wollen wir das klassische Wartesystem M/M/1-FCFS betrachten, das als spezieller Geburts-/Sterbeprozeß mit der konstanten Geburtsrate λ und der konstanten Sterberate μ
aufgefaßt werden kann. Die Ergodizitätsbedingung ist $\lambda/\mu < 1$ oder $\lambda < \mu$.
Setzt man die gegebenen Raten in Gleichung (3.26) ein, so erhalten wir:

$$p_0 = \frac{1}{1 + \sum_{k=1}^{\infty} \prod_{i=0}^{k-1} \frac{\lambda}{\mu}} = \frac{1}{1 + \sum_{k=1}^{\infty} \left(\frac{\lambda}{\mu}\right)^k}.$$

Da gilt $\lambda < \mu$, konvergiert die Summe und es folgt:

$$p_0 = \frac{1}{1 + \frac{\lambda/\mu}{1 - \lambda/\mu}} = 1 - \frac{\lambda}{\mu}.$$

Mit Gl. (3.25) erhalten wir außerdem:

$$p_k = p_0 \left(\frac{\lambda}{\mu}\right)^k, \qquad k \geq 0,$$

woraus sich schließlich die allgemeine Lösung für die Gleichgewichtszustandswahrscheinlichkeiten
ergibt (vergleiche Gl. 2.62):

$$p_k = \left(1 - \frac{\lambda}{\mu}\right) \cdot \left(\frac{\lambda}{\mu}\right)^k.$$

Mit $\rho = \lambda/\mu$ und $\bar{k} = \sum_{k=1}^{\infty} k \cdot p(k)$ ergibt sich für die mittlere Auftragsanzahl (vgl. Gl. 2.63):

$$\bar{k} = \frac{\rho}{1 - \rho},$$

und daraus mit Little's Gesetz (Gl. 2.59, 2.60) und Gl. (2.61) die mittlere Antwortzeit (Gl. 2.65),
die mittlere Wartezeit (Gl. 2.66) und die mittlere Warteschlangenlänge (Gl. 2.67).

Das Beispiel 3.2 beschreibt den einfachsten Fall eines Warteschlangenmodells mit
exponentiell verteilten Zwischenankunfts- und Bedienzeiten. Dieses Modell, das nur
aus einer Bedienstation besteht, kann nun verallgemeinert werden auf Warteschlangennetze, in denen sämtliche Zwischenankunfts- und Bedienzeiten der einzelnen

Knoten ebenfalls exponentiell verteilt sind. Wegen der Eigenschaft der Gedächtnislosigkeit der Exponentialverteilung erfüllt der stochastische Prozeß, der das Verhalten dieses Netzes beschreibt, genauso die Markov-Eigenschaft (3.1) wie der stochastische Prozeß, der zum Modell mit nur einem Knoten gehört. In beiden Fällen ist daher durch die Übergangsraten zwischen den Zuständen des Warteschlangenmodells eine homogene zeitkontinuierliche Markov-Kette definiert, deren Zustandsraum durch die möglichen Zustände des jeweiligen Modells gegeben ist.

Im Unterschied zu diesen „exponentiellen Modellen" besitzen Warteschlangenmodelle, in denen ein oder mehrere Knoten nichtexponentiell verteilte Zwischenankunfts- und Bedienzeiten haben, die Markov-Eigenschaft (3.1) nicht. Die beschriebene Methode der Bestimmung der Zustandswahrscheinlichkeiten eines Modells mit Hilfe von Markov-Ketten ist somit nicht mehr unmittelbar anwendbar. Durch Anwendung der sog. *Phasenmethode* können jedoch auch solche Modelle mit Hilfe der Markov-Ketten-Technik analysiert werden.

Die Phasenmethode basiert auf der in Kap. 2.2.2 getroffenen Feststellung, daß jede Verteilungsfunktion die eine rationale Laplace-Transformierte besitzt durch die Kombination mehrerer exponentiell verteilter Phasen beliebig genau approximiert werden kann. So kann beispielsweise eine Bedienstation mit Erlang-k verteilter Bedienzeit interpretiert werden als eine Bedienstation bestehend aus k hintereinandergeschalteten Bedieneinheiten mit jeweils exponentiell verteilter Bedienzeit.

Mit dieser Betrachtungsweise können also auch stochastische Prozesse, deren zukünftiger Verlauf zumindest zeitweise abhängig vom Ablaufgeschehen in der Vergangenheit ist, als „mehrdimensionale" Markov-Prozesse aufgefaßt werden. Lediglich der Zustandsbegriff der Markov-Kette muß in diesen Fällen etwas genauer gefaßt werden, da nun zusätzlich berücksichtigt werden muß, in welcher Phase sich die Ankunfts- und Bedienprozesse der einzelnen Knoten des zugrundeliegenden Warteschlangennetzes befinden.

3.3   Globale Gleichgewichtsgleichungen

Wir wissen nun, daß das Verhalten sehr vieler Warteschlangenmodelle mit Hilfe von Markov-Ketten beschrieben werden kann. Diese Markov-Ketten sind durch die Übergangsraten zwischen den Zuständen des jeweils zugrundeliegenden Modells vollständig definiert. Ist die Markov-Kette ergodisch, dann existiert ein Gleichgewichtszustand und sämtliche Zustandswahrscheinlichkeiten des Modells sind zeitunabhängig. Das Gleichungssystem zur Bestimmung der Gleichgewichtszustandswahrscheinlichkeiten aller möglichen Systemzustände des Modells lautet in Matrixform (Gl. 3.21):

$$\underline{p} \cdot Q = \underline{0}.$$

Mit dieser Gleichung wird zum Ausdruck gebracht, daß im Gleichgewicht für jeden einzelnen Zustand eines Warteschlangenmodells der Fluß aus diesem Zustand gleich dem Fluß in diesen Zustand sein muß. Dies bezeichnet man als das *Prinzip von der Erhaltung des statistischen Gleichgewichts*. Mit anderen Worten:

Für jeden Zustand $\underline{S}_i$ eines Warteschlangenmodells ist die Wahrscheinlichkeit für das Entstehen dieses Zustands gleich der Wahrscheinlichkeit für das Verschwinden dieses Zustands:

$$\sum_{\underline{S}_j} p(\underline{S}_j)q_{ji} = p(\underline{S}_i) \sum_{\underline{S}_j} q_{ij}, \tag{3.27}$$

wobei q_{ij} die Übergangsrate vom Zustand $\underline{S}_i$ in den Zustand $\underline{S}_j$ bezeichnet.

Die Gleichungen (3.27) werden als die *globalen Gleichgewichtsgleichungen* eines Warteschlangemodells bezeichnet. Nach Subtraktion von $p(\underline{S}_i) \cdot q_{ii}$ auf beiden Seiten von Gl. (3.27) erhalten wir:

$$\sum_{\underline{S}_j \neq \underline{S}_i} p(\underline{S}_j)q_{ji} - p(\underline{S}_i) \sum_{\underline{S}_j \neq \underline{S}_i} q_{ij} = 0, \tag{3.28}$$

was genau der Matrixgleichung $\underline{p} \cdot Q = \underline{0}$ entspricht.

Bevor wir in Kapitel 4 die verschiedenen numerischen Verfahren zur Lösung der globalen Gleichgewichtsgleichungen präsentieren, wollen wir nun noch an drei Beispielen demonstrieren, wie diese Gleichungen ermittelt werden können.

Beispiel 3.3
Betrachte das geschlossene Warteschlangennetz aus Abb. 3.2. In diesem Netz befinden sich zwei Knoten ($N = 2$) und drei Aufträge ($K = 3$). Die Bedienzeiten sind exponentiell verteilt mit den Mittelwerten $1/\mu_1 = 5$ sec und $1/\mu_2 = 2.5$ sec. Die Warteschlangendisziplin bei beiden Knoten ist FCFS.

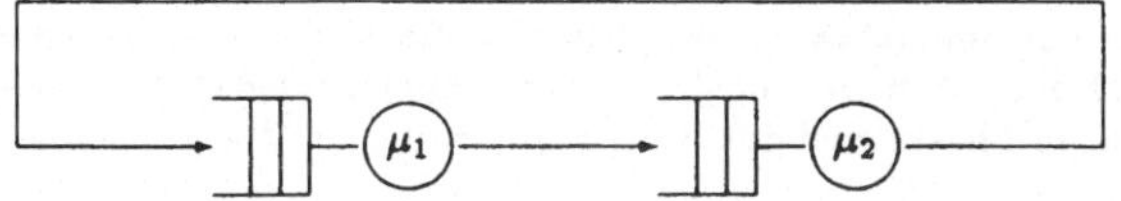

Abb. 3.2: Ein geschlossenes Netz

Der Zustandsraum der Markov-Kette, die das Verhalten des Beispielnetzes beschreibt, ergibt sich aus den möglichen Zuständen des Netzes:

$$\{(3,0),(2,1),(1,2),(0,3)\}.$$

Zustand (k_1, k_2) gibt an, daß sich k_1 Aufträge im Knoten 1 und k_2 Aufträge im Knoten 2 befinden. $p(k_1, k_2)$ bezeichnet die Wahrscheinlichkeit für diesen Zustand im Gleichgewicht.

Zur Bestimmung der Übergangsraten zwischen den einzelnen Zuständen betrachten wir z.B. den Zustand (1,2). Ein Übergang von (1,2) in den Zustand (0,3) findet genau dann statt, wenn ein Auftrag im Knoten 1 fertig bedient wird; die dazugehörige Rate ist μ_1. Somit ist μ_1 die Übergangsrate vom Zustand (1,2) in den Zustand (0,3). Entsprechend ist dann natürlich μ_2 die Übergangsrate vom Zustand (1,2) nach Zustand (2,1).

Ein einfaches und sehr nützliches Hilfsmittel zur Beschreibung von Markov-Ketten sind *Zustandsübergangsdiagramme*. Darunter versteht man gerichtete Graphen, deren Knoten die Zustände und deren Kanten die möglichen Übergänge zwischen den Zuständen der Markov-Kette repräsentieren. Die Kanten sind zusätzlich noch mit den Übergangsraten markiert. In Abb. 3.3 ist das Zustandsübergangsdiagramm für das Beispielnetz gezeigt.

Mit Hilfe dieses Diagramms können die globalen Gleichgewichtsgleichungen auf einfache Weise formuliert werden. Denn der Fluß in einem bestimmten Zustand des Modells ist im Diagramm dargestellt durch alle Kanten, die genau in den betreffenden Zustand führen, und der Fluß aus diesem Zustand ist dargestellt durch alle Kanten, die aus diesem Zustand herausführen. Die globalen Gleichgewichtsgleichungen für das Beispiel lauten somit:

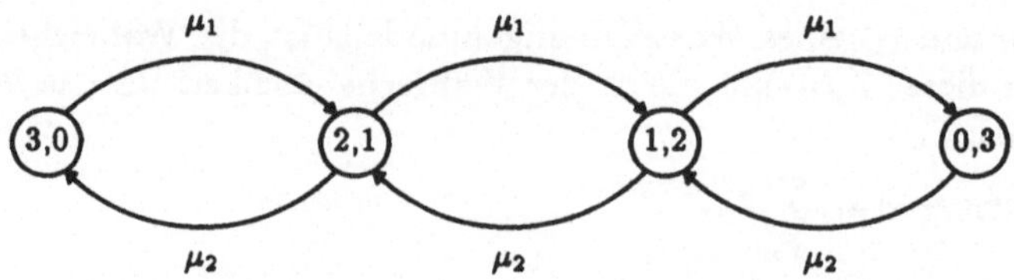

Abb. 3.3: Zustandsübergangsdiagramm zum Beispiel 3.3

$$
\begin{aligned}
p(3,0)\mu_1 &= p(2,1)\mu_2, \\
p(2,1)(\mu_1 + \mu_2) &= p(3,0)\mu_1 + p(1,2)\mu_2, \\
p(1,2)(\mu_1 + \mu_2) &= p(2,1)\mu_1 + p(0,3)\mu_2, \\
p(0,3)\mu_2 &= p(1,2)\mu_2.
\end{aligned}
$$

Mit der Generatormatrix

$$
Q = \begin{pmatrix}
-\mu_1 & \mu_1 & 0 & 0 \\
\mu_2 & -(\mu_1 + \mu_2) & \mu_1 & 0 \\
0 & \mu_2 & -(\mu_1 + \mu_2) & \mu_1 \\
0 & 0 & \mu_2 & -\mu_2
\end{pmatrix}
$$

und dem Lösungsvektor $\underline{p} = (p(3,0), p(2,1), p(1,2), p(0,3))$ ergibt sich somit die Gültigkeit der Matrixgleichung $\underline{p} \cdot Q = \underline{0}$. Mit dieser können jetzt die Zustandswahrscheinlichkeiten und daraus alle anderen Leistungsgrößen berechnet werden (siehe Beispiel 4.1).

Beispiel 3.4

Wir nehmen nun an, daß im Netzwerk aus Abb. 3.2 die Bedienzeit des ersten Knotens Erlang-2 verteilt ist, während die Parameter für den zweiten Knoten unverändert bleiben (Abb. 3.4). Die Bedienraten der einzelnen Phasen sind durch $\mu_{11} = \mu_{12} = 0.4\,\mathrm{sec}^{-1}$ gegeben; die Anzahl der Aufträge beträgt $K = 2$.

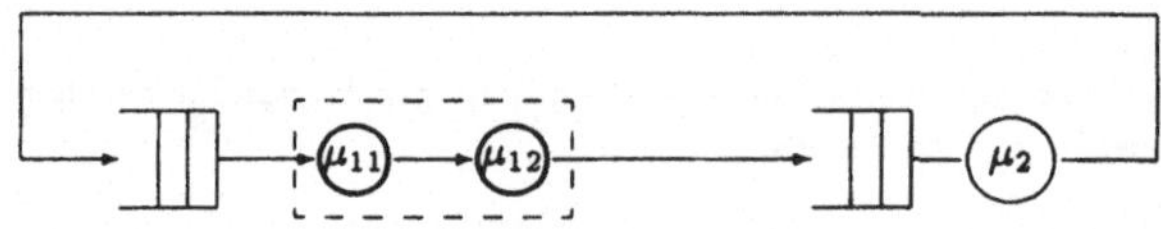

Abb. 3.4: Beispielnetzwerk

Ein Zustand $(k_1, l; k_2)$ des Netzes ist jetzt nicht mehr nur durch die Anzahl k_i der Aufträge in den beiden Knoten charakterisiert, sondern auch noch durch die Phase l, in der sich der gerade in Bedienung befindliche Auftrag im ersten Knoten aufhält. Demnach sind genau fünf Netzwerkzustände möglich, die zusammen mit den möglichen Übergängen das Zustandsdiagramm aus Abb. 3.5 ergeben. Hieraus lassen sich wieder leicht die globalen Gleichgewichtsgleichungen ableiten:

$$
\begin{aligned}
p(2,1;0)\mu_{11} &= p(1,1;1)\mu_2, \\
p(2,2;0)\mu_{12} &= p(2,1;0)\mu_{11} + p(1,2;1)\mu_2, \\
p(1,1;1)(\mu_{11} + \mu_2) &= p(2,2;0)\mu_{12} + p(0,0;2)\mu_2, \\
p(1,2;1)(\mu_{11} + \mu_2) &= p(1,1;1)\mu_{11}, \\
p(0,0;2)\mu_2 &= p(1,2;1)\mu_{12}.
\end{aligned}
$$

Mit dem Zustandsvektor $\underline{p} = (p(2,1;0), p(2,2;0), p(1,1;1), p(1,2;1), p(0,0;2))$ hat die Übergangsmatrix Q nun folgendes Aussehen:

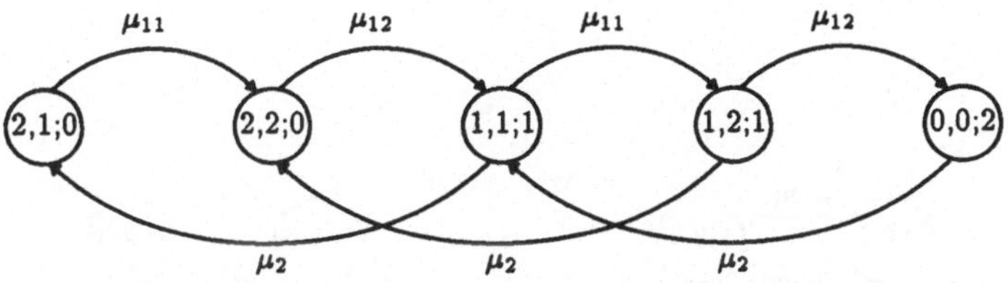

Abb. 3.5: Zustandsübergangsdiagramm zum Beispiel 3.4

$$Q = \begin{pmatrix} -\mu_{11} & \mu_{11} & 0 & 0 & 0 \\ 0 & -\mu_{12} & \mu_{12} & 0 & 0 \\ \mu_2 & 0 & -(\mu_{11}+\mu_2) & \mu_{11} & 0 \\ 0 & \mu_2 & 0 & -(\mu_{12}+\mu_2) & \mu_{12} \\ 0 & 0 & \mu_2 & 0 & -\mu_2 \end{pmatrix}.$$

Beispiel 3.5

Als letztes Beispiel betrachten wir ein geschlossenes Netz (Abb. 3.6) bestehend aus $N = 3$ Knoten mit exponentiell verteilten Bedienzeiten und den Bedienraten $\mu_1 = 4\ \mathrm{sec}^{-1}$, $\mu_2 = 1\ \mathrm{sec}^{-1}$ und $\mu_3 = 2\ \mathrm{sec}^{-1}$.

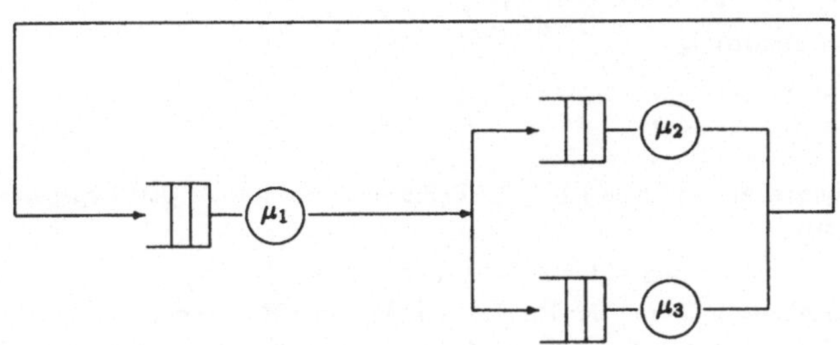

Abb. 3.6: Geschlossenes Netz

Im Netz befinden sich $K = 2$ Aufträge. Die Übergangswahrscheinlichkeiten sind durch $p_{12} = 0.4$, $p_{13} = 0.6$, $p_{21} = p_{31} = 1$ gegeben.
Folgende Zustände des Netzes sind möglich:

$$(2,0,0), (0,2,0), (0,0,2), (1,1,0), (1,0,1), (0,1,1).$$

Das Zustandsübergangsdiagramm ist in Abb. 3.7 gezeigt.

Die globalen Gleichgewichtsgleichungen bestimmen wir wieder, indem wir für jeden einzelnen Zustand des Netzes den Gesamtfluß in diesen Zustand mit dem Gesamtfluß aus dem Zustand gleichsetzen:

1) $p(2,0,0)(\mu_1 p_{12}+\mu_1 p_{13}) \qquad = p(1,0,1)\mu_3 p_{31}+p(1,1,0)\mu_2 p_{21}$,

2) $p(0,2,0)\mu_2 p_{21} \qquad\qquad\quad = p(1,1,0)\mu_1 p_{12}$,

3) $p(0,0,2)\mu_3 p_{31} \qquad\qquad\quad = p(1,0,1)\mu_1 p_{13}$,

4) $p(1,1,0)(\mu_2 p_{21}+\mu_1 p_{13}+\mu_1 p_{12}) = p(0,2,0)\mu_2 p_{21}+p(2,0,0)\mu_1 p_{12}+p(0,1,1)\mu_3 p_{31}$,

5) $p(1,0,1)(\mu_3 p_{31}+\mu_1 p_{12}+\mu_1 p_{13}) = p(0,0,2)\mu_3 p_{31}+p(0,1,1)\mu_2 p_{21}+p(2,0,0)\mu_1 p_{13}$,

6) $p(0,1,1)(\mu_3 p_{31}+\mu_2 p_{21}) \qquad\ = p(1,1;0)\mu_1 p_{13}+p(1,0,1)\mu_1 p_{12}$.

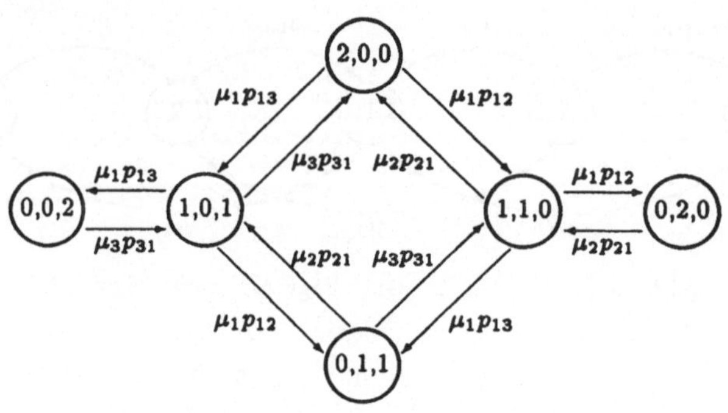

Abb. 3.7: Zustandsübergangsdiagramm zum Beispiel 3.5

Aufgabe 3.1

Für das geschlossene Warteschlangennetz mit $N = 2$ Knoten aus Beispiel 3.3 sollen jetzt für $K = 2$ Aufträge

   a) der Zustandsraum,

   b) das Zustandsdiagramm,

   c) die globalen Gleichgewichtsgleichungen,

   d) die Generatormatrix Q

angegeben werden.

Aufgabe 3.2

Im Warteschlangennetz aus Aufgabe 3.1 ist die Bedienzeit in Knoten 1 jetzt hyperexponentiell verteilt mit den Parametern

$$q_1 = 0.4, \quad q_2 = 0.6, \quad \mu_{11} = 1 \text{ sec}^{-1}, \quad \mu_{12} = 0.5 \text{ sec}^{-1}.$$

Es soll das Warteschlangennetz mit der Ersatzdarstellung der Hyperexponentialverteilung gezeichnet und für $K = 1$ die Teilaufgaben a) bis d) entsprechend Aufgabe 3.1 bearbeitet werden.

Fortgeschrittene können Aufgabe 3.2 auch für $K = 2$ durchführen.

Aufgabe 3.3

Für ein Warteschlangennetz mit $N = 3$ Knoten, $K = 2$ Aufträgen, exponentieller Bedienzeitverteilung und den Werten:

$$\mu_1 = 0.8 \text{ sec}^{-1}, \quad \mu_2 = 0.4 \text{ sec}^{-1} \quad \mu_3 = 0.3 \text{ sec}^{-1},$$
$$p_{11} = 0.2, \quad p_{12} = p_{13} = 0.4, \quad , p_{21} = p_{31} = 1$$

soll das Warteschlangennetz gezeichnet und die Teilaufgaben a) bis d) entsprechend Aufgabe 3.1 bearbeitet werden.

4 Numerische Analyseverfahren

Eine Möglichkeit, die Leistungsgrößen eines Warteschlangenmodells zu bestimmen, besteht darin, das System der globalen Gleichgewichtsgleichungen in der Matrixform $p \cdot Q = \underline{0}$, mit Hilfe *numerischer Verfahren* zu lösen. Q ist die Matrix der Übergangsraten der ergodischen, homogenen zeitkontinuierlichen Markov-Kette, die das Verhalten des zu untersuchenden Warteschlangenmodells beschreibt. $\underline{p}$ ist der eindeutige Lösungsvektor dieses Gleichungssystems und charakterisiert das Verhalten des Modells im stationären Zustand.

Numerische Analyseverfahren besitzen außer der Forderung nach Endlichkeit des Zustandsraums, die für geschlossene Modelle stets erfüllt ist, keinerlei Einschränkungen hinsichtlich der zu lösenden Modelle. Jedoch sind diese Verfahren nur für Warteschlangennetze mit einer kleinen Anzahl von Aufträgen und Knoten sinnvoll anwendbar. Für umfangreichere Modelle erfordern sie einen außerordentlich hohen Aufwand an Rechenzeit und Speicherplatz, der in der Regel nicht gerechtfertigt werden kann.

In den nachfolgenden Abschnitten werden wir drei verschiedene numerische Lösungsverfahren zur Bestimmung der Zustandswahrscheinlichkeiten von Warteschlangenmodellen kennenlernen.

4.1 Iterative numerische Methode

Bei der ersten Methode, die wir vorstellen wollen, werden die Zustandswahrscheinlichkeiten eines zu analysierenden Warteschlangenmodells auf iterativem Wege, ausgehend von einem beliebig gewählten Anfangsvektor $\underline{p}^{(0)}$, ermittelt [WARo 66].

Hierzu wandeln wir zunächst die Matrixgleichung $\underline{p} \cdot Q = \underline{0}$ durch Einführung eines Skalars Δ um in $\underline{p} \cdot Q \cdot \Delta = 0$. Nach Addition von $\underline{p}$ auf beiden Seiten ergibt sich hieraus $\underline{p} \cdot Q \cdot \Delta + \underline{p} = \underline{p}$ und mit der Einheitsmatrix I schließlich $\underline{p} \cdot (Q \cdot \Delta + I) = \underline{p}$. Das Iterationsschema zur Berechnung von $\underline{p}$ kann damit durch die Gleichung

$$\underline{p}^{(j+1)} = \underline{p}^{(j)} \cdot (Q \cdot \Delta + I) \tag{4.1}$$

angegeben werden, wobei $\underline{p}^{(j)}$ den Wert des Vektors $\underline{p}$ der Zustandswahrscheinlichkeiten beim j-ten Iterationsschritt bezeichnet. Anzumerken ist, daß die Matrix $(Q \cdot \Delta + I)$ durch den Iterationsprozeß nicht verändert wird.

Die Iteration wird so lange durchgeführt, bis sich die Ergebnisse beim n-ten Iterationsschritt um weniger als ein vorher festgelegtes ϵ von denen beim $(n-1)$-ten Iterationsschritt unterscheiden. Aus den Ergebnissen der n-ten Iteration können dann letztlich alle anderen interessierenden Leistungsgrößen des Warteschlangenmodells berechnet werden.

Zur Sicherstellung der Konvergenz des Verfahrens wird der Skalar Δ so gewählt, daß das größte Element von $Q \cdot \Delta$ kleiner als Eins wird. In [STEW 78] wird als geeigneter Wert $\Delta = 1/\max |q_{ii}|$ vorgeschlagen und in [WARo 66] $\Delta = 0.99/\max |q_{ii}|$.

Beispiel 4.1
Für das geschlossene Netzwerk aus Beispiel 3.3 können jetzt mit Hilfe der iterativen numerischen Methode die Leistungsgrößen bestimmt werden.
Für die Generatormatrix Q erhalten wir sich nach Einsetzen der Werte $\mu_1 = 0.2$ und $\mu_2 = 0.4$:

$$Q = \begin{pmatrix} -0.2 & 0.2 & 0 & 0 \\ 0.4 & -0.6 & 0.2 & 0 \\ 0 & 0.4 & -0.6 & 0.2 \\ 0 & 0 & 0.4 & -0.4 \end{pmatrix}.$$

Das betragsmäßig größte Diagonalelement ist $q_{22} = q_{33} = -0.6$, so daß wir für den Skalar Δ wählen:

$$\Delta = \frac{1}{\max |q_{ii}|} = \frac{1}{0.6} = \underline{1.6667}.$$

Damit ergibt sich die invariante Matrix $(Q \cdot \Delta + I)$ zu:

$$(Q\Delta + I) = \begin{pmatrix} 0.6667 & 0.3333 & 0 & 0 \\ 0.6667 & 0 & 0.3333 & 0 \\ 0 & 0.6667 & 0 & 0.3333 \\ 0 & 0 & 0.6667 & 0.3333 \end{pmatrix}.$$

Der Anfangsvektor $\underline{p}^{(0)} = (p(3,0), p(2,1), p(1,2,)p(0,3))^{(0)}$ kann willkürlich festgelegt werden, wobei jedoch die Normalisierungsbedingung $p(3,0) + p(2,1) + p(1,2) + p(0,3) = 1$ berücksichtigt werden muß!
Mit $\underline{p}^{(0)} = (0.65; 0.35; 0; 0)$ und $\epsilon = 0.003$ erhalten wir den in Tabl. 4.1 gezeigten Iterationsverlauf.

Iteration	$p(3,0)$	$p(2,1)$	$p(1,2)$	$p(0,3)$
1	0.6667	0.2166	0.1167	0
2	0.5889	0.3000	0.0722	0.0389
3	0.5926	0.2444	0.1259	0.0371
4	0.5580	0.2815	0.1062	0.0543
5	0.5597	0.2568	0.1300	0.0535
6	0.5443	0.2733	0.1213	0.0612
7	0.5450	0.2623	0.1319	0.0608
8	0.5382	0.2696	0.1280	0.0642
9	0.5385	0.2647	0.1327	0.0641
10	0.5355	0.2680	0.1309	0.0656
11	0.5356	0.2658	0.1330	0.0655

Tab. 4.1: Iterationsverlauf der iterativen numerischen Methode

Ein Vergleich mit den exakteren Werten, wie sie für $\epsilon = 1.0 \cdot 10^{-6}$ ermittelt wurden, macht die schnelle Konvergenz dieser Methode für das gewählte Beispiel deutlich:

$$p(3,0) = \underline{0.5333}, \quad p(2,1) = \underline{0.2667}, \quad p(1,2) = \underline{0.1333}, \quad p(0,3) = \underline{0.0667}.$$

Aus diesen Resultaten lassen sich leicht alle weiteren wichtigen Leistungsgrößen des Netzes berechnen:

(a) Randwahrscheinlichkeiten (Gl. 2.96):

$$p_1(0) = p_2(3) = p(0,3) = \underline{0.0667},$$
$$p_1(1) = p_2(2) = p(1,2) = \underline{0.1333},$$
$$p_1(2) = p_2(1) = p(2,1) = \underline{0.2667},$$
$$p_1(3) = p_2(0) = p(3,0) = \underline{0.5333}.$$

(b) Auslastungen (Gl. 2.105):

$$\rho_1 = 1 - p_1(0) = \underline{0.9333}, \qquad \rho_2 = 1 - p_2(0) = \underline{0.4667}.$$

(c) Durchsatz (Gl. 2.99):

$$\lambda = \lambda_1 = \lambda_2 = \rho_1\mu_1 = \rho_2\mu_2 = \underline{0.1867}.$$

(d) Mittlere Anzahl von Aufträgen (Gl. 2.109):

$$\overline{k}_1 = \sum_{k=1}^{3} kp_1(k) = \underline{2.2667}, \qquad \overline{k}_2 = \sum_{k=1}^{3} kp_2(k) = \underline{0.7333}.$$

(e) Mittlere Anwortzeiten der Aufträge (Gl. 2.113):

$$\overline{t}_1 = \frac{\overline{k}_1}{\lambda_1} = \underline{12.1429}, \qquad \overline{t}_2 = \frac{\overline{k}_2}{\lambda_2} = \underline{3.9286}.$$

Beispiel 4.2
Wir wollen jetzt noch für das Netzwerk aus Beispiel 3.4 die Zustandswahrscheinlichkeiten mit Hilfe der iterativen numerischen Methode bestimmen.
Nach Einsetzen der gegebenen Werte $\mu_{11} = \mu_{12} = \mu_2 = 0.4$ erhalten wir für die Matrix Q:

$$Q = \begin{pmatrix} -0.4 & 0.4 & 0 & 0 & 0 \\ 0 & -0.4 & 0.4 & 0 & 0 \\ 0.4 & 0 & -0.8 & 0.4 & 0 \\ 0 & 0.4 & 0 & -0.8 & 0.4 \\ 0 & 0 & 0.4 & 0 & -0.4 \end{pmatrix}.$$

Mit $\Delta = \dfrac{1}{\max|q_{ii}|} = \dfrac{1}{0.8} = \underline{1.25}$ ergibt sich die invariante Matrix $(Q\cdot\Delta + I)$ zu:

$$(Q\cdot\Delta + I) = \begin{pmatrix} 0.5 & 0.5 & 0 & 0 & 0 \\ 0 & 0.5 & 0.5 & 0 & 0 \\ 0.5 & 0 & 0 & 0.5 & 0 \\ 0 & 0.5 & 0 & 0 & 0.5 \\ 0 & 0 & 0.5 & 0 & 0.5 \end{pmatrix}.$$

Ein geeigneter Anfangsvektor ist $\underline{p}^{(0)} = (0.2, 0.2, 0.2, 0.2, 0.2)$.
Mit $\epsilon = 0.003$ stellen sich nach dem achten Iterationsschritt folgende Resultate ein:

$$p(2,1;0) = \underline{0.2219}, \qquad p(2,2;0) = \underline{0.3336},$$
$$p(1,1;1) = \underline{0.2219}, \qquad p(1,2;1) = \underline{0.1102},$$
$$p(0,0;2) = \underline{0.1125}.$$

Hieraus errechnen wir die Randwahrscheinlichkeiten:

$$p_1(0) = p_2(2) = p(0,0,2) \qquad\qquad = \underline{0.1125},$$
$$p_1(1) = p_2(1) = p(1,1,1) + p(1,2,1) = \underline{0.3321},$$
$$p_1(2) = p_2(0) = p(2,1,0) + p(2,2,0) = \underline{0.5555}.$$

Die Berechnung weiterer Leistungsparameter geschieht genauso wie im Beispiel 4.1 und braucht daher nicht mehr im Detail erörtert zu werden.

4.2 Direkte numerische Methode

Ebenso wie in Kap. 4.1 gehen wir auch bei der direkten numerischen Methode von
den globalen Gleichgewichtsgleichungen in der Matrixform $\underline{p} \cdot Q = \underline{0}$ aus. Zusätzlich
wird jetzt die Normalisierungsbedingung berücksichtigt, daß sich die Wahrschein-
lichkeiten für die einzelnen Systemzustände zu Eins summieren müssen:

$$\sum_{\underline{S}_i} p(\underline{S}_i) = 1. \tag{4.2}$$

Wir fassen die beiden genannten Gleichungen zusammen, indem wir die letzte Spalte
der Generatormatrix Q durch Einsen ersetzen und ebenso das letzte Element von $\underline{0}$
durch eine 1. Das hieraus resultierende Gleichungssystem

$$\underline{p} \cdot Q' = (0, 0, \ldots, 0, 1) \tag{4.3}$$

kann dann beispielsweise mit dem Gauß'schen Algorithmus nach $\underline{p}$ aufgelöst werden
[STEW 79].

Beispiel 4.3
Für das Warteschlangennetz aus Beispiel 3.3 bestimmen wir jetzt die Matrix Q' aus Q:

$$Q' = \begin{pmatrix} -0.2 & 0.2 & 0 & 1 \\ 0.4 & -0.6 & 0.2 & 1 \\ 0 & 0.4 & -0.6 & 1 \\ 0 & 0 & 0.4 & 1 \end{pmatrix}.$$

Die Lösung des Gleichungssystems $\underline{p} \cdot Q' = (0, 0, \ldots, 0, 1)$ mit Hilfe des Gauß-Algorithmus liefert
dann die gleichen Ergebnisse wie in Beispiel 4.1.

Es ist nicht eindeutig zu entscheiden, welches der beiden geschilderten Verfahren
bevorzugt werden sollte. Die Wahl hängt u.a. davon ab, welche Möglichkeiten beim
verwendeten Rechner zur Matrizenmultiplikation bzw. zur Lösung von linearen Glei-
chungssystemen bestehen. Im allgemeinen wird die iterative Methode verwendet. Sie
benötigt weniger Speicherplatz als die direkte Methode, da die Matrix $(Q \cdot \Delta + I)$
einmal gespeichert und durch die Iteration nicht verändert wird, während bei der
direkten Methode die Nullelemente der ursprünglichen Matrix Q' durch Nichtnullele-
mente ersetzt werden. Allerdings benötigt die iterative Methode mehr Rechenzeit
bei einer gewünschten Genauigkeit als die direkte Methode. Für beide Methoden
gilt, daß die Aufstellung der Matrix Q sehr zeitaufwendig und die Speicherung dieser Matrix problematisch ist, da der Zustandsraum für umfangreiche Systeme und
bei einer hohen Auftragsanzahl sehr groß werden kann.

4.3 Rekursive numerische Methode

Auch bei der rekursiven numerischen Methode gehen wir von der Matrixgleichung
$\underline{p} \cdot Q = \underline{0}$ aus, wobei das Verfahren zur Bestimmung der Zustandswahrscheinlichkeiten jetzt durch drei Grundschritte charakterisiert werden kann:

– Reduktionsschritt:

Es wird eine Teilmenge der Zustandswahrscheinlichkeiten, die sog. Grenzwahrscheinlichkeiten, ausgewählt. Für die übrigen Zustandswahrscheinlichkeiten werden Beziehungen und Formeln hergeleitet, mit deren Hilfe diese Zustandswahrscheinlichkeiten aus den Grenzwahrscheinlichkeiten berechnet werden können.

– Lösungsschritt:

Das im Reduktionsschritt erhaltene reduzierte Gleichungssystem wird gelöst.

– Berechnungsschritt:

Mit den im Lösungsschritt ermittelten Grenzwahrscheinlichkeiten werden die
anderen Zustandswahrscheinlichkeiten ermittelt und hieraus letzlich alle weiteren wichtigen Leistungsgrößen.

Eine detaillierte Beschreibung der rekursiven numerischen Methode sowie deren Anwendung an konkreten Beispielen findet man bei [HWC 75].

Aufgabe 4.1
Für die Aufgaben 3.1, 3.2 und 3.3 sollen die Zustandswahrscheinlichkeiten und die anderen Leistungsgrößen mittels der iterativen numerischen Analyse und wahlweise auch mit der direkten numerischen Analyse berechnet werden.

5 Exakte Analyse von Produktformnetzen

Im vorherigen Kapitel haben wir festgestellt, daß die Zustandswahrscheinlichkeiten eines Warteschlangenmodells durch Lösung des Systems der globalen Gleichgewichtsgleichungen exakt bestimmt werden können. Zwar besitzen die auf dieser Vorgehensweise basierenden numerischen Analyseverfahren einen potentiell uneingeschränkten Anwendungsbereich, dennoch ist ihr praktischer Nutzen beschränkt. Denn die Menge der zu lösenden Gleichungen kann bereits bei Netzen mit einer geringen Anzahl von Aufträgen und Knoten ungemein groß werden, weshalb numerische Verfahren nur bei sehr kleinen Netzen vorteilhaft anwendbar sind. Für größere Netze muß dagegen nach anderen Lösungsmöglichkeiten gesucht werden.

In diesem Kapitel werden wir zeigen, daß für eine Vielzahl von Warteschlangennetzen effiziente Verfahren existieren, die eine exakte Bestimmung der Leistungsgrößen unter Umgehung der globalen Gleichgewichtsgleichungen ermöglichen. Erfüllen nämlich sämtliche Knoten eines Warteschlangennetzes bestimmte Voraussetzungen zur Verteilung der Zwischenankunfts- und Bedienzeiten sowie zur Warteschlangendisziplin, dann lassen sich für das Systemverhalten auf eindeutige Weise sogenannte lokale Gleichgewichtsgleichungen angeben. Diese lokalen Gleichungen bedeuten eine wesentliche Vereinfachung gegenüber den globalen Gleichungen, da in diesem Fall getrennte Gleichungen für jeden einzelnen Knoten des Netzes existieren.

Warteschlangennetze, die eine eindeutige Lösung der lokalen Gleichgewichtsgleichungen besitzen, werden *Produktformnetze* genannt. Solche Netze sind dadurch charakterisiert, daß sich die Lösungen für die Gleichgewichtszustandswahrscheinlichkeiten multiplikativ aus Faktoren zusammensetzen, die sich auf die Zustände der einzelnen Knoten beziehen.

Bevor wir uns im einzelnen mit den verschiedenen Methoden zur Analyse von Produktformnetzen auseinandersetzen, wollen wir zunächst das Konzept des lokalen Gleichgewichts näher erläutern. Denn dies bildet die theoretische Grundlage für die Anwendbarkeit der vorzustellenden Analyseverfahren.

5.1 Lokales Gleichgewicht

Aus Kapitel 3.3 wissen wir, daß eine Lösung für die Gleichgewichtzustandswahrscheinlichkeiten eines Warteschlangenmodells stets den folgenden globalen Gleichgewichtsgleichungen genügen muß:

Für alle Zustände $\underline{S}_i$:

$$p(\underline{S}_i) \cdot [\text{Übergangsrate aus } \underline{S}_i] =$$
$$\sum_{\underline{S}_j} p(\underline{S}_j) \cdot [\text{Übergangsrate von } \underline{S}_j \text{ nach } \underline{S}_i].$$

Chandy [CHAN 72] bemerkte, daß diese globalen Gleichgewichtsgleichungen in eine Anzahl kleinerer Gleichungen zerlegt werden kann, die er *lokale Gleichgewichtsgleichungen* nannte. Lokales Gleichgewicht bedeutet:

Die Rate mit der ein Zustand $\underline{S}$ eines Warteschlangenmodells aufgrund des Abgangs eines Auftrags der Klasse r aus dem Knoten i verlassen wird, ist gleich derjenigen Rate mit der dieser Zustand aufgrund des Übergangs eines Auftrags der Klasse r in den Knoten i wieder erreicht werden kann. (Im Falle nichtexponentieller Bedienzeitverteilungen müssen die Abgänge und Ankünfte für die einzelnen exponentiellen Bedienphasen des i-ten Knotens gleichgesetzt werden statt für den Knoten i selbst.)

Die Herleitung der lokalen Gleichgewichtsgleichungen kann am besten mit Hilfe eines Beispiels veranschaulicht werden.

Beispiel 5.1

Wir betrachten erneut das geschlossene Warteschlangennetz aus Beispiel 3.5, für das die globalen Gleichgewichtsgleichungen bereits explisit angegeben wurden. Zur Festlegung der lokalen Gleichgewichtsgleichungen gehen wir nun z.B. vom Zustand (1,1,0) aus. Die Abgangsrate aus diesem Zustand aufgrund des Abgangs eines Auftrags aus dem Knoten 2 beträgt $p(1,1,0) \cdot \mu_2 \cdot p_{21}$. Diese Rate wird gleichgesetzt mit der Zugangsrate in den Zustand (1,1,0) aufgrund der Ankunft eines Auftrags am Knoten 2; $p(2,0,0) \cdot \mu_1 \cdot p_{12}$. Wir erhalten also die lokale Gleichgewichtsgleichung

$$4') \quad p(1,1,0) \cdot \mu_2 \cdot p_{21} = p(2,0,0) \cdot \mu_1 \cdot p_{12}.$$

Entsprechend wird auch die Abgangsrate eines vom Knoten 1 fertig bedienten Auftrags aus dem Zustand (1,1,0) gleichgesetzt mit der Zugangsrate eines beim Knoten 1 ankommenden Auftrags in den Zustand (1,1,0):

$$4'') \quad p(1,1,0) \cdot \mu_1 \cdot (p_{13} + p_{12}) = p(0,1,1) \cdot \mu_3 \cdot p_{31} + p(0,2,0) \cdot \mu_2 \cdot p_{21}.$$

Durch Aufaddieren der beiden lokalen Gleichgewichtsgleichungen 4') und 4'') erhalten wir die globale Gleichgewichtsgleichung 4) des Beispiels 3.5. Wir sehen, daß die globalen Gleichungen 1), 2), und 3) gleichzeitig lokale Gleichgewichtsgleichungen sind. Die restlichen lokalen Gleichgewichtsgleichungen lauten:

$$5') \quad p(1,0,1)\mu_1(p_{12} + p_{13}) = p(0,1,1)\mu_2 p_{21} + p(0,0,2)\mu_3 p_{31},$$
$$5'') \quad p(1,0,1)\mu_3 p_{31} \quad\quad = p(2,0,0)\mu_1 p_{13},$$
$$6') \quad p(0,1,1)\mu_2 p_{21} \quad\quad = p(1,0,1)\mu_1 p_{12},$$
$$6'') \quad p(0,1,1)\mu_3 p_{31} \quad\quad = p(1,1,0)\mu_1 p_{13}.$$

Durch Addition von 5') und 5'') bzw. von 6') und 6'') erhalten wir die globalen Gleichgewichtsgleichungen 5) bzw. 6).

Aus diesen lokalen Gleichgewichtsgleichungen lassen sich folgende Beziehungen ableiten, da $p_{12} + p_{13} = 1$ und $p_{21} = p_{31} = 1$:

$$p(1,0,1) = p(2,0,0)\frac{\mu_1}{\mu_3}p_{13}, \qquad p(1,1,0) = p(2,0,0)\frac{\mu_1}{\mu_2}p_{12},$$

$$p(0,0,2) = p(2,0,0)\left(\frac{\mu_1}{\mu_3}p_{13}\right)^2, \qquad p(0,2,0) = p(2,0,0)\left(\frac{\mu_1}{\mu_2}p_{12}\right)^2,$$

$$p(0,1,1) = p(2,0,0)\frac{\mu_1^2}{\mu_2\mu_3}p_{12}p_{13}.$$

Einen Ausdruck für $p(2,0,0)$ erhalten wir unter Berücksichtigung der Normalisierungsbedingung, daß sich alle Netzwerkzustände zu Eins summieren müssen:

$$p(2,0,0) = \left[1 + \mu_1\left(\frac{p_{13}}{\mu_3} + \frac{p_{12}}{\mu_2} + \frac{\mu_1 p_{13}^2}{\mu_3^2} + \frac{\mu_1 p_{12}^2}{\mu_2^2} + \frac{\mu_1 p_{12}p_{13}}{\mu_2\mu_3}\right)\right]^{-1}.$$

Nach Einsetzen der Werte ergeben sich schließlich die folgenden Resultate:

$$p(2,0,0) = \underline{0.103}, \qquad p(0,0,2) = \underline{0.148}, \qquad p(1,0,1) = \underline{0.123},$$
$$p(0,2,0) = \underline{0.263}, \qquad p(1,1,0) = \underline{0.165}, \qquad p(0,1,1) = \underline{0.198}.$$

Wie das Beispiel bereits andeutet, ist die Struktur der lokalen Gleichgewichtsgleichungen wesentlich einfacher als die der globalen Gleichgewichtsgleichungen. Jedoch besitzt nicht jedes Netzwerk eine Lösung für die lokalen Gleichgewichtsgleichungen; aber es muß stets eine Lösung der globalen Gleichgewichtsgleichungen existieren. Man kann lokales Gleichgewicht somit als hinreichende (aber nicht notwendige) Bedingung für globales Gleichgewicht ansehen. Existiert eine Lösung für die lokalen Gleichgewichtsgleichungen (man sagt dann auch, das Modell besitzt die „Local-balance-Eigenschaft"), so ist diese Lösung automatisch auch die eindeutige Lösung des Systems der globalen Gleichgewichtsgleichungen.

Der Aufwand zur (numerischen) Lösung der lokalen Gleichgewichtsgleichungen eines Warteschlangennetzes ist aber noch immer beträchtlich; er kann jedoch erheblich reduziert werden. Denn die charakteristische Eigenschaft von Warteschlangennetzen, die die Local-balance-Eigenschaft besitzen, ist die, daß es zur Bestimmung der Zustandswahrscheinlichkeiten gar nicht notwendig ist, die lokalen Gleichgewichtsgleichungen für das gesamte Netz zu lösen. Das Verhalten des Warteschlangennetzes kann in diesen Fällen nämlich leicht aus dem Verhalten der einzelnen Knoten des Netzes abgeleitet werden.

Besitzt jeder einzelne Knoten eines Warteschlangennetzes für sich betrachtet die Local-balance-Eigenschaft, dann gelten die beiden bedeutungsvollen Folgerungen:

- Auch das gesamte Netzwerk besitzt die Local-balance-Eigenschaft, was von [CHT 77] bewiesen wurde.

- Für das Netzwerk existiert eine Produktformlösung

$$p(\underline{S}_1, \underline{S}_2, \ldots, \underline{S}_N) = \frac{1}{G} \left[p(\underline{S}_1) \cdot p(\underline{S}_2) \cdot \ldots \cdot p(\underline{S}_N) \right] \tag{5.1}$$

in folgendem Sinn:
Die Lösungen für die Zustandswahrscheinlichkeiten des Netzes setzen sich aus Produkten zusammen, die sich auf die Zustände der einzelnen Knoten beziehen. Der Beweis hierzu findet sich in [MUNT 73]. G ist eine Normalisierungskonstante, die so gewählt wird, daß sich die Wahrscheinlichkeiten aller Netzwerkzustände zu Eins summieren.

Gleichung (5.1) besagt, daß sich in Netzen, welche die Local-Balance-Eigenschaft besitzen, die einzelnen Knoten so verhalten als wären sie elementare Wartesysteme, d.h. die einzelnen Knoten des Netzes können isoliert vom Rest des Netzes untersucht werden. Netze mit der beschriebenen Eigenschaft gehören damit zur Klasse der sog. *separablen Netze*, die auch *Produktformnetze* genannt werden.

Wir müssen nun also noch untersuchen für welche Typen von elementaren Wartesystemen stets eine Lösung der lokalen Gleichgewichtsgleichungen existiert. Setzt sich ein Warteschlangennetz ausschließlich aus Knoten dieser Typen zusammen, dann wissen wir nach der obigen Folgerung, daß auch das gesamte Netz die Local-balance-Eigenschaft besitzt und für das Netz eine Produktformlösung existiert.

Die lokalen Gleichgewichtsgleichungen für einen einzelnen Knoten im Warteschlangennetz können vereinfacht wie folgt dargestellt werden [SACH 81]:

$$p(\underline{S}) \cdot \mu_r(\underline{S}) = p(\underline{S} - 1_r) \cdot \lambda_r. \tag{5.2}$$

$\mu_r(\underline{S})$ ist die Rate, mit der Klasse-r Aufträge im Zustand $\underline{S}$ des Knotens bedient werden und λ_r die Rate, mit der Klasse-r Aufträge dort ankommen. $(\underline{S} - 1_r)$ bezeichnet den Zustand des Knotens nach Abgang eines Auftrags der Klasse r.

Wir betrachten beispielhaft ein FCFS-Wartesystem mit einer Bedieneinheit und exponentiell verteilten Zwischenankunfts- und Bedienzeiten (M/M/1-FCFS) und untersuchen, ob dieser Knotentyp die Local-balance-Eigenschaft besitzt. Der Zustand $\underline{S}$ eines FCFS-Knotens wird zu diesem Zweck durch den Vektor $\underline{S} = (r_1, r_2, \ldots, r_k)$ dargestellt, in welchem k die Anzahl der Aufträge im Knoten angibt und r_j die Klasse des Auftrags, der sich an der j-ten Stelle der FCFS-Reihenfolge befindet. Der Auftrag an der ersten Stelle ist derjenige, der gerade bedient wird. Mit μ_{r_1} als der Bedienrate für Aufträge der Klasse r_1 und λ_{r_1} als der Ankunftsrate für Klasse-r_1 Aufträge muß also die allgemeine Gültigkeit der folgenden lokalen Gleichgewichtsgleichungen für M/M/1-FCFS Knoten gezeigt werden:

$$p(r_1, r_2, \ldots, r_k) \cdot \mu_{r_1} = p(r_2, \ldots, r_k) \cdot \lambda_{r_1}, \tag{5.3}$$

d.h. die Rate mit der ein beliebiger Zustand $(r_1, r_2, \ldots, r_k)$ des Knoten aufgrund des Abgangs eines Auftrags verlassen wird, muß gleich der Rate sein mit der dieser Zustand aufgrund des Zugangs eines Auftrags wieder erreicht werden kann. Wie man sieht, ist dies nur dann der Fall, wenn $r_1 = r_2 = \ldots = r_k$ ist. M/M/1-FCFS Knoten besitzen demnach nur dann die Local-balance-Eigenschaft, wenn die Aufträge sämtlicher Klassen identisch sind.

Man kann zeigen, daß für folgende Typen von elementaren Wartesystemen stets eine Lösung der lokalen Gleichgewichtsgleichungen existiert [CHAN 72]:

Typ-1: **M/M/m-FCFS,**
wobei die Bedienraten für Aufträge verschiedener Klassen identisch sein müssen. In der Praxis typische Beipiele für Typ-1 Knoten sind die E/A-Geräte, Platten- und Trommelspeicher.

Typ-2: **M/G/1-PS(RR).**
Die CPU eines Rechensystems kann oft als Typ-2 Knoten modelliert werden.

Typ-3: **M/G/∞ (Infinite Server).**
Terminals in einem Teilnehmerbetrieb können als Typ-3 Knoten modelliert werden.

Typ-4: **M/G/1-LCFS PR.**
Es gibt keine konkreten Beispiele für die Anwendung von Typ-4 Knoten in Rechensystemen.

Bei den Typ-2-, Typ-3- und Typ-4-Knoten dürfen verschiedene Klassen von Aufträgen verschiedene Bedienzeitverteilungen besitzen. Für diese Bedienzeitverteilungen müssen jedoch rationale Laplace-Transformierte existieren. Diese Forderung stellt aber keine wesentliche Einschränkung dar, denn jede Verteilung kann durch eine Cox-Verteilung, die diese Forderung erfüllt, beliebig genau approximiert werden.

Im nächsten Abschnitt wollen wir uns mit den Produktformlösungen separabler Netze befassen.

Aufgabe 5.1
Für das geschlossene Warteschlangennetz von Beispiel 3.3 sollen

    a) die lokalen Gleichgewichtsgleichungen angegeben werden,

    b) aus den lokalen Gleichgewichtsgleichungen die globalen Gleichgewichtsgleichungen abgeleitet werden,

    c) aus den lokalen Gleichgewichtsgleichungen die Zustandswahrscheinlichkeiten ermittelt werden.

Vergleichen Sie die Ergebnisse von Teilaufgabe c) mit der Lösung der globalen Gleichgewichtsgleichungen aus Beispiel 4.1!

5.2   Produktformlösungen

Der Begriff Produktform wurde von [JACK 63,GONE 67A] eingeführt, die sowohl offene als auch geschlossene Warteschlangennetze mit exponentiell verteilten Zwischenankunfts- und Bedienzeiten untersuchten. Die Warteschlangendisziplin bei allen Knoten ist FCFS. Als wichtigstes Ergebnis für die Warteschlangentheorie wird gezeigt, daß sich die Lösungen für die Gleichgewichtszustandswahrscheinlichkeiten dieser Netze aus Faktoren zusammensetzen, die die Zustände der einzelnen Knoten beschreiben. Diese Lösungen werden als Produktformlösungen bezeichnet. In [BCMP 75] sind diese Ergebnisse erweitert worden auf offene, geschlossene und gemischte Netzwerke mit mehreren Auftragsklassen, nichtexponentiell verteilten Bedienzeiten und verschiedenen Warteschlangendisziplinen.

Wir werden in diesem Kapitel auf all diese Resultate ausführlich eingehen und Algorithmen angeben mit denen die Leistungsgrößen von „Produktform-Warteschlangennetzen" exakt bestimmt werden können.

Eine notwendige und hinreichende Bedingung für die Existenz von Produktformlösungen ist die in Kap. 5.1 eingeführte

- LOCAL-BALANCE-Eigenschaft:
  Ein Netzwerk ist im lokalen Gleichgewicht genau dann, wenn die Rate mit der ein Zustand des Netzes aufgrund des Abgangs eines Auftrags aus einem Knoten verlassen wird, gleich derjenigen Rate ist, mit der dieser Zustand aufgrund des Übergangs eines Auftrags in diesen Knoten wieder erreicht werden kann.

Es gibt aber noch andere charakteristische Eigenschaften, die auf ein Warteschlangennetz mit Produktformlösungen zutreffen:

- **M → M-Eigenschaft** (Markov impliziert Markov):
  Eine Bedienstation besitzt genau dann diese Eigenschaft, wenn sie einen Poissonschen Ankunftsprozeß in einen Poissonschen Abgangsprozeß transformiert. In [MUNT 73] ist gezeigt, daß ein Netzwerk Produktformlösungen hat, wenn sämtliche Knoten des Netzes die M → M-Eigenschaft besitzen.

- **STATION-BALANCE-Eigenschaft:**
  Eine Warteschlangendisziplin erfüllt die Station-balance-Eigenschaft, wenn die Rate, mit der Aufträge in einer Position (sog. Station) der Warteschlange bedient werden, proportional zur Wahrscheinlichkeit ist, daß ein Auftrag diese Position betritt. Mit anderen Worten, man unterteilt die Warteschlange eines Knotens in einzelne Positionen und setzt die Raten, mit denen diese Positionen betreten bzw. verlassen werden, gleich. In [CHT 77] ist gezeigt, daß Netze, welche die Station-balance-Eigenschaft erfüllen, Produktformlösungen besitzen. Die Umkehrung trifft jedoch nicht zu.

5.2.1 Jackson-Theorem für offene Netze

Den Durchbruch bei der Analyse von Warteschlangennetzen brachten die Arbeiten von Jackson [JACK 57,JACK 63], in denen er offene Netze untersucht und Produktformlösungen gefunden hat.

Die von Jackson untersuchten Warteschlangennetze erfüllen dabei folgende Annahmen:

- Im Netz befindet sich nur eine einzige Auftragsklasse.

- Die Gesamtanzahl der Aufträge im Netz ist nicht beschränkt.

- Jeder der N Knoten des Netzes kann Ankünfte von außen haben mit exponentiell verteilten Zwischenankunftszeiten. Abgänge von Aufträgen aus dem Netz sind bei jedem Knoten möglich.

- Sämtliche Bedienzeiten der Aufträge in den einzelnen Knoten sind exponentiell verteilt.

- Die Warteschlangendisziplin bei allen Knoten ist FCFS.

- Der i-te Knoten besteht aus $m_i \geq 1$ identischen Bedieneinheiten mit den Bedienraten μ_i, $i = 1, \ldots, N$. Die Bedienraten können, ebenso wie die Ankunftsraten λ_{0i}, von der Anzahl k_i der Aufträge im jeweiligen Knoten abhängen. Man spricht dann auch von *lastabhängigen Bedienraten* bzw. *lastabhängigen Ankunftsraten*.

Anmerkung: Eine Bedienstation mit mehr als einer Bedieneinheit und der konstanten Bedienrate μ_i ist äquivalent einer Bedienstation mit genau einer Bedieneinheit und den lastabhängigen Bedienraten

$$\mu_i(k) = \begin{cases} k_i \cdot \mu_i & \text{für } k_i \leq m_i \\ m_i \cdot \mu_i & \text{für } k_i \geq m_i. \end{cases} \tag{5.4}$$

Eine Lösung für die Zustandswahrscheinlichkeiten der oben beschriebenen Netze liefert das klassische

Theorem von Jackson:

> Wenn für alle Knoten $i = 1, \ldots, N$ im offenen Netz die Stabilitätsbedingung $\lambda_i < \mu_i \cdot m_i$ erfüllt ist, wobei sich die Ankunftsraten λ_i aus der Gleichung (2.86) ergeben, dann ist die Wahrscheinlichkeit für den Gleichgewichtszustand des Netzes durch das Produkt der Zustandswahrscheinlichkeiten (Randwahrscheinlichkeiten) der einzelnen Knoten gegeben:
>
> $$p(k_1, k_2, \ldots, k_N) = p_1(k_1) \cdot p_2(k_2) \cdot \ldots \cdot p_N(k_N). \tag{5.5}$$

Die einzelnen Knoten des Netzes können somit als voneinander unabhängige elementare M/M/m-FCFS Wartesysteme mit der Ankunftsrate λ_i und der Bedienrate μ_i angesehen werden. Zum Beweis dieses Theorems hat [JACK 63] gezeigt, daß die Gl. (5.5) den globalen Gleichgewichtsgleichungen genügt.

Der Algorithmus der Jackson-Methode zur Bestimmung der Gleichgewichtszustandswahrscheinlichkeiten kann jetzt in den nachfolgenden drei Schritten beschrieben werden:

Schritt 1:   Berechne für alle Knoten $i = 1, \ldots, N$ des offenen Netzes die Ankunftsraten λ_i mit Gl. (2.86).

Schritt 2:   Betrachte jeden Knoten i als elementares Wartesystem. Überprüfe die Stabilitätsbedingung (Gl. 2.56) und bestimme die Zustandswahrscheinlichkeiten und die Leistungsgrößen des Knotens mit den in Kap. 2.2.5 angegebenen Formeln.

Schritt 3:   Berechne mit Gl. (5.5) aus den Einzellösungen die Zustandswahrscheinlichkeiten für das gesamte Netz.

Das folgende Beispiel dient zur Veranschaulichung dieser Vorgehensweise.

Beispiel 5.2
Das zu analysierende Rechensystem (Abb. 5.1) besteht aus $N = 4$ Knoten mit je einer einzigen Bedieneinheit, in der die Aufträge nach der Strategie FCFS abgearbeitet werden.

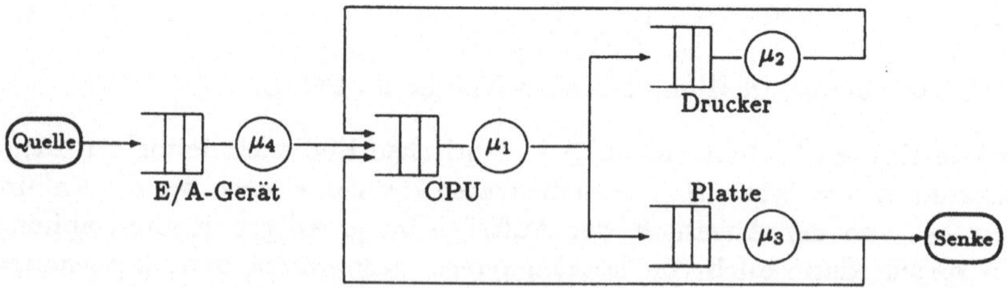

Abb. 5.1: Offenes Warteschlangenmodell eines Rechensystems

Die Bedienzeiten der Aufträge in jedem Knoten sind exponentiell verteilt mit den Mittelwerten

$$\frac{1}{\mu_1} = 0.04 \text{ sec}, \quad \frac{1}{\mu_2} = 0.03 \text{ sec}, \quad \frac{1}{\mu_3} = 0.06 \text{ sec}, \quad \frac{1}{\mu_4} = 0.05 \text{ sec}.$$

Die Zwischenankunftszeit ist ebenfalls exponentiell verteilt und die Ankunftsrate beträgt

$$\lambda = \lambda_{04} = 4 \text{ Aufträge/sec}.$$

Desweiteren sind die Übergangswahrscheinlichkeiten wie folgt gegeben:

$$p_{12} = p_{13} = 0.5, \qquad p_{41} = p_{21} = 1, \qquad p_{31} = 0.6, \qquad p_{30} = 0.4.$$

Wir betrachten den Netzwerkzustand $(k_1, k_2, k_3, k_4) = (3, 2, 4, 1)$ und wollen die Wahrscheinlichkeit für diesen Zustand mit Hilfe des Jackson-Theorems ermitteln. Dazu folgen wir den angegebenen drei Schritten:

Schritt 1: Bestimmung der Ankunftsraten zu den einzelnen Knoten mit Gl. (2.86):

$$\begin{aligned}
\lambda_1 &= \lambda_2 p_{21} + \lambda_3 p_{31} + \lambda_4 p_{41} = \underline{20}, \\
\lambda_2 &= \lambda_1 p_{12} &&= \underline{10}, \\
\lambda_3 &= \lambda_1 p_{13} &&= \underline{10}, \\
\lambda_4 &= \lambda_{04} &&= \underline{4}.
\end{aligned}$$

Schritt 2: Bestimmung der Zustandswahrscheinlichkeiten und weiterer wichtiger Leistungsgrößen. Für die _Einzelauslastungen_ gilt (Gl. 2.54):

$$\rho_1 = \frac{\lambda_1}{\mu_1} = \underline{0.8}, \quad \rho_2 = \frac{\lambda_2}{\mu_2} = \underline{0.3}, \quad \rho_3 = \frac{\lambda_3}{\mu_3} = \underline{0.6}, \quad \rho_4 = \frac{\lambda_4}{\mu_4} = \underline{0.2}.$$

d.h. für alle Knoten des Netzes ist die Stabilitätsbedingung $\rho_i < 1$ erfüllt.

Mittlere Anzahl von Aufträgen in den einzelnen Knoten (Gl. 2.63):

$$\overline{k}_1 = \frac{\rho_1}{1 - \rho_1} = \underline{4}, \quad \overline{k}_2 = \underline{0.429}, \quad \overline{k}_3 = \underline{1.5}, \quad \overline{k}_4 = \underline{0.25}.$$

Mittlere Antwortzeiten (Gl. 2.65):

$$\overline{t}_1 = \frac{1/\mu_1}{1 - \rho_1} = \underline{0.2}, \quad \overline{t}_2 = \underline{0.043}, \quad \overline{t}_3 = \underline{0.15}, \quad \overline{t}_4 = \underline{0.0625}.$$

Die _mittlere Gesamtantwortzeit_ der Aufträge im Netz kann durch Anwendung des Little'schen Gesetzes wie folgt ermittelt werden:

$$\overline{t} = \frac{\overline{K}}{\lambda} = \frac{1}{\lambda} \sum_{i=1}^{4} \overline{k}_i = \underline{1.545}.$$

Mittlere Wartezeiten (Gl. 2.66):

$$\overline{w}_1 = \frac{\rho_1/\mu_1}{1 - \rho_1} = \underline{0.16}, \quad \overline{w}_2 = \underline{0.013}, \quad \overline{w}_3 = \underline{0.09}, \quad \overline{w}_4 = \underline{0.0125}.$$

Mittlere Warteschlangenlängen (Gl. 2.67):

$$\overline{Q}_1 = \frac{\rho_1^2}{1 - \rho_1} = \underline{3.2}, \quad \overline{Q}_2 = \underline{0.129}, \quad \overline{Q}_3 = \underline{0.9}, \quad \overline{Q}_4 = \underline{0.05}.$$

Die benötigten _Randwahrscheinlichkeiten_ können mit Gl. (2.62) berechnet werden:

$$\begin{aligned}
p_1(3) &= (1 - \rho_1)\rho_1^3 = \underline{0.1024}, \quad p_2(2) = (1 - \rho_2)\rho_2^2 = \underline{0.063}, \\
p_3(4) &= (1 - \rho_3)\rho_3^4 = \underline{0.0518}, \quad p_4(1) = (1 - \rho_4)\rho_4 = \underline{0.16}.
\end{aligned}$$

Schritt 3: Berechnung der gesuchten Zustandswahrscheinlichkeit für das Netz mit Gl. (5.5):

$$p(3, 2, 4, 1) = p_1(3) \cdot p_2(2) \cdot p_3(4) \cdot p_4(1) = \underline{0.0000534}.$$

5.2.2 Gordon/Newell-Theorem für geschlossene Netze

Die Ergebnisse von Jackson wurden von Gordon und Newell [GoNe 67A] erweitert auf geschlossene Warteschlangennetze, für die die gleichen Annahmen gelten wie sie in Kap. 5.2.1 für offene Netze getroffen wurden. Die einzige Ausnahme ist, daß keine Aufträge von außen in das Netz gelangen können und auch keine Aufträge das Netz verlassen.

Wegen der hieraus resultierenden konstanten Anzahl von Aufträgen im geschlossenen Netz gibt es in diesem Fall auch nur eine begrenzte Anzahl von möglichen Zuständen für das Netzwerk. Diese Anzahl ist gleich dem folgenden Binomialkoeffizienten, der festlegt wieviele unterschiedliche Möglichkeiten es gibt, K Aufträge auf N Knoten zu verteilen:

$$\binom{N + K - 1}{N - 1}.$$

Das Theorem von Gordon/Newell besagt nun, daß die Wahrscheinlichkeiten für die einzelnen Netzwerkzustände im Gleichgewicht durch folgenden Produktformansatz bestimmt werden können:

$$p(k_1, k_2, \ldots, k_N) = \frac{1}{G(K)} \prod_{i=1}^{N} F_i(k_i). \tag{5.6}$$

$G(K)$ bezeichnet die *Normalisierungskonstante* des Netzes. Sie ergibt sich aus der Bedingung, daß sich die Wahrscheinlichkeiten aller Netzwerkzustände zu Eins summieren müssen:

$$G(K) = \sum_{\sum_{i=1}^{N} k_i = K} \prod_{i=1}^{N} F_i(k_i). \tag{5.7}$$

Die $F_i(k_i)$ sind Funktionen, die den Zustandswahrscheinlichkeiten $p_i(k_i)$ des i-ten Knotens entsprechen. Es gilt:

$$F_i(k_i) = \left(\frac{e_i}{\mu_i}\right)^{k_i} \cdot \frac{1}{\beta_i(k_i)}, \tag{5.8}$$

wobei die Besuchshäufigkeiten e_i aus Gleichung (2.90) berechnet werden. Die Funktion $\beta_i(k_i)$ erhält man aus der Formel

$$\beta_i(k_i) = \begin{cases} k_i! & \text{für } k_i \leq m_i \\ m_i! m_i^{k_i - m_i} & \text{für } k_i \geq m_i \\ 1 & \text{für } m_i = 1. \end{cases} \tag{5.9}$$

Für viele Anwendungen ist die allgemeinere Form der Funktionen $F_i(k_i)$ vorteilhafter, in der die Bedienraten von der Anzahl der Aufträge im jeweiligen Knoten abhängen. Für diesen Fall lastabhängiger Bedienraten gilt:

$$F_i(k_i) = \frac{e_i^{k_i}}{A_i(k_i)} \tag{5.10}$$

$$\text{mit } A_i(k_i) = \begin{cases} \prod_{j=1}^{k_i} \mu_i(j) & \text{für } k_i > 0 \\ 1 & \text{für } k_i = 0. \end{cases} \qquad (5.11)$$

Mit der Zuordnung (5.4) erkennt man unmittelbar, daß der Fall konstanter Bedienraten (Gl. 5.8) in der allgemeineren Gleichung (5.10) als Spezialfall enthalten ist.

Zum Beweis des Gordon/Newell-Theorems ist in [GONE 67A] gezeigt, daß die Gleichung (5.6) den globalen Gleichgewichtsgleichungen genügt.

Das Gordon/Newell-Theorem liefert wieder eine Produktformlösung. In der allgemeinen Form lautet zwar die Aussage, daß sich die Zustandswahrscheinlichkeiten $p(k_1, k_2, \ldots, k_N)$ eines Produktformnetzes aus dem Produkt der Zustandswahrscheinlichkeiten $p_i(k_i)$, $i = 1 \ldots, N$, der einzelnen Knoten ergeben; die Berechnung mit den definierten $F_i(k_i)$ stellt aber keinen Widerspruch dar. Denn die Wahrscheinlichkeiten $p_i(k_i)$ lassen sich durch gewisse Modifikationen, die aufgrund der Produktlösungform die Zustandswahrscheinlichkeiten für das Warteschlangennetz nicht verändern, aus den Funktionen $F_i(k_i)$ herleiten. So hat z.B. die Ersetzung von $F_i(k_i)$ durch $L_i \cdot F_i(k_i), 1 \leq i \leq N$, in Gleichung (5.6) keinen Einfluß auf die Lösung der Zustandswahrscheinlichkeiten, wenn L_i eine positive reelle Zahl ist. Ebenso ohne Einfluß bleibt eine Verwendung von $\lambda \cdot e_i$, $i = 1, \ldots, N$, mit einer beliebigen Konstanten $\lambda > 0$, da es sich bei den Besuchshäufigkeiten e_i um relative Werte handelt [SHBU 77].

Der Algorithmus der Gordon/Newell-Methode zur Berechnung der Zustandswahrscheinlichkeiten kann zusammenfassend in den nachfolgenden vier Schritten beschrieben werden:

Schritt 1: Berechne für alle Knoten $i = 1, \ldots, N$ des geschlossenen Netzes die Besuchshäufigkeiten e_i mit Gl. (2.90).

Schritt 2: Berechne für $i = 1, \ldots, N$ die Funktionen $F_i(k_i)$ mit Gl. (5.8) bzw. mit Gl. (5.10) im Falle lastabhängiger Bedienraten.

Schritt 3: Berechne die Normalisierungskonstante $G(K)$ mit Gl. (5.7).

Schritt 4: Berechne die Zustandswahrscheinlichkeiten des Netzes mit Gl. (5.6). Aus den Randwahrscheinlichkeiten, die mit Gl. (2.96) aus den Zustandswahrscheinlichkeiten bestimmt werden können, lassen sich dann alle weiteren Leistungsgrößen wie in Kap. 2.3.3 ableiten.

Das folgende Beispiel dient zur Verdeutlichung dieser Vorgehensweise.

Beispiel 5.3
Abb. 5.2 zeigt ein geschlossenes Warteschlangennetz mit $N = 3$ Knoten und $K = 3$ Aufträgen. Die Warteschlangendisziplin bei allen Knoten ist FCFS.
Die Übergangswahrscheinlichkeiten sind wie folgt gegeben:

$$p_{11} = 0.6, \quad p_{21} = 0.2, \quad p_{31} = 0.4,$$
$$p_{12} = 0.3, \quad p_{22} = 0.3, \quad p_{32} = 0.1, \quad .$$
$$p_{13} = 0.1, \quad p_{23} = 0.5, \quad p_{33} = 0.5.$$

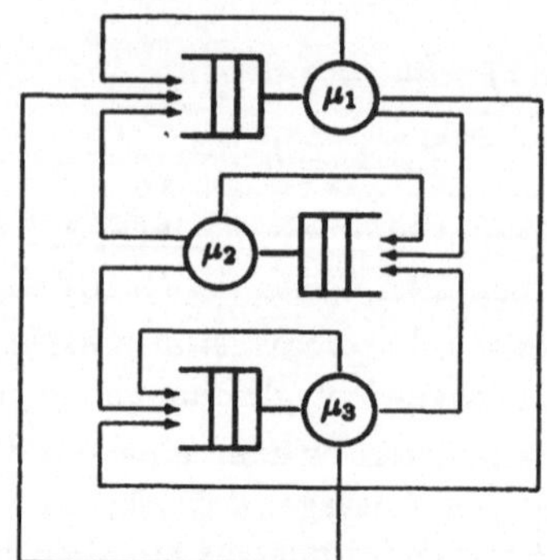

Abb. 5.2: Geschlossenes Warteschlangennetz

Die Bedienzeit jedes Knotens ist exponentiell verteilt mit den folgenden Bedienraten:

$$\mu_1 = 0.8 \text{ sec}^{-1}, \qquad \mu_2 = 0.6 \text{ sec}^{-1}, \qquad \mu_3 = 0.4 \text{ sec}^{-1}.$$

Für dieses Netz gibt es $\begin{pmatrix} N + K - 1 \\ N - 1 \end{pmatrix} = \underline{10}$ Zustände. Diese lauten im einzelnen:

$$(3,0,0), \quad (2,1,0), \quad (2,0,1), \quad (1,2,0), \quad (1,1,1),$$
$$(1,0,2), \quad (0,3,0), \quad (0,2,1), \quad (0,1,2), \quad (0,0,3).$$

Wir wollen die Wahrscheinlichkeiten dieser Zustände mit Hilfe des Gordon/Newell-Theorems bestimmen. Dazu gehen wir in den angegebenen vier Schritten vor:

Schritt 1:   Bestimmung der Besuchshäufigkeiten für die einzelnen Knoten mit Gl. (2.90):

$$e_1 = e_1 p_{11} + e_2 p_{21} + e_3 p_{31} = \underline{1},$$
$$e_2 = e_1 p_{12} + e_2 p_{22} + e_3 p_{32} = \underline{0.533},$$
$$e_3 = e_1 p_{13} + e_2 p_{23} + e_3 p_{33} = \underline{0.733}.$$

Schritt 2:   Bestimmung der Funktionen $F_i(k_i)$ für $i = 1, 2, 3$ mit Gl. (5.8):

$$F_1(0) = (e_1/\mu_1)^0 = \underline{1}, \qquad F_1(1) = (e_1/\mu_1)^1 = \underline{1.25},$$
$$F_1(2) = (e_1/\mu_1)^2 = \underline{1.5625}, \quad F_1(3) = (e_1/\mu_1)^3 = \underline{1.953}.$$

Entsprechend berechnet man:

$$F_2(0) = \underline{1}, \quad F_2(1) = \underline{0.889}, \quad F_2(2) = \underline{0.790}, \quad F_2(3) = \underline{0.702},$$
$$F_3(0) = \underline{1}, \quad F_3(1) = \underline{1.833}, \quad F_3(2) = \underline{3.361}, \quad F_3(3) = \underline{6.162}.$$

Schritt 3:   Berechnung der Normalisierungskonstante mit Gl. (5.7):

$$G(3) = F_1(3)F_2(0)F_3(0) + F_1(2)F_2(1)F_3(0) + F_1(2)F_2(0)F_3(1) + F_1(1)F_2(2)F_3(0)$$
$$+ F_1(1)F_2(1)F_3(1) + F_1(1)F_2(0)F_3(2) + F_1(0)F_2(3)F_3(0) + F_1(0)F_2(2)F_3(1)$$
$$+ F_1(0)F_2(1)F_3(2) + F_1(0)F_2(0)F_3(3) = \underline{24.733}.$$

Schritt 4:   Berechnung der Zustandswahrscheinlichkeiten mit dem Gordon/Newell-Theorem (Gleichung 5.6):

$$p(3,0,0) = \frac{1}{G(3)} F_1(3) \cdot F_2(0) \cdot F_3(0) = \underline{0.079},$$

$$p(2,1,0) = \frac{1}{G(3)} F_1(2) \cdot F_2(1) \cdot F_3(0) = \underline{0.056}.$$

Genauso errechnet man:

$$p(2,0,1) = \underline{0.116}, \quad p(1,2,0) = \underline{0.040}, \quad p(1,1,1) = \underline{0.082}, \quad p(1,0,2) = \underline{0.170},$$
$$p(0,3,0) = \underline{0.028}, \quad p(0,2,1) = \underline{0.058}, \quad p(0,1,2) = \underline{0.121}, \quad p(0,0,3) = \underline{0.249}.$$

Mit Gl. (2.96) können hieraus sämtliche Randwahrscheinlichkeiten ermittelt werden:

$$p_1(0) = p(0,3,0) + p(0,2,1) + p(0,1,2) + p(0,0,3) = \underline{0.457},$$
$$p_1(1) = p(1,2,0) + p(1,1,1) + p(1,0,2) \qquad = \underline{0.292},$$
$$p_1(2) = p(2,1,0) + p(2,0,1) \qquad = \underline{0.172},$$
$$p_1(3) = p(3,0,0) \qquad = \underline{0.079},$$

$$p_2(0) = p(2,0,1) + p(1,0,2) + p(0,0,3) + p(3,0,0) = \underline{0.614},$$
$$p_2(1) = p(2,1,0) + p(1,1,1) + p(0,1,2) \qquad = \underline{0.259},$$
$$p_2(2) = p(1,2,0) + p(0,2,1) \qquad = \underline{0.098},$$
$$p_2(3) = p(0,3,0) \qquad = \underline{0.028},$$

$$p_3(0) = p(3,0,0) + p(2,1,0) + p(1,2,0) + p(0,3,0) = \underline{0.203},$$
$$p_3(1) = p(2,0,1) + p(1,1,1) + p(0,2,1) \qquad = \underline{0.257},$$
$$p_3(2) = p(1,0,2) + p(0,1,2) \qquad = \underline{0.291},$$
$$p_3(3) = p(0,0,3) \qquad = \underline{0.249}.$$

Für die anderen Leistungsgrößen folgt:

- Auslastung der einzelnen Knoten (Gl. 2.105):

$$\rho_1 = 1 - p_1(0) = \underline{0.543}, \qquad \rho_2 = \underline{0.386}, \qquad \rho_3 = \underline{0.797}.$$

- Mittlere Anzahl von Aufträgen in den einzelnen Knoten (Gl. 2.109):

$$\overline{k}_1 = \sum_{k=1}^{3} k \cdot p_1(k) = \underline{0.873}, \qquad \overline{k}_2 = \underline{0.541}, \qquad \overline{k}_3 = \underline{1.585}.$$

- Einzeldurchsätze (Gl. 2.99):

$$\lambda_1 = m_1 \rho_1 \mu_1 = \underline{0.435}, \qquad \lambda_2 = \underline{0.232}, \qquad \lambda_3 = \underline{0.319}.$$

- Mittlere Antwortzeiten (Gl. 2.113):

$$\overline{t}_1 = \frac{\overline{k}_1}{\lambda_1} = \underline{2.009}, \qquad \overline{t}_2 = \underline{2.337}, \qquad \overline{t}_3 = \underline{4.976}.$$

5.2.3 BCMP-Theorem

Die Ergebnisse von Jackson bzw. Gordon/Newell wurden in der klassischen Arbeit von Baskett, Chandy, Muntz und Palacios [BCMP 75] auf Warteschlangenmodelle mit mehreren Auftragsklassen, verschiedenen Warteschlangenstrategien und allgemein verteilten Bedienzeiten erweitert. Die betrachteten Netze können offen, geschlossen oder gemischt sein; Aufträge im Netz dürfen ihre Klassenzugehörigkeit entsprechend den Übergangswahrscheinlichkeiten ändern. $p_{ir,js}$ ist die Wahrscheinlichkeit dafür, daß ein Auftrag der Klasse r nach Bearbeitung in Knoten i in die Klasse s und zu Knoten j übergeht. In geschlossenen Netzen, in denen Klassenwechsel der Aufträge erlaubt ist, ist somit die Anzahl der Aufträge in jeder Klasse nicht mehr konstant. Findet im Netz kein Klassenwechsel statt, dann ist $p_{ir,js} = 0$ für $r \neq s$.

Durch die NR×NR-Matrix der Übergangswahrscheinlichkeiten $\underline{P} = [p_{ir,js}]$ ist eine Markov-Kette definiert, deren Zustände durch die Paare (i,r) für $i = 1,\ldots,N$ und $r = 1,\ldots,R$ gegeben sind. Diese Markov-Kette ist in $U \geq 1$ ergodische, disjunkte Teilketten $C_1, C_2, \ldots, C_U$ wie folgt zerlegbar:

> Zwei Zustände (i,r) und (j,s), die ein Auftrag annehmen kann, gehören genau dann derselben Teilkette an, wenn die Wahrscheinlichkeit, daß ein Auftrag, der sich in einem der beiden Zustände befindet, in den jeweils anderen übergehen kann, größer als Null ist. Formal:
>
> $E_r = \{s \mid$ Zustand (j,s) kann aus dem Zustand (i,r) für $i,j = 1,\ldots,N$ in einer beliebigen Anzahl von Schritten erreicht werden$\}$ für $1 \leq r \leq R$ und $1 \leq s \leq R$.

Dies definiert R Mengen, eine für jede Auftragsklasse. Aus diesen R Mengen werden die identischen Mengen und die Untermengen eliminiert und die restlichen U Mengen mit $C_u, u = 1,\ldots,U$, bezeichnet. Diese Teilketten C_u können nun von den Aufträgen nicht mehr gewechselt werden.

Die Gesamtanzahl von Aufträgen in jeder ergodischen Teilkette, wenn sich das Netz im Zustand $\underline{S}$ befindet, ist gegeben durch

$$K_u(\underline{S}) = \sum_{r \in C_u} K_r(\underline{S}), \qquad u = 1,\ldots,U,$$

wobei $K_r(\underline{S})$ die Anzahl der Klasse-r Aufträge im Zustand $\underline{S}$ des Netzes bezeichnet. Die Gesamtanzahl der Aufträge im Netz bei Zustand $\underline{S}$ ergibt sich somit zu

$$K(\underline{S}) = \sum_{u=1}^{U} K_u(\underline{S}).$$

Ein geschlossenes Netz ist demzufolge dadurch charakterisiert, daß der Wert von $K(\underline{S})$ für alle Zustände $\underline{S}$ konstant ist, d.h. $K(\underline{S}) = K$ für alle $\underline{S}$. Da die Aufträge die verschiedenen Teilketten C_u nicht wechseln können, ist in diesem Fall auch die Anzahl der Aufträge in jeder Teilkette konstant, d.h. $K_u(\underline{S}) = K_u$ für alle $\underline{S}$. Die Menge der möglichen Zustände im geschlossenen Mehrklassennetz ist daher durch den folgenden Binomialkoeffizienten gegeben:

$$\prod_{u=1}^{U} \binom{N \cdot |C_u| + K_u - 1}{N \cdot |C_u| - 1},$$

wobei $|C_u|$ die Anzahl der Elemente in der Teilkette C_u, $1 \leq u \leq U$, angibt.

Durch diese Zusammenfassung von Klassen zu Teilketten gelingt es auch, die mittlere Anzahl der Besuche e_{ir} eines Auftrags der r-ten Klasse beim i-ten Knoten mit weniger Aufwand zu berechnen (Vergleiche Gl. (2.89) bzw. Gl. (2.90)).

Für offene Netze gilt:

$$e_{ir} = p_{0,ir} + \sum_{\substack{s \in C_k \\ j=1,\ldots,N}} e_{js} p_{js,ir} \qquad \begin{aligned} &r \in C_k, \\ \text{für } &i = 1,\ldots,N, \\ &1 \leq k \leq U, \end{aligned} \tag{5.12}$$

und für geschlossene Netze:

$$e_{ir} = \sum_{\substack{s\in C_k \\ j=1,\ldots,N}} e_{js}p_{js,ir} \qquad \begin{array}{l} r \in C_k, \\ \text{für } i = 1,\ldots,N, \\ 1 \le k \le U. \end{array} \tag{5.13}$$

Man nimmt dabei meist $e_{1r} = 1$ für $r = 1,\ldots,R$ an.

An dieser Stelle ist ein Beispiel zur Erläuterung der bisherigen Definition sinnvoll.

Beispiel 5.4
Wir betrachten ein geschlossenes Netzwerk mit $R = 3$ Auftragsklassen und $N = 2$ Knoten; Klassenwechsel von Aufträgen ist erlaubt. Die Gesamtanzahl der Aufträge im Netz beträgt $K = 20$, wobei die Aufträge zum Zeitpunkt der Beobachtung wie folgt auf die einzelnen Klassen verteilt sind:

$$K_1' = 10, \quad K_2' = 6, \quad K_3' = 4.$$

Die Matrix der Übergangswahrscheinlichkeiten $\underline{P}$ ist gegeben:

$\underline{P}$	(1,1)	(1,2)	(1,3)	(2,1)	(2,2)	(2,3)
(1,1)	0.25	0	0	0	0	0.75
(1,2)	0	0	0	0	1	0
(1,3)	0	0	0.5	0	0	0.5
(2,1)	0.25	0	0	0.75	0	0
(2,2)	0	1	0	0	0	0
(2,3)	0.75	0	0	0	0	0.25

Die Markov-Kette, die durch die Übergangsmatrix $\underline{P}$ definiert ist, kann in drei Teilketten zerlegt werden:

$$E_1 = \{1,3\}, \qquad E_2 = \{2\}, \qquad E_3 = \{1,3\}.$$

Durch Eliminierung der identischen Mengen erhalten wir:

$$C_1 = \{1,3\}, \qquad C_2 = \{2\}.$$

In den jeweiligen Teilketten befinden sich dann

$$K_1 = K_1' + K_3' = \underline{14} \text{ Aufträge}$$
$$\text{bzw. } K_2 = K_2' \qquad = \underline{6} \text{ Aufträge}.$$

Da die Anzahl der Elemente in den jeweiligen Ketten $|C_1| = 2$ und $|C_2| = 1$ beträgt, ergibt sich die Anzahl der möglichen Netzwerkzustände zu:

$$\binom{N\cdot|C_1| + K_1 - 1}{N\cdot|C_1| - 1} \cdot \binom{N\cdot|C_2| + K_2 - 1}{N\cdot|C_2| - 1} = \underline{4760}.$$

Die Besuchshäufigkeiten berechnen wir aus Gl. (5.13) mit $e_{11} = e_{12} = e_{13} = 1$:

$$e_{21} = \sum_{\substack{s\in C_1 \\ j=1,2}} e_{js}p_{js,21} = e_{11}p_{11,21} + e_{13}p_{13,21} + e_{21}p_{21,21} + e_{23}p_{23,21} = \underline{4}.$$

$$e_{22} = \sum_{\substack{s\in C_2 \\ j=1,2}} e_{js}p_{js,22} = e_{12}p_{12,22} + e_{22}p_{22,22} = \underline{1}.$$

$$e_{23} = \sum_{\substack{s\in C_1 \\ j=1,2}} e_{js}p_{js,23} = e_{11}p_{11,23} + e_{13}p_{13,22} + e_{21}p_{21,23} + e_{23}p_{23,23} = \underline{1.667}.$$

Die von BCMP untersuchten Netze müssen folgende Annahmen erfüllen:

- **Warteschlangendisziplinen:**
  Folgende Disziplinen sind im Netzwerk erlaubt: FCFS, PS, LCFS PR, IS (Infinite Server).

- **Bedienzeitverteilungen:**
  Die Bedienzeiten eines FCFS-Knotens müssen exponentiell verteilt sein und darüberhinaus muß in diesem Fall die mittlere Bedienzeit für alle Klassen gleich sein ($\mu_{i1} = \mu_{i2} = \ldots = \mu_{iR} = \mu_i$).

  Die PS-, LCFS PR- und IS-Knoten können beliebige Bedienzeitverteilungen mit rationalen Laplace-Transformierten besitzen. Hierbei kann die mittlere Bedienzeit für Aufträge verschiedener Klassen unterschiedlich sein.

- **Lastabhängige Bedienraten:**
  Die Bedienrate eines FCFS-Knotens darf nur von der Anzahl der Aufträge in diesem Knoten abhängen, wohingegen bei PS-, LCFS PR- und IS-Knoten die Bedienraten für Aufträge einer bestimmten Klasse auch von der Anzahl der Aufträge dieser Klasse im Knoten abhängen darf, aber nicht von der Anzahl der Aufträge anderer Klassen.

- **Verteilung der Zwischenankunftszeiten:**
  Bei offenen Netzen können zwei Fälle von Ankunftsprozessen unterschieden werden.

  Fall 1: Der Ankunftsprozeß ist ein Poissonprozeß, wobei alle Aufträge von einer einzigen Quelle mit der mittleren Ankunftsrate λ in das Netz gelangen. λ kann dabei von der Anzahl der Aufträge im Netz abhängen. Die Aufträge werden gemäß den Wahrscheinlichkeiten $p_{0,ir}$ auf die einzelnen Knoten und Klassen verteilt. Es gilt:

  $$\sum_{i=1}^{N} \sum_{r=1}^{R} p_{0,ir} = 1.$$

  Fall 2: Der Ankunftsprozeß besteht aus U unabhängigen Poissonschen Ankunftsströmen, wobei die U Auftragsquellen den U ergodischen Teilketten zugeordnet sind. Die mittlere Ankunftsrate λ_u aus der u-ten Quelle kann lastabhängig sein. Ein Auftrag tritt mit der Wahrscheinlichkeit $p_{0,ir}$ in den i-ten Knoten ein. Es gilt:

  $$\sum_{\substack{r \in C_u \\ i=1,\ldots,N}} p_{0,ir} = 1 \qquad \text{für alle } u = 1, \ldots, U.$$

Diese Annahmen führen genau auf die in Kapitel 5.1 angegebenen vier Knotentypen und die Bedingung des lokalen Gleichgewichts für BCMP-Netze:

$$
\begin{aligned}
&\text{Typ-1:} \quad M/M/m - \text{FCFS.} \\
&\text{Typ-2:} \quad M/G/1 - \text{PS.} \\
&\text{Typ-3:} \quad M/G/\infty \ (\text{IS}). \\
&\text{Typ-4:} \quad M/G/1 - \text{LCFS PR.}
\end{aligned}
$$

Das Theorem von BCMP sagt nun aus, daß Netze mit den geschilderten Eigenschaften Produktformlösungen besitzen:

Liegt ein offenes, geschlossenes oder gemischtes Warteschlangennetz vor, dessen sämtliche Knoten von einem der oben beschriebenen vier Typen sind, so können die Gleichgewichtszustandswahrscheinlichkeiten durch folgenden Produktformansatz bestimmt werden:

$$p(\underline{S}_1, \ldots, \underline{S}_N) = \frac{1}{G(\underline{K})} d(\underline{S}) \prod_{i=1}^{N} f_i(\underline{S}_i), \qquad (5.14)$$

wobei

$G(\underline{K})$ die Normalisierungskonstante ist, die die Summe der Wahrscheinlichkeiten aller Systemzustände auf Eins normiert.

$d(\underline{S})$ mit $\underline{S} = (\underline{S}_1, \ldots, \underline{S}_N)$ ist eine Funktion der Anzahl der Aufträge im Netz:

$$d(\underline{S}) = \begin{cases} \displaystyle\prod_{i=0}^{K(\underline{S})-1} \lambda(i) & \text{für offene Netze mit Ankunftsprozeß 1} \\[2ex] \displaystyle\prod_{u=1}^{U} \prod_{i=0}^{K_u(\underline{S})-1} \lambda_u(i) & \text{für offene Netze mit Ankunftsprozeß 2} \\[2ex] 1 & \text{für geschlossene Netze} \end{cases}$$

$f_i(\underline{S}_i)$ ist eine Funktion, die vom Typ und Zustand der einzelnen Knoten abhängt.

Auf die explizite Darstellung der Funktion $f_i(\underline{S}_i)$ wollen wir an dieser Stelle verzichten, da in dieser Funktion mehr Information enthalten ist als in der Regel benötigt wird. Die Funktion $f_i(\underline{S}_i)$ drückt nämlich nicht nur aus, wieviele Aufträge sich im jeweiligen Knoten befinden, sondern auch in welcher Phase sie sind, und wie die Reihenfolge der Aufträge der jeweiligen Klassen in der Warteschlange lautet. Wir verweisen hierfür auf [BCMP 75]. Der Beweis des BCMP-Theorems ist sehr aufwendig, denn es muß gezeigt werden, daß die Gleichung (5.14) den lokalen oder globalen Gleichgewichtsgleichungen genügt.

Statt der ausführlichen Version des BCMP-Theorems wollen wir hier lediglich zwei vereinfachte Versionen dieses Theorems für offene und geschlossene Warteschlangennetze explizit angeben. Diese Versionen berücksichtigen genau die notwendige Information und führen daher zu wesentlich einfacheren Formeln für die Zustandswahrscheinlichkeiten. Gemischte Netze werden in Kap. 5.3.2.3 näher betrachtet.

BCMP-Version 1:
Für ein geschlossenes Warteschlangennetz, das die Annahmen des BCMP-Theorems erfüllt, können die Gleichgewichtszustandswahrscheinlichkeiten aus der folgenden Gleichung ermittelt werden:

$$p(\underline{S}_1, \ldots, \underline{S}_N) = \frac{1}{G(\underline{K})} \prod_{i=1}^{N} F_i(\underline{S}_i), \qquad (5.15)$$

wobei die Normalisierungskonstante definiert ist als

$$G(\underline{K}) = \sum_{\sum_{i=1}^{N} \underline{S}_i = \underline{K}} \prod_{i=1}^{N} F_i(\underline{S}_i) \tag{5.16}$$

und die Funktionen $F_i(\underline{S}_i)$ gegeben sind durch

$$F_i(\underline{S}_i) = \begin{cases} k_i! \dfrac{1}{\beta_i(k_i)} \cdot \left(\dfrac{1}{\mu_i}\right)^{k_i} \cdot \prod_{r=1}^{R} \dfrac{1}{k_{ir}!} e_{ir}^{k_{ir}} & \text{für Typ-1 Knoten} \\[2ex] k_i! \prod_{r=1}^{R} \dfrac{1}{k_{ir}!} \cdot \left(\dfrac{e_{ir}}{\mu_{ir}}\right)^{k_{ir}} & \text{für Typ-2,4 Knoten} \\[2ex] \prod_{r=1}^{R} \dfrac{1}{k_{ir}!} \cdot \left(\dfrac{e_{ir}}{\mu_{ir}}\right)^{k_{ir}} & \text{für Typ-3 Knoten.} \end{cases} \tag{5.17}$$

$k_i = \sum_{r=1}^{R} k_{ir}$ gibt hierbei die Gesamtanzahl der Aufträge aller Klassen im Netz an. Die Besuchshäufigkeiten e_{ir} bestimmt man aus Gl. (5.13), während die Funktion $\beta_i(k_i)$ in Gleichung (5.9) festgelegt ist.

Für FCFS-Knoten ($m_i = 1$) mit lastabhängigen Bedienraten $\mu_i(j)$ gilt speziell:

$$F_i(\underline{S}_i) = \frac{k_i!}{\sum_{j=1}^{k_i} \mu_i(j)} \prod_{r=1}^{R} \frac{1}{k_{ir}!} e_{ir}^{k_{ir}}. \tag{5.18}$$

BCMP-Version 2:
Für ein <u>offenes</u> Warteschlangennetz, das die Annahmen des BCMP-Theorems erfüllt mit der zusätzlichen Annahme, daß die Ankunfts- und die Bedienraten lastunabhängig sind, gilt:

$$p(k_1, \ldots, k_N) = \prod_{i=1}^{N} p_i(k_i), \tag{5.19}$$

wobei

$$p_i(k_i) = \begin{cases} (1 - \rho_i)\rho_i^{k_i} & \text{für Typ-1,2,4 Knoten} \\ & \qquad (m_i = 1) \\[2ex] e^{-\rho_i} \dfrac{\rho_i^{k_i}}{k_i!} & \text{für Typ-3 Knoten} \end{cases} \tag{5.20}$$

und $\rho_i = \sum_{r=1}^{R} \rho_{ir}$

$$\text{mit } \rho_{ir} = \begin{cases} \lambda_r \dfrac{e_{ir}}{\mu_i} & \text{für Typ-1 Knoten} \\ & \qquad (m_i = 1) \\[2ex] \lambda_r \dfrac{e_{ir}}{\mu_{ir}} & \text{für Typ-2,3,4 Knoten.} \end{cases} \tag{5.21a}$$

Außerdem gilt:

$$\overline{k}_{ir} = \frac{\rho_{ir}}{1 - \rho_i} \tag{5.21b}$$

Für Typ-1 Knoten mit mehr als einer Bedieneinheit ($m_i > 1$) kann Gl. (2.72) zur Berechnung der Wahrscheinlichkeiten $p_i(k_i)$ vewendet werden.

Es ist ersichtlich, daß sich die Knoten im offenen Netz wie N unabhängige Knoten der verschiedenen Typen entsprechend Kapitel 5.2.1 verhalten. Voraussetzung für die Existenz der Zustandswahrscheinlichkeiten $p_i(k_i)$ ist jeweils die Stabilitätsbedingung $\rho_i < 1$ für $i = 1, \ldots, N$.

Beispiel 5.5
Wir betrachten ein offenes Netz (Abb. 5.3), das $N = 3$ Knoten und $R = 2$ Auftragsklassen beinhaltet. Der erste Knoten hat den Typ 2, der zweite und dritte Knoten den Typ 4. Die Bedienzeiten sind exponentiell verteilt mit den Raten

$$\mu_{11} = 8 \text{ sec}^{-1}, \quad \mu_{21} = 12 \text{ sec}^{-1}, \quad \mu_{31} = 16 \text{ sec}^{-1},$$
$$\mu_{12} = 24 \text{ sec}^{-1}, \quad \mu_{22} = 32 \text{ sec}^{-1}, \quad \mu_{32} = 36 \text{ sec}^{-1}.$$

Die Zwischenankunftszeiten sind ebenfalls exponentiell verteilt mit den Ankunftsraten für Aufträge der Klassen 1 und 2:

$$\lambda_1 = \lambda_2 = 1 \text{ Auftrag/sec}.$$

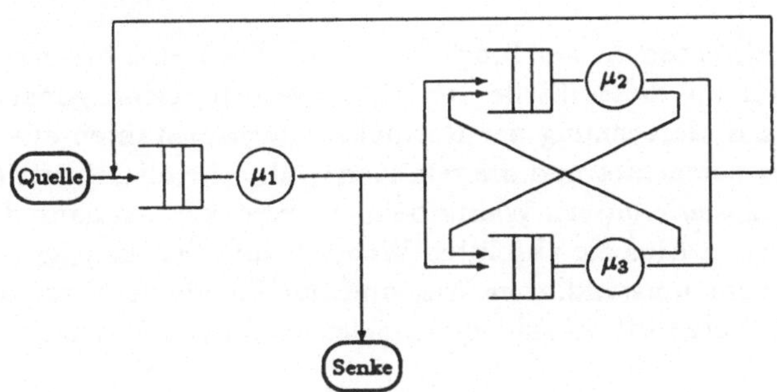

Abb. 5.3: Offenes Warteschlangennetz

Die Übergangswahrscheinlichkeiten sind gegeben durch

$$p_{0,11} = 1, \quad p_{21,11} = 0.6, \quad p_{0,12} = 1, \quad p_{22,12} = 0.7,$$
$$p_{11,21} = 0.4, \quad p_{21,31} = 0.4, \quad p_{12,22} = 0.3, \quad p_{22,32} = 0.3,$$
$$p_{11,31} = 0.3, \quad p_{31,11} = 0.5, \quad p_{12,32} = 0.6, \quad p_{32,12} = 0.4,$$
$$p_{11,0} = 0.3, \quad p_{31,21} = 0.5, \quad p_{12,0} = 0.1, \quad p_{32,22} = 0.6,$$

d.h. Klassenwechsel von Aufträgen findet nicht statt.

Wir wollen die Wahrscheinlichkeit für den Netzwerkzustand $(k_1, k_2, k_3) = (3, 2, 1)$ mit Hilfe des BCMP-Theorems (Gl. 5.19) ermitteln. Dazu gehen wir ähnlich wie in Kap. 5.2.1 (Jackson-Theorem) vor.

Schritt 1: Berechnung der Besuchshäufigkeiten e_{ir} für alle $i = 1, \ldots, N$ und alle $r = 1, \ldots, R$ mit Gl. (5.12).

$$e_{11} = p_{0,11} + e_{11}p_{11,11} + e_{21}p_{21,11} + e_{31}p_{31,11} = \underline{3.333},$$
$$e_{21} = p_{0,21} + e_{11}p_{11,21} + e_{21}p_{21,21} + e_{31}p_{31,21} = \underline{2.292},$$
$$e_{31} = p_{0,31} + e_{11}p_{11,31} + e_{21}p_{21,31} + e_{31}p_{31,31} = \underline{1.917}.$$

Ähnlich erhalten wir:

$$e_{12} = \underline{10}, \qquad e_{22} = \underline{8.049}, \qquad e_{32} = \underline{8.415}.$$

Schritt 2: Berechnung der Einzelauslastungen mit Gl. (5.21a):

$$\rho_1 = \lambda_1 \frac{e_{11}}{\mu_{11}} + \lambda_2 \frac{e_{12}}{\mu_{12}} = \rho_{11} + \rho_{12} = \underline{0.833},$$

$$\rho_2 = \lambda_1 \frac{e_{21}}{\mu_{21}} + \lambda_2 \frac{e_{22}}{\mu_{22}} = \rho_{21} + \rho_{22} = \underline{0.442},$$

$$\rho_3 = \lambda_1 \frac{e_{31}}{\mu_{31}} + \lambda_2 \frac{e_{32}}{\mu_{32}} = \rho_{31} + \rho_{32} = \underline{0.354},$$

und Berechnung der benötigten Randwahrscheinlichkeiten mit Gl. (5.20):

$$p_1(3) = (1 - \rho_1)\rho_1^3 = \underline{0.0965}, \qquad p_2(2) = (1 - \rho_2)\rho_2^2 = \underline{0.1093}, \quad p_3(1) = (1 - \rho_3)\rho_3 = \underline{0.2287}.$$

Schritt 3: Berechnung der gesuchten Zustandswahrscheinlichkeit für das Netz mit Gl. (5.19):

$$p(3, 2, 1) = p_1(3) \cdot p_2(2) \cdot p_3(1) = \underline{0.00241}$$

Für die mittleren Auftragsanzahlen gilt mit (Gl. 5.21b):

$$\overline{k}_{11} = \frac{\rho_{11}}{1 - \rho_1} = \underline{2.5}, \qquad \overline{k}_{21} = \frac{\rho_{21}}{1 - \rho_2} = \underline{0.342}, \qquad \overline{k}_{31} = \frac{\rho_{31}}{1 - \rho_3} = \underline{0.186},$$

$$\overline{k}_{12} = \underline{2.5}, \qquad \overline{k}_{22} = \underline{0.5}, \qquad \overline{k}_{32} = \underline{0.362}.$$

Auf ein Beispiel zur direkten Anwendung des BCMP-Theorems bei geschlossenen Netzen (Gl. 5.15) soll an dieser Stelle verzichtet werden. Denn genauso wie in Beispiel 5.3 müssen zur Berechnung der Normalisierungskonstanten alle Zustände des gegebenen Netzes betrachtet und die relativen Wahrscheinlichkeiten $F_i(\underline{S}_i)$ bestimmt werden. Aus diesen relativen Wahrscheinlichkeiten können dann durch Normierung deren Summe zu Eins die absoluten Wahrscheinlichkeiten $p_i(\underline{S}_i)$ bestimmt werden. Dies ist ein sehr umständlicher Weg und nur für kleine Netze durchführbar, weil für größere Netze die Anzahl der möglichen Zustände dementsprechend zunimmt.

Im nächsten Abschnitt werden wir verschiedene effizientere Algorithmen zur Analyse geschlossener Produktformnetze kennenlernen, bei denen die Zustände des Netzes nicht mit in die Berechnung eingehen. Die Leistungsgrößen können dann mit Hilfe sehr einfacher Formeln aus der Normalisierungskonstanten abgeleitet werden.

Zwischenzeitlich wurden auch verschiedene Versuche unternommen, die Klasse der Produktformnetze über die vier von [BCMP 75] angegebenen Knotentypen hinaus zu erweitern:

– In [SPIR 79] wird die Strategie SIRO untersucht und gezeigt, daß M/M/1-SIRO Knoten die Local-balance-Eigenschaft und damit Produktformlösungen besitzen.

– [NOET 79] führt die Strategie LBPS (Last Batch Processor Sharing) ein und zeigt, daß die Lösungen für M/M/1-LBPS Knotentypen ebenfalls Produktform haben. Bei dieser Strategie wird der Prozessor zwischen den letzten Batch-Aufträgen verteilt. Falls der letzte Batch einen einzigen Auftrag enthält, hat man die Strategie LCFS PR; falls er alle Aufträge enthält, hat man PS.

– In [CHMA 83] wird die Strategie WEIRDP behandelt, bei der dem ersten
Auftrag in der Warteschlange ein Teil p des Prozessors zugeteilt wird und den
restlichen Aufträgen der Teil $(1-p)$. Es wird gezeigt, daß M/M/1-WEIRDP
Knotentypen Produktformlösungen besitzen.

Desweiteren wurde von [TOWS 80, KRZE 87] die Klasse der Produktformnetze auf
Netze erweitert, in denen die Wahrscheinlichkeit einen bestimmten Knoten zu betreten, abhängig davon ist, wieviele Aufträge sich in diesem Knoten befinden. Man
spricht in diesem Fall auch von *lastabhängigen Übergangswahrscheinlichkeiten*.

Aufgabe 5.2
Gegeben ist ein offenes Warteschlangennetz mit $N = 3$ Knoten, FCFS-Warteschlangendisziplin und
exponentiell verteilten Bedienzeiten mit den Mittelwerten

$$\frac{1}{\mu_1} = 0.08 \text{ sec}, \qquad \frac{1}{\mu_2} = 0.06 \text{ sec}, \qquad \frac{1}{\mu_3} = 0.04 \text{ sec}.$$

Nur beim ersten Knoten kommen Aufträge von außen an mit exponentiell verteilten Zwischenankunftszeiten und der Rate $\lambda_{01} = 4$ Aufträge/sec. Knoten 1 ist ein multiple-server Knoten mit $m_1 = 2$
Bedieneinheiten, Knoten 2 und 3 sind single-server Knoten. Die Übergangswahrscheinlichkeiten haben folgende Werte:

$$p_{11} = 0.2, \qquad p_{21} = 1, \qquad p_{31} = 0.5,$$
$$p_{12} = 0.4, \qquad p_{30} = 0.5,$$
$$p_{13} = 0.4.$$

a) Zeichnen Sie das Warteschlangennetz!

b) Berechnen Sie die Wahrscheinlichkeit für den Zustand $\underline{k} = (4, 3, 2)$!

c) Berechnen Sie sämtliche Leistungsgrößen!

Hinweis: Verwenden Sie das Jackson-Theorem.

Aufgabe 5.3
Bestimmen Sie die CPU-Auslastung und andere Leistungsgrößen eines Central-Server-Modells mit
$N = 3$ Knoten und $K = 4$ Aufträgen. Jeder Knoten hat nur eine Bedieneinheit; die Warteschlangen-
disziplin ist FCFS. Die exponentiell verteilten Bedienzeiten sind gegeben:

$$\frac{1}{\mu_1} = 2 \text{ msec}, \qquad \frac{1}{\mu_2} = 5 \text{ msec}, \qquad \frac{1}{\mu_3} = 5 \text{ msec},$$

und die Übergangswahrscheinlichkeiten lauten:

$$p_{11} = 0.3, \qquad p_{12} = 0.5, \qquad p_{13} = 0.2, \qquad p_{21} = p_{31} = 1.$$

Aufgabe 5.4
Gegeben ist ein geschlossenes Warteschlangennetz mit $K = 3$ Aufträgen, $N = 3$ Knoten und der
Warteschlangendisziplin FCFS. Der erste Knoten hat $m_1 = 2$ Bedieneinheiten und die beiden anderen
jeweils eine. Die Übergangswahrscheinlichkeiten lauten:

$$p_{11} = 0.6, \qquad p_{21} = 0.5, \qquad p_{31} = 0.4,$$
$$p_{12} = 0.3, \qquad p_{22} = 0.0, \qquad p_{32} = 0.6,$$
$$p_{12} = 0.1, \qquad p_{23} = 0.5, \qquad p_{33} = 0.0.$$

Die Bedienzeiten sind exponentiell verteilt mit den Raten

$$\mu_1 = 0.4 \text{ sec}^{-1}, \qquad \mu_2 = 0.6 \text{ sec}^{-1}, \qquad \mu_2 = 0.3 \text{ sec}^{-1}.$$

a) Zeichnen Sie das Warteschlangennetz!

b) Wie groß ist die Wahrscheinlichkeit, daß im zweiten Knoten zwei Aufträge sind?

c) Berechnen Sie alle Leistungsgrößen!

Hinweis: Verwenden Sie das Gordon/Newell-Theorem!
Besonders Interessierte können diese Aufgabe auch mit den lokalen bzw. globalen Gleichgewichtsgleichungen lösen und den Aufwand der verschiedenen Vorgehensweisen vergleichen.

Aufgabe 5.5
Gegeben ist ein Warteschlangenmodell mit $N = 3$ Knoten, $K = 3$ Aufträgen und exponentiell
verteilten Bedienzeiten mit den Raten

$$\mu_1 = 0.72 \text{ sec}^{-1}, \qquad \mu_2 = 0.64 \text{ sec}^{-1}, \qquad \mu_3 = 1 \text{ sec}^{-1},$$

sowie den Übergangswahrscheinlichkeiten

$$p_{31} = 0.4, \qquad p_{32} = 0.6, \qquad p_{13} = p_{23} = 1.$$

Berechnen Sie sämtliche Leistungsgrößen!

Aufgabe 5.6
Gegeben ist die Matrix der Übergangswahrscheinlichkeiten $\underline{P}$:

$\underline{P}$	(1,1)	(1,2)	(1,3)	(1,4)	(2,1)	(2,2)	(2,3)	(2,4)
(1,1)	0.5	0	0	0	0.25	0	0.25	0
(1,2)	0	0.5	0	0.5	0	0	0	0
(1,3)	0	0	0	0	0	0	1	0
(1,4)	0	0	0	0.5	0	0.25	0	0.25
(2,1)	0	0	0	0	1	0	0	0
(2,2)	0	0.5	0	0	0	0.5	0	0
(2,3)	0	0	1	0	0	0	0	0
(2,4)	0	0	0	1	0	0	0	0

Zu Beginn der Beobachtung sind die $K = 20$ Aufträge wie folgt auf die einzelnen Klassen verteilt:

$$K_1' = K_2' = K_3' = K_4' = 5.$$

a) Ermitteln Sie die disjunkten Teilketten!

b) Geben Sie die Anzahl der möglichen Netzwerkzustände an!

c) Bestimmen Sie die Besuchshäufigkeiten!

Aufgabe 5.7
Wir betrachten ein offenes Netz mit $N = 2$ Knoten und $R = 2$ Auftragsklassen. Knoten 1 ist vom
Typ 2 und Knoten 2 vom Typ 4. Die Bedienraten lauten

$$\mu_{11} = 4 \text{ sec}^{-1}, \qquad \mu_{12} = 5 \text{ sec}^{-1}, \qquad \mu_{21} = 6 \text{ sec}^{-1}, \qquad \mu_{22} = 2 \text{ sec}^{-1},$$

und die Ankunftsraten

$$\lambda_1 = \lambda_2 = 1 \text{ sec}^{-1}.$$

Die Übergangswahrscheinlichkeiten sind gegeben:

$$p_{0,11} = p_{0,12} = 1, \qquad p_{21,11} = p_{22,12} = 1,$$
$$p_{11,21} = 0.6, \qquad p_{12,22} = 0.4 \qquad p_{11,0} = 0.4, \qquad p_{12,0} = 0.6.$$

Berechnen Sie

a) alle Besuchshäufigkeiten,

b) die Auslastungen von Knoten 1 und Knoten 2,

c) die Zustandswahrscheinlichkeit für den Zustand (2,1)

mit der BCMP-Version 2.

5.3   Effiziente Analysealgorithmen

Obwohl die Produktformlösungen formelmäßig sehr einfach ausgedrückt werden können, erfordert die Berechnung der Zustandswahrscheinlichkeiten geschlossener Netze wegen der Normalisierungskonstanten $G(K)$ doch erheblichen Rechenaufwand. Wie bereits Beispiel 5.3 zeigte, müssen schon für Netze mit nur einer einzigen Auftragsklasse und einer geringen Anzahl von Aufträgen enorme Berechnungen durchgeführt werden. Aus diesem Grund war man schon sehr früh daran interessiert, effiziente Algorithmen zu entwickeln, die zu einer Verminderung dieses Aufwands führen [BUZE 71].

Heute gibt es mehrere, zum Teil sehr unterschiedliche Analysealgorithmen zur Bestimmung der Leistungsgrößen geschlossener Produktformwarteschlangennetze. Zwei davon haben besondere Bedeutung erlangt: Der Faltungs- oder Convolution-Algorithmus und die Mittelwertanalyse. Während der Faltungsalgorithmus ein iteratives Verfahren zur Bestimmung der Normalisierungskonstanten ist, woraus dann über einfache Gleichungen die Leistungsgrößen berechnet werden können, handelt es sich bei der Mittelwertanalyse um ein iteratives Verfahren, bei dem die Mittelwerte der Leistungsgrößen direkt berechnet werden. Auf beide Methoden gehen wir in diesem Abschnitt noch ausführlich ein. Außerdem werden wir noch den sog. RECAL-Algorithmus vorstellen, der besonders dann günstig ist, wenn die Anzahl der Klassen im Netz sehr groß ist. Die vierte und letzte exakte Methode zur Analyse von Produktformnetzen, die wir dann noch im Detail präsentieren werden, ist die sog. Parametrische Analyse. Dieses Verfahren kann besonders dann sinnvoll angewendet werden, wenn man sich lediglich für die Leistungsgrößen einer einzelnen Bedienstation oder eines Teilnetzes im Warteschlangennetz interessiert.

Es gibt aber noch andere Ansätze zur exakten Analyse geschlossener Produktformnetze:

Aufbauend auf der Mittelwertanalyse haben [CHSA 80,SACH 81] einen Algorithmus mit der Bezeichnung LBANC (Local Balance Algorithm for Normalizing Constants) entwickelt, mit dem aus der dabei iterativ bestimmten Normalisierungskonstanten die Leistungsgrößen berechnet werden. Dieser Algorithmus ist besonders für Netze mit einer geringen Anzahl von Knoten, aber einer großen Anzahl von Aufträgen geeignet. Der CCNC-Algorithmus (Coalesce Computation of Normalizing Constants) [CHSA 80], ist dann von Vorteil, wenn nur sehr wenig Speicherplatz zur Verfügung steht. [LAM 81] hat gezeigt, daß der Faltungsalgorithmus, die Mittelwertanalyse und LBANC leicht auseinander abgeleitet werden können. Der DAC-Algorithmus (Distribution Analysis by Chain) [SOLA 89] dient dazu, auf einfache Weise die Zustandswahrscheinlichkeiten von Produktformnetzen zu berechnen. Ein weiterer Algorithmus zur Bestimmung der Normalisierungskonstanten ist der von [KOBA 78,KOBA 79], der auf dem Aufzählungspolynom von Polya basiert, oder die Partial-Fraction-Methode von [MOOR 72], bei der man mit einem kombinatorischen Lemma einen Ausdruck für $G(K)$ erhält. Diese Aufzählung könnte noch weiter fortgesetzt werden.

5.3.1 Faltungsalgorithmus (Convolution)

Der Faltungs- oder Convolution-Algorithmus war der erste effiziente Algorithmus zur Analyse geschlossener Produktformnetze, der aber auch noch heute vielfach Verwendung findet. Er hat seinen Namen von der Art wie die Normalisierungskonstante $G(K)$ aus den Funktionen $F_i(k_i)$ ermittelt wird. Dies erfolgt ganz ähnlich der Faltung von diskreten Wahrscheinlichkeitsverteilungen. Hierzu wird der Faltungsoperator $\otimes$ eingeführt und wie folgt erklärt:

Seien A, B, C drei Vektoren der Länge $K+1$, die für Indizes $k = 0, \ldots, K$ definiert sind, dann ist die Faltung $C = A \otimes B$ festgelegt durch

$$C(k) = \sum_{j=0}^{k} A(j) \cdot B(k - j), \qquad k = 0, \ldots, K. \tag{5.22}$$

Wir werden zunächst den Faltungsalgorithmus für geschlossene Warteschlangennetze vorstellen, die nur eine einzige Auftragsklasse beinhalten, und diesen Algorithmus dann auf Netze mit mehreren Auftragsklassen erweitern.

5.3.1.1 Faltungsalgorithmus für geschlossene Netze mit einer Auftragsklasse

Der Faltungsalgorithmus [BUZE 71,BUZE 73,CHW 75A] ist ein Verfahren zur Bestimmung der Normalisierungskonstanten von geschlossenen Produktformnetzen. In [BUZE 71] ist zudem gezeigt, wie mit Hilfe dieser Normalisierungskonstanten die Leistungsgrößen eines Netzes aus den gegebenen Systemparametern berechnet werden können.

Nach dem BCMP-Theorem (Gl. 5.15) gilt für die Zustandswahrscheinlichkeiten geschlossener Einklassen-Produktformnetze:

$$p(k_1, \ldots, k_N) = \frac{1}{G(K)} \prod_{i=1}^{N} F_i(k_i),$$

wobei die Funktionen $F_i(k_i)$ in Gl. (5.8) festgelegt sind.

$$G(K) = \sum_{\sum_{i=1}^{N} k_i = K} \prod_{i=1}^{N} F_i(k_i)$$

ist die Normalisierungskonstante des Netzes.

Die Bestimmung von $G(K)$ erfolgt nun durch Iteration über die Anzahl der Knoten im Netz und über die mögliche Anzahl von Aufträgen in jedem Knoten. Hierzu wird die folgende Hilfsfunktion für $n = 1, \ldots, N$ und $k = 0, \ldots, K$ definiert:

$$G_n(k) = \sum_{\sum_{i=1}^{n} k_i = k} \prod_{i=1}^{n} F_i(k_i). \tag{5.23}$$

Für die Normalisierungskonstante gilt damit:

$$G(K) = G_N(K). \tag{5.24}$$

Aus Gl. (5.23) folgt für $n > 1$:

$$G_n(k) = \sum_{j=0}^{k} \left(\sum_{\substack{\sum_{i=1}^{n} k_i = k \\ \& k_n = j}} \prod_{i=1}^{n} F_i(k_i) \right)$$

$$= \sum_{j=0}^{k} F_n(j) \left(\sum_{\substack{\sum_{i=1}^{n} k_i = k-j \\ \& k_n = 0}} \prod_{i=1}^{n-1} F_i(k_i) \right)$$

$$= \sum_{j=0}^{k} F_n(j) \cdot G_{n-1}(k-j). \tag{5.25}$$

Für $n = 1$ gilt unmittelbar:

$$G_1(k) = F_1(k), \qquad k = 1, \ldots, K. \tag{5.26}$$

Die Anfangsbedingungen lauten:

$$G_n(0) = 1, \qquad n = 1, \ldots, N. \tag{5.27}$$

Der Faltungsalgorithmus zur Bestimmung der Normalisierungskonstanten $G(K)$ ist durch die drei Gleichungen (5.25) bis (5.27) vollständig festgelegt. Die $(K + 1)$-dimensionalen Vektoren

$$G_n = \begin{pmatrix} G_n(0) \\ \vdots \\ G_n(K) \end{pmatrix}, n = 1, \ldots, N,$$

werden also genau durch die Faltung

$$G_n = F_n \otimes G_{n-1}$$

bestimmt, wobei $F_n = \begin{pmatrix} F_n(0) \\ \vdots \\ F_n(K) \end{pmatrix}$ ist.

Zur anschaulichen Betrachtung der Vorgehensweise bei der Berechnung der Hilfsfunktion $G_n(k)$ dient Abb. 5.4. Man kann aus dieser Darstellung ersehen, welche Funktionswerte zur Berechnung von $G_n(k)$ tatsächlich benötigt werden. Das eigentliche Ziel des Algorithmus ist die Bestimmung des untersten Wertes der letzten Spalte, denn dieser Wert $G_N(K)$ stellt die gesuchte Normalisierungskonstante $G(K)$ dar. Aber auch die Werte $G_N(k)$ für $k = 1, \ldots, K - 1$ in der letzten Spalte sind von Bedeutung, weil mit ihnen die charakteristischen Leistungsgrößen des Netzes berechnet werden können. Buzen [BUZE 71, BUZE 73] hat nämlich Algorithmen entwickelt, nach denen alle interessierenden Leistungsgrößen eines Warteschlangennetzes mit Hilfe der Normalisierungskonstanten und der Funktion $F_i(k_i)$ ohne Berechnung der Randwahrscheinlichkeiten bestimmt werden können.

	1	$\cdots$	$n-1$		n	$\cdots$	N
0	1	$\cdots$	$G_{n-1}(0)(\cdot F_n(k))$		1		$1 = G(1)$
1	$F_1(1)$	$\cdots$	$G_{n-1}(1)(\cdot F_n(k-1))$		$G_n(1)$		
$\vdots$	$\vdots$		$\vdots$		$\vdots$		
$k-1$	$F_1(k-1)$	$\cdots$	$G_{n-1}(k-1)(\cdot F_n(1))$				
k	$F_1(k)$	$\cdots$	$G_{n-1}(k)(\cdot F_n(0))$	$\sum$	$G_n(k)$	$\cdots$	$G_N(k) = G(k)$
$\vdots$	$\vdots$				$\vdots$		
K	$F_1(K)$				$G_n(K)$		$G_N(K) = G(K)$

Abb. 5.4: Berechnung von $G_n(k)$

<u>Bestimmung der Leistungsgrößen mit Hilfe der Normalisierungskonstanten</u>

a) Die *Randwahrscheinlichkeit*, daß im i-ten Knoten genau $k_i = k$ Aufträge sind, ist nach Gl. (2.96) gegeben durch

$$p_i(k) = \sum_{\substack{\sum_{j=1}^{N} k_j = K \\ \& k_i = k}} p(k_1, \ldots, k_N).$$

Nach Einsetzen von Gl. (5.6) erhalten wir hieraus

$$
\begin{aligned}
p_i(k) &= \sum_{\substack{\sum_{j=1}^{N} k_j = K \\ \& k_i = k}} \frac{1}{G(K)} \prod_{j=1}^{N} F_j(k_j) \\
&= \frac{F_i(k)}{G(K)} \sum_{\substack{\sum_{j=1}^{N} k_j = K \\ \& k_i = k}} \prod_{\substack{j=1 \\ \& \, j \neq i}}^{N} F_j(k_j) \\
&= \frac{F_i(k)}{G(K)} \cdot G_N^i(K - k).
\end{aligned}
$$
(5.28)

$G_N^i(K)$ kann dabei aufgefaßt werden als die Normalisierungskonstante dieses Netzes, wenn Knoten i aus dem Netz entfernt worden ist:

$$G_N^i(k) = \sum_{\substack{\sum_{j=1}^{N} k_j = K \\ \& k_i = K - k}} \prod_{\substack{j=1 \\ \& \, j \neq i}}^{N} F_j(k_j).$$
(5.29)

Es gilt definitionsgemäß:

$$G_{N-1}(k) = G_{N-1}^N(k) = G_N^N(k) \text{ für } k = 0, \ldots, K.$$

Für Knoten N des Netzes folgt daher wegen Gl. (5.28):

$$p_N(k) = \frac{F_N(k)}{G(K)} \cdot G_{N-1}(K - k).$$
(5.30)

Das ist genau das Ergebnis von [BUZE 71,BUZE 73].

In [BBS 77] ist ein einfacher Algorithmus zur Berechnung der $G_N^i(k)$ für $k = 0, \ldots K$ angegeben. Da die Summe aller Randwahrscheinlichkeiten eines Knotens Eins ergibt, folgt nämlich aus Gl. (5.28):

$$\sum_{j=0}^{K} p_i(k) = \sum_{j=0}^{K} \frac{F_i(j)}{G(K)} G_N^i(K - j) = 1,$$

und daher

$$G(K) = \sum_{j=0}^{K} F_i(j) \cdot G_N^i(K - j). \tag{5.31}$$

Hieraus kann für $k = 0, \ldots, K$ eine iterative Formel zur Berechnung der $G_N^i(k)$ hergeleitet werden:

$$G_N^i(k) = G(k) - \sum_{j=1}^{k} F_i(j) \cdot G_N^i(k - j), \tag{5.32}$$

mit der Anfangsbedingung

$$G_N^i(0) = G(0) = 1, \qquad 1 \le i \le N. \tag{5.33}$$

Eine wesentliche Vereinfachung ergibt sich für den Fall $m_i = 1$, d.h. falls Knoten i lastunabhängig ist. Dann folgt aus Gl. (5.32):

$$\begin{aligned}
G_N^i(k) &= G(k) - \sum_{j=0}^{k-1} F_i(j + 1) G_N^i(k - 1 - j) \\
&= G(k) - \frac{e_i}{\mu_i} \sum_{j=0}^{k-1} F_i(j) G_N^i(k - 1 - j) \\
&= G(k) - \frac{e_i}{\mu_i} G(k - 1).
\end{aligned}$$

Nach Einsetzen in Gl. (5.28) erhalten wir in diesem Fall für die Randwahrscheinlichkeiten:

$$p_i(k) = \left(\frac{e_i}{\mu_i} \right)^k \cdot \frac{1}{G(K)} \cdot \left(G(K - k) - \frac{e_i}{\mu_i} \cdot G(K - k - 1) \right), \tag{5.34}$$

wobei $G(k) = 0$ für $k < 0$ ist.

b) Der *Durchsatz* durch Knoten i ergibt sich im lastunabhängigen und lastabhängigen Fall aus der Formel

$$\lambda_i = e_i \cdot \frac{G(K - 1)}{G(K)}. \tag{5.35}$$

<u>Beweis:</u> Nach der Definition des Durchsatzes (Gl. 2.98) gilt:

$$\begin{aligned}
\lambda_i &= \sum_{k=1}^{K} p_i(k) \mu_i(k) \\
&= \sum_{k=1}^{K} \frac{F_i(k)}{G(K)} G_N^i(K - k) \mu_i(k)
\end{aligned}$$

$$= \sum_{k=1}^{K} \frac{e_i}{\mu_i(k)} \frac{F_i(k-1)}{G(K)} G_N^i(K-k)\mu_i(k)$$

$$= \frac{e_i}{G(K)} \sum_{k=1}^{K} F_i(k-1)G_N^i(K-k)$$

$$= \frac{e_i}{G(K)} \sum_{k=0}^{K-1} F_i(k)G_N^i(K-1-k)$$

$$= e_i \frac{G(K-1)}{G(K)}. \qquad \text{q.e.d.}$$

c) Die *Auslastung* eines Knotens kann im lastunabhängigen Fall durch Einsetzen von Gl. (5.35) in die bekannte Beziehung $\rho_i = \lambda_i/(m_i\mu_i)$ bestimmt werden:

$$\rho_i = \frac{e_i}{m_i\mu_i} \cdot \frac{G(K-1)}{G(K)}. \tag{5.36}$$

d) Die *mittlere Anzahl von Aufträgen* berechnet sich für single-server Knoten aus der folgenden vereinfachten Gleichung [BUZE 71]:

$$\overline{k}_i = \sum_{k=1}^{K} \left(\frac{e_i}{\mu_i}\right)^k \cdot \frac{G(K-k)}{G(K)}. \tag{5.37}$$

e) Die *mittlere Antwortzeit* der Aufträge im Knoten i kann dann mit dem Little'schen Gesetz bestimmt werden. So gilt z.B. für single-server Knoten:

$$\overline{t}_i = \frac{\overline{k}_i}{\lambda_i} = \sum_{k=1}^{K} \left(\frac{e_i}{\mu_i}\right)^k \cdot \frac{G(K-k)}{e_i \cdot G(K-1)}. \tag{5.38}$$

Wir werden nun die Anwendung des Faltungsalgorithmus zur Bestimmung der Normalisierungskonstanten an einem Beispiel veranschaulichen. Gleichzeitig demonstrieren wir, wie mit Hilfe der Buzen'schen Algorithmen aus diesen Ergebnissen die Leistungsgrößen bestimmt werden können.

Beispiel 5.6
Wir betrachten ein geschlossenes Warteschlangenmodell (Abb. 5.5) mit $N = 3$ Knoten und $K = 3$ Aufträgen. Der erste Knoten hat $m_1 = 2$ und der zweite Knoten $m_2 = 3$ identische Bedieneinheiten. Für den dritten Knoten gilt $m_3 = 1$.
Die Bedienzeit im i-ten Knoten ($i = 1, 2, 3$) ist exponentiell verteilt mit den Raten

$$\mu_1 = 0.8 \text{ sec}^{-1}, \quad \mu_2 = 0.6 \text{ sec}^{-1}, \quad \mu_3 = 0.4 \text{ sec}^{-1}.$$

Die Besuchshäufigkeiten sind gegeben:

$$e_1 = 1, \quad e_2 = 0.667, \quad e_3 = 0.2.$$

Damit folgt für die Funktionen $F_i(k_i)$, $i = 1, 2, 3$, aus Gleichung (5.8):

$$
\begin{array}{lll}
F_1(0) = 1, & F_2(0) = 1, & F_3(0) = 1, \\
F_1(1) = 1.25, & F_2(1) = 1.111, & F_3(1) = 0.5, \\
F_1(2) = 0.781, & F_2(2) = 0.617, & F_3(2) = 0.25, \\
F_1(3) = 0.488, & F_2(3) = 0.229, & F_3(3) = 0.125
\end{array}
$$

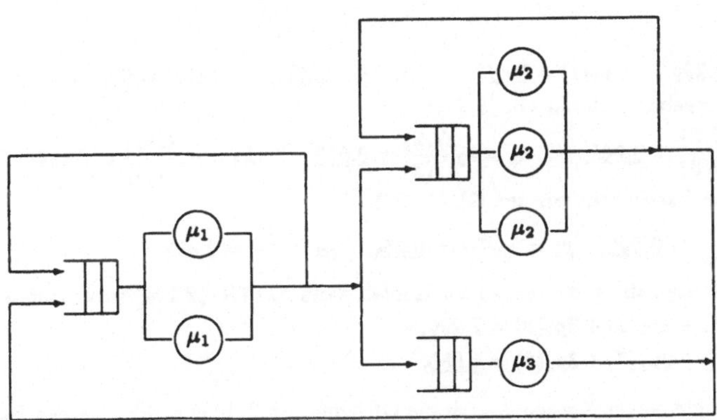

Abb. 5.5: Geschlossenes Warteschlangennetz

Jetzt können wir die Normalisierungskonstante mit Hilfe des in Abb. 5.4 schematisch gezeichneten Algorithmus bestimmen:

	1	2	N
0	1	1	1
1	1.25	2.361	2.861
2	0.781	2.787	4.218
K	0.488	2.356	4.465

Die Normalisierungskonstante ergibt sich somit zu $G(K) = \underline{4.465}$.
Die Randwahrscheinlichkeiten für den single-server Knoten 3 werden mit Gl. (5.34) berechnet:

$$p_3(0) = \left(\frac{e_3}{\mu_3}\right)^0 \cdot \frac{1}{G(3)} \cdot \left(G(3) - \frac{e_3}{\mu_3}G(2)\right) = \underline{0.528},$$

$$p_3(1) = \left(\frac{e_3}{\mu_3}\right)^1 \cdot \frac{1}{G(3)} \cdot \left(G(2) - \frac{e_3}{\mu_3}G(1)\right) = \underline{0.312},$$

$$p_3(2) = \left(\frac{e_3}{\mu_3}\right)^2 \cdot \frac{1}{G(3)} \cdot \left(G(1) - \frac{e_3}{\mu_3}G(0)\right) = \underline{0.132},$$

$$p_3(3) = \left(\frac{e_3}{\mu_3}\right)^3 \cdot \frac{1}{G(3)} \cdot \left(G(0) - \frac{e_3}{\mu_3}\cdot 0\right) = \underline{0.028}.$$

Zur Berechnung der Randwahrscheinlichkeiten für die Knoten 1 und 2 benötigen wir die Werte $G_N^i(k)$ für $k = 0, 1, 2, 3$ und $i = 1, 2$. Mit Gl. (5.32) erhalten wir:

$$G_N^1(0) = \underline{1},$$
$$G_N^1(1) = G(1) - F_1(1)G_N^1(0) = \underline{1.611},$$
$$G_N^1(2) = G(2) - (F_1(1)G_N^1(1) + F_1(2)G_N^1(0)) = \underline{1.423},$$
$$G_N^1(3) = G(3) - (F_1(1)G_N^1(2) + F_1(2)G_N^1(1) + F_1(3)G_N^1(0)) = \underline{0.940}.$$

Auf ähnliche Weise folgt:

$$G_N^2(0) = \underline{1}, \qquad G_N^2(2) = \underline{1.656}, \qquad G_N^2(1) = \underline{1.75}, \qquad G_N^2(3) = \underline{1.316}.$$

Mit Gl. (5.28) können jetzt die Randwahrscheinlichkeiten bestimmt werden:

$$p_1(0) = \frac{F_1(0)}{G(3)}G_N^1(3) = \underline{0.211}, \qquad p_1(1) = \frac{F_1(1)}{G(3)}G_N^1(2) = \underline{0.398},$$

$$p_1(2) = \frac{F_1(2)}{G(3)}G_N^1(1) = \underline{0.282}, \qquad p_1(3) = \frac{F_1(3)}{G(3)}G_N^1(0) = \underline{0.109},$$

sowie

$$p_2(0) = \underline{0.295}, \qquad p_2(1) = \underline{0.412}, \qquad p_2(2) = \underline{0.242}, \qquad p_2(3) = \underline{0.051}.$$

Die Durchsätze ergeben sich aus Gl. (5.35):

$$\lambda_1 = e_1 \frac{G(2)}{G(3)} = \underline{0.945}, \qquad \lambda_2 = e_2 \frac{G(2)}{G(3)} = \underline{0.630}, \qquad \lambda_3 = e_3 \frac{G(2)}{G(3)} = \underline{0.189}.$$

Die Auslastungen bestimmen wir aus Gl. (2.107):

$$\rho_1 = \frac{\lambda_1}{m_1 \mu_1} = \underline{0.590}, \qquad \rho_2 = \frac{\lambda_2}{m_2 \mu_2} = \underline{0.350}, \qquad \rho_3 = \frac{\lambda_3}{\mu_3} = \underline{0.472}.$$

Die mittlere Auftragszahl in den einzelnen Knoten kann mit Gl. (2.109) berechnet werden:

$$\overline{k}_1 = p_1(1) + 2p_1(2) + 3p_1(3) = \underline{1.290},$$
$$\overline{k}_2 = p_2(1) + 2p_2(2) + 3p_2(3) = \underline{1.050},$$

wobei für den single-server Knoten 3 auch die Gleichung (5.37) verwendet werden kann:

$$\overline{k}_3 = \left(\frac{e_3}{\mu_3}\right) \frac{G(2)}{G(3)} + \left(\frac{e_3}{\mu_3}\right)^2 \frac{G(1)}{G(3)} + \left(\frac{e_3}{\mu_3}\right)^3 \frac{G(0)}{G(3)} = \underline{0.660}.$$

Für die mittleren Antwortzeiten gilt (Gl. 2.113):

$$\overline{t}_1 = \frac{\overline{k}_1}{\lambda_1} = \underline{1.366}, \qquad \overline{t}_2 = \frac{\overline{k}_2}{\lambda_2} = \underline{1.667}, \qquad \overline{t}_3 = \frac{\overline{k}_3}{\lambda_3} = \underline{3.496}.$$

5.3.1.2   Faltungsalgorithmus für geschlossene Netze mit mehreren Auftragsklassen

Der Faltungsalgorithmus aus Kap. 5.3.1.1 kann erweitert werden zur Bestimmung der Normalisierungskonstanten von Produktformnetzen mit mehreren Auftragsklassen.

Nach dem BCMP-Theorem (Gl. 5.15) gilt für die Zustandswahrscheinlichkeiten geschlossener Mehrklassen-Produktformnetze:

$$p(\underline{S}_1, \ldots, \underline{S}_N) = \frac{1}{G(\underline{K})} \prod_{i=1}^{N} F_i(\underline{S}_i),$$

wobei die Funktionen $F_i(\underline{S}_i)$ in Gl. (5.17) festgelegt sind.

Die Bestimmung der Normalisierungskonstante des Netzes,

$$G(\underline{K}) = \sum_{\sum_{i=1}^{N} \underline{S}_i = \underline{K}} \prod_{i=1}^{N} F_i(\underline{S}_i),$$

erfolgt nun ganz analog zum Einklassenfall. Wir setzen dabei einschränkend voraus, daß im Netz kein Klassenwechsel stattfindet, d.h. die Gesamtanzahl der Aufträge in jeder Klasse ist konstant, und jeder Auftrag jeder Klasse kann jeden Knoten besuchen.

Entsprechend Gl. (5.23) definieren wir zunächst für $\underline{k} = \underline{0}, \ldots, \underline{K}$ die Hilfsfunktion

$$G_n(\underline{k}) = \sum_{\sum_{i=1}^{n} \underline{S}_i = \underline{k}} \prod_{i=1}^{n} F_i(\underline{S}_i) \tag{5.39}$$

und bestimmen für $n = 1, \ldots, N$ die Matrix G_n durch die Faltung

$$G_n = F_n \otimes G_{n-1}$$

mit der Anfangsbedingung $G_1(.) = F_1(.)$.

Für $n > 1$ gilt also:

$$G_n(\underline{k}) = \sum_{j_1=0}^{k_1} \cdots \sum_{j_R=0}^{k_R} F_n(\underline{j}) \cdot G_{n-1}(\underline{k} - \underline{j}). \tag{5.40}$$

[MuWo 74A,Wong 75] vereinfachten diese Vorgehensweise, indem sie eine unkomplizierter anzuwendende Iterationsformel zur Berechnung der Normalisierungskonstanten $G(\underline{K}) = G_N(\underline{K})$ angeben. Dazu ist die Definition eines weiteren Vektors notwendig:

$$\underline{k}^{(n)} = \sum_{i=1}^{n} \underline{S}_i = \left(k_1^{(n)}, \ldots, k_R^{(n)} \right),$$

d.h. $k_r^{(n)}, 1 \leq r \leq R$, gibt die Gesamtanzahl von Aufträgen der Klasse r in den Knoten $1, 2, \ldots, n - 1, n$ an.

Es gilt:

$$k_r^{(n)} = \sum_{i=1}^{n} k_{ir},$$

$$\underline{k}^{(N)} = \underline{K}.$$

Mit diesen Bezeichnungen können wir Gl. (5.39) nun auch folgendermaßen schreiben:

$$G_n(\underline{k}^{(n)}) = \sum_{\sum_{i=1}^{n} \underline{S}_i = \underline{k}^{(n)}} \prod_{i=1}^{n} F_i(\underline{S}_i). \tag{5.41}$$

Hieraus folgt:

$$G_n(\underline{k}^{(n)}) = \sum_{\underline{k}^{(n-1)} + \underline{S}_n = \underline{k}^{(n)}} \sum_{\sum_{i=1}^{n-1} \underline{S}_i = \underline{k}^{(n-1)}} \prod_{i=1}^{n-1} F_i(\underline{S}_i) \cdot F_n(\underline{S}_n)$$

$$= \sum_{\underline{k}^{(n-1)} + \underline{S}_n = \underline{k}^{(n)}} G_{n-1}(\underline{k}^{(n-1)}) \cdot F_n(\underline{S}_n). \tag{5.42}$$

Gleichung (5.42) zusammen mit den Anfangsbedingungen $G_1(.) = F_1(.)$ definiert den Algorithmus von [MuWo 74A,Wong 75] vollständig. Für die Normalisierungskonstante gilt:

$$G(\underline{K}) = G_N(\underline{k}^{(N)}). \tag{5.43}$$

Abb. 5.6 auf Seite 100 zeigt schematisch die Vorgehensweise des Algorithmus: Unter der Voraussetzung, daß alle $F_i(\underline{S}_i)$-Funktionen berechenbar sind, werden ausgehend von $n = 1$ bis $n = N$ die Werte von $G_n(\underline{k}^{(n)})$ für alle möglichen Vektoren $\underline{k}^{(n)}$ bestimmt. Man beginnt bei Vektor $\underline{k}^{(n)} = (0, 0, \ldots, 0)$ und endet bei Vektor $\underline{k}^{(n)} = \underline{K}$. Dies ist in Abb. 5.6 durch dünne Linien angedeutet. Zur Berechnung der $G_n(\underline{k}^{(n)}), 1 \leq n \leq N$ werden zum einen die $G_{n-1}(\underline{k}^{(n-1)})$-Werte benötigt und zum anderen die $F_n(\underline{S}_n)$-Werte. Die Normalisierungskonstante ist durch den untersten Wert der letzten Spalte gegeben. Die anderen Werte in der letzten Spalte stellen dabei die Normalisierungskonstanten für die verschiedenen anderen Auftragsanzahlen dar. Diese Werte sind für die Ermittlung der Leistungsgrößen wichtig.

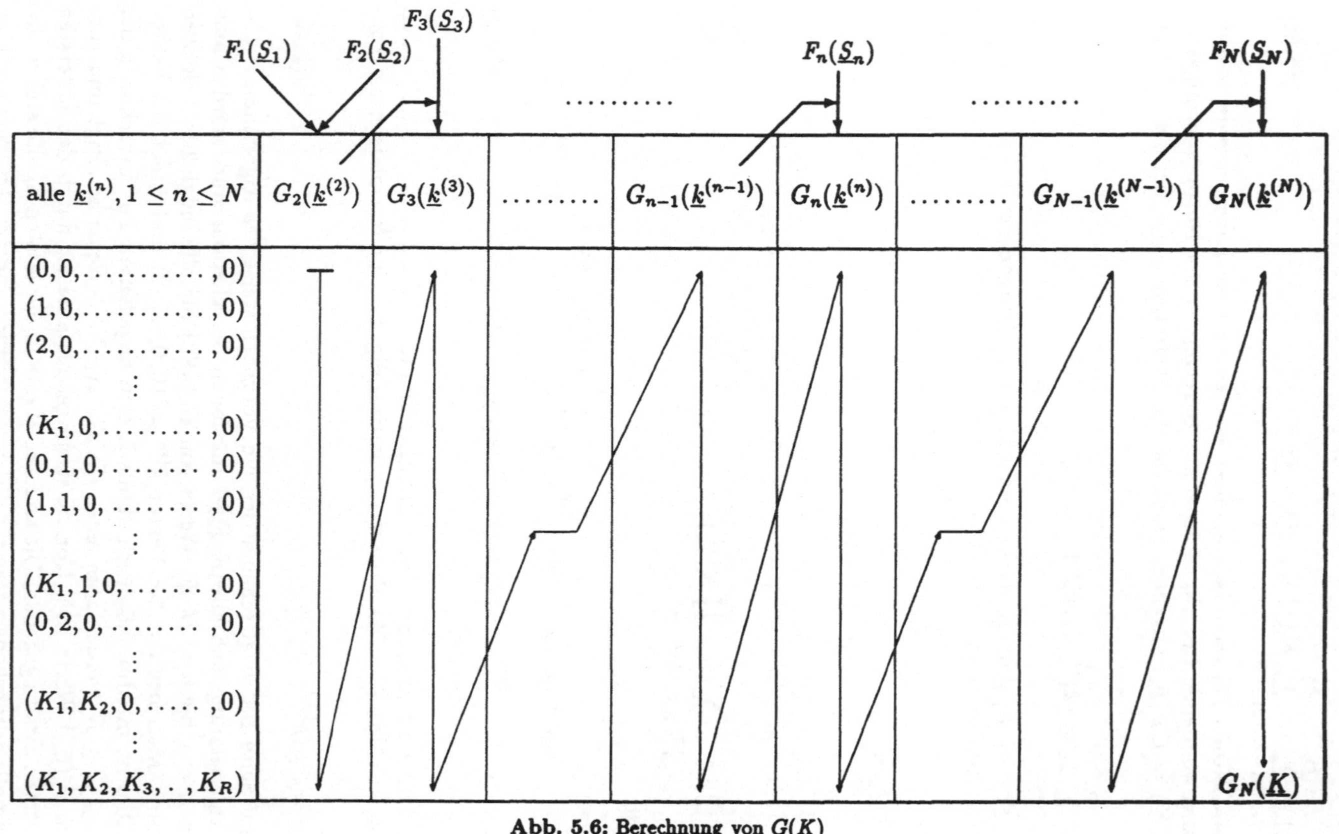

Abb. 5.6: Berechnung von $G(\underline{K})$

a) Die *Randwahrscheinlichkeit*, daß im i-ten Knoten genau $\underline{S}_i = \underline{k}$ Aufträge sind, ist nach Gl. (2.97) gegeben durch

$$p_i(\underline{k}) = \sum_{\substack{\sum\limits_{j=1}^{N} \underline{S}_j = \underline{K} \\ \& \underline{S}_i = \underline{k}}} p(\underline{S}_1, \ldots, \underline{S}_N)$$

$$= \frac{1}{G(\underline{K})} \sum_{\substack{\sum\limits_{j=1}^{N} \underline{S}_j = \underline{K} \\ \& \underline{S}_i = \underline{k}}} \prod_{j=1}^{N} F_j(\underline{S}_j)$$

$$= \frac{F_i(\underline{k})}{G(\underline{K})} \sum_{\substack{\sum\limits_{j=1}^{N} \underline{S}_j = \underline{K} \\ \& \underline{S}_i = \underline{k}}} \prod_{\substack{j=1 \\ \& j \neq i}}^{N} F_j(\underline{S}_j)$$

$$= \frac{F_i(\underline{k})}{G(\underline{K})} G_N^i(\underline{K} - \underline{k}). \tag{5.44}$$

$G_N^i(\underline{K})$ kann wieder als die Normalisierungskonstante des Netzes ohne Knoten i aufgefaßt werden:

$$G_N^i(\underline{k}) = \sum_{\substack{\sum\limits_{j=1}^{N} \underline{S}_j = \underline{K} \\ \& \underline{S}_i = \underline{K} - \underline{k}}} \prod_{\substack{j=1 \\ \& j \neq i}}^{N} F_j(\underline{S}_j). \tag{5.45}$$

Entsprechend zum Einklassenfall (Gl. 5.32) lautet die iterative Formel zur Berechnung von $G_N^i(\underline{k})$ wie folgt:

$$G_N^i(\underline{k}) = G(\underline{k}) - \sum_{\underline{j}=\underline{0}}^{\underline{k}} \delta(\underline{j}) \cdot F_i(\underline{j}) \cdot G_N^i(\underline{k} - \underline{j}). \tag{5.46}$$

Hierbei geht die Größe

$$\delta(\underline{j}) = \begin{cases} 0 & \text{falls } j_1 = j_2 = \ldots = j_R = 0 \\ 1 & \text{sonst} \end{cases} \tag{5.47}$$

nur für $\underline{j} = \underline{0}$ in die Berechnung ein.

Die Anfangsbedingung ist

$$G_N^i(\underline{0}) = G(\underline{0}) = 1, \qquad i = 1, \ldots, N. \tag{5.48}$$

b) Der *Durchsatz* λ_{ir} von Aufträgen der Klasse r durch den i-ten Knoten kann nach [WONG 75] wie folgt berechnet werden

$$\lambda_{ir} = e_{ir} \frac{G(K_1, \ldots, K_r - 1, \ldots, K_R)}{G(K_1, \ldots, K_r, \ldots, K_R)},$$

wobei e_{ir} die Lösung von Gl. (5.13) darstellt.

Mit $(\underline{K} - 1_r) = (K_1, \ldots, K_r - 1, \ldots, K_R)$ ergibt sich folgende einfachere Schreibweise:

$$\lambda_{ir} = e_{ir} \frac{G(\underline{K} - 1_r)}{G(\underline{K})}. \tag{5.49}$$

Diese Formel gilt für lastabhängige und lastunabhängige Knoten aller Typen 1 bis 4. Der Beweis findet sich z.B. in [BRBA 80].

c) Die *Auslastung* ρ_{ir} bestimmt man mit Gl. (2.108). Sind die Bedienraten konstant, dann ergibt sich aus $\lambda_{ir}/(m_i\mu_{ir})$ folgende Vereinfachung:

$$\rho_{ir} = \frac{\lambda_{ir}}{m_i\mu_{ir}} = \frac{e_i}{m_i\mu_{ir}} \cdot \frac{G(\underline{K}-1_r)}{G(\underline{K})}. \tag{5.50}$$

Beispiel 5.7
Das geschlossene Netz aus Abb. 5.7 beinhaltet $N = 4$ Knoten und $R = 2$ Auftragsklassen. In Klasse 1 befindet sich $K_1 = 1$ Auftrag und in Klasse 2 $K_2 = 2$ Aufträge. Die Aufträge dürfen ihre Klassenzugehörigkeit nicht ändern.

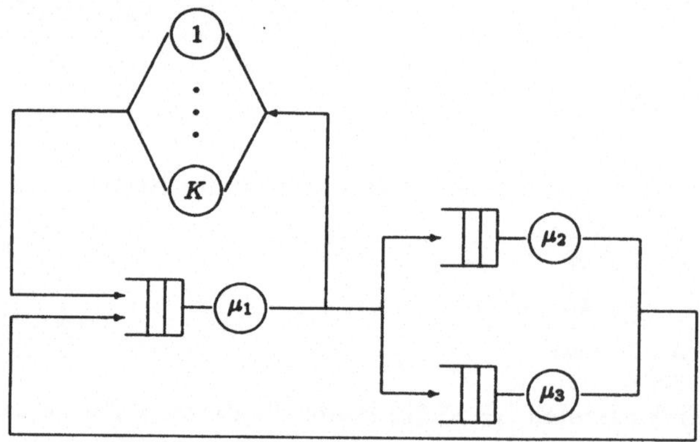

Abb. 5.6: Ein Teilnehmerbetrieb

Der erste Knoten ist vom Typ 2, der zweite und dritte Knoten vom Typ 4 und der vierte Knoten vom Typ 3. Die mittleren Bedienzeiten lauten:

$$\frac{1}{\mu_{11}} = 1 \text{ sec}, \quad \frac{1}{\mu_{21}} = 4 \text{ sec}, \quad \frac{1}{\mu_{31}} = 8 \text{ sec}, \quad \frac{1}{\mu_{41}} = 12 \text{ sec},$$

$$\frac{1}{\mu_{12}} = 2 \text{ sec}, \quad \frac{1}{\mu_{22}} = 5 \text{ sec}, \quad \frac{1}{\mu_{32}} = 10 \text{ sec}, \quad \frac{1}{\mu_{42}} = 16 \text{ sec}.$$

Die Besuchshäufigkeiten sind gegeben:

$$e_{11} = 1, \quad e_{21} = 0.4, \quad e_{31} = 0.4, \quad e_{41} = 0.2,$$
$$e_{12} = 1, \quad e_{22} = 0.4, \quad e_{32} = 0.3, \quad e_{42} = 0.3.$$

Zunächst werden die Funktionen $F_i(\underline{S}_i), i = 1, 2, 3, 4$, aus Gl. (5.17) ermittelt:

$\underline{S}_i$	$F_1(\underline{S}_1)$	$F_2(\underline{S}_2)$	$F_3(\underline{S}_3)$	$F_4(\underline{S}_4)$
(0,0)	1	1	1	1
(1,0)	1	1.6	3.2	2.4
(0,1)	2	2	3	4.8
(1,1)	4	6.4	19.2	11.52
(0,2)	4	4	9	11.52
(1,2)	12	19.2	86.4	27.648

Zur Bestimmung der Normalisierungskonstanten berechnen wir nun die $G_n(\underline{k}^{(n)})$ aus der Gleichung (5.42), wobei gilt $G_1(.) = F_1(.)$.

Für $n = 2$ erhalten wir:

$$
\begin{aligned}
G_2(0,0) &= G_1(0,0)F_2(0,0) &&= \underline{1}, \\
G_2(1,0) &= G_1(0,0)F_2(1,0) + G_1(1,0)F_2(0,0) &&= \underline{2.6}, \\
G_2(0,1) &= G_1(0,0)F_2(0,1) + G_1(0,1)F_2(0,0) &&= \underline{4}, \\
G_2(1,1) &= G_1(0,0)F_2(1,1) + G_1(1,1)F_2(0,0) && \\
&\quad + G_1(1,0)F_2(0,1) + G_1(0,1)F_2(1,0) &&= \underline{15.6}, \\
G_2(0,2) &= G_1(0,0)F_2(0,2) + G_1(0,2)F_2(0,0) && \\
&\quad + G_1(0,1)F_2(0,1) &&= \underline{12}, \\
G_2(1,2) &= G_1(0,0)F_2(1,2) + G_1(1,2)F_2(0,0) && \\
&\quad + G_1(1,1)F_2(0,1) + G_1(0,1)F_2(1,1) && \\
&\quad + G_1(1,0)F_2(0,2) + G_1(0,2)F_2(1,0) &&= \underline{62.4}.
\end{aligned}
$$

Auf ähnliche Weise können die Werte für $G_3(\underline{k}^{(3)})$ bzw. $G_4(\underline{k}^{(4)})$ berechnet werden, die in der nachfolgenden Tabelle zusammengefaßt sind.

$\underline{k}^{(n)}, 1 \le n \le N$	$G_2(\underline{k}^{(2)})$	$G_3(\underline{k}^{(3)})$	$G_4(\underline{k}^{(4)})$
(0,0)	1	1	1
(1,0)	2.6	5.8	8.2
(0,1)	4	7	11.8
(1,1)	15.6	55.4	111.56
(0,2)	12	33	78.12
(1,2)	62.4	334.2	854.424

Die Normalisierungskonstante ergibt sich somit zu $G(\underline{K}) = \underline{854.424}$.
Jetzt können wir mit Gl. (5.14) die Randwahrscheinlichkeiten bestimmen:

$$
p_4(0,2) = \frac{F_4(0,2)}{G(\underline{K})} G_N^4(1,0) = \underline{0.0782},
$$

wobei wir $G_N^4(1,0)$ aus Gl. (5.47) ermitteln:

$$
G_N^4(1,0) = G(1,0) - F_4(1,0) \cdot G_N^4(0,0) = \underline{5}.
$$

$$
p_4(1,2) = \frac{F_4(1,2)}{G(\underline{K})} G_N^4(0,0) = \underline{0.0324}, \qquad \text{wobei } G_N^4(0,0) = \underline{1}.
$$

$$
p_4(1,1) = \frac{F_4(1,1)}{G(\underline{K})} G_N^4(0,1) = \underline{0.0944}, \qquad \text{wobei } G_N^4(0,1) = \underline{7}.
$$

$$
p_4(0,1) = \frac{F_4(0,1)}{G(\underline{K})} G_N^4(1,1) = \underline{0.3112}, \qquad \text{wobei } G_N^4(1,1) = \underline{55.4}.
$$

$$
p_4(1,0) = \frac{F_4(1,0)}{G(\underline{K})} G_N^4(0,2) = \underline{0.0927}, \qquad \text{wobei } G_N^4(0,2) = \underline{33}.
$$

$$
p_4(0,0) = \frac{F_4(0,0)}{G(\underline{K})} G_N^4(1,2) = \underline{0.3911}, \qquad \text{wobei } G_N^4(1,2) = \underline{334.2}.
$$

$$
p_3(1,2) = \frac{F_3(1,2)}{G(\underline{K})} G_N^3(0,0) = \underline{0.1011}, \qquad \text{wobei } G_N^3(0,0) = \underline{1}.
$$

$$
p_3(1,0) = \frac{F_3(1,0)}{G(\underline{K})} G_N^3(0,2) = \underline{0.1600}, \qquad \text{wobei } G_N^3(0,2) = \underline{42.72}.
$$

$$
p_3(1,1) = \frac{F_3(1,1)}{G(\underline{K})} G_N^3(0,1) = \underline{0.1977}, \qquad \text{wobei } G_N^3(0,1) = \underline{8.8}.
$$

$$
\vdots
$$

Die restlichen Randwahrscheinlichkeiten werden auf ähnliche Weise berechnet.
Die mittlere Anzahl von Aufträgen kann nun mit Gl. (2.110) ermittelt werden. Zum Beispiel gilt für Knoten 3:

$$\bar{k}_{31} = p_3(1,0) + p_3(1,1) + p_3(1,2) \qquad = \underline{0.4588},$$
$$\bar{k}_{32} = p_3(0,1) + p_3(1,1) + 2p_3(0,2) + 2p_3(1,2) = \underline{0.678}.$$

Für den IS-Knoten 4 gilt:

$$\bar{k}_{41} = \frac{\lambda_{41}}{\mu_{41}} = \underline{0.219}, \qquad \bar{k}_{42} = \frac{\lambda_{42}}{\mu_{42}} = \underline{0.627},$$

Die Durchsätze berechnen wir aus Gl. (5.49):

$$\lambda_{11} = e_{11}\frac{G(0,2)}{G(1,2)} = \underline{0.0914}, \qquad \lambda_{12} = e_{12}\frac{G(1,1)}{G(1,2)} = \underline{0.1306},$$

$$\lambda_{21} = e_{21}\frac{G(0,2)}{G(1,2)} = \underline{0.0366}, \qquad \lambda_{22} = e_{22}\frac{G(1,1)}{G(1,2)} = \underline{0.0522},$$

$$\lambda_{31} = e_{31}\frac{G(0,2)}{G(1,2)} = \underline{0.0366}, \qquad \lambda_{32} = e_{32}\frac{G(1,1)}{G(1,2)} = \underline{0.0392},$$

$$\lambda_{41} = e_{41}\frac{G(0,2)}{G(1,2)} = \underline{0.0183}, \qquad \lambda_{42} = e_{42}\frac{G(1,1)}{G(1,2)} = \underline{0.0392}.$$

Die Auslastungen ergeben sich aus Gl. (5.50):

$$\rho_{11} = \underline{0.0914}, \qquad \rho_{21} = \underline{0.1463}, \qquad \rho_{31} = \underline{0.2926},$$
$$\rho_{12} = \underline{0.2611}, \qquad \rho_{22} = \underline{0.2611}, \qquad \rho_{32} = \underline{0.3917}.$$

Der vorgestellte Algorithmus ist nur anwendbar auf Netzwerke, in denen kein Klassenwechsel der einzelnen Aufträge stattfindet. Für Netze mit Klassenwechsel hat [MUNT 72] bewiesen, daß ein geschlossenes Netz mit U ergodischen Teilketten äquivalent ist zu einem geschlossenen Netz mit U Auftragsklassen. Somit können die Normalisierungskonstanten für Netze, in denen Klassenwechsel der Aufträge erlaubt ist, durch Erweiterung der Vorgehensweise für Netze ohne Klassenwechsel bestimmt werden. Genauere Einzelheiten finden sich in [BBS 77,BRBA 80].

In [REKO 75,SAUE 83] ist der Faltungsalgorithmus zusätzlich erweitert worden zur Analyse offener Netze mit lastabhängigen Ankunftsraten bzw. zur Analyse von geschlossenen Netzen mit lastabhängigen Übergangswahrscheinlichkeiten. Auch können Netze mit „klassenspezifischen" Bedienraten untersucht werden. Dies sind Netze, in denen die Bedienraten nicht nur von der Gesamtanzahl der Aufträge im Knoten abhängen, sondern auch von der Anzahl der Aufträge in den unterschiedlichen Klassen beim jeweiligen Knoten. [LALI 83] haben den Faltungsalgorithmus zur optimalen Speicherausnutzung zum Baum-Faltungsalgorithmus (Tree-Convolution) modifiziert.

Da sich jedoch bei Verwendung der Normalisierungskonstanten Over-/Underflow-Probleme ergeben, hat man auch versucht, die Leistungsgrößen von Produktformnetzen ohne Zuhilfenahme der Normalisierungskonstanten zu berechnen. Dabei entstand die Mittelwertanalyse, die in den letzten Jahren breite Anerkennung gefunden hat.

5.3.2 Mittelwertanalyse

Die Mittelwertanalyse (MWA) wurde von Reiser und Lavenberg [RELA 80] zur exakten Analyse geschlossener Warteschlangennetze mit Produktformlösungen entwickelt. Der Vorteil dieser Methode liegt vor allem darin, daß die Leistungsgrößen ohne explizite Bestimmung der Normalisierungskonstanten ermittelt werden können. Man beschränkt sich darauf, unter ausschließlicher Verwendung von drei fundamentalen Gleichungen, stochastische Mittelwerte interessierender Größen wie Antwortzeit, Durchsatz und Anzahl der Aufträge in den Knoten zu berechnen und operiert mit Beziehungen, die ausschließlich Mittelwerte verwenden. Lediglich bei der Betrachtung lastabhängiger Bedienstationen ($m_i > 1$) müssen zusätzlich zu den Mittelwerten noch Randwahrscheinlichkeiten berücksichtigt werden.

Zwei einfache Gesetze bilden die Grundlage der Mittelwertanalyse:

- Das *Gesetz von Little*, das in Kap. 2.2.4 eingeführt wurde und einen Zusammenhang herstellt zwischen der mittleren Auftragsanzahl, dem Durchsatz und der mittleren Antwortzeit eines Knotens oder des Gesamtsystems:

$$\overline{k} = \lambda \cdot \overline{t}.$$

- Das *Theorem über die Verteilung beim Ankunftszeitpunkt*, kurz Ankunftstheorem genannt, das von [LARE 80, SEMI 81] für alle Netze mit Produktformlösungen bewiesen wurde. Für geschlossene Produktformnetze ist hiernach die Wahrscheinlichkeit, daß ein Auftrag bei Ankunft an Knoten i den Netzwerkzustand $(k_1, \ldots, k_i, \ldots, k_N)$ vorfindet, gleich der Gleichgewichtszustandswahrscheinlichkeit $p(k_1, \ldots, k_i - 1, \ldots, k_N)$ des Netzes mit einem Auftrag weniger. Mit anderen Worten, zum Zeitpunkt der Ankunft eines neuen Auftrags im Knoten i ist die Anzahl von Aufträgen in diesem Knoten gleich der mittleren Auftragsanzahl im Gleichgewicht bei einem Auftrag weniger im Netz.

Wir werden zunächst die Mittelwertanalyse für den Fall geschlossener Warteschlangennetze mit einer Auftragsklasse ausführlich erläutern. Dieser Algorithmus wird dann in den darauffolgenden Kapiteln erweitert auf Netze mit mehreren Auftragsklassen, auf gemischte Netze und auf Netze, in denen die einzelnen Bedienstationen lastabhängige Bedienraten haben.

5.3.2.1 Mittelwertanalyse von geschlossenen Netzen mit einer Auftragsklasse

Die fundamentale Gleichung der Mittelwertanalyse stellt einen Zusammenhang her zwischen der mittleren Antwortzeit eines Auftrags im i-ten Knoten und der mittleren Anzahl von Aufträgen in diesem Knoten bei einem Auftrag weniger im Netz:

$$\overline{t}_i(K) = \frac{1}{\mu_i} \cdot \left[1 + \overline{k}_i(K - 1) \right]. \tag{5.51}$$

Für Bedienstationen ($m_i = 1$) mit FCFS-Strategie kann mit Hilfe des Ankunftstheorems leicht eine einsichtige Erklärung der Gleichung (5.51) gegeben werden. Denn für jeden FCFS-Knoten i ist die mittlere Antwortzeit $\overline{t}_i(K)$ eines Auftrags bei K

Aufträgen im Netz gleich der mittleren Bedienzeit für diesen Auftrag ($1/\mu_i$) plus der mittleren Wartezeit bis all jene Aufträge fertig bedient sind, die sich bereits im Knoten i befanden, als der betrachtete Auftrag dort ankam. Da nach dem Ankunftstheorem ein Auftrag bei Ankunft im Knoten i die mittlere Anzahl von Aufträgen im Gleichgewicht bei einem Auftrag weniger im Netz vorfindet, ist diese Wartezeit gleich $[\overline{k}_i(K-1)] \cdot 1/\mu_i$, woraus sich Gl. (5.51) ergibt.

Gl. (5.51) kann jedoch auch allgemein und ohne Zuhilfenahme des Ankunftstheorems bewiesen werden. Dazu gehen wir von den in Kap. 5.3.1 präsentierten Buzen'schen Algorithmen aus, nach denen die Leistungsgrößen von Produktformnetzen mit Hilfe der Normalisierungskonstanten berechnet werden können. Die Formeln zur Berechnung der Auslastung (Gl. 5.36) bzw. zur Berechnung der mittleren Auftragsanzahl (Gl. 5.37) lauteten:

$$\rho_i(K) = \frac{e_i}{\mu_i} \cdot \frac{G(K-1)}{G(K)}$$

$$\text{bzw. } \overline{k}_i(K) = \sum_{k=1}^{K} \left(\frac{e_i}{\mu_i}\right)^k \cdot \frac{G(K-k)}{G(K)}.$$

Aus Gl. (5.37) folgt:

$$\overline{k}_i(K-1) = \sum_{k=1}^{K-1} \left(\frac{e_i}{\mu_i}\right)^k \cdot \frac{G(K-k-1)}{G(K-1)} = \sum_{k=2}^{K} \left(\frac{e_i}{\mu_i}\right)^{k-1} \cdot \frac{G(K-k)}{G(K-1)}.$$

Formt man Gl. (5.36) nach $G(K-1)$ um und setzt das Ergebnis in die obige Gleichung ein, so erhalten wir mit etwas Umsortieren:

$$\rho_i(K) \cdot \overline{k}_i(K-1) = \sum_{k=2}^{K} \left(\frac{e_i}{\mu_i}\right)^k \cdot \frac{G(K-k)}{G(K)},$$

und nach Einsetzen dieser Gleichung in Gl. (5.37):

$$\overline{k}_i(K) = \frac{e_i}{\mu_i} \cdot \frac{G(K-1)}{G(K)} + \rho_i(K) \cdot \overline{k}_i(K-1)$$

$$= \rho_i(K) + \rho_i(K) \cdot \overline{k}_i(K-1) = \rho_i(K) \cdot \left[1 + \overline{k}_i(K-1)\right].$$

Konstante Bedienraten ($m_i = 1$) vorausgesetzt, folgt hieraus schießlich mit $\rho_i(K) = \lambda_i(K)/\mu_i$ und unter Anwendung von Littles Gesetz das gesuchte Ergebnis:

$$\overline{t}_i(K) = \frac{\overline{k}_i(K)}{\lambda_i(K)} = \frac{\rho_i(K)}{\lambda_i(K)} \cdot \left[1 + \overline{k}_i(K-1)\right] = \frac{1}{\mu_i} \cdot \left[1 + \overline{k}_i(K-1)\right]. \qquad \text{q.e.d.}$$

Neben Gleichung (5.51) zur Berechnung der mittleren Antwortzeit im i-ten Knoten werden zur vollständigen Beschreibung der Mittelwertanalyse noch zwei weitere Gleichungen benötigt, die beide aus dem Gesetz von Little ableitbar sind. Die eine dient zur Bestimmung des Gesamtdurchsatzes des Netzes:

$$\lambda(K) = \frac{K}{\sum\limits_{i=1}^{N} e_i \cdot \overline{t}_i(K)}, \tag{5.52}$$

und die andere zur Bestimmung der mittleren Anzahl von Aufträgen im i-ten Knoten:

$$\overline{k}_i(K) = \lambda(K) \cdot \overline{t}_i(K) \cdot e_i, \tag{5.53}$$

wobei e_i wieder die Besuchshäufigkeit beim i-ten Knoten angibt.

Die drei Gleichungen (5.51, 5.52, 5.53) machen eine iterative Bestimmung der mittleren Antwortzeiten, Durchsätze und mittleren Auftragsanzahlen von Produktformnetzen möglich, wobei die Iteration über die Anzahl der Aufträge im zu analysierenden Netz erfolgt. Die Beschreibung der Mittelwertanalyse für geschlossene Produktformnetze mit einer Auftragsklasse ist komplett, wenn Gl. (5.51) noch um die Berechnung der Antwortzeiten für IS-Knoten bzw. für FCFS-Knoten mit mehreren Bedieneinheiten erweitert wird.

Im ersten Fall gilt

$$\overline{t}_i(K) = \frac{1}{\mu_i} \tag{5.54}$$

und im zweiten Fall

$$\overline{t}_i(K) = \frac{1}{\mu_i \cdot m_i} \cdot \left[1 + \overline{k}_i(K-1) + \sum_{j=0}^{m_i-2} (m_i - j - 1) \cdot p_i(j|K-1) \right]. \tag{5.55}$$

Hierbei bezeichnet $p_i(j|k)$ die Wahrscheinlichkeit dafür, daß im i-ten Knoten j Aufträge bedient werden unter der Bedingung, es befinden sich k Aufträge im Netz. Es gilt:

$$p_i(j|k) = \frac{e_i \cdot \lambda(k)}{\mu_i \cdot j} p_i(j-1|k-1) \qquad \text{für } j = 1, \ldots, m_i - 1 \tag{5.56}$$

$$\text{und } p_i(0|k) = 1 - \frac{1}{m_i} \left[\frac{e_i}{\mu_i} \lambda(k) + \sum_{j=1}^{m_i-1} (m_i - j) \cdot p_i(j|k) \right]. \tag{5.57}$$

Damit kann der Algorithmus der Mittelwertanalyse für geschlossene Einklassen-Produktformnetze zusammenfassend wie folgt beschrieben werden:

Schritt 1: Initalisierung:
Für $i = 1, \ldots, N$ und $j = 1, \ldots, (m_i - 1)$:

$$\overline{k}_i(0) = 0, \qquad p_i(0|0) = 1, \qquad p_i(j|0) = 0.$$

Schritt 2: Iteration über die Anzahl der Aufträge $k = 1, \ldots, K$.

Schritt 2.1: Berechne für $i = 1, \ldots, N$ die mittlere Antwortzeit eines Auftrags im i-ten Knoten:

$$\overline{t}_i(k) = \begin{cases} \dfrac{1}{\mu_i} \left[1 + \overline{k}_i(k-1) \right] & \begin{array}{l} \text{Typ-1,2,4} \\ (m_i = 1) \end{array} \\[2ex] \dfrac{1}{\mu_i \cdot m_i} \left[1 + \overline{k}_i(k-1) + \displaystyle\sum_{j=0}^{m_i-2} (m_i - j - 1) \cdot p_i(j|k-1) \right] & \begin{array}{l} \text{Typ-1} \\ (m_i > 1) \end{array} \\[2ex] \dfrac{1}{\mu_i} & \text{Typ-3,} \end{cases} \tag{5.58}$$

wobei die bedingten Wahrscheinlichkeiten aus den Gleichungen (5.56, 5.57) bestimmt werden.

Schritt 2.2: Berechne den Durchsatz:

$$\lambda(k) = \frac{k}{\sum_{i=1}^{N} e_i \cdot \bar{t}_i(k)}. \tag{5.59}$$

Die Durchsätze einzelner Knoten ergeben sich aus

$$\lambda_i = \lambda(k) \cdot e_i, \tag{5.60}$$

wobei die e_i mit Gl. (2.90) ermittelt werden.

Schritt 2.3: Berechne für $i = 1, \ldots, N$ die mittlere Anzahl von Aufträgen im i-ten Knoten:

$$\bar{k}_i(k) = \lambda(k) \cdot \bar{t}_i(k) \cdot e_i. \tag{5.61}$$

Die Iteration bricht ab, wenn K, die Gesamtzahl der Aufträge im Netz, erreicht ist. Die anderen Leistungsgrößen, wie z.B. Auslastung, mittlere Wartezeit, mittlere Warteschlangenlänge usw. können dann mit den bekannten Formeln aus den errechneten Größen abgeleitet werden.

Der Nachteil der Mittelwertanalyse ist ihr extrem hoher Speicherbedarf, da alle Mittelwerte der Anzahl der Aufträge parallel berechnet werden. Dieser Speicherbedarf kann aber durch Approximationen (Kap. 6.1) stark reduziert werden. Ein weiterer Nachteil ist die Tatsache, daß die Zustandswahrscheinlichkeiten nicht bestimmt werden können. In [AKBO 83] ist daher die Mittelwertanalyse erweitert worden zur zusätzlichen Berechnung der Normalisierungskonstanten und somit auch zur Berechnung der Zustandswahrscheinlichkeiten. Lediglich Schritt 2.2 des MWA-Algorithmus ist hierzu um die Formel

$$G(k) = \frac{G(k-1)}{\lambda(k)} \tag{5.62}$$

mit der Anfangsbedingung $G(0) = 1$ zu ergänzen. Dies folgt unmittelbar aus Gleichung (5.35). Nach Abbruch der Iteration erhält man dann die Normalisierungskonstante $G(K)$, die es ermöglicht, ohne großen Aufwand zusätzlich zu den Mittelwerten die Zustandswahrscheinlichkeiten mit Hilfe des BCMP-Theorems (Gl. 5.15) zu berechnen.

Wir wollen nun noch die Anwendung der Mittelwertanalyse an zwei Beispielen veranschaulichen.

Beispiel 5.8

Das Central-Server-Modell aus Abb. 5.8 beinhaltet $N = 4$ Knoten und $K = 6$ Aufträge. Die Bedienzeit eines Auftrags im i-ten Knoten ($i = 1, 2, 3, 4$) ist exponentiell verteilt mit den folgenden Mittelwerten:

$$\frac{1}{\mu_1} = 0.02 \text{ sec}, \quad \frac{1}{\mu_2} = 0.2 \text{ sec}, \quad \frac{1}{\mu_3} = 0.4 \text{ sec}, \quad \frac{1}{\mu_4} = 0.6 \text{ sec}.$$

Die Besuchshäufigkeiten sind wie folgt gegeben:

$$e_1 = 1, \quad e_2 = 0.4, \quad e_3 = 0.2, \quad e_4 = 0.1.$$

Wir wollen mit Hilfe der Mittelwertanalyse die Leistungsgrößen und die Normalisierungskonstante dieses Netzes bestimmen. Dazu verfahren wir in den angegebenen drei Schritten:

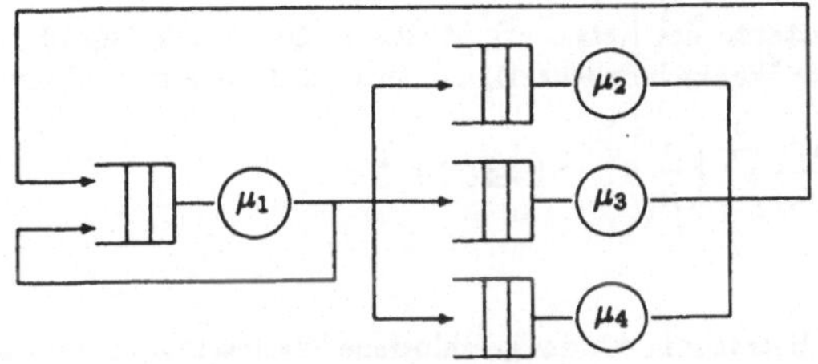

Abb. 5.8: Central-Server-Modell

Schritt 1: Initalisierung:
$$\bar{k}_1(0) = \bar{k}_2(0) = \bar{k}_3(0) = \bar{k}_4(0) = 0, \qquad G(0) = 1.$$

Schritt 2: Iteration über die Anzahl der Aufträge im Netz, beginnend mit $k = 1$.

Schritt 2.1: Mittlere Antwortzeit (Gl. 5.58):
$$\bar{t}_1(1) = \frac{1}{\mu_1}\left[1 + \bar{k}_1(0)\right] = \underline{0.02}, \qquad \bar{t}_2(1) = \frac{1}{\mu_2}\left[1 + \bar{k}_2(0)\right] = \underline{0.2},$$
$$\bar{t}_3(1) = \frac{1}{\mu_3}\left[1 + \bar{k}_3(0)\right] = \underline{0.4}\ , \qquad \bar{t}_4(1) = \frac{1}{\mu_4}\left[1 + \bar{k}_4(0)\right] = \underline{0.6}.$$

Schritt 2.2: Durchsatz (Gl. 5.59) bzw. Normalisierungskonstante (Gl. 5.62):
$$\lambda(1) = \frac{1}{\sum_{i=1}^{4} e_i \bar{t}_i(1)} = \underline{4.167}, \qquad G(1) = \frac{G(0)}{\lambda(1)} = \underline{0.24}.$$

Schritt 2.3: Mittlere Anzahl von Aufträgen (Gl. 5.61):
$$\bar{k}_1(1) = \lambda(1)\bar{t}_1(1)e_1 = \underline{0.083}, \qquad \bar{k}_2(1) = \lambda(1)\bar{t}_2(1)e_2 = \underline{0.333},$$
$$\bar{k}_3(1) = \lambda(1)\bar{t}_3(1)e_3 = \underline{0.333}, \qquad \bar{k}_4(1) = \lambda(1)\bar{t}_4(1)e_4 = \underline{0.25}.$$

Iteration für $k = 2$.

Schritt 2.1: Mittlere Antwortzeit:
$$\bar{t}_1(2) = \frac{1}{\mu_1}\left[1 + \bar{k}_1(1)\right] = \underline{0.022}, \qquad \bar{t}_2(2) = \frac{1}{\mu_2}\left[1 + \bar{k}_2(1)\right] = \underline{0.267},$$
$$\bar{t}_3(2) = \frac{1}{\mu_3}\left[1 + \bar{k}_3(1)\right] = \underline{0.533}, \qquad \bar{t}_4(2) = \frac{1}{\mu_4}\left[1 + \bar{k}_4(1)\right] = \underline{0.75}.$$

Schritt 2.2: Durchsatz bzw. Normalisierungskonstante:
$$\lambda(2) = \frac{2}{\sum_{i=1}^{4} e_i \bar{t}_i(2)} = \underline{6.452}, \qquad G(2) = \frac{G(1)}{\lambda(2)} = \underline{3.72\cdot 10^{-2}}.$$

Schritt 2.3: Mittlere Anzahl von Aufträgen:
$$\bar{k}_1(2) = \lambda(2)\bar{t}_1(2)e_1 = \underline{0.140}, \qquad \bar{k}_2(2) = \lambda(2)\bar{t}_2(2)e_2 = \underline{0.688},$$
$$\bar{k}_3(2) = \lambda(2)\bar{t}_3(2)e_3 = \underline{0.688}, \qquad \bar{k}_4(2) = \lambda(2)\bar{t}_4(2)e_4 = \underline{0.484}.$$

$$\vdots$$

Da wir in diesem Fall $K = 6$ Aufträge im Netz haben, erhalten wir nach 6 Iterationsschritten die endgültigen Ergebnisse, die in der folgenden Tabelle zusammengefaßt sind.

Knoten	1	2	3	4
Mittlere Antwortzeit $\bar{t}_i$	0.025	0.570	1.140	1.244
Durchsatz λ_i	9.920	3.968	1.984	0.992
Mittlere Anzahl von Aufträgen $\bar{k}_i$	0.244	2.261	2.261	1.234
Auslastung ρ_i	0.198	0.794	0.794	0.595

Die Normalisierungskonstante des Netzes ergibt sich zu $G(K) = 5.756 \cdot 10^{-6}$. Mit Gleichung (5.15) erhalten wir dann für die Wahrscheinlichkeit, daß sich das Netz z.B. im Zustand (3,1,1,1) befindet:

$$p(3,1,1,1) = \frac{1}{G(K)} \prod_{i=1}^{4} \left(\frac{e_i}{\mu_i}\right)^{k_i} = \underline{5.337 \cdot 10^{-4}}.$$

Beispiel 5.9
Als ein weiteres Beispiel betrachten wir das geschlossene Warteschlangennetz aus Abb. 5.9 mit $K = 3$ Aufträgen.

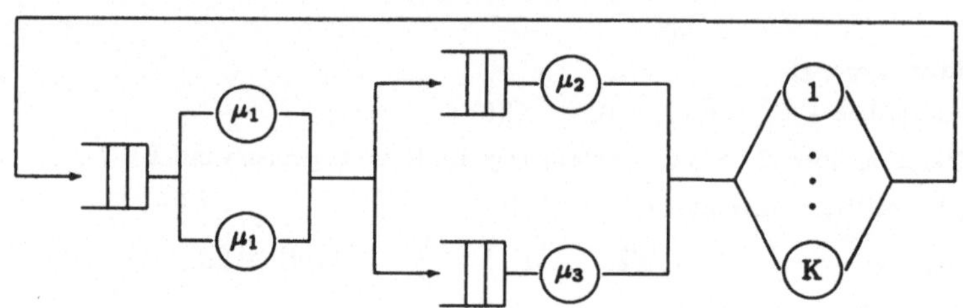

Abb. 5.9: Geschlossenes Netz

Im ersten Knoten sind $m_i = 2$ identische Prozessoren mit exponentiell verteilten Bedienzeiten $1/\mu_1 = 0.5$ sec. Knoten 2 und Knoten 3 haben exponentiell verteilte Bedienzeiten $1/\mu_2 = 0.6$ sec bzw. $1/\mu_3 = 0.8$ sec. Im vierten Knoten (Terminals) beträgt die Bedienzeit eines Auftrags $1/\mu_4 = 1$ sec. Die Übergangswahrscheinlichkeiten sind wie folgt gegeben:

$$p_{12} = p_{13} = 0.5 \quad \text{und} \quad p_{24} = p_{34} = p_{41} = 1.$$

Aus Gl. (2.90) bestimmen wir die Besuchshäufigkeiten:

$$e_1 = 1, \quad e_2 = 0.5, \quad e_3 = 0.5, \quad e_4 = 1.$$

Die Analyse des Netzes mit Hilfe des MWA-Algorithmus erfolgt nun in den angegebenen Schritten:

Schritt 1: Initialisierung:

$$\overline{k}_1(0) = \overline{k}_2(0) = \overline{k}_3(0) = 0, \qquad p_1(0|0) = 1, \qquad p_1(1|0) = 0.$$

Schritt 2: Iteration über die Anzahl der Aufträge im Netz, beginnend mit $k = 1$.

Schritt 2.1: Mittlere Antwortzeit:

$$\overline{t}_1(1) = \frac{1}{m_1 \mu_1} \left[1 + \overline{k}_1(0) + p_1(0|0)\right] = \underline{0.5},$$

$$\overline{t}_2(1) = \frac{1}{\mu_2} \left[1 + \overline{k}_2(0)\right] = \underline{0.6}, \quad \overline{t}_3(1) = \frac{1}{\mu_3} \left[1 + \overline{k}_3(0)\right] = \underline{0.8}, \quad \overline{t}_4(1) = \frac{1}{\mu_4} = \underline{1}.$$

Schritt 2.2: Durchsatz:

$$\lambda(1) = \frac{1}{\sum_{i=1}^{4} e_i \overline{t}_i(1)} = \underline{0.454}.$$

Schritt 2.3: Mittlere Anzahl von Aufträgen:

$$\overline{k}_1(1) = \lambda(1)\overline{t}_1(1)e_1 = \underline{0.227}, \qquad \overline{k}_2(1) = \lambda(1)\overline{t}_2(1)e_2 = \underline{0.136},$$

$$\overline{k}_3(1) = \lambda(1)\overline{t}_3(1)e_3 = \underline{0.182}, \qquad \overline{k}_4(1) = \lambda(1)\overline{t}_4(1)e_4 = \underline{0.454}.$$

<u>Iteration für $k = 2$</u>

Schritt 2.1: Mittlere Antwortzeit:

$$\bar{t}_1(2) = \frac{1}{m_1\mu_1}\left[1 + \bar{k}_1(1) + p_1(0|1)\right] = \underline{0.5},$$

$$\text{wobei } p_1(0|1) = 1 - \frac{1}{m_1}\left[\frac{e_1}{\mu_1}\lambda(1) + p_1(1|1)\right] = \underline{0.773},$$

$$\text{und } p_1(1|1) = \frac{e_1}{\mu_1}\lambda(1)p_1(0|0) = \underline{0.227}.$$

$$\bar{t}_2(2) = \frac{1}{\mu_2}\left[1 + \bar{k}_2(1)\right] = \underline{0.682}, \quad \bar{t}_3(2) = \frac{1}{\mu_3}\left[1 + \bar{k}_3(1)\right] = \underline{0.946}, \quad \bar{t}_4(2) = \underline{1}.$$

Schritt 2.2: Durchsatz:

$$\lambda(2) = \frac{2}{\sum_{i=1}^{4} e_i\bar{t}_i(2)} = \underline{0.864}.$$

Schritt 2.3: Mittlere Anzahl von Aufträgen:

$$\bar{k}_1(2) = \lambda(2)\bar{t}_1(2)e_1 = \underline{0.432}, \qquad \bar{k}_2(2) = \lambda(2)\bar{t}_2(2)e_2 = \underline{0.295},$$
$$\bar{k}_3(2) = \lambda(2)\bar{t}_3(2)e_3 = \underline{0.409}, \qquad \bar{k}_4(2) = \lambda(2)\bar{t}_4(2)e_4 = \underline{0.864}.$$

<u>Iteration für $k = 3$</u>

Schritt 2.1: Mittlere Antwortzeit:

$$\bar{t}_1(3) = \frac{1}{m_1\mu_1}\left[1 + \bar{k}_1(2) + p_1(0|2)\right] = \underline{0.512},$$

$$\text{wobei } p_1(0|2) = 1 - \frac{1}{m_1}\left[\frac{e_1}{\mu_1}\lambda(2) + p_1(1|2)\right] = \underline{0.617},$$

$$\text{und } p_1(1|2) = e_1\mu_1\lambda(2)p_1(0|1) = \underline{0.334}.$$

$$\bar{t}_2(3) = \frac{1}{\mu_2}\left[1 + \bar{k}_2(2)\right] = \underline{0.776}, \quad \bar{t}_3(3) = \frac{1}{\mu_3}\left[1 + \bar{k}_3(2)\right] = \underline{1.127}, \quad \bar{t}_4(3) = \underline{1}.$$

Schritt 2.2: Durchsatz:

$$\lambda(3) = \frac{3}{\sum_{i=1}^{4} e_i\bar{t}_i(3)} = \underline{1.217}.$$

Schritt 2.3: Mittlere Anzahl von Aufträgen:

$$\bar{k}_1(3) = \lambda(3)\bar{t}_1(3)e_1 = \underline{0.624}, \qquad \bar{k}_2(3) = \lambda(3)\bar{t}_2(3)e_2 = \underline{0.473},$$
$$\bar{k}_3(3) = \lambda(3)\bar{t}_3(3)e_3 = \underline{0.686}, \qquad \bar{k}_4(3) = \lambda(3)\bar{t}_4(3)e_4 = \underline{1.217}.$$

Da wir im System $K = 3$ Aufträge haben, bricht der Algorithmus hier ab. Abschließend können die für uns interessanten Größen leicht aus den bekannnten Formeln berechnet werden.
Die Durchsätze der einzelnen Knoten ergeben sich mit Gl. (5.60) zu:

$$\lambda_1 = \lambda(3)\cdot e_1 = \underline{1.218}, \qquad \lambda_2 = \lambda(3)\cdot e_2 = \underline{0.609},$$
$$\lambda_3 = \lambda(3)\cdot e_3 = \underline{0.609}, \qquad \lambda_4 = \lambda(3)\cdot e_4 = \underline{1.218}.$$

Für die Auslastungen der einzelnen Knoten gilt (Gl. 2.107):

$$\rho_1 = \frac{\lambda_1}{m_1\mu_1} = \underline{0.304}, \qquad \rho_2 = \frac{\lambda_2}{\mu_2} = \underline{0.365}, \qquad \rho_3 = \frac{\lambda_3}{\mu_3} = \underline{0.487}.$$

5.3.2.2 Mittelwertanalyse von geschlossenen Netzen mit mehreren Auftragsklassen

Der Algorithmus der Mittelwertanalyse für geschlossene Produktform-Warteschlangennetze mit mehreren Auftragsklassen kann durch einfache Erweiterung der geschilderten Vorgehensweise für Einklassennetze in den nachfolgenden Schritten beschrieben werden [RELA 80]:

Schritt 1: Initalisierung:
Für $i = 1, \ldots, N, r = 1, \ldots, R, j = 1, \ldots, (m_i - 1)$:

$$\overline{k}_{ir}(0, 0 \ldots, 0) = 0, \qquad p_i(0|\underline{0}) = 1, \qquad p_i(j|\underline{0}) = 0.$$

Schritt 2: Iteration: $\underline{k} = \underline{0}, \ldots, \underline{K}$.

Schritt 2.1: Berechne für $i = 1, \ldots, N$ und $r = 1, \ldots, R$ die mittlere Antwortzeit von Aufträgen der Klasse r im i-ten Knoten:

$$\overline{t}_{ir}(\underline{k}) = \begin{cases} \dfrac{1}{\mu_{ir}} \left[1 + \sum_{s=1}^{R} \overline{k}_{is}(\underline{k} - 1_r) \right] & \begin{array}{l} \text{Typ-1,2,4} \\ (m_i = 1) \end{array} \\[2ex] \dfrac{1}{\mu_{ir} \cdot m_i} \left[1 + \sum_{s=1}^{R} \overline{k}_{is}(\underline{k} - 1_r) \right. \\ \qquad \left. + \sum_{j=0}^{m_i-2} (m_i - j - 1) p_i(j|\underline{k} - 1_r) \right] & \begin{array}{l} \text{Typ-1} \\ (m_i > 1) \end{array} \\[2ex] \dfrac{1}{\mu_{ir}} & \text{Typ-3.} \end{cases} \tag{5.63}$$

$(\underline{k} - 1_r) = (k_1, \ldots, k_r - 1, \ldots, k_R)$ ist hierbei der Populationsvektor bei einem Auftrag weniger in Klasse r.

Für die Wahrscheinlichkeiten, daß in der i-ten Bedienstation j Aufträge bedient werden unter der Bedingung, daß sich das Netz im Zustand $\underline{k}$ befindet, gilt für $j = 1, \ldots, (m_i - 1)$:

$$p_i(j|\underline{k}) = \frac{1}{j} \left[\sum_{r=1}^{R} \frac{e_{ir}}{\mu_{ir}} \lambda_r(\underline{k}) p_i(j - 1|\underline{k} - 1_r) \right], \tag{5.64}$$

$$p_i(0|\underline{k}) = 1 - \frac{1}{m_i} \left[\sum_{r=1}^{R} \frac{e_{ir}}{\mu_{ir}} \lambda_r(\underline{k}) + \sum_{j=1}^{m_i-1} (m_i - j) p_i(j|\underline{k}) \right], \tag{5.65}$$

wobei e_{ir} mit Gl. (5.13) bestimmt werden kann.

Schritt 2.2: Berechne für $r = 1, \ldots, R$ den Durchsatz:

$$\lambda_r(\underline{k}) = \frac{k_r}{\displaystyle\sum_{i=1}^{N} e_{ir} \overline{t}_{ir}(k)}. \tag{5.66}$$

Schritt 2.3: Berechne für $i = 1, \ldots, N$ und $r = 1, \ldots, R$ die mittlere Anzahl von Aufträgen der Klasse r in Knoten i:

$$\overline{k}_{ir}(\underline{k}) = \lambda_r(\underline{k}) \cdot \overline{t}_{ir}(\underline{k}) \cdot e_{ir}. \tag{5.67}$$

Durch diese Schritte ist der Algorithmus der Mittelwertanalyse für geschlossene Netze mit mehreren Auftragsklassen vollständig festgelegt.

Zur Erläuterung des Iterationsschritts 2 dient Abb 5.10, wo der Iterationsverlauf der Mittelwertanalyse beispielhaft für ein beliebiges Netz mit $R = 2$ Auftragsklassen gezeigt ist. Die erste Klasse beinhaltet $K_1 = 2$ und die zweite Klasse $K_2 = 3$ Aufträge. Die MWA-Iteration beginnt stets mit der trivialen Lösung des Netzes bei

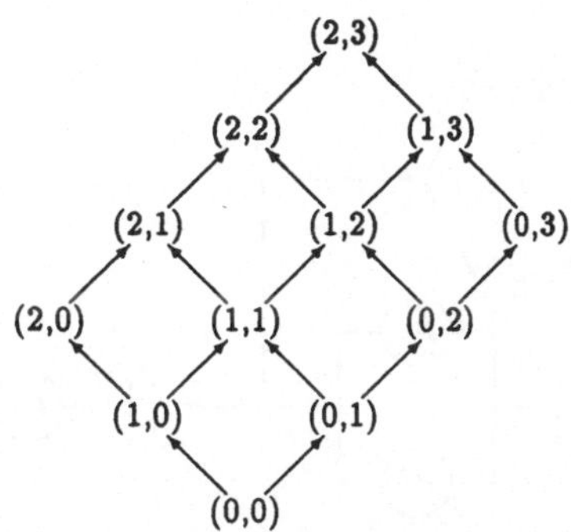

Abb. 5.10: Reihenfolge der Zwischenlösungen bei der Mittelwertanalyse

leerer Population; Vektor (0,0). Danach werden die Lösungen für all jene Populationen berechnet, die einen einzigen Auftrag enthalten; im Beispiel sind dies die Populationen (1,0) und (0,1). Danach werden die Lösungen für alle Populationen mit insgesamt zwei Aufträgen bestimmt usw., bis letztlich die gewünschte Lösung für $\underline{K} = (2,3)$ erreicht ist. Allgemein benötigt man als Eingabe zur Berechnung der Lösung bei Population $\underline{k}$ insgesamt R Zwischenlösungen, nämlich genau die Lösungen sämtlicher Populationen $\underline{k} - 1_r$, $r = 1, \ldots, R$.

Nach [AKBO 83] kann die Mittelwertanalyse wieder erweitert werden zur zusätzlichen Bestimmung der Normalisierungskonstanten und der Zustandswahrscheinlichkeiten. Dazu wird Schritt 2.2 des obigen Algorithmus ergänzt um die Formel

$$G(\underline{k}) = \frac{G(\underline{k} - 1_r)}{\lambda_r(k)} \tag{5.68}$$

mit der Anfangsbedingung $G(0) = 1$. Nach Abbruch der Iteration erhält man die Normalisierungskonstante $G(\underline{K})$, woraus dann mit Hilfe des BCMP-Theorems (Gl. 5.15) die Zustandswahrscheinlichkeiten berechnet werden können.

Der Algorithmus soll nun noch an einem Beispiel veranschaulicht werden.

Beispiel 5.10
Das geschlossene Warteschlangennetz aus Abb. 5.11 beinhaltet $N = 3$ Knoten und $R = 2$ Auftragsklassen. In der ersten Klasse befinden sich $K_1 = 2$ Aufträge und in der zweiten Klasse $K_2 = 1$ Auftrag. Ein Klassenwechsel von Aufträgen findet nicht statt. Die Bedienzeit im i-ten Knoten ($i = 1, 2, 3$) ist exponentiell verteilt mit folgenden Mittelwerten:

$$\frac{1}{\mu_{11}} = 0.2 \text{ sec}, \quad \frac{1}{\mu_{21}} = 0.4 \text{ sec}, \quad \frac{1}{\mu_{31}} = 1 \text{ sec},$$
$$\frac{1}{\mu_{12}} = 0.2 \text{ sec}, \quad \frac{1}{\mu_{22}} = 0.6 \text{ sec}, \quad \frac{1}{\mu_{32}} = 2 \text{ sec}.$$

Die Besuchshäufigkeiten sind wie folgt gegeben:

$$e_{11} = 1, \quad e_{21} = 0.6, \quad e_{31} = 0.4, \quad e_{12} = 1, \quad e_{22} = 0.3, \quad e_{32} = 0.7.$$

Die Warteschlangendisziplin bei Knoten 1 ist FCFS und bei Knoten 2 Processor Sharing.
Wir analysieren dieses Netz mit der Mittelwertanalyse in den angegebenen drei Schritten:

Schritt 1: Initialisierung:

$$\overline{k}_{ir}(\underline{0}) = 0 \text{ für } i = 1, 2, 3 \text{ und } r = 1, 2, \quad p_1(0|\underline{0}) = 1, \quad p_1(1|\underline{0}) = 0.$$

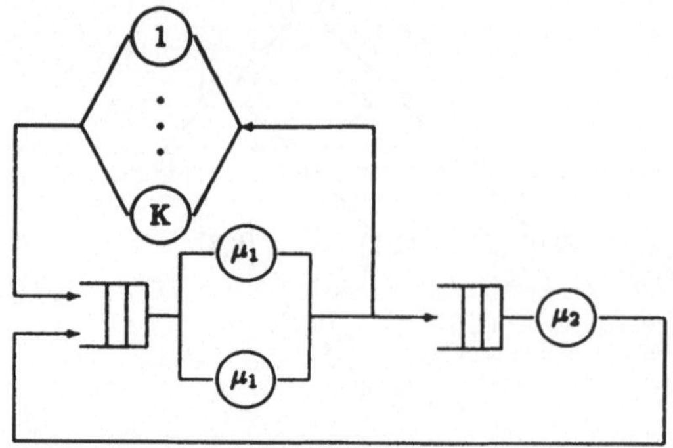

Abb. 5.11: Geschlossenes Netz

Schritt 2: Iteration über die Anzahl der Aufträge im Netz, beginnend mit dem Populationsvektor $\underline{k} = (1, 0)$.

Schritt 2.1: Mittlere Antwortzeit (Gl. 5.63):

$$\bar{t}_{11}(1,0) = \frac{1}{2 \cdot \mu_{11}} \left[1 + \bar{k}_{11}(0,0) + \bar{k}_{12}(0,0) + p_1(0|0,0) \right] = \underline{0.2},$$

$$\bar{t}_{21}(1,0) = \frac{1}{\mu_{21}} \left[1 + \bar{k}_{21}(0,0) + \bar{k}_{22}(0,0) \right] = \underline{0.4},$$

$$\bar{t}_{31}(1,0) = \frac{1}{\mu_{31}} = \underline{1}.$$

Schritt 2.2: Durchsatz (Gl. 5.66):

$$\lambda_1(1,0) = \frac{1}{\sum_{i=1}^{3} e_{i1}\bar{t}_{i1}(1,0)} = \underline{1.190}.$$

Schritt 2.3: Mittlere Anzahl von Aufträgen (Gl. 5.67):

$$\bar{k}_{11}(1,0) = \lambda_1(1,0)\bar{t}_{11}(1,0)e_{11} = \underline{0.238},$$
$$\bar{k}_{21}(1,0) = \lambda_1(1,0)\bar{t}_{21}(1,0)e_{21} = \underline{0.286},$$
$$\bar{k}_{31}(1,0) = \lambda_1(1,0)\bar{t}_{31}(1,0)e_{31} = \underline{0.476}.$$

Iteration für $\underline{k} = (0,1)$:

Schritt 2.1: Mittlere Antwortzeit:

$$\bar{t}_{12}(0,1) = \frac{1}{2 \cdot \mu_{12}} \left[1 + \bar{k}_{11}(0,0) + \bar{k}_{12}(0,0) + p_1(0|0,0) \right] = \underline{0.2},$$

$$\bar{t}_{22}(0,1) = \frac{1}{\mu_{22}} \left[1 + \bar{k}_{21}(0,0) + \bar{k}_{22}(0,0) \right] = \underline{0.6},$$

$$\bar{t}_{32}(0,1) = \frac{1}{\mu_{32}} = \underline{2}.$$

Schritt 2.2: Durchsatz:

$$\lambda_2(0,1) = \frac{1}{\sum_{i=1}^{3} e_{i2}\bar{t}_{i2}(0,1)} = \underline{0.562}.$$

Schritt 2.3: Mittlere Anzahl von Aufträgen:

$$\bar{k}_{12}(0,1) = \lambda_2(0,1)\bar{t}_{12}(0,1)e_{11} = \underline{0.112},$$
$$\bar{k}_{22}(0,1) = \lambda_2(0,1)\bar{t}_{22}(0,1)e_{22} = \underline{0.101},$$
$$\bar{k}_{32}(0,1) = \lambda_2(0,1)\bar{t}_{32}(0,1)e_{32} = \underline{0.787}.$$

Iteration für $\underline{k} = (1,1)$:

Schritt 2.1: **Mittlere Antwortzeit:**
Klasse 1:

$$\bar{t}_{11}(1,1) = \frac{1}{2\cdot\mu_{11}}\left[1 + \bar{k}_{12}(0,1) + p_1(0|0,1)\right] = \underline{0.2},$$

$$\text{wobei } p_1(0|0,1) = 1 - \frac{1}{m_1}\left[\frac{e_{12}}{\mu_{12}}\lambda_2(0,1) + p_1(1|0,1)\right] = \underline{0.888},$$

$$\text{und } p_1(1|0,1) = \frac{e_{12}}{\mu_{12}}\lambda_2(0,1)p_1(0|0,0) = \underline{0.112}.$$

$$\bar{t}_{21}(1,1) = \frac{1}{\mu_{21}}\left[1 + \bar{k}_{21}(0,1)\right] = \underline{0.44},$$

$$\bar{t}_{31}(1,1) = \frac{1}{\mu_{31}} = \underline{1},$$

Klasse 2:

$$\bar{t}_{12}(1,1) = \frac{1}{2\cdot\mu_{12}}\left[1 + \bar{k}_{11}(1,0) + p_1(0|1,0)\right] = \underline{0.2},$$

$$\text{wobei } p_1(0|1,0) = 1 - \frac{1}{m_1}\left[\frac{e_{11}}{\mu_{11}}\lambda_1(1,0) + p_1(1|1,0)\right] = \underline{0.762},$$

$$\text{und } p_1(1|1,0) = \frac{e_{11}}{\mu_{11}}\lambda_1(1,0)p_1(0|0,0) = \underline{0.238},$$

$$\bar{t}_{22}(1,1) = \frac{1}{\mu_{22}}\left[1 + \bar{k}_{21}(1,0)\right] = \underline{0.772},$$

$$\bar{t}_{32}(1,1) = \frac{1}{\mu_{32}} = \underline{2}.$$

Schritt 2.2: **Durchsatz:**

$$\lambda_1(1,1) = \frac{1}{\sum_{i=1}^{3} e_{i1}\bar{t}_{i1}(1,1)} = \underline{1.157}. \qquad \lambda_2(1,1) = \frac{1}{\sum_{i=1}^{3} e_{i2}\bar{t}_{i2}(1,1)} = \underline{0.546}.$$

Schritt 2.3: **Mittlere Anzahl von Aufträgen:**

$$\bar{k}_{11}(1,1) = \lambda_1(1,1)\bar{t}_{11}(1,1)e_{11} = \underline{0.231}, \qquad \bar{k}_{12}(1,1) = \lambda_2(1,1)\bar{t}_{12}(1,1)e_{12} = \underline{0.109},$$

$$\bar{k}_{21}(1,1) = \lambda_1(1,1)\bar{t}_{21}(1,1)e_{21} = \underline{0.305}, \qquad \bar{k}_{22}(1,1) = \lambda_2(1,1)\bar{t}_{22}(1,1)e_{22} = \underline{0.126},$$

$$\bar{k}_{31}(1,1) = \lambda_1(1,1)\bar{t}_{31}(1,1)e_{31} = \underline{0.463}, \qquad \bar{k}_{32}(1,1) = \lambda_2(1,1)\bar{t}_{32}(1,1)e_{32} = \underline{0.764}.$$

Iteration für $\underline{k} = (2,0)$:

Schritt 2.1: **Mittlere Antwortzeit:**

$$\bar{t}_{11}(2,0) = \frac{1}{2\cdot\mu_{11}}\left[1 + \bar{k}_{11}(1,0) + p_1(0|1,0)\right] = \underline{0.2},$$

$$\bar{t}_{21}(2,0) = \frac{1}{\mu_{21}}\left[1 + \bar{k}_{21}(1,0)\right] = \underline{0.514},$$

$$\bar{t}_{31}(2,0) = \frac{1}{\mu_{31}} = \underline{1}.$$

Schritt 2.2: **Durchsatz:**

$$\lambda_1(2,0) = \frac{2}{\sum_{i=1}^{3} e_{i1}\bar{t}_{i1}(2,0)} = \underline{2.201}.$$

Schritt 2.3: **Mittlere Anzahl von Aufträgen:**

$$\bar{k}_{11}(2,0) = \lambda_1(2,0)\bar{t}_{11}(2,0)e_{11} = \underline{0.440},$$

$$\bar{k}_{21}(2,0) = \lambda_1(2,0)\bar{t}_{21}(2,0)e_{21} = \underline{0.679},$$

$$\bar{k}_{31}(2,0) = \lambda_1(2,0)\bar{t}_{31}(2,0)e_{31} = \underline{0.881}.$$

Iteration für $\underline{k} = (2, 1)$:

Schritt 2.1: Mittlere Antwortzeit:
Klasse 1:

$$\bar{t}_{11}(2, 1) = \frac{1}{2 \cdot \mu_{11}} \left[1 + \bar{k}_{11}(1, 1) + \bar{k}_{12}(1, 1) + p_1(0|1, 1)\right] = \underline{0.203},$$

$$\text{wobei } p_1(0|1, 1) = 1 - \frac{1}{m_1} \left[\frac{e_{11}}{\mu_{11}}\lambda_1(1, 1) + \frac{e_{12}}{\mu_{12}}\lambda_2(1, 1) + p_1(1|1, 1)\right] = \underline{0.685},$$

$$\text{und } p_1(1|1, 1) = \frac{e_{11}}{\mu_{11}}\lambda_1(1, 1)p_1(0|0, 1) + \frac{e_{12}}{\mu_{12}}\lambda_2(1, 1) \cdot p_1(0|1, 0) = \underline{0.289}.$$

$$\bar{t}_{21}(2, 1) = \frac{1}{\mu_{21}} \left[1 + \bar{k}_{21}(1, 1) + \bar{k}_{22}(1, 1)\right] = \underline{0.573},$$

$$\bar{t}_{31}(2, 1) = \frac{1}{\mu_{31}} = \underline{1}.$$

Klasse 2:

$$\bar{t}_{12}(2, 1) = \frac{1}{2 \cdot \mu_{12}} \left[1 + \bar{k}_{11}(2, 0) + p_1(0|2, 0)\right] = \underline{0.205},$$

$$\text{wobei } p_1(0|2, 0) = 1 - \frac{1}{m_1} \left[\frac{e_{11}}{\mu_{11}}\lambda_1(2, 0) + p_1(1|2, 0)\right] = \underline{0.612},$$

$$\text{und } p_1(1|2, 0) = \frac{e_{11}}{\mu_{11}}\lambda_1(2, 0)p_1(0|1, 0) = \underline{0.335},$$

$$\bar{t}_{22}(2, 1) = \frac{1}{\mu_{22}} \left[1 + \bar{k}_{21}(2, 0)\right] = \underline{1.008},$$

$$\bar{t}_{32}(2, 1) = \frac{1}{\mu_{32}} = \underline{2}.$$

Schritt 2.2: Durchsatz:

$$\lambda_1(2, 1) = \frac{2}{\sum_{i=1}^{3} e_{i1}\bar{t}_{i1}(2, 1)} = \underline{2.113}, \qquad \lambda_2(2, 1) = \frac{1}{\sum_{i=1}^{3} e_{i2}\bar{t}_{i2}(2, 1)} = \underline{0.524}.$$

Schritt 2.3: Mittlere Anzahl von Aufträgen:

$$\bar{k}_{11}(2, 1) = \lambda_1(2, 1)\bar{t}_{11}(2, 1)e_{11} = \underline{0.428}, \qquad \bar{k}_{12}(2, 1) = \lambda_2(2, 1)\bar{t}_{12}(2, 1)e_{12} = \underline{0.108},$$

$$\bar{k}_{21}(2, 1) = \lambda_1(2, 1)\bar{t}_{21}(2, 1)e_{21} = \underline{0.726}, \qquad \bar{k}_{22}(2, 1) = \lambda_2(2, 1)\bar{t}_{22}(2, 1)e_{22} = \underline{0.158},$$

$$\bar{k}_{31}(2, 1) = \lambda_1(2, 1)\bar{t}_{31}(2, 1)e_{31} = \underline{0.845}, \qquad \bar{k}_{32}(2, 1) = \lambda_2(2, 1)\bar{t}_{32}(2, 1)e_{32} = \underline{0.734}.$$

Abschließend kann festgestellt werden, daß die Mittelwertanalyse leicht implementierbar und sehr schnell ist. Für Netze mit lastabhängigen Knoten ($m_i > 1$) und mehreren Auftragsklassen hat sie jedoch Nachteile, wie z.B. Stabilitäts-, Rundungsfehler- und vor allem Speicherplatzprobleme. Der Speicherbedarf liegt in der Größenordnung $O\left(N \cdot \prod_{r=1}^{R} K_r + 1\right)$. Im Vergleich dazu liegt der Speicherbedarf des Faltungsalgorithmus in der Größenordnung $O\left(\prod_{r=1}^{R} K_r + 1\right)$.

5.3.2.3 Mittelwertanalyse von gemischten Netzen

Die Mittelwertanalyse konnte von [ZAWO 81] zur zusätzlichen Analyse gemischter Produktform-Warteschlangennetze erweitert werden. Hierbei gilt jedoch die Einschränkung, daß im Netz nur single-server Knoten enthalten sein dürfen.

Um den Algorithmus der Mittelwertanalyse für gemischte Netze angeben zu können, ist es vorteilhaft, zunächst das Ankunftstheorem für offene Netze zu betrachten.

Nach diesem Theorem ist die Wahrscheinlichkeit, daß ein Auftrag, der in den Knoten i eines offenen Netzes eintritt, den Netzwerkzustand $(k_1 \ldots, k_i, \ldots, k_N)$ vorfindet, genau gleich der Gleichgewichtswahrscheinlichkeit für diesen Zustand. Für die mittleren Antwortzeiten offener Netze gilt daher:

$$\bar{t}_{ir}(\underline{k}) = \begin{cases} \dfrac{1}{\mu_{ir}} \left(1 + \displaystyle\sum_{s=1}^{R} \overline{k}_{is}\right) & \text{für Typ-1,2,4 Knoten} \\ & \qquad (m_i = 1) \\ \dfrac{1}{\mu_{ir}} & \text{für Typ-3 Knoten.} \end{cases} \tag{5.69}$$

Da nach [ZAWO 81] zudem für beliebige Klassen r und s gilt $\overline{k}_{is} = \dfrac{\rho_{is}}{\rho_{ir}}\overline{k}_{ir}$, folgt aus Gl. (5.69) mit der bekannten Beziehung $\overline{k}_{ir}(\underline{k}) = \lambda_{ir} \cdot \bar{t}_{ir}(\underline{k})$:

$$\overline{k}_{ir}(\underline{k}) = \begin{cases} \rho_{ir}\left(1 + \displaystyle\sum_{s=1}^{R} \dfrac{\rho_{is}}{\rho_{ir}}\overline{k}_{ir}\right) = \dfrac{\rho_{ir}}{1 - \sum_{s=1}^{R}\rho_{is}} & \text{für Typ-1,2,4} \\ & \qquad (m_i = 1) \\ \rho_{ir} & \text{für Typ-3} \end{cases} \tag{5.70}$$

mit $\rho_{ir} = \lambda_{ir}/\mu_{ir}$, wobei $\lambda_{ir} = \lambda_r \cdot e_{ir}$ als Inputparameter gegeben ist.

Diese Ergebnisse für offene Netze werden nun zur Analyse gemischter Netze herangezogen. Das Ankunftstheorem für gemischte Produktformnetze besagt, daß Aufträge der offenen Klassen bei Ankunft an einem Knoten die mittlere Anzahl von Aufträgen im Gleichgewicht vorfinden, während Aufträge der geschlossenen Klassen bei Ankunft an diesem Knoten die mittlere Auftragsanzahl im Gleichgewicht bei einem Auftrag ihrer eigenen Klasse weniger im Netz antreffen.

Bezeichnen wir die offenen Klassen mit $op = 1, \ldots, OP$ und die geschlossenen Klassen mit $cl = 1, \ldots, CL$, so gilt für die mittlere Anzahl von Aufträgen irgendeiner *offenen* Klasse r in Knoten i unter Berücksichtigung von Gl. (5.70):

$$\begin{aligned} \overline{k}_{ir}(\underline{k}) &= \lambda_{ir} \cdot \frac{1}{\mu_{ir}} \left[1 + \sum_{cl=1}^{CL} \overline{k}_{i,cl}(\underline{k}) + \sum_{op=1}^{OP} \overline{k}_{i,op}(\underline{k})\right] \\ &= \frac{\rho_{ir}\left[1 + \displaystyle\sum_{cl=1}^{CL} \overline{k}_{i,cl}(\underline{k})\right]}{1 - \displaystyle\sum_{op=1}^{OP} \rho_{i,op}}, \end{aligned} \tag{5.71}$$

wobei $\underline{k}$ den Populationsvektor der geschlossenen Klassen bezeichnet. Gl. (5.71) gilt für single-server Knoten der Typen 1,2 und 4, während speziell für Typ-3 Knoten gilt:

$$\overline{k}_{ir}(\underline{k}) = \rho_{ir}. \tag{5.72}$$

Für die mittlere Antwortzeit eines Auftrags irgendeiner *geschlossenen* Klasse r in Knoten i ergibt sich:

$$\bar{t}_{ir}(\underline{k}) = \frac{1}{\mu_{ir}}\left[1 + \sum_{cl=1}^{CL} \overline{k}_{i,cl}(\underline{k} - 1_r) + \sum_{op=1}^{OP} \overline{k}_{i,op}(\underline{k} - 1_r)\right]$$

$$= \frac{1}{\mu_{ir}} \left[1 + \sum_{cl=1}^{CL} \overline{k}_{i,cl}(\underline{k} - 1_r) + \frac{\left[1 + \sum_{cl=1}^{CL} \overline{k}_{i,cl}(\underline{k} - 1_r) \right] \sum_{op=1}^{OP} \rho_{i,op}}{1 - \sum_{op=1}^{OP} \rho_{i,op}} \right]$$

$$= \frac{1}{\mu_{ir}} \frac{\left[1 + \sum_{cl=1}^{CL} \overline{k}_{i,cl}(\underline{k} - 1_r) \right]}{1 - \sum_{op=1}^{OP} \rho_{i,op}}. \tag{5.73}$$

Gleichung (5.73) gilt wieder für single-server Knoten aller Typen 1,2 und 4. Für Typ-3 Knoten gilt:

$$\overline{t}_{ir}(\underline{k}) = \frac{1}{\mu_{ir}}. \tag{5.74}$$

Mit diesen Formeln kann der Algorithmus der Mittelwertanalyse für gemischte Produktformnetze nun vollständig beschrieben werden. Wir setzen dabei einschränkend voraus, daß sämtliche Ankunfts- und Bedienraten konstant (lastunabhängig) sind.

Schritt 1:   Initialisierung:
Berechne für alle Knoten $i = 1, \ldots, N$ des gemischten Netzes die Auslastung durch Aufträge der offenen Klassen $op = 1, \ldots, OP$:

$$\rho_{i,op} = \frac{1}{\mu_{i,op}} \lambda_{op} \cdot e_{i,op}, \tag{5.75}$$

und überprüfe die Stabilitätsbedingung $\rho_{i,op} \leq 1$.

Setze $\overline{k}_{i,cl}(\underline{0}) = 0$ für alle $i = 1, \ldots, N$ und alle Klassen $cl = 1, \ldots, CL$.

Schritt 2:   Konstruiere ein geschlossenes Modell, das nur die Aufträge der geschlossenen Klassen des Netzes enthält und löse dieses Modell mit der Mittelwertanalyse. Die Resultate, die man hierbei erhält, sind die Leistungsgrößen für die geschlossenen Klassen des gemischten Netzes.

Iteration: $\underline{k} = \underline{0}, \ldots, \underline{K}$:

> *Schritt 2.1:*   Berechne für $i = 1, \ldots, N$ und $r = 1, \ldots, CL$ die mittleren Antwortzeiten mit den Gleichungen (5.73, 5.74).
>
> *Schritt 2.2:*   Berechne für $r = 1, \ldots, CL$ den Durchsatz mit Gl. (5.66).
>
> *Schritt 2.3:*   Berechne für $i = 1, \ldots, N$ und $r = 1, \ldots, CL$ die mittleren Auftragsanzahlen mit Gl. (5.67).

Schritt 3:   Berechne aus der Lösung des geschlossenen Modells und mit den in Kap. 2.3.3 angegebenen Formeln die Leistungsgrößen für die offenen Klassen des Netzes, beginnend mit Gl. (5.71, 5.72) zur Bestimmung der mittleren Auftragsanzahlen $\overline{k}_{ir}$, $i = 1, \ldots, N$ und $r = 1, \ldots, OP$.

Wird in Schritt 2 zusätzlich die Normalisierungskonstante mit Hilfe der iterativen Formel (5.68) berechnet, so können die Zustandswahrscheinlichkeiten wieder aus dem BCMP-Theorem (Gl. 5.14) hergeleitet werden [AKBO 83]:

$$p(\underline{S} = \underline{S}_1 \ldots, \underline{S}_N) = \frac{1}{G(\underline{K})} \prod_{j=0}^{\underline{K}(\underline{S})-1} \lambda(j) \prod_{i=1}^{N} F_i(\underline{S}_i), \qquad (5.76)$$

wobei $\lambda(j)$ die mittlere vom Systemzustand abhängige Ankunftsrate bezeichnet.

Beispiel 5.11
Als Beispiel für ein gemischtes Warteschlangennetz betrachten wir das Modell aus Abb. 5.12 mit
$N = 2$ Knoten und $R = 4$ Auftragsklassen. Die Klassen 1 und 2 sind offen, die Klassen 3 und 4
geschlossen. Knoten 1 ist vom Typ 2 und Knoten 2 vom Typ 4.

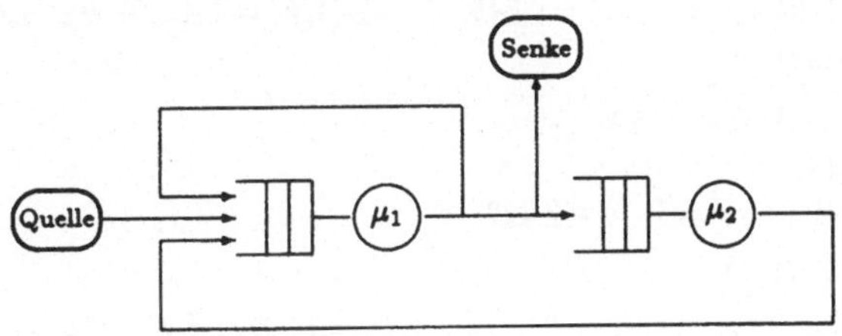

Abb. 5.12: Ein gemischtes Netz

Die mittleren Bedienzeiten betragen:

$$\frac{1}{\mu_{11}} = 0.4 \text{ sec}, \qquad \frac{1}{\mu_{12}} = 0.8 \text{ sec}, \qquad \frac{1}{\mu_{13}} = 0.3 \text{ sec}, \qquad \frac{1}{\mu_{14}} = 0.5 \text{ sec},$$

$$\frac{1}{\mu_{21}} = 0.6 \text{ sec}, \qquad \frac{1}{\mu_{22}} = 1.6 \text{ sec}, \qquad \frac{1}{\mu_{23}} = 0.5 \text{ sec}, \qquad \frac{1}{\mu_{24}} = 0.8 \text{ sec}.$$

Die Ankunftsraten für Aufträge der offenen Klassen lauten $\lambda_1 = 0.5$ Auftrag/sec und $\lambda_2 = 0.25$
Aufträge/sec. In den geschlossenen Klassen befindet sich $K_3 = K_4 = 1$ Auftrag.
Mit den Übergangswahrscheinlichkeiten

$$p_{0,11} = 1, \quad p_{11,11} = 0, \quad p_{11,21} = 0.5, \quad p_{21,11} = 1,$$

$$p_{0,12} = 1, \quad p_{12,12} = 0, \quad p_{12,22} = 0.6, \quad p_{22,12} = 1,$$

$$p_{0,13} = 0, \quad p_{13,13} = 0.5, \quad p_{13,23} = 0.5, \quad p_{23,13} = 1,$$

$$p_{0,14} = 0, \quad p_{14,14} = 0.6, \quad p_{14,24} = 0.4, \quad p_{24,14} = 1$$

ergeben sich aus Gl. (5.12, 5.13) die Besuchshäufigkeiten zu

$$e_{11} = 2, \quad e_{12} = 2.5, \quad e_{13} = 1, \quad e_{14} = 1,$$

$$e_{21} = 1, \quad e_{22} = 1.5, \quad e_{23} = 0.5, \quad e_{24} = 0.4.$$

Die Ermittlung der Leistungsgrößen dieses gemischten Netzes erfolgt nun mit der Mittelwertanalyse
in den angegebenen drei Schritten.

Schritt 1: Initialisierung:
Berechnung der Auslastungen beider Knoten durch Aufträge der offenen Klassen:

$$\rho_{11} = \lambda_1 e_{11} \cdot \frac{1}{\mu_{11}} = \underline{0.4}, \qquad \rho_{21} = \lambda_1 e_{21} \cdot \frac{1}{\mu_{21}} = \underline{0.3},$$

$$\rho_{12} = \lambda_2 e_{12} \cdot \frac{1}{\mu_{12}} = \underline{0.5}, \qquad \rho_{22} = \lambda_2 e_{22} \cdot \frac{1}{\mu_{22}} = \underline{0.6}.$$

Setze $\overline{k}_{11}(\underline{0}) = \overline{k}_{12}(\underline{0}) = \overline{k}_{21}(\underline{0}) = \overline{k}_{22}(\underline{0}) = 0$.

Schritt 2: Analyse des geschlossenen Modells, das man durch Weglassen der Aufträge in den offenen
Klassen erhält, mit der Mittelwertanalyse.

120   5 Exakte Analyse von Produktformnetzen

MWA-Iteration für $\underline{k} = (1,0)$:
Mittlere Antwortzeit (Gl. 5.73):

$$\bar{t}_{13}(1,0) = \frac{1}{\mu_{13}} \cdot \frac{1 + \bar{k}_{13}(0)}{1 - (\rho_{11} + \rho_{12})} = \underline{3}, \qquad \bar{t}_{23}(1,0) = \frac{1}{\mu_{23}} \cdot \frac{1 + \bar{k}_{23}(0)}{1 - (\rho_{21} + \rho_{22})} = \underline{5}.$$

Durchsatz (Gl. 5.66):

$$\lambda_3(1,0) = \frac{K_3}{\sum_{i=1}^{2} e_{i3}\bar{t}_{i3}(1,0)} = \underline{0.182}.$$

Mittlere Auftragsanzahl (Gl. 5.67):

$$\bar{k}_{13}(1,0) = \lambda_3(1,0) \cdot e_{13} \cdot \bar{t}_{13}(1,0) = \underline{0.545}, \qquad \bar{k}_{23}(1,0) = \lambda_3(1,0) \cdot e_{23} \cdot \bar{t}_{23}(1,0) = \underline{0.454}.$$

MWA-Iteration für $\underline{k} = (0,1)$:

$$\bar{t}_{14}(0,1) = \underline{5}, \qquad \bar{t}_{24}(0,1) = \underline{8},$$
$$\lambda_4(0,1) = \underline{0.122},$$
$$\bar{k}_{14}(0,1) = \underline{0.610}, \qquad \bar{k}_{24}(0,1) = \underline{0.390}.$$

MWA-Iteration für $\underline{k} = (1,1)$:

$$\bar{t}_{13}(1,1) = \underline{4.829}, \quad \bar{t}_{23}(1,1) = \underline{6.951}, \quad \bar{t}_{14}(1,1) = \underline{7.727}, \quad \bar{t}_{24}(1,1) = \underline{11.636}.$$
$$\lambda_3(1,1) = \underline{0.120}, \quad \lambda_4(1,1) = \underline{0.081}.$$
$$\bar{k}_{13}(1,1) = \underline{0.582}, \quad \bar{k}_{23}(1,1) = \underline{0.418}, \quad \bar{k}_{14}(1,1) = \underline{0.624}, \quad \bar{k}_{24}(1,1) = \underline{0.376}.$$

Schritt 9:   Mit diesen Ergebnissen können jetzt die Leistungsgrößen für die offenen Klassen berechnet werden. Aus Gl. (5.71) erhalten wir:

$$\bar{k}_{11}(1,1) = \frac{\rho_{11}\left(1 + \bar{k}_{13}(1,1) + \bar{k}_{14}(1,1)\right)}{0.1} = \underline{8.822},$$

$$\bar{k}_{21}(1,1) = \frac{\rho_{21}\left(1 + \bar{k}_{23}(1,1) + \bar{k}_{24}(1,1)\right)}{0.1} = \underline{5.383},$$

$$\bar{k}_{12}(1,1) = \frac{\rho_{12}\left(1 + \bar{k}_{13}(1,1) + \bar{k}_{14}(1,1)\right)}{0.1} = \underline{11.028},$$

$$\bar{k}_{22}(1,1) = \frac{\rho_{22}\left(1 + \bar{k}_{23}(1,1) + \bar{k}_{24}(1,1)\right)}{0.1} = \underline{10.766}.$$

Für die mittlere Anwortzeit ergibt sich (Gl. 2.113):

$$\bar{t}_{11}(1,1) = \underline{8.822}, \qquad \bar{t}_{12}(1,1) = \underline{17.645}, \qquad \bar{t}_{21}(1,1) = \underline{10.766}, \qquad \bar{t}_{22}(1,1) = \underline{28.710}.$$

Hieraus können alle anderen gewünschten Leistungsgrößen berechnet werden.

Es gibt inzwischen verschiedene Vorschläge, den Algorithmus der Mittelwertanalyse auch auf gemischte Netze zu erweitern, die zusätzlich multiple-server Knoten beinhalten dürfen. Die wichtigsten Ansätze hierzu finden sich in [KTK 81] und [BBA 84].

5.3.2.4   Mittelwertanalyse von Netzen mit lastabhängigen Knoten

Die Mittelwertanalyse kann zusätzlich erweitert werden zur Untersuchung von Produktformnetzen, in denen die Bedienraten bei den einzelnen Knoten von der Anzahl der Aufträge im jeweiligen Knoten abhängen [REIS 81]. $\mu_i(j)$ bezeichnet die lastabhängige Bedienrate des i-ten single-server Knotens, wenn sich j Aufträge dort befinden.

Der Algorithmus für Einklassennetze, die lastabhängige Knoten enthalten, kann in den nachfolgenden Schritten beschrieben werden.

Schritt 1: Initialisierung:

Für $i = 1, \ldots, N$: $p_i(0|0) = 1$.

Schritt 2: Iteration: $k = 1, \ldots, K$.

Schritt 2.1: Berechne für $i = 1, \ldots, N$ die mittlere Antwortzeit:

$$\bar{t}_i(k) = \sum_{j=1}^{k} \frac{j}{\mu_i(j)} p_i(j-1|k-1). \tag{5.77}$$

Schritt 2.2: Berechne den Durchsatz:

$$\lambda(k) = \frac{k}{\sum_{i=1}^{N} e_i \cdot \bar{t}_i(k)}. \tag{5.78}$$

Schritt 2.3: Berechne für $i = 1, \ldots, N$ die bedingte Wahrscheinlichkeit, daß j Aufträge in Knoten i bedient werden, wenn sich k Aufträge im Netz befinden:

$$p_i(j|k) = \begin{cases} \dfrac{\lambda(k)}{\mu_i(j)} p_i(j-1|k-1)e_i & \text{für } j = 1, \ldots, k \\ 1 - \displaystyle\sum_{l=1}^{k} p_i(l|k) & \text{für } j = 0. \end{cases} \tag{5.79}$$

Die Erweiterung dieses Algorithmus auf Netze mit mehreren Auftragsklassen, in denen die Bedienraten eines Knotens von der Gesamtanzahl der Aufträge im jeweiligen Knoten abhängen, ist sehr einfach durchführbar. $\mu_{ir}(j)$ bezeichnet dabei die Rate, mit der Aufträge der Klasse r im i-ten Knoten bedient werden, wenn sich insgesamt j Aufträge dort befinden.

Der Mittelwertanalyse-Algorithmus präsentiert sich in diesem Fall wie folgt:

Schritt 1: Initialisierung:

Für $i = 1, \ldots, N$: $p_i(0|\underline{0}) = 1$

Schritt 2: Iteration: $\underline{k} = \underline{0}, \ldots, \underline{K}$.

Schritt 2.1: Berechne für $i = 1, \ldots, N$ und $r = 1, \ldots, R$ die mittlere Antwortzeit:

$$\bar{t}_{ir}(\underline{k}) = \sum_{j=1}^{k} \frac{j}{\mu_{ir}(j)} p_i(j-1|\underline{k}-1_r), \tag{5.80}$$

wobei $k = \displaystyle\sum_{r=1}^{R} k_r$.

Schritt 2.2: Berechne für $r = 1, \ldots, R$ den Durchsatz:

$$\lambda_r(\underline{k}) = \frac{k_r}{\sum_{i=1}^{N} e_{ir} \cdot \bar{t}_{ir}(\underline{k})}. \tag{5.81}$$

Schritt 2.3:   Berechne für $i = 1, \ldots, N$ die Randwahrscheinlichkeiten:

$$p_i(j|k) = \begin{cases} \displaystyle\sum_{r=1}^{R} \frac{\lambda_r(k)}{\mu_{ir}(j)} p_i(j-1|\underline{k}-1_r)e_{ir} & \text{für } j = 1, \ldots, k \\ 1 - \displaystyle\sum_{j=1}^{k} p_i(j|k) & \text{für } j = 0. \end{cases} \tag{5.82}$$

Zu beachten ist, daß mit der Zuordnung (5.4) die MWA-Algorithmen aus Kapitel 5.3.2.1 bzw. 5.3.2.2 in den beiden hier präsentierten „lastabhängigen" MWA-Algorithmen als Spezialfälle enthalten sind.

Beispiel 5.12
Wir werden das Beispiel 5.9 aus Kap. 5.3.2.1 hier noch einmal durchführen, wobei der multiple-server Knoten 1 jetzt durch einen single-server Knoten ersetzt wird. Die Bedienraten sollen nun folgende lastabhängige Werte besitzen:

$$\mu_1(1) = 2, \quad \mu_2(1) = 1.667, \quad \mu_3(1) = 1.25, \quad \mu_4(1) = 1,$$

$$\mu_1(2) = 4, \quad \mu_2(2) = 1.667, \quad \mu_3(2) = 1.25, \quad \mu_4(2) = 2,$$

$$\mu_1(3) = 4, \quad \mu_2(3) = 1.667, \quad \mu_3(3) = 1.25, \quad \mu_4(3) = 3.$$

Schritt 1:   Initialisierung:

$$p_i(0|0) = 1 \qquad \text{für } i = 1, 2, 3, 4.$$

Schritt 2:   Iteration über die Anzahl der Aufträge im Netz, beginnend mit $k = 1$:

Schritt 2.1:   Mittlere Anwortzeit (Gl. 5.77):

$$\bar{t}_1(1) = \frac{1}{\mu_1(1)} p_1(0|0) = \underline{0.5}, \qquad \bar{t}_2(1) = \frac{1}{\mu_2(1)} p_2(0|0) = \underline{0.6},$$

$$\bar{t}_3(1) = \frac{1}{\mu_3(1)} p_3(0|0) = \underline{0.8}, \qquad \bar{t}_4(1) = \frac{1}{\mu_4(1)} p_4(0|0) = \underline{1}.$$

Schritt 2.2:   Durchsatz (Gl. 5.81) bzw. Normalisierungskonstante (Gl. 5.62):

$$\lambda(1) = \frac{1}{\sum_{i=1}^{4} e_i \bar{t}_i(1)} = \underline{0.454}, \qquad G(1) = \frac{G(0)}{\lambda(1)} = \underline{2.203}.$$

Schritt 2.3:   Randwahrscheinlichkeiten (Gl. 5.82):

$$p_1(1|1) = \frac{\lambda(1)}{\mu_1(1)} p_1(0|0)e_1 = \underline{0.227}, \qquad p_1(0|1) = 1 - p_1(1|1) = \underline{0.773},$$

$$p_2(1|1) = \underline{0.136}, \qquad p_3(1|1) = \underline{0.182}, \qquad p_4(1|1) = \underline{0.454},$$

$$p_2(0|1) = \underline{0.864}, \qquad p_3(0|1) = \underline{0.818}, \qquad p_4(0|1) = \underline{0.545}.$$

Iteration für $k = 2$:

Schritt 2.1:   Mittlere Antwortzeit:

$$\bar{t}_1(2) = \frac{1}{\mu_1(1)} p_1(0|1) + \frac{2}{\mu_1(2)} p_1(1|1) = \underline{0.5},$$

$$\bar{t}_2(2) = \frac{1}{\mu_2(1)} p_2(0|1) + \frac{2}{\mu_2(2)} p_2(1|1) = \underline{0.682},$$

$$\bar{t}_3(2) = \frac{1}{\mu_3(1)} p_3(0|1) + \frac{2}{\mu_3(2)} p_3(1|1) = \underline{0.946},$$

$$\bar{t}_4(2) = \frac{1}{\mu_4(1)} p_4(0|1) + \frac{2}{\mu_4(2)} p_4(1|1) = \underline{1}.$$

Schritt 2.2: Durchsatz bzw. Normalisierungskonstante:

$$\lambda(2) = \frac{2}{\sum_{i=1}^{4} e_i \bar{t}_i(2)} = \underline{0.864}, \qquad G(2) = \frac{G(1)}{\lambda(2)} = \underline{2.549}.$$

Schritt 2.3: Randwahrscheinlichkeiten:

$$p_1(2|2) = \frac{\lambda(2)}{\mu_1(2)} p_1(1|1) e_1 = \underline{0.049},$$

$$p_1(1|2) = \frac{\lambda(2)}{\mu_1(1)} p_1(0|1) e_1 = \underline{0.334},$$

$$p_1(0|2) = 1 - \sum_{l=1}^{2} p_1(l|2) = \underline{0.617}.$$

$$p_2(2|2) = \underline{0.035}, \quad p_2(1|2) = \underline{0.224}, \quad p_2(0|2) = \underline{0.741},$$

$$p_3(2|2) = \underline{0.063}, \quad p_3(1|2) = \underline{0.283}, \quad p_3(0|2) = \underline{0.654},$$

$$p_4(2|2) = \underline{0.196}, \quad p_4(1|2) = \underline{0.472}, \quad p_4(0|2) = \underline{0.332}.$$

Iteration für $k = 3$:

Schritt 2.1: Mittlere Antwortzeit:

$$\bar{t}_1(3) = \frac{1}{\mu_1(1)} p_1(0|2) + \frac{2}{\mu_1(2)} p_1(1|2) + \frac{3}{\mu_1(3)} p_1(2|2) = \underline{0.512},$$

$$\bar{t}_2(3) = \underline{0.776}, \qquad \bar{t}_3(3) = \underline{1.127}, \qquad \bar{t}_4(3) = \underline{1}.$$

Schritt 2.2: Durchsatz bzw. Normalisierungskonstante:

$$\lambda(3) = \underline{1.218}, \qquad G(3) = \frac{G(2)}{\lambda(3)} = \underline{2.093}.$$

Schritt 2.3: Randwahrscheinlichkeiten:

$$p_1(3|3) = \frac{\lambda(3)}{\mu_1(3)} p_1(2|2) e_1 = \underline{0.015}, \qquad p_1(2|3) = \frac{\lambda(3)}{\mu_1(2)} p_1(1|2) e_1 = \underline{0.102},$$

$$p_1(1|3) = \frac{\lambda(3)}{\mu_1(1)} p_1(0|2) e_1 = \underline{0.375}, \qquad p_1(0|3) = 1 - \sum_{l=1}^{3} p_1(l|3) = \underline{0.507}.$$

$$p_2(3|3) = \underline{0.013}, \quad p_2(2|3) = \underline{0.082}, \quad p_2(1|3) = \underline{0.271}, \quad p_2(0|3) = \underline{0.634},$$

$$p_3(3|3) = \underline{0.031}, \quad p_3(2|3) = \underline{0.138}, \quad p_3(1|3) = \underline{0.319}, \quad p_3(0|3) = \underline{0.512},$$

$$p_4(3|3) = \underline{0.080}, \quad p_4(2|3) = \underline{0.287}, \quad p_4(1|3) = \underline{0.404}, \quad p_4(0|3) = \underline{0.229}.$$

Damit endet die Iteration und die übrigen Leistungsgrößen für das Netz können berechnet werden. Für die mittlere Anzahl von Aufträgen ergibt sich z.B.:

$$\bar{k}_1(3) = \sum_{k=1}^{3} k \cdot p_1(k|3) = \underline{0.624}, \quad \bar{k}_2(3) = \underline{0.473}, \quad \bar{k}_3(3) = \underline{0.686}, \quad \bar{k}_4(3) = \underline{1.217}.$$

Wir erhalten somit dieselben Ergebnisse wie in Beispiel 5.9.

In [SAUE 83] ist die Mittelwertanalyse noch auf andere Formen lastabhängiger Netze erweitert worden: Zum einen auf Netze, in denen die Bedienraten von der Anzahl der Aufträge der unterschiedlichen Klassen im jeweiligen Knoten abhängen und zum anderen auch auf Netze mit lastabhängigen Übergangswahrscheinlichkeiten. [TUSA 85, HBAK 86] haben die Mittelwertanalyse zur Baum-Mittelwertanalyse (Tree-MVA) modifiziert, die besonders für große Netze geeignet ist, die wenig Aufträge beinhalten. Solche Netze entstehen insbesondere bei der Modellierung verteilter Systeme.

5.3.2.5   Momentanalyse zur Berechnung höherer Auftragsmomente in geschlossenen Netzen

Im folgenden soll eine Verallgemeinerung der Mittelwertanalyse zur Berechnung der Auftragsmomente vorgestellt werden [STRE 85,STRE 86]. Der Ausgangspunkt dieser Momentanalyse (MA) ist eine rekursive Differentialgleichung, für deren Auflösung sowohl die Resultate der bekannten Mittelwertanalyse benötigt werden als auch jene, die aus der Anwendung der im folgenden vorgestellten und partiell nach der Bedienrate abgeleiteten Mittelwertanalyse resultieren.

Gegeben sei ein geschlossenes Warteschlangennetz mit N Knoten und R Auftragsklassen. Im System befinden sich $\underline{K} = (K_1, K_2, \ldots, K_R)$ Aufträge der verschiedenen Auftragsklasssen. $\underline{Y} = (k_{11}, k_{12}, \ldots, k_{1R}, \ldots, k_{i1}, \ldots, k_{iR}, \ldots, k_{N1}, \ldots, k_{NR})$ sei ein $(N \times R)$-dimensionaler Zufallsvektor, wobei die Komponente k_{ir} eine Zufallsvariable für die Anzahl der Klasse-r Aufträge $(1 \leq r \leq R)$ darstellt, die sich im i-ten Knoten $(1 \leq i \leq N)$ befinden können. $T = (T_1, T_2, \ldots, T_m)$ mit $1 \leq m \leq N \cdot R$ sei ein beliebiger Teilvektor von $\underline{Y}$, d.h. T_i, $1 \leq i \leq m$, entspricht einer beliebigen Komponente k_{nr} von $\underline{Y}$, wobei aber alle Komponenten von $\underline{T}$ untereinander verschieden sind.

Dann erhält die rekursive Differentialgleichung zur Berechnung höherer Auftragsmomente die Form

$$E(T_1^{j_1} \cdot T_2^{j_2} \cdot \ldots \cdot T_m^{j_m}) = \overline{k}_d E(T_1^{j_1-1} \cdot T_2^{j_2} \cdot \ldots \cdot T_m^{j_m})$$

$$- \mu_d \frac{\delta}{\delta \mu_d} E(T_1^{j_1-1} \cdot T_2^{j_2} \cdot \ldots \cdot T_m^{j_m}) \tag{5.83}$$

mit der Verankerung $T_i^0 = 1$ sowie $j_i > 0$. Der Beweis kann bei [STRE 85] nachgelesen werden.

$\overline{k}_d = \overline{k}_{ir}(\underline{K})$ gibt dabei die mittlere Anzahl von Aufträgen der Klasse r im Knoten i für die Netzwerkpopulation $\underline{K}$ an, sofern diejenige Komponente von $\underline{T}$, deren Exponent in der Rekursion gerade dekrementiert wird (T_1 in Gl. 5.83), der Vektorkomponente k_{ir} von $\underline{Y}$ entspricht (der Index d steht also stellvertretend für den Index der entsprechenden Komponente von $\underline{T}$, hier allgemein ir). Entsprechend steht μ_d dann für μ_{ir} und $\delta/\delta\mu_d$ für die partielle Ableitung nach μ_{ir}.

Die folgenden Beispiele sollen die Anwendung der rekursiven Differentialgleichung (5.83) demonstrieren :

- Berechnung des Erwartungswertes für die Anzahl der Aufträge einer beliebigen Auftragsklasse in einem beliebigen Knoten ($\underline{T} = (k_{ir})$) :

$$E(k_{ir}^1) = \overline{k}_{ir}(\underline{K}) E(k_{ir}^0) - \mu_{ir} \frac{\delta}{\delta \mu_{ir}} E(k_{ir}^0) = \overline{k}_{ir}(\underline{K}).$$

- Berechnung höherer Momente für $\underline{T} = (k_{ir})$:

$$E(k_{ir}^2) = \overline{k}_{ir}(\underline{K}) E(k_{ir}) - \mu_{ir} \frac{\delta}{\delta \mu_{ir}} E(k_{ir}) = \overline{k}_{ir}^2(\underline{K}) - \mu_{ir} \frac{\delta}{\delta \mu_{ir}} \overline{k}_{ir}(\underline{K}),$$

$$E(k_{ir}^3) = \overline{k}_{ir}(\underline{K}) E(k_{ir}^2) - \mu_{ir} \frac{\delta}{\delta \mu_{ir}} E(k_{ir}^2)$$

$$= \overline{k}_{ir}^3(\underline{K}) - \mu_{ir}^2 \frac{\delta^2}{\delta \mu_{ir}^2} \overline{k}_{ir}(\underline{K}) - (\mu_{ir} + 3\mu_{ir}\overline{k}_{ir}(\underline{K})) \frac{\delta}{\delta \mu_{ir}} \overline{k}_{ir}(\underline{K}).$$

– Berechnung des Erwartungswertes für das Produkt beliebiger Komponenten von $\underline{Y}$ am Beispiel von $\underline{T} = (k_{ir}, k_{jk})$:

$$E(k_{ir} \cdot k_{jk}) = \overline{k}_{ir}(\underline{K}) E(k_{jk}) - \mu_{ir} \frac{\delta}{\delta \mu_{ir}} E(k_{jk})$$

$$= \overline{k}_{ir}(\underline{K}) \overline{k}_{jk}(\underline{K}) - \mu_{ir} \frac{\delta}{\delta \mu_{ir}} \overline{k}_{jk}(\underline{K}).$$

– Berechnung der Varianz für $\underline{T} = (k_{ir})$:

$$\mathrm{var}(k_{ir}) = E(k_{ir}^2) - E^2(k_{ir}) = \overline{k}_{ir}^2(\underline{K}) - \mu_{ir} \frac{\delta}{\delta \mu_{ir}} \overline{k}_{ir}(\underline{K}) - \overline{k}_{ir}^2(\underline{K})$$

$$= -\mu_{ir} \frac{\delta}{\delta \mu_{ir}} \overline{k}_{ir}(\underline{K}).$$

– Berechnung der Kovarianz zweier beliebiger Komponenten von $\underline{Y}$ am Beispiel $\underline{T} = (k_{ir}, k_{jk})$:

$$\mathrm{cov}(k_{ir}, k_{jk}) = E(k_{ir} \cdot k_{jk}) - E(k_{ir}) E(k_{jk})$$

$$= \overline{k}_{ir}(\underline{K}) \overline{k}_{jk}(\underline{K}) - \mu_{ir} \frac{\delta}{\delta \mu_{ir}} \overline{k}_{jk}(\underline{K}) - \overline{k}_{ir}(\underline{K}) \overline{k}_{jk}(\underline{K})$$

$$= -\mu_{ir} \frac{\delta}{\delta \mu_{ir}} \overline{k}_{jk}(\underline{K}).$$

Die mittleren Auftragszahlen $\overline{k}_{ir}(\underline{K})$ bzw. $\overline{k}_{jk}(\underline{K})$ entsprechen den Werten, die man z.B. durch Anwendung der bekannten Mittelwertanalyse erhält. Zur konkreten Berechnung der Momente werden aber noch die partiellen Ableitungen der mittleren Auftragszahlen der Population $\underline{K}$ nach μ_{ir} bis zum Grade $g = j_1 + j_2 + \ldots + j_m - 1$ benötigt. Um diese Werte zu erhalten, muß die Mittelwertanalyse entsprechend oft partiell nach μ_{ir} differenziert und dann auf das betrachtete Netz angewendet werden. Die einmalige Ableitung der zuvor vorgestellten Mittelwertanalyse ergibt den folgenden Algorithmus (erweiternd zu [STRE 85] wird hier auch der Typ-1 Knoten für $m_i > 1$ mit einbezogen [HAHN 88]):

Schritt 1: Wende die Mittelwertanalyse aus Kapitel 5.3.2.2 auf das gegebene Netz an.

Schritt 2: Initialisierung:

$$\frac{\delta}{\delta \mu_{jl}} \overline{k}_{ir}(0,0,\ldots,0) = 0 \qquad \text{für } j,i = 1,\ldots,N \text{ und } r,l = 1,\ldots,R.$$

Schritt 3: Iteration: $\underline{k} = \underline{0},\ldots,\underline{K}$.

Schritt 3.1: Berechne für $j,i = 1,\ldots,N$ und $r,l = 1,\ldots,R$ die differenzierte mittlere Antwortzeit:

$$\frac{\delta}{\delta\mu_{jl}}\bar{t}_{ir}(\underline{k}) = \begin{cases} -f_{ijrl}\dfrac{e_{ir}}{\mu_{ir}^2} & \text{Typ-3} \\[2ex] \dfrac{e_{ir}}{\mu_{ir}^2}\left[f_{ijrl}(-1-\overline{k}_i(\underline{k}-1_r))\right. & \\ \qquad\left. +\mu_{ir}\dfrac{\delta}{\delta\mu_{jl}}\overline{k}_i(\underline{k}-1_r)\right] & \begin{array}{c}\text{Typ-1,2,4}\\(mi=1)\end{array} \\[2ex] \dfrac{1}{m_i}\left[\dfrac{e_{ir}}{\mu_{ir}^2}\left[f_{ijrl}(-1-\overline{k}_i(\underline{k}-1_r)-S_1)\right.\right. & \\ \qquad\left.\left. +\mu_{ir}\left(\dfrac{\delta}{\delta\mu_{ir}}\overline{k}_i(\underline{k}-1_r)+S_2\right)\right]\right] & \begin{array}{c}\text{Typ-1}\\(m_i>1),\end{array} \end{cases} \tag{5.84}$$

wobei

$$S_1 = \sum_{z=0}^{m_i-2}(m_i-z-1)p_i(z|\underline{k}-1_r) \tag{5.85}$$

$$S_2 = \sum_{z=0}^{m_i-2}(m_i-z-1)\frac{\delta}{\delta\mu_{jl}}p_i(z|\underline{k}-1_r) \tag{5.86}$$

$$f_{ijrl} = \begin{cases} 1 & \text{für } i=j \text{ und } r=l \\[2ex] 0 & \text{sonst} \end{cases} \tag{5.87}$$

$$\overline{k}_i(\underline{k}) = \sum_{r=1}^{R}\overline{k}_{ir}(\underline{k})$$

$$\frac{\delta}{\delta\mu_{jl}}\overline{k}_i(\underline{k}) = \sum_{r=1}^{R}\frac{\delta}{\delta\mu_{jl}}\overline{k}_{ir}(\underline{k}) \tag{5.88}$$

Die bedingten Wahrscheinlichkeiten $p_i(z|\underline{k}-1_r)$ und die Mittelwerte $\overline{k}_{ir}(\underline{k})$ erhält man mit Hilfe der gewöhnlichen Mittelwertanalyse. Die partiellen Ableitungen der bedingten Wahrscheinlichkeiten $p_i(z|\underline{k})$ nach μ_{jl} werden nach folgendem Schema berechnet :

$$\frac{\delta}{\delta\mu_{jl}}p_i(z|0) = 0 \qquad \text{für } z=0,\ldots,m_i-1 \tag{5.89}$$

$$\frac{\delta}{\delta\mu_{jl}}p_i(z|\underline{k}) = \frac{1}{z}\sum_{r=1}^{R}\left[-f_{ijrl}\frac{e_{ir}}{\mu_{ir}^2}(\lambda_r(\underline{k})p_i(z-1|\underline{k}-1_r))\right.$$

$$+\frac{e_{ir}}{\mu_{ir}}\left[\frac{\delta}{\delta\mu_{jl}}\lambda_r(\underline{k})p_i(z-1|k-1_r)\right. \tag{5.90}$$

$$\left.\left.+\lambda_r(\underline{k})\frac{\delta}{\delta\mu_{jl}}p_i(z-1|\underline{k}-1_r)\right]\right] \qquad \text{für } z=1,\ldots,m_i-1$$

$$\frac{\delta}{\delta\mu_{jl}}p_i(0|\underline{k}) = -\frac{1}{m_i}\left[\sum_{r=1}^{R}\frac{e_{ir}}{\mu_{ir}^2}(-f_{ijrl}\lambda_r(\underline{k})+\mu_{ir}\frac{\delta}{\delta\mu_{ir}}\lambda_r(\underline{k}))\right.$$

$$+\sum_{z=1}^{m_i-1}(m_i-z)\frac{\delta}{\delta\mu_{jl}}p_i(z|\underline{k})\right] \tag{5.91}$$

mit $\lambda_r(\underline{k})$ und $p_i(z|\underline{k})$ aus der Mittelwertanalyse.

Schritt 3.2:   Berechne für $j = 1, \ldots, N$ und $r, l = 1, \ldots, R$ den differenzierten Durchsatz:

$$\frac{\delta}{\delta\mu_{jl}}\lambda_r(\underline{k}) = \frac{-k_r\sum_{i=1}^{N}\frac{\delta}{\delta\mu_{jl}}\bar{t}_{ir}(\underline{k})}{\left[\sum_{i=1}^{N}\bar{t}_{ir}(\underline{k})\right]^2} \tag{5.92}$$

mit $\bar{t}_{ir}(\underline{k})$ aus der Mittelwertanalyse.

Schritt 3.3:   Berechne für $i, j = 1, \ldots, N$ und $r, l = 1, \ldots, R$ die differenzierte mittlere Anzahl von Aufträgen:

$$\frac{\delta}{\delta\mu_{jl}}\bar{k}_{ir}(\underline{k}) = \frac{\delta}{\delta\mu_{jl}}\lambda_r(\underline{k})\bar{t}_{ir}(\underline{k}) + \lambda_r(\underline{k})\frac{\delta}{\delta\mu_{jl}}\bar{t}_{ir}(\underline{k}) \tag{5.93}$$

mit $\lambda_r(\underline{k})$ und $\bar{t}_{ir}(\underline{k})$ aus der Mittelwertanalyse.

Nachdem dieser Algorithmus für sämtliche Populationen $\underline{k}$ abgearbeitet worden ist, können die Auftragsmomente entsprechend der Rekursionsformel (5.83) berechnet werden. Allerdings können nur solche Momente berechnet werden, für die die Summe der Exponenten $j_1 + j_2 + \ldots + j_m - 1$ nicht größer als Eins ist, da die Mittelwertanalyse nur einmal differenziert worden ist. Folgende Momente lassen sich somit bestimmen (für $\underline{T} = (k_{ir})$ bzw. $\underline{T} = (k_{ir}, k_{jk})$):

$E(k_{ir})$ und $E(k_{ir}^2)$,

$E(k_{ir} \cdot k_{jk})$,

$\text{var}(k_{ir})$ und $\text{cov}(k_{ir}, k_{jk})$.

Andere Momente als die oben angegebenen sind nicht mehr so einfach zu berechnen, weil dazu die partiellen Ableitungen der mittleren Auftragszahlen bis zum Grade $g = j_1 + j_2 + \ldots + j_m - 1 > 1$ vorliegen müßten. Dies würde aber bedeuten, daß die Mittelwertanalyse nach obigem Schema entsprechend g-mal partiell differenziert werden müßte. Da aber bereits bei Durchführung der einmalig partiell differenzierten Mittelwertanalyse ein beträchtlicher Bedarf an Speicherplatz und Rechenzeit benötigt wird, kann die Anwendung dieses Verfahrens für die Analyse großer Netze nicht mehr als sinnvoll bezeichnet werden. Allerdings bleibt in solchen Fällen für die Berechnung der Auftragsmomente noch der Weg über die Randwahrscheinlichkeiten. Und auch hier können sich, da zuvor die Zustandswahrscheinlichkeiten berechnet werden müssen, beträchtliche Rechenzeiten ergeben. Jedoch wird kaum Speicherplatz benötigt, da die Zustandswahrscheinlichkeiten nicht gespeichert zu werden brauchen.

Beispiel 5.13
Nachdem die Mittelwertanalyse auf das geschlossene Netz aus Beispiel 5.9 angewendet worden ist, kann unter Verwendung der dortigen Ergebnisse der Algorithmus der Momentanalyse abgearbeitet werden. Aus Platzgründen werden hier nur die Resultate für die Population $k = (3)$ und $l = 1$ angegeben:

Schritt 1: Differenzierte mittlere Antwortzeit:

$$\frac{\delta}{\delta\mu_{11}}\bar{t}_{11}(3) = \frac{1}{m_1}\left[\frac{e_{11}}{\mu_{11}^2}\left[f_{1111}(-1 - \bar{k}_1(2) - S_1) + \mu_{11}\left(\frac{\delta}{\delta\mu_{11}}\bar{k}_1(2) + S_2\right)\right]\right] = \underline{-0.266},$$

$$S_1 = \sum_{z=0}^{m_1-2}(m_1 - z - 1)p_1(z|(2)) = \underline{0.617},$$

$$S_2 = \sum_{z=0}^{m_1-2}(m_1 - z - 1)\frac{\delta}{\delta\mu_{11}}p_1(z|(2)) = \underline{0.133},$$

$$\frac{\delta}{\delta\mu_{11}}\bar{t}_{21}(3) = \frac{e_{21}}{\mu_{21}^2}\left[f_{2111}(-1 - \bar{k}_2(2)) + \mu_{21}\frac{\delta}{\delta\mu_{11}}\bar{k}_2(2)\right] = \underline{0.01},$$

$$\frac{\delta}{\delta\mu_{11}}\bar{t}_{31}(3) = \frac{e_{31}}{\mu_{31}^2}\left[f_{3111}(-1 - \bar{k}_3(2)) + \mu_{31}\frac{\delta}{\delta\mu_{11}}\bar{k}_3(2)\right] = \underline{0.196},$$

$$\frac{\delta}{\delta\mu_{11}}\bar{t}_{41}(3) = -f_{4111}\frac{e_{41}}{\mu_{41}^2} = \underline{0}$$

Schritt 2: Differenzierter Durchsatz :

$$\frac{\delta}{\delta\mu_{11}}\lambda_1(3) = -k_1\frac{\sum_{i=1}^{4}\frac{\delta}{\delta\mu_{11}}\bar{t}_{i1}(3)}{\left[\sum_{i=1}^{4}\bar{t}_{i1}(3)\right]^2} = \underline{0.117}.$$

Schritt 3: Differenzierte mittlere Anzahl von Aufträgen:

$$\frac{\delta}{\delta\mu_{11}}\bar{k}_{11}(3) = \frac{\delta}{\delta\mu_{11}}\lambda_1(3)\bar{t}_{11}(3) + \lambda_1(3)\frac{\delta}{\delta\mu_{11}}\bar{t}_{11}(3) = \underline{-0.264},$$

$$\frac{\delta}{\delta\mu_{11}}\bar{k}_{21}(3) = \frac{\delta}{\delta\mu_{11}}\lambda_1(3)\bar{t}_{21}(3) + \lambda_1(3)\frac{\delta}{\delta\mu_{11}}\bar{t}_{21}(3) = \underline{0.058},$$

$$\frac{\delta}{\delta\mu_{11}}\bar{k}_{31}(3) = \frac{\delta}{\delta\mu_{11}}\lambda_1(3)\bar{t}_{31}(3) + \lambda_1(3)\frac{\delta}{\delta\mu_{11}}\bar{t}_{31}(3) = \underline{0.09},$$

$$\frac{\delta}{\delta\mu_{11}}\bar{k}_{41}(3) = \frac{\delta}{\delta\mu_{11}}\lambda_1(3)\bar{t}_{41}(3) + \lambda_1(3)\frac{\delta}{\delta\mu_{11}}\bar{t}_{41}(3) = \underline{0.117},$$

usw. für $l = 2, \ldots, 4$.

Unter Verwendung der Ergebnisse können anschließend die Momente berechnet werden:
1.Moment (siehe Beispiel 5.9):

$$E(k_{ir}) = \bar{k}_{ir}(3).$$

2.Moment:

$$E(k_{ir}^2) = \bar{k}_{ir}^2(3) - \mu_{ir}\frac{\delta}{\delta\mu_{ir}}\bar{k}_{ir}(3),$$

$$E(k_{11}^2) = \underline{0.917}, \qquad E(k_{21}^2) = \underline{0.714}, \qquad E(k_{31}^2) = \underline{1.145}, \qquad E(k_{41}^2) = \underline{2.27}.$$

Varianz:

$$\mathrm{var}(k_{ir}) = -\mu_{ir}\frac{\delta}{\delta\mu_{ir}}\bar{k}_{ir}(3)$$

$$\mathrm{var}(k_{11}) = \underline{0.528}, \quad \mathrm{var}(k_{21}) = \underline{0.49}, \quad \mathrm{var}(k_{31}) = \underline{0.675}, \quad \mathrm{var}(k_{41}) = \underline{0.788}.$$

5.3.3 RECAL

Ein weiteres Verfahren zur exakten Analyse geschlossener Produktformnetze ist der Algorithmus RECAL (**RE**cursion by Chain **AL**gorithm), der besonders dann geeignet angewendet werden kann, wenn die Anzahl der Auftragsklassen im zu untersuchenden Netz sehr groß ist.

Zur Erläuterung dieser Methode nehmen wir an, daß sich ausschießlich single-server-bzw. infinite-server-Knoten mit konstanten (lastunabhängigen) Bedienraten in einem gegebenen Produktformnetz $\mathcal{N}$ befinden. Wir betrachten nur den Fall mehrerer Auftragsklassen, d.h. $R > 1$, und führen mit Hilfe eines Vektors $\underline{v} = (v_1, \ldots, v_N)$ eine erweiterte Normalisierungskonstante $G_R(\underline{v})$ dieses Netzes ein. $G_R(\underline{0})$ sei dabei gleich der üblichen Normalisierungskonstanten $G(K)$, im folgenden kurz G genannt. Zur Berechnung von $G = G_R(\underline{0})$ ist in [CoGe 86] ein rekursiver Ausdruck angegeben, der einen Zusammenhang herstellt zwischen der Normalisierungskonstanten eines Netzes mit r Auftragsklassen und der einer Menge von Netzen mit jeweils $(r - 1)$ Klassen. Der RECAL-Algorithmus verwendet eine vereinfachte Version dieses allgemeingültigen Zusammenhangs. Diese Vereinfachung ergibt sich, wenn die Anzahl der Aufträge in jeder Klasse gleich Eins ist. Gilt nämlich $K_r = 1$ für $r = 1, \ldots, R$, dann ist die Normalisierungskonstante $G_R(\underline{0})$ rekursiv durch den folgenden Ausdruck gegeben [CoGe 86]:

$$G_r(\underline{v}_r) = \sum_{i=1}^{N} (1 + v_{ir}\delta_i) \frac{e_{ir}}{\mu_{ir}} G_{r-1}(\underline{v}_r + 1_i) \qquad \text{für } \underline{v}_r \in \mathcal{F}_r, \tag{5.94}$$

wobei

$$\underline{v}_r = (v_{1r}, \ldots, v_{Nr}),$$

$$\mathcal{F}_r = \begin{cases} \left\{ \underline{v}_r \,\middle|\, v_{ir} \geq 0 \text{ für } i = 1, \ldots, N, \sum_{i=1}^{N} v_{ir} = \sum_{s=r+1}^{R} K_s \right\} & \begin{array}{l} \text{falls} \\ 0 \leq r \leq R-1 \end{array} \\[2ex] \{0\} & \text{falls } r = R, \end{cases}$$

$$\delta_i = \begin{cases} 1 & \text{für Typ-1,2,4 Knoten} \\ 0 & \text{für Typ-3 Knoten}, \end{cases}$$

$1_i = (0, \ldots, 0, 1, 0, \ldots, 0)$ ist ein N-dimensionaler Vektor mit einer 1 an der i-ten Stelle.

Mit Hilfe der Normalisierungskonstanten $G_R(\underline{0})$ können dann der Durchsatz bzw. die mittlere Auftragsanzahl der Klasse R berechnet werden. Für $K_R = 1$ ist nämlich in [CoGe 86] die Gültigkeit folgender Formeln bewiesen:

$$\lambda_{iR} = \begin{cases} e_{iR} \cdot \sum_{j=1}^{N} \dfrac{G_{R-1}(1_j)}{G_R(\underline{0}) \cdot (N + K - 1)} & \begin{array}{l} \text{falls keine Typ-3 Knoten im} \\ \text{Netz sind} \end{array} \\[3ex] e_{iR} \cdot \dfrac{G_{R-1}(1_x)}{G_R(\underline{0})} & \begin{array}{l} \text{falls Typ-3 Knoten im Netz} \\ \text{sind, und Knoten } x \text{ irgend-} \\ \text{einer davon ist,} \end{array} \end{cases} \tag{5.95}$$

$$\overline{k}_{ir} = \frac{G_{R-1}(1_i)}{G_R(\underline{0})} \cdot \frac{e_{iR}}{\mu_{iR}}. \tag{5.96}$$

Zum Beweis von Gl. (5.95) ist für Typ-3 Knoten speziell die Gültigkeit der Beziehung $G_{R-1}(\underline{0}) = G_{R-1}(1_x)$ zu zeigen.

Die Grundidee des RECAL-Algorithmus basiert nun darauf, ein „fiktives" Netz zu erzeugen, das in jeder Auftragsklasse genau einen einzigen Auftrag enthält, damit zur Berechnung der Leistungsgrößen die Gleichungen (5.94) bis (5.96) herangezogen werden können. Jede Klasse r eines zu untersuchenden Netzes muß also in K_r identische Unterklassen mit genau einem Auftrag pro Unterklasse zerlegt werden. Diese Zerlegung ändert den Zustandsraum und daher auch die Normalisierungskonstante des Netzes, läßt aber die Leistungsgrößen unverändert.

Mit $\mathcal{N}^*$ wollen wir das fiktive Netz bezeichnen, das durch Zerlegung der einzelnen Klassen in Unterklassen entsteht. Die Gesamtanzahl der Aufträge in diesem fiktiven Netz beträgt $K^* = \sum_{r=1}^{R} K_r = K$ Aufträge, und die Anzahl der Auftragsklassen beträgt gemäß Definition von $\mathcal{N}^*$ genau $R^* = K^*$ Klassen. In jeder Klasse $r = 1, \ldots, R^*$ befindet sich dabei genau $K_r^* = 1$ Auftrag. Die Aufträge seien mit $1, 2, \ldots, K^*$ durchnumeriert und die Zuordnung $c(k)$ soll angeben, zu welcher Klasse der k-te Auftrag im ursprünglichen Netz gehört.

Die Normalisierungskonstante $G_{R^*}^*(\underline{0})$ des fiktiven Netzes $\mathcal{N}^*$ ist dann nach Gl. (5.94) rekursiv gegeben durch

$$G_k^*(\underline{v}_k) = \sum_{i=1}^{N}(1 + v_{ik}\delta_i)\frac{e_{ic(k)}}{\mu_{ic(k)}}G_{k-1}^*(\underline{v}_k + 1_i) \tag{5.97}$$

für $k = 1, \ldots, K^*$ und $\underline{v}_k \in \mathcal{F}_k^*$ mit

$$\mathcal{F}_k^* = \left\{ \underline{v}_k \mid v_{ik} \geq 0 \ \text{für} \ i = 1, \ldots, N; \sum_{i=1}^{N} v_{ik} = K^* - k \right\}.$$

Die Anfangsbedingungen lauten:

$$G_0^*(\underline{v}_0) = 1 \qquad \text{für alle} \ \underline{v}_0 \in \mathcal{F}_0^*.$$

Mit den Gleichungen (5.95) bzw. (5.96) können dann die Leistungsgrößen $\lambda_{iR^*}^*$ und $\overline{k}_{iR^*}^*$ in Bezug auf einen zur Klasse $c(R^*)$ des ursprünglichen Netzes $\mathcal{N}$ gehörigen Auftrags berechnet werden:

$$\lambda_{iR^*}^* = \begin{cases} e_{ic(R^*)} \cdot \displaystyle\sum_{j=1}^{N} \dfrac{G_{R^*-1}^*(1_j)}{G_{R^*}^*(\underline{0}) \cdot (N + K^* - 1)} & \text{falls Typ-3 Knoten im Netz} \\ & \text{sind} \\[2em] e_{ic(R^*)} \cdot \dfrac{G_{R^*-1}^*(1_x)}{G_{R^*}^*(\underline{0})} & \text{falls Typ-3 Knoten im Netz} \\ & \text{sind, und Knoten } x \text{ irgend-} \\ & \text{einer davon ist,} \end{cases} \tag{5.98}$$

$$\overline{k}_{iR^*}^* = \frac{G_{R^*-1}^*(1_i)}{G_{R^*}^*(\underline{0})} \cdot \frac{e_{ic(R^*)}}{\mu_{ic(R^*)}}. \tag{5.99}$$

Da alle Aufträge einer bestimmten Klasse im Netzwerk $\mathcal{N}$ identisch sind, folgt schließlich für den Durchsatz und die mittlere Auftragsanzahl der Klasse $c(R^*)$ des Netzes $\mathcal{N}$:

$$\lambda_{ic(R^*)} = K_{c(R^*)} \cdot \lambda_{iR^*}^*, \tag{5.100}$$

$$\overline{k}_{ic(R^*)} = K_{c(R^*)} \cdot \overline{k}_{iR^*}^*. \tag{5.101}$$

Die Leistungsgrößen für andere Klassen als $c(R^*)$ erhält man durch Umnumerierung der Aufträge im fiktiven Netz $\mathcal{N}^*$ mit dem Ziel, daß die Zuordnung $c(R^*)$ zu einer anderen Klasse des urspünglichen Netzes $\mathcal{N}$ gehört. Am Anfang wird die Numerierung der Aufträge in $\mathcal{N}^*$ so gewählt, daß folgende Zuordnung zu den Aufträgen in $\mathcal{N}$ besteht:

$$
c^{(1)}(k) = \begin{cases}
1 & \text{für } k = 1,\ldots,K_1 - 1 \\[2ex]
i & \begin{aligned}&\text{für } 2 \leq i \leq R \\ &\text{und } k = 1 + \sum_{r=1}^{i-1}(K_r - 1),\ldots,\sum_{r=1}^{i}(K_r - 1)\end{aligned} \\[3ex]
\begin{aligned}&R - k + 1 \\ &+ \sum_{r=1}^{R}(K_r - 1)\end{aligned} & \text{für } k = 1 + \sum_{r=1}^{R}(K_r - 1),\ldots,K^*.
\end{cases}
\tag{5.102}
$$

Hat man also $G_{R\bullet}^*(\underline{0})$ mit Gl. (5.97) berechnet, dann können wegen der Zuordnung (5.102) die Leistungsgrößen für die Klasse $s = 1$ des ursprünglichen Netzes $\mathcal{N}$ unter Verwendung der Gleichungen (5.98) bis (5.101) berechnet werden. Zur Berechnung der Leistungsgrößen für die Klasse $s + 1$ des Netzes $\mathcal{N}$ müssen danach die Aufträge in $\mathcal{N}^*$ wie folgt umnumeriert werden:

$$
c^{(s+1)}(k) = \begin{cases}
c^{(s)}(k) & \text{für } k = 1,\ldots,s - 1 + \sum_{r=1}^{R}(K_r - 1) \\[3ex]
s & \text{für } k = s + \sum_{r=1}^{R}(K_r - 1) \\[3ex]
c^{(s)}(k) + 1 & \text{für } k = s + 1 + \sum_{r=1}^{R}(K_r - 1),\ldots,K^*.
\end{cases}
\tag{5.103}
$$

Damit können die Leistungsgrößen für die Klasse $s + 1$ nach Neuberechnung von $G_{R\bullet}^*(\underline{0})$ ebenfalls bestimmt werden.

Folgende vier Schritte beschreiben den RECAL-Algorithmus vollständig.

Schritt 1:   Initialisierung:

$G_0^*(\underline{v}_0) = 1$ für alle $\underline{v}_0 \in \mathcal{F}_0^*$.

Schritt 2:   Numeriere die Aufträge im fiktiven Netz $\mathcal{N}^*$ gemäß der in Gl. (5.102) angegebenen Zuordnung $c^{(1)}(k)$.

Schritt 3:   Berechne und speichere unter Verwendung von Gl. (5.97) die Werte $G_x^*(\underline{v}_x)$ für alle $v_x \in \mathcal{F}_x^*$ mit $x = K^* - R$.

Schritt 4:   Iteration über die Klassen $s = 1,\ldots,R$ des Netzwerks $\mathcal{N}$.

Schritt 4.1:   Berechne $G_K^*(\underline{0})$ mit Gl. (5.97) unter spezieller Verwendung der gespeicherten Werte für die $G_x^*(\underline{v}_x)$.

Schritt 4.2:   Berechne die Leistungsgrößen der Klasse s mit den Gleichungen (5.98) bis (5.101).
Ist $s = R$, dann endet das Verfahren.

Schritt 4.3:   Numeriere zur Berechnung der Leistungsgrößen für die Klasse $s+1$ die Aufträge in $\mathcal{N}^*$ entsprechend der Zuordnung (5.103) um.

Schritt 4.4: Erhöhe x um 1 und berechne und speichere die Werte $G_x^*(\underline{v}_x)$ für alle $\underline{v}_x \in \mathcal{F}_x^*$ unter Verwendung der Gl. (5.97).

Durch die Speicherung der Werte $G_x^*(\underline{v}_x)$ in den Schritten 3 und 4.4 muß zur Bestimmung der Leistungsgrößen im Schritt 4.1 die Gleichung (5.97) nicht stets für alle $k = 1, \ldots, K^*$ neu berechnet werden, sondern nur für alle $k = x, \ldots, K^*$ mit $x = s + \sum_{r=1}^{R}(K_r - 1)$.

Der Algorithmus soll nun noch an einem Beispiel veranschaulicht werden:

Beispiel 5.14

Wir betrachten ein geschlossenes Netz mit $N = 2$ Knoten und $R = 3$ Auftragsklassen. Die $K = 5$ Aufträge sind wie folgt auf die einzelnen Klassen verteilt: $K_1 = 2$, $K_2 = 1$, $K_3 = 2$. Es gilt $K = R^* = K^* = 5$. Klassenwechsel von Aufträgen ist nicht erlaubt. Knoten 1 ist vom Typ 2 und Knoten 2 vom Typ 1. Die Bedienraten sind gegeben:

$$\mu_{11} = 200, \quad \mu_{12} = 50, \quad \mu_{13} = 2, \quad \mu_{21} = \mu_{22} = \mu_{23} = 4,$$

ebenso die Besuchshäufigkeiten

$$e_{11} = e_{12} = e_{13} = 1, \quad e_{21} = 0.72, \quad e_{22} = 0.63, \quad e_{23} = 0.4.$$

Die Berechnung der Leistungsgrößen erfolgt mit dem RECAL-Algorithmus in den angegebenen vier Schritten.

Schritt 1: Initialisierung:

$$G_0^*(\underline{v}_0) = 1 \qquad \text{für alle } \underline{v}_0 \in \mathcal{F}_0^*,$$

wobei $\mathcal{F}_0^* = \left\{ \underline{v}_0 \,\middle|\, v_{i0} \geq 0; \sum_{i=1}^{2} v_{i0} = R^* \right\}$.

Schritt 2: Numerierung der Aufträge im Netzwerk $\mathcal{N}^*$. Mit Gl. (5.102) gilt:

$$c^{(1)}(k) = \begin{cases} 1 & k = 1 \\ 3 & k = 2 \\ 3 & \text{für} \quad k = 3 \\ 2 & k = 4 \\ 1 & k = 5. \end{cases}$$

Schritt 3: Berechnung der $G_x^*(v_x)$ für alle $\underline{v}_x \in \mathcal{F}_x^*$ und $x = K^* - R = 2$. Es gilt:

$$\mathcal{F}_2^* = \left\{ \underline{v}_2 \,\middle|\, v_{i2} \geq 0, \sum_{i=1}^{2} v_{12} = K^* - R = 3 \right\} = \{(0,3), (1,2), (2,1), (3,0)\}.$$

Mit Gl. (5.97) folgt somit:

$$G_2^*(0,3) = \frac{e_{13}}{\mu_{13}} \cdot G_1^*(1,3) + 4 \cdot \frac{e_{23}}{\mu_{23}} \cdot G_1^*(0,4) = \underline{0.727},$$

$$G_2^*(1,2) = 2 \cdot \frac{e_{13}}{\mu_{13}} \cdot G_1^*(2,2) + 3 \cdot \frac{e_{23}}{\mu_{23}} \cdot G_1^*(1,3) = \underline{0.774},$$

$$G_2^*(2,1) = 3 \cdot \frac{e_{13}}{\mu_{13}} \cdot G_1^*(3,1) + 2 \cdot \frac{e_{23}}{\mu_{23}} \cdot G_1^*(2,2) = \underline{0.681},$$

$$G_2^*(3,0) = 4 \cdot \frac{e_{13}}{\mu_{13}} \cdot G_1^*(4,0) + \frac{e_{23}}{\mu_{23}} \cdot G_1^*(3,1) = \underline{0.448},$$

$$G_1^*(0,4) = \frac{e_{11}}{\mu_{11}} \cdot G_0^*(1,4) + 5 \cdot \frac{e_{21}}{\mu_{21}} \cdot G_0^*(0,5) = \underline{0.905},$$

$$G_1^*(1,3) = 2 \cdot \frac{e_{11}}{\mu_{11}} \cdot G_0^*(2,3) + 4 \cdot \frac{e_{21}}{\mu_{21}} \cdot G_0^*(1,4) = \underline{0.73},$$

$$G_1^*(2,2) = 3 \cdot \frac{e_{11}}{\mu_{11}} \cdot G_0^*(3,2) + 3 \cdot \frac{e_{21}}{\mu_{21}} \cdot G_0^*(2,3) = \underline{0.555},$$

$$G_1^*(3,1) = 4 \cdot \frac{e_{11}}{\mu_{11}} \cdot G_0^*(4,1) + 2 \cdot \frac{e_{21}}{\mu_{21}} \cdot G_0^*(3,2) = \underline{0.38},$$

$$G_1^*(4,0) = 5 \cdot \frac{e_{11}}{\mu_{11}} \cdot G_0^*(5,0) + \frac{e_{21}}{\mu_{21}} \cdot G_0^*(5,0) = \underline{0.205}.$$

Schritt 4: Iteration über alle Auftragsklassen s des gebenen Netzes $\mathcal{N}$, beginnend mit $s = 1$:

Schritt 4.1: Berechnung von $G_5^*(\underline{0})$ mit Gl. (5.97).

Man benötigt dazu noch:

$$G_3^*(0,2) = \frac{e_{13}}{\mu_{13}} \cdot G_2^*(1,2) + 3 \cdot \frac{e_{23}}{\mu_{23}} \cdot G_2^*(0,3) = \underline{0.605},$$

$$G_3^*(1,1) = 2 \cdot \frac{e_{13}}{\mu_{13}} \cdot G_2^*(2,1) + 2 \cdot \frac{e_{23}}{\mu_{23}} \cdot G_2^*(1,2) = \underline{0.836},$$

$$G_3^*(2,0) = 3 \cdot \frac{e_{13}}{\mu_{13}} \cdot G_2^*(3,0) + \frac{e_{23}}{\mu_{23}} \cdot G_2^*(2,1) = \underline{0.740},$$

$$G_4^*(0,1) = \frac{e_{12}}{\mu_{12}} \cdot G_3^*(1,1) + 2 \cdot \frac{e_{22}}{\mu_{22}} \cdot G_3^*(0,2) = \underline{0.207},$$

$$G_4^*(1,0) = 2 \cdot \frac{e_{12}}{\mu_{12}} \cdot G_3^*(2,0) + \frac{e_{22}}{\mu_{22}} \cdot G_3^*(1,1) = \underline{0.161}.$$

Damit folgt schließlich:

$$G_5^*(\underline{0}) = \frac{e_{11}}{\mu_{11}} \cdot G_4^*(1,0) + \frac{e_{21}}{\mu_{21}} \cdot G_4^*(0,1) = \underline{0.038}.$$

Schritt 4.2: Berechnung der Leistungsgrößen für Klasse 1.
Wegen Gl. (5.98, 5.99) erhält man:

$$\lambda_{15}^* = e_{11} \cdot \sum_{j=1}^{2} \frac{G_4^*(1_j)}{G_5^*(\underline{0}) \cdot (2+5-1)} = \underline{1.611}, \quad \lambda_{25}^* = e_{21} \cdot \sum_{j=1}^{2} \frac{G_4^*(1_j)}{G_5^*(\underline{0}) \cdot (2+5-1)} = \underline{1.160},$$

$$\overline{k}_{15}^* = \frac{1}{G_5^*(\underline{0})} \cdot G_4^*(1,0) \cdot \frac{e_{11}}{\mu_{11}} = \underline{0.021}, \quad \overline{k}_{25}^* = \frac{1}{G_5^*(\underline{0})} \cdot G_4^*(0,1) \cdot \frac{e_{21}}{\mu_{21}} = \underline{0.979}.$$

Hieraus folgt dann mit Gl. (5.100) und Gl. (5.101) für den Durchsatz bzw. die mittlere Auftrags-anzahl der Klasse 1:

$$\lambda_{11} = K_1 \cdot \lambda_{15}^* = \underline{3.222}, \quad \overline{k}_{11} = K_1 \cdot \overline{k}_{15}^* = \underline{0.042},$$

$$\lambda_{21} = K_1 \cdot \lambda_{25}^* = \underline{2.320}, \quad \overline{k}_{21} = K_1 \cdot \overline{k}_{25}^* = \underline{1.958}.$$

Schritt 4.3: Umnumerierung der Aufträge in $\mathcal{N}^*$ gemäß Zuordnung (5.103):

$$c^{(2)}(k) = \begin{cases} 1 & k=1 \\ 3 & k=2 \\ 1 \quad \text{für} & k=3 \\ 3 & k=4 \\ 2 & k=5. \end{cases}$$

Schritt 4.4: Erhöhung von x um 1, d.h. $x = 3$ und Berechnung sowie Speicherung von $G_s^*(\underline{v}_x)$ für alle $\underline{v}_x \in \mathcal{F}_3^* = \{(0,2),(1,1),(2,0)\}$.

$$G_3^*(0,2) = \frac{e_{11}}{\mu_{11}} \cdot G_2^*(1,2) + 3 \cdot \frac{e_{21}}{\mu_{21}} \cdot G_2^*(0,3) = \underline{0.396},$$

$$G_3^*(1,1) = 2 \cdot \frac{e_{11}}{\mu_{11}} \cdot G_2^*(2,1) + 2 \cdot \frac{e_{21}}{\mu_{21}} \cdot G_2^*(1,2) = \underline{0.285},$$

$$G_3^*(2,0) = 3 \cdot \frac{e_{11}}{\mu_{11}} \cdot G_2^*(3,0) + \frac{e_{21}}{\mu_{21}} \cdot G_2^*(2,1) = \underline{0.129}.$$

Iteration für $s = 2$:

Schritt 4.1: Berechnung von $G_5^*(\underline{0})$ mit Gl. (5.97).

Man benötigt dazu zusätzlich noch:

$$G_4^*(0,1) = \frac{e_{13}}{\mu_{13}} \cdot G_3^*(1,1) + 2 \cdot \frac{e_{23}}{\mu_{23}} \cdot G_3^*(0,2) = \underline{0.222},$$

$$G_4^*(1,0) = 2 \cdot \frac{e_{13}}{\mu_{13}} \cdot G_3^*(2,0) + \frac{e_{23}}{\mu_{23}} \cdot G_3^*(1,1) = \underline{0.158}.$$

Hieraus folgt:

$$G_5^*(\underline{0}) = \frac{e_{12}}{\mu_{12}} \cdot G_4^*(1,0) + \frac{e_{22}}{\mu_{22}} \cdot G_4^*(0,1) = \underline{0.038}.$$

Schritt 4.2: Berechnung der Leistungsgrößen für Klasse 2 mit Gl. (5.98) und (5.99):

$$\lambda_{15}^* = e_{12} \cdot \sum_{j=1}^{2} \frac{G_4^*(1_j)}{G_5^*(\underline{0}) \cdot 6} = \underline{1.661},$$

Außerdem:

$$\lambda_{25}^* = \underline{1.046}, \quad \overline{k}_{15}^* = \underline{0.083}, \quad \overline{k}_{25}^* = \underline{0.917}.$$

Wegen $K_2 = 1$ erhalten wir mit Gl. (5.100, 5.101):

$$\lambda_{12} = \lambda_{15}^*, \quad \lambda_{22} = \lambda_{25}^*, \quad \overline{k}_{12} = \overline{k}_{15}^*, \quad \overline{k}_{22} = \overline{k}_{25}^*.$$

Schritt 4.3: Umnumerierung der Aufträge:

$$c^{(3)}(k) = \begin{cases} 1 & k = 1 \\ 3 & k = 2 \\ 1 & \text{für} \quad k = 3 \\ 2 & k = 4 \\ 3 & k = 5. \end{cases}$$

Schritt 4.4: Erhöhung von x um 1, d.h. $x = 4$, und Berechnung sowie Speicherung von $G_x^*(\underline{v}_x)$ für alle $\underline{v}_x \in \mathcal{F}_4^* = \{(0,1),(1,0)\}$.

$$G_4^*(0,1) = \frac{e_{12}}{\mu_{12}} \cdot G_3^*(1,1) + 2 \cdot \frac{e_{22}}{\mu_{22}} \cdot G_3^*(0,2) = \underline{0.131},$$

$$G_4^*(1,0) = 2 \cdot \frac{e_{12}}{\mu_{12}} \cdot G_3^*(2,0) + \frac{e_{22}}{\mu_{22}} \cdot G_3^*(1,1) = \underline{0.050}.$$

Iteration für $s = 3$:

Schritt 4.1: Berechnung von $G_5^*(\underline{0})$:

$$G_5^*(\underline{0}) = \frac{e_{13}}{\mu_{13}} \cdot G_4^*(1,0) + \frac{e_{23}}{\mu_{23}} \cdot G_4^*(0,1) = \underline{0.038}.$$

Schritt 4.2: Berechnung der Leistungsgrößen für Klasse 3:

$$\lambda_{15}^* = \underline{0.790}, \quad \lambda_{25}^* = \underline{0.316}, \quad \overline{k}_{15}^* = \underline{0.658}, \quad \overline{k}_{25}^* = \underline{0.343}.$$

Hieraus folgt:

$$\lambda_{13} = \underline{1.580}, \quad \lambda_{23} = \underline{0.632}, \quad \overline{k}_{13} = \underline{1.315}, \quad \overline{k}_{15} = \underline{0,685}.$$

Die Iteration endet, und die weiteren Leistungsgrößen können mit Hilfe der bekannten Formeln bestimmt werden.

Ist die Anzahl der Auftragsklassen im Netz sehr groß, dann ist der RECAL-Algorithmus wesentlich effizienter als der Faltungsalgorithmus oder die Mittelwertanalyse. Sind viele Knoten und wenige Auftragsklassen im Netz, dann ist RECAL jedoch weniger geeignet. Setzt man $K_r = \kappa$ für alle r und N als fest voraus, dann ist

der Aufwand an Rechenzeit und Speicherplatz ein Polynom über die Anzahl der
Auftragsklassen im Netz. In diesem Fall liegt der Speicherbedarf für große R in der
Größenordnung $O\left(\dfrac{\kappa^{N-1}+1}{(N-1)!}R^{N-1}\right)$.

Der Algorithmus kann erweitert werden zur zusätzlichen Analyse von Typ-1 Knoten mit mehreren Bedieneinheiten und von Knoten mit lastabhängigen Bedienraten.
[CSL 89] entwickelten aufbauend auf RECAL den MVAC-Algorithmus (Mean Value
Algorithm by Chain), bei dem ähnlich zur Mittelwertanalyse anstelle der Normalisierungskonstanten ausschließlich Mittelwerte interessierender Leistungsgrößen berechnet werden. [MCKE 88] erweiterte RECAL zum Baumalgorithmus (Tree-RECAL).

5.3.4 Parametrische Analyse und Erweiterte Parametrische Analyse

Als letzte exakte Methode zur Analyse von Produktformnetzen wollen wir mit der
Parametrischen Analyse ein spezielles Verfahren vorstellen, das besonders dann sinnvoll angewendet werden kann, wenn man sich für die Leistungsgrößen einer einzigen
Bedienstation im Warteschlangenmodell interessiert. Grundlage dieses Verfahrens
ist die Übertragung von Nortons Theorem aus der elektrischen Netzwerktheorie auf
Warteschlangennetze [CHW 75A]. Wenn man in einem gegebenem Netz einen oder
mehrere Knoten auswählt und den Rest des Netzes zu einer einzigen Bedienstation
zusammenfaßt, dann besagt Nortons Theorem, daß sich das ausgewählte Teilsystem
in dem reduzierten Netz genauso verhält wie im ursprünglich gegebenen Netz.

5.3.4.1 Parametrische Analyse

Zur Beschreibung der Parametrische Analyse betrachten wir das Central-Server-
Modell aus Abb. 5.13, von dem wir voraussetzen, daß es Produktformlösungen besitzt. Zu diesem Netzwerk können wir ein äquivalentes Netz konstruieren, indem wir
einen beliebigen Knoten auswählen (z.B. Knoten 1) und alle anderen Knoten durch
einen einzigen sogenannten zusammengesetzten (composite) Knoten c ersetzen. Es
entsteht ein reduziertes Netz, bestehend aus nur zwei Knoten, das einfacher zu analysieren ist (Abb. 5.14), wobei die bei der Analyse ermittelten Leistungsgrößen auch
für das ursprünglich gegebene Netz gelten.

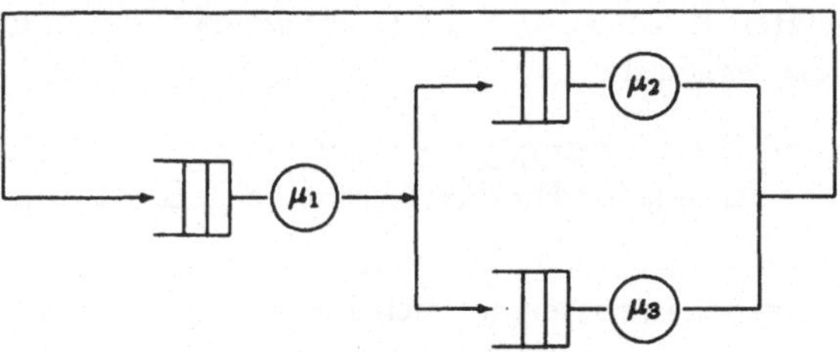

Abb. 5.13: Central-Server-Netzwerk

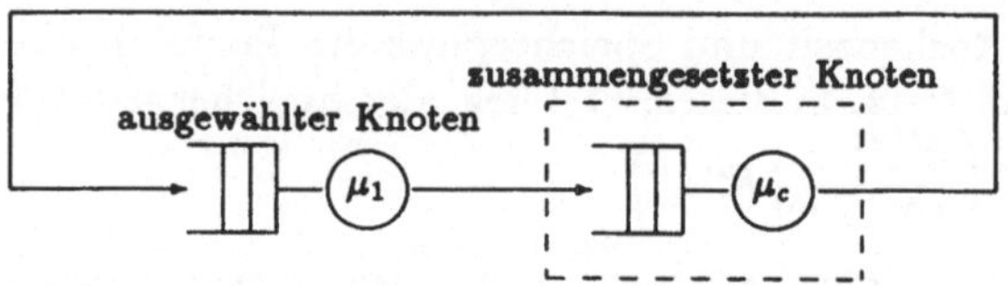

Abb. 5.14: Reduziertes Warteschlangennetz

Zur Bestimmung der Bedienraten $\mu_c(k), k = 1, \ldots, K$, des zusammengesetzten Knotens wird der ausgewählte Knoten im ursprünglich gegebenen Netz „kurzgeschlossen", d.h. die mittlere Bedienzeit in diesem Knoten wird gleich Null gesetzt (Abbildung 5.15). Die Durchsatzrate durch den Kurzschluß bei $k = 1, \ldots, K$ Aufträgen im Netz ist dann identisch mit der lastabhängigen Bedienrate $\mu_c(k), k = 1, \ldots, K$, des zusammengesetzten Knotens im reduzierten Warteschlangennetz.

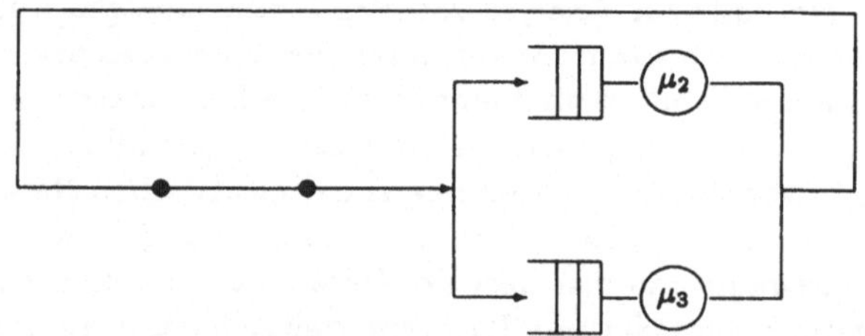

Abb. 5.15: Das kurzgeschlossene Modell

Der Algorithmus der Parametrischen Analyse kann damit zusammenfassend in den nachfolgenden drei Schritten beschrieben werden:

Schritt 1: Wähle im gegebenen Netz einen beliebigen Knoten i aus und schließe ihn durch Nullsetzen der mittleren Bedienzeit kurz. Bestimme die Durchsatzrate $\lambda_i(k)$ durch den Kurzschluß in Abhängigkeit von der Anzahl der Aufträge $k = 1, \ldots, K$, wozu ein beliebiger Analysealgorithmus für Produktformnetze verwendet werden kann.

Schritt 2: Konstruiere zum gegebenen Netz ein äquivalentes reduziertes Netz, bestehend aus dem ausgewählten Knoten i und einem zusammengesetzten Knoten c. Die Besuchshäufigkeit bei beiden Knoten beträgt e_i. Als lastabhängige Bedienrate des zusammengesetzten Knotens wird die Durchsatzrate durch den Kurzschluß bei k Aufträgen im Netz festgesetzt: $\mu_c(k) = \lambda_i(k)$ für $k = 1, \ldots, K$.

Schritt 3: Bestimme die Leistungsgrößen des reduzierten Netzes mit einem geeigneten Analysealgorithmus für Produktformnetze (z.B. Faltungsalgorithmus oder Mittelwertanalyse).

Die geschilderte Vorgehensweise eignet sich insbesondere für solche Analysen, bei denen der Einfluß von Parameteränderungen eines einzelnen Knotens auf die Leistungsgrößen des Netzes untersucht werden soll, während das übrige System nicht verändert wird.

Wir wollen die Parametrische Analyse nun noch mit Hilfe eines Beispiels weiter verdeutlichen.

Beispiel 5.15
Das geschlossene Netz aus Abb. 5.16 wird mit der Parametrischen Analyse untersucht.

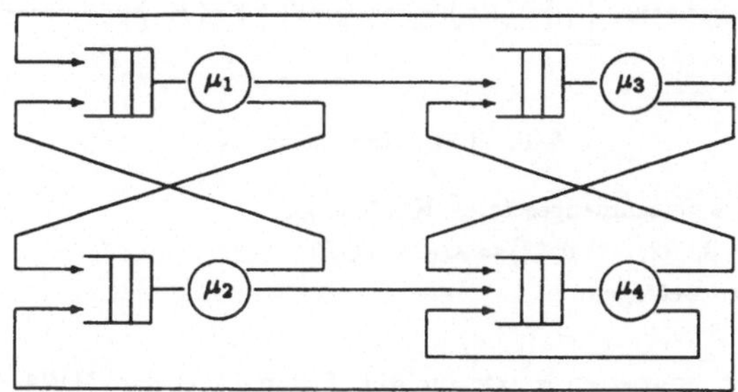

Abb. 5.16: Geschlossenes Warteschlangennetz

Das Netz beinhaltet $N = 4$ Knoten und $K = 2$ Aufträge derselben Auftragsklasse. Die Bedienzeiten der einzelnen Knoten sind exponentiell verteilt mit den Raten

$$\mu_1 = 1, \quad \mu_2 = 2, \quad \mu_3 = 3, \quad \mu_4 = 4.$$

Die Übergangswahrscheinlichkeiten lauten:

$$p_{12} = 0.5, \quad p_{21} = 0.5, \quad p_{31} = 0.5, \quad p_{42} = 0.4,$$

$$p_{13} = 0.5, \quad p_{24} = 0.5, \quad p_{34} = 0.5, \quad p_{43} = 0.4,$$

$$p_{44} = 0.2.$$

Das Gleichungssystem (2.90) liefert uns die Besuchshäufigkeiten

$$e_1 = 1, \quad e_2 = 1, \quad e_3 = 1, \quad e_4 = 1.25.$$

Die Analyse des Netzes erfolgt nun in den angegebenen drei Schritten.

Schritt 1: Auswahl und Kurzschluß von z.B. Knoten 4 des Netzes (Abb. 5.17).

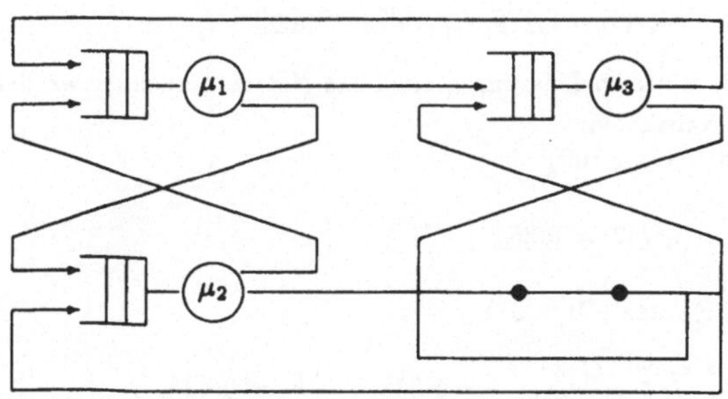

Abb. 5.17: Kurzschluß von Knoten 4

Der Durchsatz durch den Kurzschluß wird für $k = 1, 2$ durch Anwendung z.B. des MWA-Algorithmus aus Kap. 5.3.2.1 berechnet. Wir erhalten folgende Ergebnisse:

$$\lambda(1) = \underline{0.545}, \qquad \lambda(2) = \underline{0.776}$$

und damit $\lambda_4(1) = \underline{0.682}$ und $\lambda_4(2) = \underline{0.971}$.

Schritt 2: Konstruktion eines reduzierten Netzes bestehend aus dem ausgewählten Knoten 4 und einem zusammengesetzen Knoten c (Abb. 5.18).

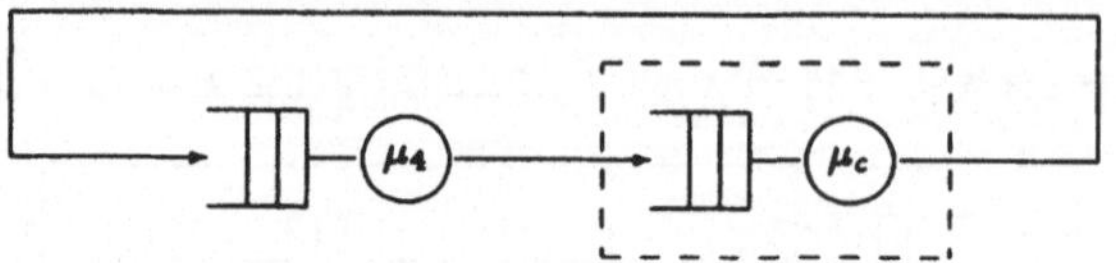

Abb. 5.18: Reduziertes Netz

Für die Bedienraten des zusammengesetzten Knotens gilt:
$$\mu_c(1) = \lambda_4(1) = 0.682, \qquad \mu_c(2) = \lambda_4(2) = 0.971.$$
Die Besuchshäufigkeiten betragen:
$$e_4 = e_c = \underline{1.25}.$$

Schritt 3: Analyse des reduzierten Netzes aus Abb. 5.18 mit z.B. dem MWA-Algorithmus für Netze mit lastabhängigen Knoten (Kap. 5.3.2.4). Die hierfür benötigten lastabhängigen Bedienraten von Knoten 4 ergeben sich mit Gl. (5.4) zu $\mu_4(1) = \mu_4(2) = 4$.

MWA-Iteration für $k = 1$:
$$\bar{t}_4(1) = \frac{1}{\mu_4(1)} p_4(0|0) = \underline{0.25}, \qquad \bar{t}_c(1) = \frac{1}{\mu_c(1)} p_c(0|0) = \underline{1.467},$$

$$\lambda(1) = \underline{0.466}, \qquad G(1) = \frac{1}{\lambda(1)} = \underline{2.146},$$

$$p_4(1|1) = \underline{0.146}, \qquad p_c(1|1) = \underline{0.854}, \qquad p_4(0|1) = \underline{0.854}, \qquad p_c(0|1) = \underline{0.146}.$$

MWA-Iteration für $k = 2$:
$$\bar{t}_4(2) = \frac{1}{\mu_4(1)} p_4(0|1) + \frac{2}{\mu_4(2)} p_4(1|1) = \underline{0.286},$$

$$\bar{t}_c(2) = \frac{1}{\mu_c(1)} p_c(0|1) + \frac{2}{\mu_c(2)} p_c(1|1) = \underline{1.974},$$

$$\lambda(2) = \underline{0.708}, \qquad G(2) = \frac{G(1)}{\lambda(2)} = \underline{3.032}.$$

$$p_4(1|2) = \underline{0.189}, \quad p_4(2|2) = \underline{0.032}, \quad p_4(0|2) = \underline{0.779},$$
$$p_c(1|2) = \underline{0.189}, \quad p_c(2|2) = \underline{0.779}, \quad p_c(0|2) = \underline{0.032}.$$

Damit können jetzt alle weiteren Leistungsgrößen des Netzes berechnet werden:
- Mittlere Auftragsanzahlen:
  Für Knoten 4 gilt (Gl. 2.109):

$$\bar{k}_4 = \sum_{k=1}^{2} k \cdot p_4(k|2) = \underline{0.253}.$$

Für die übrigen Knoten (Gl. 5.37):

$$\bar{k}_1 = \sum_{k=1}^{2} \left(\frac{e_1}{\mu_1} \right)^k \cdot \frac{G(2-k)}{G(2)} = \underline{1.038}, \qquad \bar{k}_2 = \underline{0.436}, \qquad \bar{k}_3 = \underline{0.273}.$$

- Einzeldurchsätze (Gl. 5.35):

$$\lambda_1 = e_1 \frac{G(1)}{G(2)} = \underline{0.708}, \quad \lambda_2 = \underline{0.708}, \quad \lambda_3 = \underline{0.708}, \quad \lambda_4 = \underline{0.885}.$$

- Mittlere Antwortzeiten (Gl. 2.113):

$$\bar{t}_1 = \frac{\bar{k}_1}{\lambda_1} = \underline{1.466}, \qquad \bar{t}_2 = \underline{0.617}, \qquad \bar{t}_3 = \underline{0.385}.$$

5.3.4.2   Erweiterte Parametrische Analyse

Da die Anwendung der Parametrischen Analyse , d.h. der Kurzschluß von lediglich einer einzigen Bedienstation, kaum Vorteile im Hinblick auf die Reduzierung des Rechenaufwands mit sich bringt, wurde in [ABP 85] eine Erweiterung des Konzepts von [CHW 75A] vorgeschlagen. Hiernach kann ein zu untersuchendes geschlossenes Produktformnetz beliebig in mehrere disjunkte Teilnetze zerlegt werden. Jedes dieser Teilnetze wird unabhängig von den anderen untersucht, d.h. das Gesamtnetz wird jeweils unter Kurzschluß der nicht zum untersuchten Teilnetzwerk gehörigen Knoten analysiert. Die hierbei berechneten Durchsätze $\lambda_j(k)$ bilden die lastabhängigen Bedienraten für einen zusammengesetzen Knoten j, der das j-te Teilnetz in einem reduzierten Netz repräsentiert. Die Analyse dieses reduzierten Netzes bringt dann als Ergebnis die Normalisierungskonstante des Gesamtnetzes, woraus letztlich alle interessierenden Leistungsgrößen errechnet werden können.

Die nachfolgenden fünf Schritte beschreiben den Algorithmus der Erweiterten Parametrischen Analyse (EPA) vollständig.

Schritt 1:   Zerlege das gegebene Netz in M disjunkte Teilnetze $TN\text{–}j$ $(1 \leq j \leq M)$. Dabei ist es sogar erlaubt, Knoten, die im Gesamtnetz keine direkte Verbindung miteinander haben, im selben Teilnetz zusammenzufassen.

Schritt 2:   Analysiere jedes einzelne Teilnetz $j = 1, \ldots, M$ unter Kurzschluß aller nicht zum betreffenden Teilnetz gehörigen Knoten, wobei die Besuchshäufigkeiten der einzelnen Knoten in den Teilnetzen vom gegebenen Netz übernommen werden. Zur Analyse kann ein beliebiger Produktformalgorithmus verwendet werden. Bestimme insbesondere die Durchsatzraten $\lambda_{TN-j}(k)$ und die Normalisierungskonstanten $G_j(k)$ für $k = 1, \ldots, K$.

Schritt 3:   Fasse die Knoten jedes Teilnetzes zu einer einzigen Bedienstation zusammen und konstruiere zum gegebenen Netz ein äquivalentes reduziertes Netz, indem die zusammengesetzten Knoten (mit Besuchshäufigkeit 1) in beliebiger Folge in Reihe geschaltet werden. Die lastabhängigen Bedienraten des zusammengesetzten Knotens j sind identisch mit den Durchsatzraten im entsprechenden j-ten Teilnetzwerk:

$$\mu_{cj}(k) = \lambda_{TN-j}(k) \qquad \text{für } j = 1, \ldots, M \text{ und } k = 1, \ldots, K.$$

Schritt 4:   Die Normalisierungskonstante des reduzierten Netzes kann nun durch Faltung der M Normalisierungsvektoren $G_j = \begin{pmatrix} G_j(0) \\ \vdots \\ G_j(K) \end{pmatrix}$ der einzelnen Teilnetze

bestimmt werden [ABP 85]:

$$G = G_1 \otimes G_2 \otimes \ldots \otimes G_M, \tag{5.104}$$

wobei der Faltungsoperator $\otimes$ genau wie in Gl. (5.22) definiert ist. Zur Bestimmung der Normalisierungskonstante kann jedoch auch die Mittelwertanalyse für Netze mit lastabhängigen Knoten (Kap. 5.3.2.4) verwendet werden.

Schritt 5: Berechne mit Hilfe der Normalisierungskonstanten und den in Kapitel 5.3.1.1 angegebenen Formeln die Leistungsgrößen für das ursprünglich gegebene Netz bzw. die Leistungsgrößen für die einzelnen Teilnetze.

Der eben beschriebene EPA-Algorithmus ist besonders dann vorteilhaft anwendbar, wenn das Systemverhalten unter verschiedenen Eingabeparametern für ein ganzes Teilnetzwerk untersucht werden soll. Es muß in diesem Fall lediglich eine neue Normalisierungskonstante für das entsprechende Teilnetzwerk bestimmt werden, während die Normalisierungskonstanten für die anderen Teilnetze unverändert bleiben.

Beispiel 5.16
Das Warteschlangennetz aus Beispiel 5.15 soll nun mit der Erweiterten Parametrischen Analyse untersucht werden.

Schritt 1: Wir zerlegen das Gesamtnetz in $M = 2$ Teilnetzwerke, wobei Teilnetz 1 die Knoten 1 und 2 und Teilnetz 2 die Knoten 3 und 4 des gegebenen Netzes beinhalten soll.

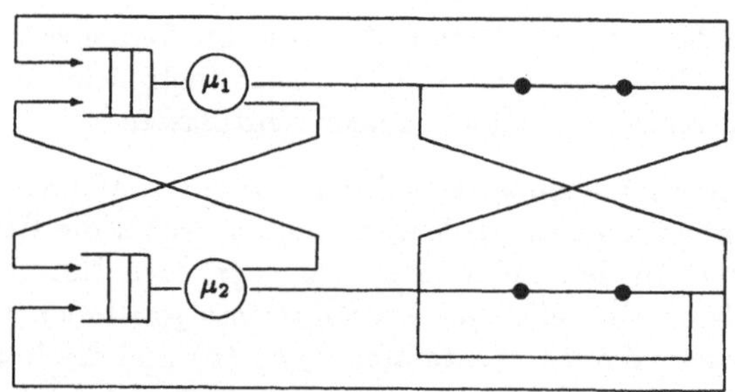

Abb. 5.19: Kurzschluß von Teilnetz 2

Schritt 2: Analyse der beiden Teilnetze:
Zur Analyse von Teilnetz 1 werden die Knoten 3 und 4 des Teilnetzes 2 kurzgeschlossen, d.h. $1/\mu_3 = 1/\mu_4 = 0$ (Abb. 5.19). Mit z.B. dem MWA-Algorithmus aus Kap. 5.3.2.1 können wir dann für $k = 1, 2$ die lastabhängigen Durchsätze und die Normalisierungskonstanten dieses Teilnetzes bestimmen:

$$\lambda_{TN-1}(1) \;=\; \underline{0.667}, \qquad \lambda_{TN-1}(2) \;=\; \underline{0.857},$$
$$G_1(1) \;=\; \underline{1.5}, \qquad G_1(2) \;=\; \underline{1.75}.$$

Zur Analyse von Teilnetz 2 müssen die Knoten 1 und 2 kurzgeschlossen werden, d.h. $1/\mu_1 = 1/\mu_2 = 0$ (Abb. 5.20).

Analog zu oben erhalten wir mit der Mittelwertanalyse folgende Resultate für Teilnetz 2:

$$\lambda_{TN-2}(1) \;=\; \underline{1.548}, \qquad \lambda_{TN-2}(2) \;=\; \underline{2.064},$$
$$G_2(1) \;=\; \underline{0.646}, \qquad G_2(2) \;=\; \underline{0.313}.$$

Schritt 3: Konstruktion eines reduzierten Netzes (Abb. 5.21).

Die erste Bedienstation stellt die Knoten des Teilnetzes 1 mit den Bedienraten $\mu_{c1}(k) = \lambda_{TN-1}(k)$ für $k = 1, 2$ dar und die zweite Bedienstation die Knoten des Teilnetzes 2 mit den Bedienraten $\mu_{c2}(k) = \lambda_{TN-2}(k)$.

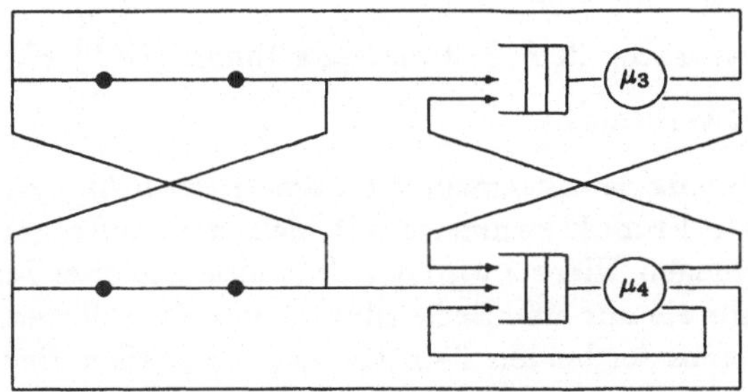

Abb. 5.20: Kurzschluß am Teilnetz 1

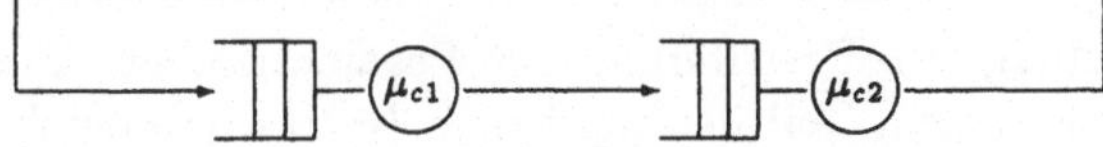

Abb. 5.21: Reduziertes Netz

Schritt 4: Die Normalisierungskonstante des reduzierten Netzes wird mit Gleichung (5.104) bestimmt:

$$G = G_1 \otimes G_2 = \begin{pmatrix} 1 \\ 1.5 \\ 1.75 \end{pmatrix} \otimes \begin{pmatrix} 1 \\ 0.646 \\ 0.313 \end{pmatrix} = \begin{pmatrix} 1 \\ 2.146 \\ 3.032 \end{pmatrix}.$$

Denn wegen Gl. (5.22):

$$G(1) = G_1(0) \cdot G_2(1) + G_1(1) \cdot G_2(0) = \underline{2.146},$$
$$G(2) = G_1(0) \cdot G_2(2) + G_1(1) \cdot G_2(1) + G_1(2) \cdot G_2(0) = \underline{3.032}.$$

Schritt 5: Bestimmung der interessierenden Leistungsgrößen:
Mittlere Auftragsanzahlen (Gl. 5.37):

$$\overline{k}_1 = \sum_{k=1}^{2} \left(\frac{e_1}{\mu_1} \right)^k \cdot \frac{G(2-k)}{G(2)} = \underline{1.038}, \qquad \overline{k}_2 = \underline{0.436}, \qquad \overline{k}_3 = \underline{0.273}, \qquad \overline{k}_4 = \underline{0.253}.$$

Wir erhalten somit die gleichen Resultate wie im Beispiel 5.14.

Der Algorithmus der Erweiterten Parametrischen Analyse kann auch auf Netze mit mehreren Auftragsklassen erweitert werden.

Mit dem EPA-Verfahren erhalten wir in Hinblick auf den Betriebsmittelbedarf — je nachdem, wie die Teilnetze gewählt werden — eine große Flexibilität zwischen den beiden Extrema Mittelwertanalyse und Faltungsalgorithmus. Der wesentliche Nachteil der Mittelwertanalyse ist ihr extrem hoher Speicherbedarf, der in der Größenordnung von $O\left(N \cdot \prod_{r=1}^{R} K_r + 1 \right)$ liegt. Würden wir im Extremfall ein Netzwerk mit dem EPA-Verfahren in N Teilnetzwerke mit je einem einzigen Knoten unterteilen, dann kämen wir mit einem Speicherbedarf im Minimum von $3 \cdot \prod_{r=1}^{R} (K_r + 1)$ aus

[ABP 85]. Dies entspräche dem Faltungsalgorithmus $(O(\prod_{r=1}^{R} K_r + 1))$, der jedoch sehr viel Rechenzeit verbraucht.

Eine andere Erweiterung der allgemeinen Parametrischen Analyse auf geschlossene, offene und gemischte Produktformnetze mit mehreren Auftragsklassen wurde von [KWK 82] vorgeschlagen. Hierbei wird das Gesamtnetz in zwei Teilnetzwerke unterteilt, die jeweils mehr als nur eine Bedienstation enthalten dürfen. Im Gegensatz zu EPA wird hier nur eines der beiden Teilnetze zu einer einzigen Bedienstation zusammengefaßt. Der Durchsatz durch den zusammengesetzten Knoten wird dabei über die Zustandswahrscheinlichkeiten bestimmt, was sehr umständlich und dementsprechend zeitaufwendig ist.

Ein weiterer Vorschlag zur Erweiterung der Parametrischen Analyse ist der von [BAIA 82], bei dem nur ein Teil des gegebenen Netzes untersucht wird. Das Netz wird hierbei in zwei Teilnetzwerke unterteilt, wobei das erste Teilnetzwerk diejenigen Knoten enthält, deren Leistungsgrößen bestimmt werden sollen, während das zweite Teilnetzwerk die nicht interessierenden Knoten umfaßt.

Aufgabe 5.8
Berechnen Sie für das geschlossene Warteschlangennetz aus Aufgabe 5.3 und 5.4 die Leistungsgrößen mit Hilfe des Faltungsalgorithmus!

Aufgabe 5.9
Für ein geschlossenes Warteschlangennetz mit $N = 2$ Knoten und $R = 2$ Auftragsklassen sollen mit dem Faltungsalgorithmus die Leistungsgrößen pro Knoten und Klasse ermittelt werden. Knoten 1 ist vom Typ 3, Knoten 2 vom Typ 2. In den Klassen befinden sich jeweils zwei Aufträge ($K_1 = K_2 = 2$); Klassenwechsel findet nicht statt. Außerdem sind gegeben die Bedienraten:

$$\mu_{11} = 0.4 \text{ sec}^{-1}, \qquad \mu_{21} = 0.3 \text{ sec}^{-1}, \qquad \mu_{12} = 0.2 \text{ sec}^{-1}, \qquad \mu_{22} = 0.4 \text{ sec}^{-1},$$

und die Übergangswahrscheinlichkeiten:

$$p_{11,11} = p_{11,21} = 0.5, \qquad p_{21,11} = p_{22,12} = p_{12,22} = 1.$$

Aufgabe 5.10
Bearbeiten Sie Aufgabe 5.3 und 5.4 mit der Mittelwertanalyse!

Aufgabe 5.11
Gegeben ist ein geschlossenes Warteschlangennetz bestehend aus einem Typ-3 Knoten sowie einem Typ-1 Knoten mit $m_2 = 2$ Bedieneinheiten. Dies stellt ein einfaches Modell eines Zweiprozessorsystems mit Terminalbetrieb dar. Die weiteren Systemparameter sind:

$$K = 3, \quad p_{12} = p_{21} = 1, \quad 1/\mu_1 = 2 \text{ sec}, \quad 1/\mu_2 = 1 \text{ sec}.$$

Berechnen Sie mit der Mittelwertanalyse die Leistungsgrößen für die einzelnen Knoten und geben Sie den Systemdurchsatz und die Systemantwortzeit bezogen auf die Terminals an!

Aufgabe 5.12
Bearbeiten Sie Aufgabe 5.9 mit der Mittelwertanalyse!

Aufgabe 5.13
Für ein gemischtes Warteschlangennetz mit $N = 2$ Typ-2 Knoten und $R = 4$ Klassen sollen alle

Leistungsgrößen pro Knoten und Klasse ermittelt werden. Die Systemparameter lauten:

$$\lambda_1 = 0.2 \text{ sec}^{-1}, \quad \lambda_2 = 0.1 \text{ sec}^{-1}, \quad K_2 = K_3 = 2,$$

$$\mu_{11} = 1.5 \text{ sec}^{-1}, \quad \mu_{12} = 1 \text{ sec}^{-1}, \quad \mu_{13} = 3 \text{ sec}^{-1}, \quad \mu_{14} = 2 \text{ sec}^{-1},$$

$$\mu_{21} = 2 \text{ sec}^{-1}, \quad \mu_{22} = 0.5 \text{ sec}^{-1}, \quad \mu_{23} = 2 \text{ sec}^{-1}, \quad \mu_{24} = 1 \text{ sec}^{-1},$$

$$p_{21,11} = p_{22,21} = p_{21,0} = p_{22,0} = 0.5.$$

$$p_{0,11} = p_{0,12} = p_{11,21} = p_{12,22} = p_{13,23} = p_{23,13} = p_{24,14} = 1.$$

Aufgabe 5.14
Geben Sie für die beiden Knoten in Aufgabe 5.11 die lastabhängigen Bedienraten entsprechend Beispiel 5.12 an, und bearbeiten Sie diese Aufgabe dann mit der „lastabhängigen" Mittelwertanalyse!

Aufgabe 5.15
Bearbeiten Sie Aufgabe 5.9 mit dem RECAL-Algorithmus!

Aufgabe 5.16
Gegeben ist ein einfaches Central-Server-Modell mit $N = 3$ Knoten vom Typ 1 ($m_i = 1$) sowie $K = 3$ Aufträgen. Die Raten sind gegeben:

$$\mu_1 = 1 \text{ sec}^{-1}, \quad \mu_2 = 0.65 \text{ sec}^{-1}, \mu_3 = 0.75 \text{ sec}^{-1},$$

ebenso die Übergangswahrscheinlichkeiten

$$p_{12} = 0.6, \quad p_{21} = p_{31} = 1, \quad p_{13} = 0.4.$$

Knoten 2 und 3 sollen zu einem Knoten zusammengefaßt werden.
Wenden Sie die Parametrische Analyse an und zum Vergleich die Mittelwertanalyse und den Faltungsalgorithmus!

Aufgabe 5.17
Gegeben ist ein geschlossenes Warteschlangennetz mit $N = 4$ Knoten des Typs 1, $K = 3$ Aufträgen, den Raten

$$\mu_1 = 4 \text{ sec}^{-1}, \quad \mu_2 = 3 \text{ sec}^{-1}, \quad \mu_3 = 2 \text{ sec}^{-1}, \quad \mu_4 = 1 \text{ sec}^{-1},$$

und den Übergangswahrscheinlichkeiten

$$p_{23} = p_{24} = 0.5, \quad p_{12} = p_{31} = p_{41} = 1.$$

Wenden Sie zur Berechnung der Leistungsgrößen die Erweiterte Parametrische Analyse an, indem Sie jeweils Knoten 1 und Knoten 2 bzw. Knoten 3 und Knoten 4 zu einem Teilnetz zusammenfassen!

6 Approximative Analyse von Produktformnetzen

Wir haben im fünften Kapitel verschiedene effiziente Algorithmen zur exakten Berechnung der Leistungsgrößen von Produktform-Warteschlangennetzen kennengelernt. Der Bedarf an Rechenzeit und Speicherplatz für diese Algorithmen wächst jedoch exponentiell mit der Anzahl der Auftragsklassen im Netz, was zur Folge hat, daß die Analyse großer Netze vom Aufwand her oftmals nicht mehr zu rechtfertigen ist. Da man zudem häufig nur daran interessiert ist, sehr schnell Ergebnisse zu erhalten, wobei Näherungslösungen durchaus genügen, muß noch nach anderen Lösungsmöglichkeiten gesucht werden. Wir wollen hier drei Lösungsansätze vorstellen.

- Zum einen gibt es, auf der Mittelwertanalyse aufbauende, approximative Verfahren, die wesentlich weniger Rechenzeit und Speicherplatz benötigen als die exakte Mittelwertanalyse, aber trotzdem bemerkenswert genaue Ergebnisse liefern.

- Der zweite Ansatz basiert darauf, jeden einzelnen Knoten eines Warteschlangennetzes mit Hilfe eines funktionalen Konzepts betreffend die mittlere Auftragsanzahl in diesem Knoten zu charakterisieren. Aus der Summe der Funktionsgleichungen der einzelnen Knoten können dann die Leistungsgrößen für das gesamte Netz approximativ bestimmt werden.

- Da zudem in manchen Fällen Informationen über die Grenzen der erreichbaren Leistungsfähigkeit zur Beurteilung eines Rechensystems genügen, besteht letztlich der dritte Ansatz in der Bestimmung solcher Grenzen (bounds) für den Leistungsumfang eines Warteschlangenmodells.

Darüberhinaus gibt es noch andere Analysemöglichkeiten, die vor allem für die Untersuchung sehr großer Netze entwickelt wurden [CHYU 83,SLM 86,HSLA 89].

6.1 Approximationen der Mittelwertanalyse

Die fundamentale Gleichung (5.51) der Mittelwertanalyse beschreibt einen Zusammenhang zwischen der mittleren Antwortzeit eines Knotens bei K Aufträgen im Netz und der mittleren Anzahl von Aufträgen in diesem Knoten bei einem Auftrag im Netz weniger. Folglich ist zur Analyse eines Warteschlangennetzes stets eine komplette Lösung erforderlich, d.h. es muß von 0 bis hin zu K, der Gesamtanzahl von Aufträgen im Netz, iteriert werden. Dies macht die Mittelwertanalyse so extrem aufwendig. Insbesondere bei der Analyse von Netzen mit mehreren Auftragsklassen entstehen erhebliche Speicherplatzprobleme.

Der alternative Ansatz der Mittelwertanalyse-Approximationsverfahren besteht deshalb darin, die MWA-Gleichung für die mittlere Antwortzeit so anzunähern, daß sie nicht mehr von $(K - 1)$, sondern nur noch von K abhängt. Dadurch muß nicht mehr über die gesamte Netzwerkpopulation iteriert werden, sondern es werden, ausgehend von einem Startvektor, die Leistungsgrößen iterativ verbessert. Dies bringt eine erhebliche Rechenzeitverkürzung und vor allem Speicherplatzersparnis mit sich. Die wichtigsten auf dieser Vorgehensweise aufbauenden Verfahren sind der Bard-Schweitzer-Algorithmus und der SCAT-Algorithmus, die wir in den folgenden Abschnitten vorstellen werden.

6.1.1   Bard-Schweitzer-Algorithmus

Bard und Schweitzer [BARD 79,SCHW 79] haben eine Approximation der Mittelwertanalyse für Single-Server-Netzwerke vorgeschlagen, die von folgender Idee ausgeht:

Man nimmt zunächst einen Initialwert für $\overline{k}_{ir}(\underline{K})$, der mittleren Anzahl von Aufträgen der Klasse r in Knoten i bei Population $\underline{K}$, als gegeben an und führt ausgehend von diesem Wert eine Schätzung für die mittlere Anzahl von Aufträgen bei Population $(\underline{K} - 1_s)$ für alle Klassen s durch. Diese $\overline{k}_{ir}(\underline{K} - 1_s)$-Schätzwerte setzt man anschließend in die MWA-Gleichung für die mittlere Antwortzeit ein und wendet einen einzelnen Iterationsschritt der Mittelwertanalyse an um die Leistungsgrößen bei Population $\underline{K}$ zu berechnen, insbesondere neue Werte für $\overline{k}_{ir}(K)$. Aus den hierbei gewonnenen Resultaten werden dann die $\overline{k}_{ir}(\underline{K} - 1_s)$-Werte von neuem geschätzt. Die geschilderte Vorgehensweise wiederholt sich letztlich so oft bis nur noch geringfügige Änderungen bei den Ergebnissen für die $\overline{k}_{ir}(\underline{K})$-Werte auftreten. Man nimmt an, daß dies stets nach wenigen Schritten der Fall ist.

Die Schwierigkeit bei dem MWA-Approximationsverfahren besteht somit offensichtlich darin, wie der Mittelwert $\overline{k}_{ir}(\underline{K} - 1_s)$ ausgehend von $\overline{k}_{ir}(\underline{K})$ geschätzt werden soll.

[SCHW 79] schlug mit der einsichtigen Begründung, daß man bei sehr großen Populationen nur unwesentliche Unterschiede in den mittleren Auftragsanzahlen erhält, wenn die Gesamtanzahl der Aufträge im Netz um einen Auftrag vermindert wird, die nachfolgende Approximationsformel vor. Hiernach gilt für die mittlere Anzahl von Klasse-r Aufträgen im i-ten Knoten bei Population $(\underline{K} - 1_s)$:

$$\overline{k}_{ir}(\underline{K} - 1_s) = \frac{(\underline{K} - 1_s)_r}{K_r}\overline{k}_{ir}(K), \tag{6.1}$$

wobei

$$(\underline{K} - 1_s)_r = \begin{cases} K_r & \text{für } r \neq s \\ K_r - 1 & \text{für } r = s \end{cases} \tag{6.2}$$

die Anzahl von Aufträgen der Klasse r angibt, wenn das Netz bei Population K um einen Auftrag der Klasse s reduziert wird.

Nimmt man zur Initialisierung noch an, daß die Aufträge gleichmäßig über das Netz verteilt sind, so kann der Algorithmus nach Bard-Schweitzer in den folgenden Schritten beschrieben werden:

**Schritt 1:** Initialisierung:
Für $i = 1, \ldots, N$ und $s = 1, \ldots, R$:

$$\overline{k}_{is}(\underline{K}) = \frac{K_s}{N}.$$

**Schritt 2:** Berechne für alle $i = 1, \ldots, N$ und alle $r, s = 1, \ldots, R$ Schätzwerte für die mittleren Auftragsanzahlen bei Population $(\underline{K} - 1_r)$:

$$\overline{k}_{is}(\underline{K} - 1_r) = \frac{(\underline{K} - 1_r)_s}{K_s} \cdot \overline{k}_{is}(\underline{K}).$$

**Schritt 3:** Analysiere das Warteschlangennetz bei Population $\underline{K}$ durch Anwendung eines einzelnen Iterationsschritts der Mittelwertanalyse.

    **Schritt 3.1:** Berechne für $i = 1, \ldots, N$ und $r = 1, \ldots, R$ die mittlere Antwortzeit:

$$\overline{t}_{ir}(\underline{K}) = \begin{cases} \dfrac{1}{\mu_{ir}} \left[1 + \displaystyle\sum_{s=1}^{R} \overline{k}_{is}(\underline{K} - 1_r) \right] & \text{für Typ-1,2,4 Knoten} \\[2pt] & \qquad (m_i = 1) \\ \dfrac{1}{\mu_{ir}} & \text{für Typ-3 Knoten} \end{cases}$$

    **Schritt 3.2:** Berechne für $r = 1, \ldots, R$ den Durchsatz:

$$\lambda_r(\underline{K}) = \frac{K_r}{\displaystyle\sum_{i=1}^{N} \overline{t}_{ir}(\underline{K}) e_{ir}}.$$

    **Schritt 3.3:** Berechne für $i = 1, \ldots, N$ und $r = 1, \ldots, R$ die mittlere Anzahl von Aufträgen:

$$\overline{k}_{ir}(\underline{K}) = \overline{t}_{ir}(\underline{K}) \lambda_r(\underline{K}) e_{ir}.$$

**Schritt 4:** Überprüfe die Abbruchbedingung:
Wenn keine wesentliche Änderung bei den $\overline{k}_{ir}(\underline{K})$-Werten zwischen der n-ten und der $(n-1)$-ten Iteration auftritt, d.h. wenn

$$\max_{i,r} \left| \overline{k}_{ir}^{(n)}(\underline{K}) - \overline{k}_{ir}^{(n-1)}(\underline{K}) \right| < \varepsilon$$

für ein geeignet gewähltes ε ist, wobei "(n)" die Ergebnisse beim n-ten Iterationsschritt bezeichnet, dann ist das Verfahren beendet und die übrigen Leistungsgrößen können bestimmt werden. Um gute Ergebnisse zu erzielen, sollte der Wert von ε zwischen 0.01 und 0.1 liegen. Ist die Abbruchbedingung nicht erfüllt, dann gehe zurück zu Schritt 2.

Dieser Algorithmus ist einfach zu programmieren und schneller als die exakte Mittelwertanalyse. Der Speicherbedarf ist proportional zum Produkt von N und R, und damit für Netze mit mehreren Auftragsklassen wesentlich geringer als bei der exakten Mittelwertanalyse oder beim Convolution-Algorithmus. Nachteilig an diesem Verfahren ist jedoch, daß Netze, die Knoten mit mehreren parallelen Bedieneinheiten (multiple-server Knoten) beinhalten, nicht untersucht werden können.

Wir wollen den Bard-Schweitzer-Algorithmus nun noch an einem Beispiel veranschaulichen.

Beispiel 6.1
Wir werden Beispiel 5.8 aus Kapitel 5.3.2.1 hier erneut durchführen, wobei die wichtigsten gegebenen
Größen dieses Beispiels noch einmal in der nachstehenden Tabelle zusammengefaßt sind. Für ε wählen
wir den Wert 0.06.

i	e_i	$1/\mu_i$	m_i
1	1	0.02	1
2	0.4	0.2	1
3	0.2	0.4	1
4	0.1	0.6	1

Die Analyse des Netzes ($K = 6$) erfolgt in den angegebenen Schritten:

Schritt 1: Initialisierung:

$$\overline{k}_1(K) = \overline{k}_2(K) = \overline{k}_3(K) = \overline{k}_4(K) = \frac{K}{N} = \underline{1.5}.$$

1. Iteration

Schritt 2: Schätzwerte (Gl. 6.1):

$$\overline{k}_1(K - 1) = \frac{K - 1}{K} \cdot \overline{k}_1(K) = \underline{1.25},$$
$$\overline{k}_2(K - 1) = \overline{k}_3(K - 1) = \overline{k}_4(K - 1) = \underline{1.25}.$$

Schritt 3: Analyse des Warteschlangennetzes.

Schritt 3.1: Mittlere Antwortzeit:

$$\overline{t}_1(K) = \frac{1}{\mu_1}\left[1 + \overline{k}_1(K - 1)\right] = \underline{0.045}, \qquad \overline{t}_2(K) = \frac{1}{\mu_2}\left[1 + \overline{k}_2(K - 1)\right] = \underline{0.45},$$
$$\overline{t}_3(K) = \frac{1}{\mu_3}\left[1 + \overline{k}_3(K - 1)\right] = \underline{0.9}, \qquad \overline{t}_4(K) = \frac{1}{\mu_4}\left[1 + \overline{k}_4(K - 1)\right] = \underline{1.35}.$$

Schritt 3.2: Durchsatz:

$$\lambda(K) = \frac{K}{\sum_{i=1}^{4} e_i \overline{t}_i(K)} = \underline{11.111}.$$

Schritt 3.3: Mittlere Anzahl von Aufträgen:

$$\overline{k}_1(K) = \overline{t}_1(K)\lambda(K)e_1 = \underline{0.5}, \qquad \overline{k}_2(K) = \overline{t}_2(K)\lambda(K)e_2 = \underline{2},$$
$$\overline{k}_3(K) = \overline{t}_3(K)\lambda(K)e_3 = \underline{2}, \qquad \overline{k}_4(K) = \overline{t}_4(K)\lambda(K)e_4 = \underline{1.5}.$$

Schritt 4: Überprüfen der Abbruchbedingung:

$$\max_i \left|\overline{k}_i^{(1)}(K) - \overline{k}_i^{(0)}(K)\right| = \underline{1} \quad > 0.06.$$

2. Iteration

Schritt 2: Schätzwerte:

$$\overline{k}_1(K - 1) = \frac{K - 1}{K} \cdot 0.5 = \underline{0.417},$$
$$\overline{k}_2(K - 1) = \underline{1.667}, \quad \overline{k}_3(K - 1) = \underline{1.667}, \quad \overline{k}_4(K - 1) = \underline{1.25}.$$

Schritt 3: **Analyse des Netzes:**

$$\bar{t}_1(K) = \frac{1}{\mu_1}\left[1 + \bar{k}_1(K-1)\right] = \underline{0.028},$$

$$\bar{t}_2(K) = \underline{0.533}, \quad \bar{t}_3(K) = \underline{1.067}, \quad \bar{t}_4(K) = \underline{1.35}.$$

$$\lambda(K) = \frac{K}{\sum_{i=1}^4 e_i \bar{t}_i(K)} = \underline{10.169}.$$

$$\bar{k}_1(K) = \bar{t}_1(K)\lambda(K)e_1 = \underline{0.288},$$

$$\bar{k}_2(K) = \underline{2.169}, \quad \bar{k}_3(K) = \underline{2.169}, \quad \bar{k}_4(K) = \underline{1.373}.$$

Schritt 4: **Abbruchbedingung:**

$$\max_i \left|\bar{k}_i^{(2)}(K) - \bar{k}_i^{(1)}(K)\right| = \underline{0.212} \quad > 0.06.$$

3. Iteration

Schritt 2: **Schätzwerte:**

$$\bar{k}_1(K-1) = \frac{K-1}{K}\cdot 0.288 = \underline{0.240},$$

$$\bar{k}_2(K-1) = \underline{1.808}, \quad \bar{k}_3(K-1) = \underline{1.808}, \quad \bar{k}_4(K-1) = \underline{1.144}.$$

Schritt 3: **Analyse:**

$$\bar{t}_1(K) = \underline{0.025}, \quad \bar{t}_2(K) = \underline{0.562}, \quad \bar{t}_3(K) = \underline{1.123}, \quad \bar{t}_4(K) = \underline{1.286}.$$

$$\lambda(K) = \underline{9.955},$$

$$\bar{k}_1(K) = \underline{0.247}, \quad \bar{k}_2(K) = \underline{2.236}, \quad \bar{k}_3(K) = \underline{2.236}, \quad \bar{k}_4(K) = \underline{1.281}.$$

Schritt 4: **Abbruchbedingung:**

$$\max_i \left|\bar{k}_i^{(3)}(K) - \bar{k}_i^{(2)}(K)\right| = \underline{0.092} \quad > 0.06.$$

4. Iteration

Schritt 2:

$$\bar{k}_1(K-1) = \underline{0.206}, \quad \bar{k}_2(K-1) = \underline{1.864}, \quad \bar{k}_3(K-1) = \underline{1.864}, \quad \bar{k}_4(K-1) = \underline{1.067}.$$

Schritt 3:

$$\bar{t}_1(K) = \underline{0.024}, \quad \bar{t}_2(K) = \underline{0.573}, \quad \bar{t}_3(K) = \underline{1.145}, \quad \bar{t}_4(K) = \underline{1.240}.$$

$$\lambda(K) = \underline{9.896},$$

$$\bar{k}_1(K) = \underline{0.239}, \quad \bar{k}_2(K) = \underline{2.267}, \quad \bar{k}_3(K) = \underline{2.267}, \quad \bar{k}_4(K) = \underline{1.227}.$$

Schritt 4:

$$\max_i \left|\bar{k}_i^{(4)}(K) - \bar{k}_i^{(3)}(K)\right| = \underline{0.053} \quad < 0.06.$$

Die Iteration bricht somit ab und die übrigen Leistungsgrößen können berechnet werden.
Für die Durchsätze der einzelnen Knoten erhalten wir mit Gl. (5.60):

$$\lambda_1 = \lambda(K)\cdot e_1 = \underline{9.896}, \quad \lambda_2 = \underline{3.958}, \quad \lambda_3 = \underline{1.979}, \quad \lambda_4 = \underline{0.986}.$$

Für die Auslastungen der einzelnen Knoten gilt dann:

$$\rho_1 = \frac{\lambda_1}{\mu_1} = \underline{0.198}, \quad \rho_2 = \underline{0.729}, \quad \rho_3 = \underline{0.729}, \quad \rho_4 = \underline{0.594}.$$

Ein Vergleich mit den Werten aus Beispiel 5.8 zeigt, daß der Bard-Schweitzer-Algorithmus sehr gute Ergebnisse liefert, die erstaunlich nahe den exakten Resultaten liegen.

Eine wesentliche Annahme beim Bard-Schweitzer-Algorithmus ist die, daß das Entfernen eines Auftrags einer bestimmten Klasse aus dem Netz nur die mittlere Auftragsanzahl dieser Klasse beeinflußt und nicht die der anderen Klassen (Gl. 6.1). Dies ist streng genommen nicht richtig und man kann Beispiele konstruieren, bei denen beachtliche Fehler auftreten. Der SCAT-Algorithmus, den wir im nächsten Abschnitt vorstellen werden, hat diesen Nachteil nicht. Es ist dafür etwas komplizierter und aufwendiger als der Bard-Schweitzer-Algorithmus.

6.1.2 SCAT-Algorithmus

Aufbauend auf der Grundidee von Bard und Schweitzer entwickelten Neuse und Chandy [NECH 81,CHNE 82] verschiedene Mittelwertanalyse-Approximationstechniken, die eine Verbesserung des Bard-Schweitzer-Algorithmus darstellen [ZES 88] und zusätzlich noch die Analyse von Multiple-Server-Netzwerken ermöglichen. Das Grundprinzip dieser Methoden wollen wir aber an Warteschlangennetzen demonstrieren, die ausschließlich single-server Knoten beinhalten.

6.1.2.1 SCAT-Algorithmus für Single-Server-Netzwerke

Der SCAT-Algorithmus (Self-Correcting Approximation Technique) für Single-Server-Netze [NECH 81] liefert besonders für kleine Populationen genauere Resultate als das Verfahren nach Bard-Schweitzer. Denn bei der SCAT-Approximation werden nicht nur die mittleren Auftragsanzahlen geschätzt, sondern zusätzlich noch die Änderungen dieser mittleren Auftragsanzahlen von einer Iteration zur nächsten, und diese Schätzung mit in die Approximationsformel für die $\overline{k}_{ir}(\underline{K}-1_s)$ eingebracht.

Hierzu wird mit $F_{ir}(\underline{K})$ der Anteil von Klasse-r Aufträgen im i-ten Knoten bei Population $\underline{K}$ definiert:

$$F_{ir}(\underline{K}) = \frac{\overline{k}_{ir}(\underline{K})}{K_r}. \tag{6.3}$$

$D_{irs}(\underline{K})$ gibt dann die Änderung dieses Anteils an, wenn ein Auftrag der Klasse s aus dem Netz entfernt wird:

$$D_{irs}(\underline{K}) = F_{ir}(\underline{K}-1_s) - F_{ir}(\underline{K})$$

$$= \frac{\overline{k}_{ir}(\underline{K}-1_s)}{(\underline{K}-1_s)_r} - \frac{\overline{k}_{ir}(\underline{K})}{K_r}, \tag{6.4}$$

wobei $(\underline{K}-1_s)_r$ wie in Gl. (6.2) definiert ist.

Da man die $\overline{k}_{ir}(\underline{K}-1_s)$-Werte nicht kennt, können auch die $D_{irs}(\underline{K})$-Werte nicht berechnet werden. Man bestimmt daher Schätzwerte für die Abweichungen $D_{irs}(\underline{K})$ und approximiert die $\overline{k}_{ir}(\underline{K}-1_s)$-Werte durch folgende Formel, die sich aus Gl. (6.4) ergibt:

$$\overline{k}_{ir}(\underline{K}-1_s) = (\underline{K}-1_s)_r \cdot [F_{ir}(\underline{K}) + D_{irs}(\underline{K})]. \tag{6.5}$$

Wie man unmittelbar erkennt, erhält man für $D_{irs}(\underline{K}) = 0$ dieselbe Approximationsformel wie beim Bard-Schweitzer-Algorithmus.

Der sog. *Core-Algorithmus*, der den Kern des SCAT-Algorithmus bildet, benötigt die Schätzwerte für die $D_{irs}(\underline{K})$ als Eingabe und zusätzlich noch Schätzungen für die Mittelwerte $\overline{k}_{ir}(\underline{K})$. Der Core-Algorithmus kann in den nachfolgenden drei Schritten beschrieben werden:

Schritt C1 : Berechne für $i = 1, \ldots, N$ und $r, s = 1, \ldots, R$ mit Gl. (6.5) Schätzwerte für die mittleren Auftragszahlen $\overline{k}_{ir}$ bei Population $(\underline{K} - 1_s)$.

Schritt C2 : Analysiere das Warteschlangennetz durch Anwendung eines einzelnen Iterationsschritts der Mittelwertanalyse entsprechend Schritt 3 des Bard-Schweitzer-Algorithmus.

Schritt C3 : Überprüfe die Abbruchbedingung:

$$\text{Falls} \quad \max_{i,r} = \frac{\left| \overline{k}_{ir}^{(n)}(\underline{K}) - \overline{k}_{ir}^{(n-1)}(\underline{K}) \right|}{K_r} < \varepsilon$$

erfüllt ist, wobei "(n)" die Ergebnisse beim n-ten Iterationsschritt bezeichnet, dann ist das Verfahren beendet. Für ε wird in [NECH 81] als geeigneter Wert $\varepsilon = (4000 + 16|K|)^{-1}$ vorgeschlagen.

Ist die Abbruchbedingung nicht erfüllt, dann gehe zurück zu Schritt C1.

Der SCAT-Algorithmus liefert die als Input benötigten Schätzwerte der Abweichungen $D_{irs}(\underline{K})$ für den Core-Algorithmus. Hierzu wird der Core-Algorithmus mehrmals aufgerufen, mit diesen Ergebnissen die Abweichungen $D_{irs}(\underline{K})$ geschätzt und der Core-Algorithmus abschließend mit den verbesserten Werten erneut gestartet. Die Schätzwerte für die Abweichungen $D_{irs}(\underline{K})$ werden somit vom Algorithmus selbst berechnet, woraus sich der Name "Self-Correcting Approximation Technique" ableitet. Zur Initialisierung des Verfahrens werden die Aufträge gleichmäßig auf alle Knoten des Netzes verteilt und die Abweichungen $D_{irs}(\underline{K})$ mit 0 vorbesetzt.

Folgende vier Schritte beschreiben den SCAT-Algorithmus vollständig:

Schritt 1: Wende den Core-Algorithmus bei Population $\underline{K}$ mit den Eingabewerten $\overline{k}_{ir}(\underline{K}) = \dfrac{K_r}{N}$ und $D_{irs}(\underline{K}) = 0$ für alle i, r, s an. Die Hilfswerte des Core-Algorithmus sollen dabei die SCAT-Werte nicht verändern.

Schritt 2: Wende den Core-Algorithmus bei jeder Population $(\underline{K} - 1_j)$ für $j = , \ldots, R$ mit den Eingaben $\overline{k}_{ir}(\underline{K} - 1_j) = \dfrac{(\underline{K} - 1_j)_r}{N}$ und $D_{irs}(\underline{K} - 1_j) = 0$ für alle i, r, s an.

Schritt 3: Berechne für alle $i = 1, \ldots, N$ und $r, s = 1, \ldots, R$ Schätzungen für $F_{ir}(\underline{K})$ bzw. $F_{ir}(\underline{K} - 1_s)$ aus Gl. (6.3) und Schätzungen für $D_{irs}(\underline{K})$ aus Gl. (6.4).

Schritt 4: Wende den Core-Algorithmus bei Population $\underline{K}$ mit den $\overline{k}_{ir}(\underline{K})$-Werten aus Schritt 1 und den $D_{irs}(\underline{K})$-Werten aus Schritt 3 an. Berechne abschließend die übrigen Leistungsgrößen mit den bekannten Formeln.

Der SCAT-Algorithmus hat Speicherplatzbedarf und Rechenzeitaufwand in der Größenordnung $O(N \cdot R^2)$ und liefert im allgemeinen sehr gute Ergebnisse. Er soll nun noch an einem Beispiel veranschaulicht werden.

Beispiel 6.2
Wir betrachten wie in Kapitel 6.1.1 das Central-Server-Modell aus Beispiel 5.8 und untersuchen dies nun mit Hilfe des SCAT-Algorithmus:

Schritt 1:   Core-Algorithmus bei $K = 6$ Aufträgen im Netz mit den Eingabedaten $\overline{k}_i(K) = K/N = 1.5$ und $D_i(K) = 0$ für $i = 1, \ldots, 4$.

Mit dieser Voraussetzung und der Annahme $\varepsilon = 0.01$ ist diese Anwendung des Core-Algorithmus identisch mit Beispiel 6.1 zum Bard-Schweitzer-Algorithmus. Wir übernehmen daher die Resultate direkt von dort:

$$\overline{t}_1(6) = \underline{0.024}, \qquad \overline{t}_2(6) = \underline{0.573}, \qquad \overline{t}_3(6) = \underline{1.145}, \qquad \overline{t}_4(6) = \underline{1.240},$$

$$\lambda(6) = \underline{9.896},$$

$$\overline{k}_1(6) = \underline{0.239}, \qquad \overline{k}_2(6) = \underline{2.267}, \qquad \overline{k}_3(6) = \underline{2.267}, \qquad \overline{k}_4(6) = \underline{1.227}.$$

Schritt 2:   Core-Algorithmus bei $(K - 1) = 5$ Aufträgen und den Eingaben $\overline{k}_i(5) = \dfrac{5}{N} = 1.25$ und $D_i(5) = 0$ für $i = 1, \ldots, 4$.

Schritt C1: Berechnung der Schätzwerte für die $\overline{k}_i(K - 1)$ aus Gl. (6.5):

$$\overline{k}_i(4) = 4\frac{\overline{k}_i(5)}{5} = \underline{1} \qquad \text{für } i = 1, \ldots, 4.$$

Schritt C2: Analyse des Netzes:

$$\overline{t}_1(5) = \frac{1}{\mu_1}\left[1 + \overline{k}_1(4)\right] = \underline{0.04}, \quad \overline{t}_2(5) = \underline{0.4}, \quad \overline{t}_3(5) = \underline{0.8}, \quad \overline{t}_4(5) = \underline{1.2}.$$

$$\lambda(5) = \frac{5}{\sum_{i=1}^{4} e_i \overline{t}_i(5)} = \underline{10.417}.$$

$$\overline{k}_1(5) = \overline{t}_1(5)\lambda(5)e_1 = \underline{0.417}, \quad \overline{k}_2(5) = \underline{1.667}, \quad \overline{k}_3(5) = \underline{1.667}, \quad \overline{k}_4(5) = \underline{1.25}.$$

Schritt C3: Überprüfen der Abbruchbedingung:

$$\max_i \frac{\left|\overline{k}_i^{(1)}(5) - \overline{k}_i^{(0)}(5)\right|}{5} = \underline{0.133} \;\; > \varepsilon.$$

Die Iteration muß daher mit Schritt C1 fortgesetzt werden.

$$\vdots$$

Um das Ganze abzukürzen, sollen hier die übrigen Iterationen nicht einzeln vorgeführt werden. Nach insgesamt vier Iterationen ist die Abbruchbedingung erfüllt und folgende Ergebnisse stellen sich ein:

$$\overline{t}_1(5) = \underline{0.024}, \qquad \overline{t}_2(5) = \underline{0.495}, \qquad \overline{t}_3(5) = \underline{0.989}, \qquad \overline{t}_4(5) = \underline{1.123}.$$

$$\lambda(5) = \underline{9.405}.$$

$$\overline{k}_1(5) = \underline{0.222}, \qquad \overline{k}_2(5) = \underline{1.861}, \qquad \overline{k}_3(5) = \underline{1.861}, \qquad \overline{k}_4(5) = \underline{1.056}.$$

Schritt 3:   Berechnung der Schätzwerte für die Abweichungen $D_i(K)$ mit Gl. (6.4):

$$D_1(6) = \frac{\overline{k}_1(5)}{5} - \frac{\overline{k}_1(6)}{6} = \frac{0.222}{5} - \frac{0.239}{6} = \underline{4.7 \cdot 10^{-3}},$$

$$D_2(6) = \frac{\overline{k}_2(5)}{5} - \frac{\overline{k}_2(6)}{6} = \underline{-5.7 \cdot 10^{-3}},$$

$$D_3(6) = \frac{\overline{k}_3(5)}{5} - \frac{\overline{k}_3(6)}{6} = \underline{-5.7 \cdot 10^{-3}},$$

$$D_4(6) = \frac{\overline{k}_4(5)}{5} - \frac{\overline{k}_4(6)}{6} = \underline{6.72 \cdot 10^{-3}}.$$

Schritt 4: Core-Algorithmus bei $K = 6$ Aufträgen im Netz mit den $\bar{k}_i(K)$-Werten aus Schritt 1 und den $D_i(K)$-Werten aus Schritt 3 als Inputs.

Schritt C1: Schätzwerte:

$$\bar{k}_1(5) = 5 \cdot \left[\frac{\bar{k}_1(6)}{6} + D_1(6)\right] = \underline{0.222}, \quad \bar{k}_2(5) = \underline{1.861}, \quad \bar{k}_3(5) = \underline{1.861}, \quad \bar{k}_4(5) = \underline{1.056}.$$

Schritt C2: Analyse:

$$\bar{t}_1(6) = \frac{1}{\mu_1}\left[1 + \bar{k}_1(5)\right] = \underline{0.024}, \quad \bar{t}_2(6) = \underline{0.572}, \quad \bar{t}_3(6) = \underline{1.144}, \quad \bar{t}_4(6) = \underline{1.234},$$

$$\lambda(6) = \underline{9.908},$$

$$\bar{k}_1(6) = \bar{t}_1(6)\lambda(6)e_1 = \underline{0.242}, \quad \bar{k}_2(6) = \underline{2.267}, \quad \bar{k}_3(6) = \underline{2.267}, \quad \bar{k}_4(6) = \underline{1.223}.$$

Schritt C3: Abbruchbedingung:

Da die Bedingung $\max\limits_i \dfrac{\left|\bar{k}_i^{(1)}(6) - \bar{k}_i^{(0)}(6)\right|}{6} = \underline{8.128 \cdot 10^{-3}} < \varepsilon$ erfüllt ist, endet das Iterationsverfahren, so daß die obigen Ergebnisse die endgültigen SCAT-Resultate darstellen.

6.1.2.2 Linearizer-Approximation

Die Linearizer-Approximation [CHNE 82] bildete zwar die Grundlage des SCAT-Algorithmus, wurde aber erst zu einem Zeitpunkt veröffentlicht als die Verbesserung dieses Verfahren, der SCAT-Algorithmus, bereits bekannt war. Der einzige Unterschied zwischen diesen beiden Methoden besteht darin, daß beim Linearizer-Algorithmus, im Gegensatz zum vorgestellten SCAT-Algorithmus aus Kap. 6.1.2.1, der Core-Algorithmus bei jeder der Populationen $(\underline{K} - 1_j)$ abschließend mit den verbesserten Eingabewerten noch ein zweites Mal angewendet wird. Danach werden auch die Abweichungen $D_{irs}(\underline{K})$ von neuem berechnet um letztlich den Core-Algorithmus bei Population $\underline{K}$ noch einmal aufzurufen. Da trotz dieser Erweiterung keine wesentlichen Genauigkeitsverbesserungen erzielt werden, ist dieser zusätzliche Aufwand in der Regel nicht gerechtfertigt.

6.1.2.3 SCAT-Algorithmus für Multiple-Server-Netzwerke

Bei der Analyse von Warteschlangennetzen, die zusätzlich noch multiple-server Knoten beinhalten, haben wir in der MWA-Gleichung (5.51) für die mittlere Antwortzeit nicht nur die $\bar{k}_{ir}$-Größen vorliegen, sondern auch noch die bedingten Randwahrscheinlichkeiten $p_i(j|\underline{K} - 1_r)$. In diesem Fall müssen also neben Schätzungen für die $\bar{k}_{ir}(\underline{K} - 1_s)$-Werte obendrein noch Schätzungen für die Wahrscheinlichkeiten $p_i(j|(\underline{K} - 1_r)$ durchgeführt werden.

Der von [NECH 81] vorgeschlagene Ansatz zur Schätzung der Randwahrscheinlichkeiten geht dahin, die Wahrscheinlichkeitsmasse so nahe wie möglich an die mittlere Anzahl von Aufträgen zu legen. Dies bedeutet, wenn z.B. $\bar{k}_i(K-1) = 2.6$ ist, dann wird die Wahrscheinlichkeit, daß sich im Knoten i zwei Aufträge befinden, geschätzt auf $p_i(2|K-1) = 0.4$ und die Wahrscheinlichkeit von 3 Aufträgen im Knoten i auf $p_i(3|K-1) = 0.6$.

Formal wird dieser Ansatz durch die nachfolgenden Formeln dargestellt.

Man definiert:

$$floor_{ir} \; = \; \lfloor \overline{k}_i(\underline{K} - 1_r) \rfloor, \tag{6.6}$$

$$ceiling_{ir} \; = \; floor_{ir} + 1, \tag{6.7}$$

wobei gilt

$$\overline{k}_i = \sum_{s=1}^{R} \overline{k}_{is},$$

und schätzt:

$$p_i(floor_{ir}|\underline{K} - 1_r) = ceiling_{ir} - \overline{k}_i(\underline{K} - 1_r), \tag{6.8}$$

$$p_i(ceiling_{ir}|\underline{K} - 1_r) = 1 - p_i(floor_{ir}|\underline{K} - 1_r), \tag{6.9}$$

$$p_i(j|\underline{K} - 1_r) = 0 \quad \text{für } j < floor_{ir} \text{ und } j > ceiling_{ir}. \tag{6.10}$$

Jetzt muß noch der Core-Algorithmus als Kern des SCAT-Algorithmus geeignet modifiziert werden zur zusätzlichen Analyse von multiple-server Knoten. Dieser modifizierte Core-Algorithmus, der als Eingaben wieder geeignete Schätzungen für die $D_{irs}(\underline{K})$- und $\overline{k}_{ir}(\underline{K})$-Werte benötigt, lautet im einzelnen:

Schritt C1: Berechne für $i = 1, \ldots, N$ und $r, s = 1, \ldots, R$ Schätzungen die Mittelwerte $\overline{k}_{ir}(\underline{K} - 1_s)$ aus Gl. (6.5). Berechne zusätzlich für jeden multiple-server Knoten i Schätzwerte für die Randwahrscheinlichkeiten $p_i(j|\underline{K} - 1_r)$, $j = 0, \ldots, (m_i - 2)$ und $r = 1, \ldots, R$, aus den Gleichungen (6.6) bis (6.10).

Schritt C2: Analysiere das Warteschlangennetz durch Anwendung eines einzelnen Schritts der Mittelwertanalyse mit den Gleichungen (5.58), (5.59) und (5.61).

Schritt C3: Überprüfe die Abbruchbedingung

$$\max_{i,r} \frac{\left| \overline{k}_{ir}^{(n)}(\underline{K}) - \overline{k}_{ir}^{(n-1)}(\underline{K}) \right|}{K_r} < \varepsilon.$$

Ist diese Bedingung nicht erfüllt, dann gehe zurück zu Schritt C1.

Der SCAT-Algorithmus, der dem Core-Algorithmus die als Input benötigten Schätzwerte für die Abweichungen $D_{irs}(\underline{K})$ und die Mittelwerte $\overline{k}_{ir}(\underline{K})$ liefert, unterscheidet sich nur in der Verwendung des modifizierten Core-Algorithmus von dem in Kapitel 6.1.2.1 vorgestellten Algorithmus für Single-Server-Netzwerke:

Schritt 1:   Wende den modifizierten Core-Algorithmus bei Population $\underline{K}$ an, wobei alle D-Werte gleich Null sind.

Schritt 2:   Wende den modifizierten Core-Algorithmus bei jeder der Populationen $(\underline{K} - 1_j)$ an.

Schritt 3:   Berechne die F- und D-Werte aus den obigen Ergebnissen.

Schritt 4:   Wende den modifizierten Core-Algorithmus mit den berechneten F- und D-Werten bei Population $\underline{K}$ an.

Beispiel 6.3

Das geschlossene Netzwerk aus Beispiel 5.9 soll nun mit Hilfe des SCAT-Algorithmus analysiert werden. Das Netz beinhaltet $N = 4$ Knoten und $K = 3$ Aufträge. Die nachfolgende Tabelle faßt die wichtigsten gegebenen Größen für dieses Beispiel zusammen.

i	e_i	$1/\mu_i$	m_i
1	1	0.5	2
2	0.5	0.6	1
3	0.5	0.8	1
4	1	1	∞

Die Analyse des Netzes erfolgt in den angegebenen vier Schritten.

Schritt 1:   Modifizierter Core-Algorithmus bei $K = 3$ Aufträgen im Netz mit den Eingabedaten $\bar{k}_i(K) = K/N = 0.75$ und $D_i(K) = 0$ für $i = 1, \dots, 4$.

Schritt C1: Schätzwerte für die $\bar{k}_i(K - 1)$ aus Gl. (6.5):

$$\bar{k}_i(2) = 2\frac{\bar{k}_i(3)}{3} = \underline{0.5} \quad \text{für } i = 1, \dots, 4.$$

Schätzwert für $p_1(0|K - 1)$:

Da $\quad floor_1 = \lfloor \bar{k}_1(K - 1) \rfloor = \underline{0}$ und $ceiling_1 = floor_1 + 1 = \underline{1}$, erhalten wir:

$$p_1(0|2) = ceiling_1 - \bar{k}_1(2) = \underline{0.5}.$$

Schritt C2: Analyse des Netzes:

$$\bar{t}_1(3) = \frac{1}{\mu_1 m_1}\left[1 + \bar{k}_1(2) + \sum_{j=0}^{m_1-2}(m_1 - j - 1)\cdot p_1(j|2)\right]$$

$$= \frac{1}{\mu_1 m_1}\left[1 + \bar{k}_1(2) + (m_1 - 1)\cdot p_1(0|2)\right] = \underline{0.5},$$

$$\bar{t}_2(3) = \frac{1}{\mu_2}\left[1 + \bar{k}_2(2)\right] = \underline{0.9}, \qquad \bar{t}_3(3) = \frac{1}{\mu_3}\left[1 + \bar{k}_3(2)\right] = \underline{1.2}, \qquad \bar{t}_4(3) = \frac{1}{\mu_4} = \underline{1}.$$

$$\lambda(3) = \frac{3}{\sum_{i=1}^{4} e_i \bar{t}_i(3)} = \underline{1.176}.$$

$$\bar{k}_1(3) = \bar{t}_1(3)\lambda(3)e_1 = \underline{0.588}, \qquad \bar{k}_2(3) = \underline{0.529}, \qquad \bar{k}_3(3) = \underline{0.706}, \qquad \bar{k}_4(3) = \underline{1.176}.$$

Schritt C3: Überprüfen der Abbruchbedingung:

$$\max_i \frac{\left|\bar{k}_i^{(1)}(3) - \bar{k}_i^{(0)}(3)\right|}{3} = \underline{0.142} > \varepsilon = 0.01.$$

Schritt C1: Schätzwerte für die $\bar{k}_i(K - 1)$:

$$\bar{k}_1(2) = 2\cdot\left(\frac{\bar{k}_1(3)}{3}\right) = \underline{0.392}, \quad \bar{k}_2(2) = \underline{0.353}, \quad \bar{k}_3(2) = \underline{0.471}, \quad \bar{k}_4(2) = \underline{0.784}.$$

Schätzwert für $p_1(0|K - 1)$:

Mit $\quad floor_1 = \lfloor \bar{k}_1(K - 1) \rfloor = \underline{0}$ und $ceiling_1 = floor_1 + 1 = \underline{1}$ gilt:

$$p_1(0|2) = ceiling_1 - \bar{k}_1(2) = \underline{0.608}.$$

Schritt C2: Analyse:

Nach insgesamt drei Iterationsschritten erhalten wir folgende Resultate für die mittleren Auftragsanzahlen:

$$\overline{k}_1(3) = \underline{0.603}, \quad \overline{k}_2(3) = \underline{0.480} \quad \overline{k}_3(3) = \underline{0.710}, \quad \overline{k}_4(3) = \underline{1.207}.$$

Schritt 2: Modifizierter Core-Algorithmus bei $(K-1) = 2$ Aufträgen im Netz mit den Eingaben $\overline{k}_i(2) = 2/N = 0.5$ und $D_i(2) = 0$ für $i = 1, \ldots, 4$.

$$\vdots$$

Folgende Ergebnisse für die mittleren Auftragsanzahlen erhält man nach drei Iterationsschritten:

$$\overline{k}_1(2) = \underline{0.430}, \quad \overline{k}_2(2) = \underline{0.296} \quad \overline{k}_3(2) = \underline{0.415}, \quad \overline{k}_4(2) = \underline{0.859}.$$

Schritt 3: Bestimmung der Schätzungen für die F_i- und D_i-Werte mit den Gleichungen (6.3) bzw. (6.4):

$$F_1(3) = \frac{\overline{k}_1(3)}{3} = \underline{0.201}, \quad F_1(2) = \frac{\overline{k}_1(2)}{2} = \underline{0.215},$$

$$F_2(3) = \frac{\overline{k}_2(3)}{3} = \underline{0.160}, \quad F_2(2) = \frac{\overline{k}_2(2)}{2} = \underline{0.148},$$

$$F_3(3) = \frac{\overline{k}_3(3)}{3} = \underline{0.237}, \quad F_3(2) = \frac{\overline{k}_3(2)}{2} = \underline{0.208},$$

$$F_4(3) = \frac{\overline{k}_4(3)}{3} = \underline{0.402}, \quad F_4(2) = \frac{\overline{k}_4(2)}{2} = \underline{0.430}.$$

Damit folgt:

$$D_1(3) = F_1(2) - F_1(3) = \underline{0.014},$$
$$D_2(3) = F_2(2) - F_2(3) = \underline{-0.012},$$
$$D_3(3) = F_3(2) - F_3(3) = \underline{-0.029},$$
$$D_4(3) = F_4(2) - F_4(3) = \underline{0.027}.$$

Schritt 4: Modifizierter Core-Algorithmus bei $K = 3$ Aufträgen im Netz mit den $\overline{k}_i(K)$-Werten aus Schritt 1 und den $D_i(K)$-Werten aus Schritt 3 als Inputs.

Schritt C1: Schätzwerte für die $\overline{k}_i(K-1)$:

$$\overline{k}_1(2) = 2\left[\frac{\overline{k}_1(3)}{3} + D_1(3)\right] = \underline{0.430}, \quad \overline{k}_2(2) = \underline{0.296}, \quad \overline{k}_3(2) = \underline{0.415}, \quad \overline{k}_4(2) = \underline{0.859}.$$

Schätzwert für $p_1(0|2)$:

$$floor_1 = \lfloor \overline{k}_1(2) \rfloor = \underline{0}, \quad ceiling_1 = floor_1 + 1 = \underline{1},$$
$$p_1(0|2) = ceiling_1 - \overline{k}_1(2) = \underline{0.570}.$$

$$\vdots$$

Die Anwendung des Modifizierten Core-Algorithmus produziert nach insgesamt zwei Iterationsschritten letztlich folgende Endresultate:

$$\overline{t}_1(3) = \underline{0.5}, \quad \overline{t}_2(3) = \underline{0.776}, \quad \overline{t}_3(3) = \underline{1.122}, \quad \overline{t}_4(3) = \underline{1},$$
$$\lambda(3) = \underline{1.224},$$
$$\overline{k}_1(3) = \underline{0.612}, \quad \overline{k}_2(3) = \underline{0.475}, \quad \overline{k}_3(3) = \underline{0.687}, \quad \overline{k}_4(3) = \underline{1.224}.$$

6.1.2.4   Erweiterter SCAT-Algorithmus

Die Genauigkeit der Resultate des SCAT-Algorithmus für Multiple-Server-Netzwerke hängt außer von der Schätzformel für die $\overline{k}_{ir}(\underline{K}-1_s)$-Werte zusätzlich noch von der gewählten Approximation der bedingten Randwahrscheinlichkeiten $p_i(j|\underline{K}-1_r)$ ab. Der Ansatz von [NECH 81], die gesamte Wahrscheinlichkeitsmasse auf lediglich zwei benachbarte Werte der mittleren Anzahl von Aufträgen $\overline{k}_i(\underline{K}-1_r)$ zu verteilen, kann nun nicht als realistisch angesehen werden. Denn es wird in keiner Weise berücksichtigt, daß es sich bei den $\overline{k}_i$-Werten um Mittelwerte handelt, so daß in manchen Fällen erhebliche Fehler auftreten können. Ist z.B. $\overline{k}_i(\underline{K}-1_r)=2.6$, so sind die Wahrscheinlichkeiten, daß sich 0, 1, 4 und 5 Aufträge im Knoten befinden auf keinen Fall zu vernachlässigen.

Es treten besonders in denjenigen Fällen gravierende Fehler auf, in denen sich die $\overline{k}_i(\underline{K}-1_r)$-Werte in der Größenordnung der m_i, der Anzahl der identischen Bedieneinheiten im i-ten Knoten bewegen. In diesen Fällen sind nämlich alle relevanten Wahrscheinlichkeiten gleich Null, da die $p_i(j|\underline{K}-1_r)$-Werte bei der Berechnung der mittleren Antwortzeiten nur für $j=0,\ldots,(m_i-2)$ bestimmt werden.

In [AKBO 88A] wurde daher eine verbesserte Approximation der bedingten Wahrscheinlichkeiten vorgeschlagen. Dabei wird der SCAT-Ansatz zur Schätzung der Randwahrscheinlichkeiten genau umgekehrt, d.h. die Wahrscheinlichkeiten werden über einen möglichst breiten Bereich von Auftragsanzahlen gestreut, speziell über den gesamten Bereich $0,\ldots,\overline{k}_i(\underline{K}-1_r),\ldots,2\lfloor\overline{k}_i(\underline{K})\rfloor+1$. Zu diesem Zweck benötigt man die beiden nachfolgenden Funktionen:

Zum einen die Skalierungsfunktion PR:

$$PR(1)=\alpha$$
$$PR(n)=\beta\cdot PR(n-1)\qquad\text{für }n=2,\ldots,max(K_r),$$

wobei von den Autoren für α und β als optimale Werte 45 bzw. 0.7 angegeben werden.

Zum anderen braucht man noch die Gewichtungsfunktion W, die für alle $i=1,\ldots,max(K_r)$ folgendermaßen festgelegt ist:

$$W(0,0)=1,$$
$$W(i,j)=W(i-1,j)-\frac{W(i-1,j)\cdot PR(i)}{100}\qquad\text{für }j=1,\ldots,(i-1),$$
$$W(i,i)=1-\sum_{j=0}^{i-1}W(i,j).$$

Die Werte der Gewichtungsfunktion W sind für $i,j=0,\ldots,5$ in Tabelle 6.1 angegeben.

Neben diesen beiden Funktionen werden zusätzlich noch die Größen $floor$, $ceiling$ und $maxval$ benötigt, wobei $floor$ und $ceiling$ genau wie in den Gleichungen (6.6, 6.7) definiert sind, während für $maxval$ gilt:

$$maxval_{ir}=\min(2floor_{ir}+1,m_i). \tag{6.11}$$

$maxval$ bezeichnet die maximale Streubreite der Wahrscheinlichkeitsmasse.

n	$W(n,0)$	$W(n,1)$	$W(n,2)$	$W(n,3)$	$W(n,4)$	$W(n,5)$
0	1.0					
1	0.55	0.45				
2	0.377	0.308	0.315			
3	0.294	0.240	0.245	0.221		
4	0.248	0.203	0.208	0.187	0.154	
5	0.222	0.181	0.185	0.166	0.138	0.108

Tab. 6.1: Werte der Gewichtungsfunktion W

Zur Berechnung der bedingten Wahrscheinlichkeiten wird nun die Wahrscheinlichkeitsmasse in $(floor_{ir} + 1)$ Zahlenpaare aufgeteilt, wobei die Summe jedes dieser Paare die kombinierte Wahrscheinlichkeitsmasse $W(i,j)$ besitzt.

Mathematisch wird dies wie folgt dargestellt:

- Für $j = 0, \ldots, floor_{ir}$ berechnen sich die bedingten Wahrscheinlichkeiten, daß sich j Aufträge im i-ten Knoten befinden aus:

$$p_i(floor_{ir} - j|\underline{K} - 1_r) = W(floor_{ir}, l\_dist)\frac{upperval - \overline{k}_i(\underline{K} - 1_r)}{upperval - lowerval}, \quad (6.12)$$

$$\text{wobei} \quad l\_dist = floor_{ir} - j,$$
$$upperval = ceiling_{ir} + l\_dist,$$
$$lowerval = floor_{ir} - l\_dist = j.$$

- Für $j = ceiling_{ir}, \ldots, maxval_{ir}$ gilt:
$$p_i(j|(\underline{K} - 1_r)) = W(floor_{ir}, u\_dist) - p_i(floor_{ir} - u\_dist|\underline{K} - 1_r), \quad (6.13)$$
wobei $u\_dist = j - ceiling_{ir}$.

- Für $j > maxval_{ir}$ gilt:
$$p_i(j|\underline{K} - 1_r) = 0.$$

Die Approximation setzt voraus, daß der Wert von $\overline{k}_i(\underline{K} - 1_r)$ stets kleiner als $K_r/2$ ist. Wenn sich daher ein größerer Wert als $(K_r - 1)/2$ einstellt, muß zusätzlich noch sichergestellt werden, daß der Wert von $upperval$ den erlaubten Bereich $0, \ldots, (K_r - 1)$ nicht überschreitet. In diesem Fall wird $upperval$ gleich $(K_r - 1)$ gesetzt. Weitere Details dieses erweiterten SCAT-Verfahrens können bei [AKBO 88A] nachgelesen werden.

Es gibt aber auch noch andere Vorschläge zur Verbesserung des SCAT-Algorithmus für Multiple-Server-Netzwerke. Die wichtigsten Ansätze finden sich bei [HEIN 83], [KRGR 84] und [ZALA 84].

Beispiel 6.4
Wir wollen das Netzwerk aus Abb. 6.1 mit Hilfe des SCAT-Algorithmus analysieren, wobei wir zur Berechnung der Randwahrscheinlichkeiten das verbesserte Verfahren von [AKBO 88A] verwenden wollen.
Die Bedienzeit eines Auftrags im i-ten Knoten ($i = 1, 2$) ist exponentiell verteilt mit dem Mittelwert $1/\mu_i$ und den Raten $\mu_1 = 0.5$ und $\mu_2 = 1$. Die Warteschlangendisziplin ist FCFS bzw. IS. Die Anzahl der Aufträge im System beträgt $K = 3$. Es gilt: $e_1 = e_2 = 1$.

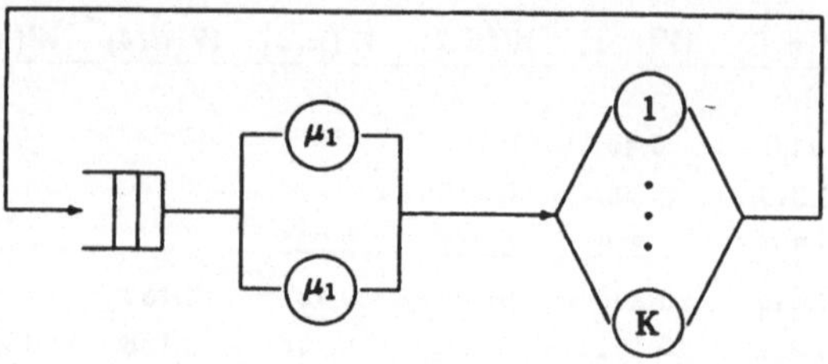

Abb. 6.1: Ein einfaches Mehrprozessorsystem

Schritt 1: Modifizierter Core-Algorithmus bei $K = 3$ Aufträgen im Netz mit den Eingaben $\bar{k}_i(K) = K/N = 1.5$ und $D_i(K) = 0$ für $i = 1, 2$.

Schritt C1: Schätzwerte für die $\bar{k}_i(2)$ aus Gl. (6.5):

$$\bar{k}_i(2) = 2 \cdot \left(\frac{\bar{k}_i(3)}{3} \right) = \underline{1}, \qquad i = 1, 2.$$

Schätzwert für $p_1(0|K - 1)$:
Da gilt:

$$floor_1 = \lfloor \bar{k}_1(2) \rfloor = \underline{1},$$
$$ceiling_1 = floor_1 + 1 = \underline{2},$$
$$maxval_1 = \min(2 \cdot floor_1 + 1, m_1) = \underline{2},$$

wird $p_1(0|2)$ mit

$$l\_dist = floor_1 - 0 = \underline{1}, \quad upperval = ceiling_1 + 1 = \underline{3}, \quad lowerval = floor_1 - 1 = \underline{0},$$

aus Gl. (6.12) bestimmt:

$$p_1(0|2) = W(1,1) \cdot \frac{3 - \bar{k}_i(2)}{3} = \underline{0.3}.$$

Schritt C2: Analyse des Netzes:

$$\vdots$$

Nach vier Iterationsschritten erhalten wir die Resultate:

$$\bar{k}_1(3) = \underline{2.187}, \qquad \bar{k}_2(3) = \underline{0.813}.$$

Schritt 2: Modifizierter Core-Algorithmus bei $K = 2$ Aufträgen mit den Eingaben $\bar{k}_i(2) = 1$ und $D_i(2) = 0$ für $i = 1, 2$.

Schritt C1: Schätzwerte für die $\bar{k}_i(1)$:

$$\bar{k}_i(1) = \left(\frac{\bar{k}_i(2)}{2} \right) = \underline{0.5}, \qquad i = 1, 2.$$

Schätzwert für $p_1(0|1)$:
Mit

$$floor_1 = \lfloor \bar{k}_1(1) \rfloor = \underline{0},$$
$$ceiling_1 = floor_1 + 1 = \underline{1},$$
$$maxval_1 = \min(2 \cdot floor_1 + 1, m_1) = \underline{1},$$

bestimmen wir

$$l\_dist = \underline{0}, \quad upperval = \underline{1}, \quad lowerval = \underline{0},$$

und damit aus Gl. (6.12):

$$p_1(0|1) = W(0,0) \cdot \frac{1 - \bar{k}_1(1)}{1} = \underline{0.5}.$$

Schritt C2: Analyse des Netzes:

$\vdots$

Nach zwei Iterationsschritten erhalten wir die Ergebnisse:

$$\overline{k}_1(2) = \underline{1.333}, \qquad \overline{k}_2(3) = \underline{0.667}.$$

Schritt 3: Schätzung der Abweichungen (Gl. 6.4):

$$D_1(3) = F_1(2) - F_1(3) = \underline{-0.062}, \qquad D_2(3) = F_2(2) - F_2(3) = \underline{0.062}.$$

Schritt 4: Modifizierter Core-Algorithmus bei $K = 3$ Aufträgen im Netz:

Schritt C1: Schätzwerte für die $\overline{k}_i(2)$:

$$\overline{k}_1(2) = \underline{1.333}, \qquad \overline{k}_2(2) = \underline{0.667}.$$

Schätzwert für $p_1(0|2)$:

Mit

$$floor_1 = \lfloor \overline{k}_1(2) \rfloor = \underline{1}, \quad ceiling_1 = \underline{2}, \quad maxval_1 = \underline{2},$$

bestimmen wir

$$l\_dist = \underline{1}, \qquad upperval = \underline{3}, \qquad lowerval = \underline{0},$$

und somit

$$p_1(0|2) = W(1,1) \cdot \frac{3 - \overline{k}_1(2)}{3} = \underline{0.25}.$$

Schritt C2: Analyse:

$\vdots$

Nach zwei Iterationsschritten erhalten wir die endgültigen Resultate

$$\overline{t}_1(3) = \underline{2.57}, \quad \overline{t}_2(3) = \underline{1}, \quad \lambda(3) = \underline{0.84}, \quad \overline{k}_1(3) = \underline{2.16}, \quad \overline{k}_2(3) = \underline{0.84}.$$

Ein Vergleich mit den exakten Werten zeigt die Genauigkeit des Verfahrens für dieses Beispiel:

$$\overline{t}_1(3) = \underline{2.45}, \quad \overline{t}_2(3) = \underline{1}, \quad \lambda(3) = \underline{0.87}, \quad \overline{k}_1(3) = \underline{2.13}, \quad \overline{k}_2(3) = \underline{0.87}.$$

Mit dem SCAT-Algorithmus aus Kapitel 6.1.2.3 erhält man folgende Resultate:

$$\overline{t}_1(3) = \underline{3}, \quad \overline{t}_2(3) = \underline{1}, \quad \lambda(3) = \underline{0.75}, \quad \overline{k}_1(3) = \underline{2.25}, \quad \overline{k}_2(3) = \underline{0.75}.$$

Aufgabe 6.1
Lösen Sie Aufgabe 5.3 mit dem Bard-Schweitzer- und dem SCAT-Algorithmus!

Aufgabe 6.2
Lösen Sie Aufgabe 5.4 mit dem SCAT- und dem erweiterten SCAT-Algorithmus!

6.2   Summationsmethode

Das Konzept der Summationsmethode basiert darauf, jeden einzelnen Knoten eines zu untersuchenden Warteschlangennetzes durch den Zusammenhang zwischen der mittleren Anzahl von Aufträgen im Knoten und dem Durchsatz durch diesen Knoten zu charakterisieren. Dieser Zusammenhang kann funktional wie folgt dargestellt werden:

$$\overline{k}_i = f_i(\lambda_i). \tag{6.14}$$

Die Funktion f_i hat für Knoten mit lastunabhängigen Bedienraten folgende Eigenschaften:

- Wegen $0 \leq \rho_i \leq 1$ ergibt sich der Definitionsbereich zu $0 \leq \lambda_i \leq m_i\mu_i$.

  Für IS-Knoten gilt speziell:$0 < \lambda_i \leq K \cdot \mu_i$, da $\overline{k}_i = \dfrac{\lambda_i}{\mu_i}$ und $\overline{k}_i \leq K$.

- $f_i(\lambda_i) \leq f(\lambda_i + \Delta\lambda_i)$ für $\Delta\lambda_i > 0$, d.h. f_i ist streng monoton steigend mit λ_i.

- $f_i(0) = 0$.

Die Monotonie ist bei Knoten mit lastabhängigen Bedienraten im allgemeinen nicht gegeben und muß im Einzelfall überprüft werden. Bei multiple-server Knoten bleibt die Monotonie jedoch erhalten.

Zur Analyse von Produktformnetzen wurden in [BFS 87] folgende Formeln vorgeschlagen:

$$\overline{k}_i = \begin{cases} \dfrac{\rho_i}{1 - \dfrac{K-1}{K}\rho_i} & \text{für Typ-1,2,4 Knoten} \\ & \qquad (m_i = 1) \\[2ex] m_i\rho_i + \dfrac{\rho_i}{1 - \dfrac{K - m_i - 1}{K - m_i}\rho_i} \cdot P_{m_i} & \text{für Typ-1 Knoten} \\ & \qquad (m_i > 1) \\[2ex] \dfrac{\lambda_i}{\mu_i} & \text{für Typ-3 Knoten.} \end{cases} \qquad (6.15)$$

Die Auslastung ρ_i berechnet sich aus Gl. (2.107) und die Wartewahrscheinlichkeit P_{m_i} aus Gl. (2.75), wobei letztere nach [BOLC 83] auch wie folgt geschätzt werden kann:

$$P_{m_i} = \begin{cases} \dfrac{\rho_i^{m_i} + \rho_i}{2} & \text{für } \rho_i > 0.7 \\[2ex] \rho_i^{\frac{m_i+1}{2}} & \text{für } \rho_i < 0.7. \end{cases} \qquad (6.16)$$

Zu beachten ist, daß Gl. (6.15) nur für Typ-3 Knoten exakte Ergebnisse liefert, während die Formeln für die anderen Knotentypen geeignete Approximationen darstellen. Die approximative Formel für Typ-1 (M/M/1), Typ-2 und Typ-4 Knoten leitet sich dabei aus Gl. (2.63), $\overline{k}_i = \rho_i/(1 - \rho_i)$, und der Einführung eines Korrekturfaktors $(K-1)/K$ ab. Der Korrekturfaktor ist motiviert durch die Tatsache, daß sich bei Auslastung $\rho_i = 1$ alle K Aufträge des Netzes genau beim Knoten i aufhalten, d.h. für $\rho_i = 1$ gilt $\overline{k}_i = K$. Die Idee des Korrekturfaktors findet auch bei der Formel für Typ-1 (M/M/m) Knoten Verwendung unter Berücksichtigung der Gleichung (2.76) und (2.61).

Wenn wir davon ausgehen, daß die Funktionen f_i für alle Knoten i eines geschlossenen Netzes gegeben sind, dann kann man durch Summation über alle Knoten des Netzes aus den einzelnen Funktionsgleichungen die Systemgleichung für das gesamte Netz gewinnen:

$$\sum_{i=1}^{N} \overline{k}_i = \sum_{i=1}^{N} f_i(\lambda_i) = K. \qquad (6.17)$$

Hieraus läßt sich mit der Beziehung $\lambda_i = \lambda \cdot e_i$ eine Gleichung zur Bestimmung des Gesamtdurchsatzes λ des Netzes angeben:

$$\sum_{i=1}^{N} f_i(\lambda \cdot e_i) = g(\lambda) = K. \tag{6.18}$$

Ein Algorithmus zur Bestimmung von λ mit Hilfe der Gleichung (6.18) kann jetzt wegen der Monotonie von $f_i(\lambda_i)$ z.B. das nachfolgend beschriebene Aussehen haben:

Schritt 1:   Initialisierung:

Wähle $\lambda_u = 0$ als untere Grenze für den Durchsatz und $\lambda_o = \min_i \left\{ \dfrac{\mu_i m_i}{e_i} \right\}$ als obere Durchsatzgrenze. Für $M/G/\infty$-Knoten muß m_i durch K ersetzt werden.

Schritt 2:   Intervallschachtelung zur Bestimmung von λ:

   Schritt 2.1:   Setze $\lambda = \dfrac{\lambda_u + \lambda_o}{2}$.

   Schritt 2.2:   Bestimme $g(\lambda) = \sum_{i=1}^{N} f_i(\lambda \cdot e_i)$, wobei die einzelnen Funktionen $f_i(\lambda \cdot e_i)$ aus Gl. (6.15) unter Berücksichtigung von Gl. (6.14) ermittelt werden.

   Schritt 2.3:   Ist $g(\lambda) = K \pm \epsilon$, dann endet das Verfahren und die Leistungsgrößen des Netzes können mit den bekannten Formeln berechnet werden. ϵ gibt einen geeigneten Toleranzbereich an.

   Ist $g(\lambda) > K$, dann setze $\lambda_o = \lambda$ und gehe zurück zu Schritt 2.1.

   Ist $g(\lambda) < K$, dann setze $\lambda_u = \lambda$ und fahre ebenfalls mit Schritt 2.1 fort.

Die Vorteile der Summationsmethode liegen in der einfachen Berechnung der Leistungsgrößen und in der Tatsache, daß bei Verwendung geeigneter Funktionen f_i die Anzahl der Aufträge K und die Anzahl der Bedieneinheiten m_i den Rechenaufwand nicht beeinflussen. Die Methode ist bei Angabe geeigneter Funktionen $f_i(\lambda_i)$ auch zur approximativen Analyse geschlossener Nichtproduktformnetze verwendbar (Kap. 7.1.6). Ebenso können Netze mit mehreren Auftragsklassen untersucht werden[HUET 89]. In [BFS 87, AKBO 88B] ist desweiteren gezeigt, daß sich das der Summationsmethode zugrundeliegende Konzept sehr gut zur Behandlung von Optimierungsproblemen eignet.

Wir wollen die Anwendung der Summationsmethode abschließend noch an einem Beispiel demonstrieren.

Beispiel 6.5

Es soll das Beispiel 5.9 aus Kapitel 5.3.2.1 hier noch einmal durchgeführt werden um einen Vergleich zwischen den exakten Werten und den mit der Summationsmethode errechneten Resultaten zu ermöglichen. Die wichtigsten gegebenen Größen des Beispielnetzwerkes sind in der nachfolgenden Tabelle noch einmal zusammengefaßt.

i	e_i	$1/\mu_i$	m_i
1	1	0.5	2
2	0.5	0.6	1
3	0.5	0.8	1
4	1	1	∞

Zur Analyse gehen wir in den angegebenen Schritten vor:

Schritt 1: Initialisierung:

$$\lambda_u = \underline{0} \quad \text{und} \quad \lambda_o = \min_i \left\{ \frac{m_i \mu_i}{e_i} \right\} = \underline{2.5}.$$

Schritt 2: Intervallschachtelung:

Schritt 2.1: $\lambda = \dfrac{\lambda_u + \lambda_o}{2} = \underline{1.25}.$

Schritt 2.2: Berechnung der Funktionen $f_i(\lambda_i)$ für $i = 1, 2, 3, 4$ mit Gl. (6.15). Für den M/M/2-Knoten 1 gilt:

$$\rho_1 = \frac{\lambda \cdot e_1}{\mu_1 \cdot m_1} = \underline{0.3125} \quad \text{sowie} \quad P_{m_1} = \underline{0.238} \quad (\text{Gl. 2.75}),$$

und daher

$$f_1(\lambda_1) = 2\rho_1 + \rho_1 P_{m_1} = \underline{0.664}.$$

Außerdem:

$$f_2(\lambda_2) = \frac{\rho_2}{1 - \frac{2}{3}\rho_2} = \underline{0.5} \quad \text{mit } \rho_2 = \underline{0.375},$$

$$f_3(\lambda_3) = \frac{\rho_3}{1 - \frac{2}{3}\rho_3} = \underline{0.75} \quad \text{mit } \rho_2 = \underline{0.5},$$

$$f_4(\lambda_4) = \frac{\lambda_4}{\mu_4} = \underline{1.25}.$$

Damit ergibt sich:

$$g(\lambda) = \sum_{i=1}^{N} f_i(\lambda_i) = \underline{3.194}.$$

Schritt 2.3: Überprüfung der Abbruchbedingung.
Da $g(\lambda) > K$ ist, wird $\lambda_o = \lambda = 1.25$ gesetzt und fortgefahren mit

Schritt 2.1:

$$\lambda = \frac{\lambda_u + \lambda_o}{2} = \underline{0.625}.$$

Schritt 2.2:

$$f_1(\lambda_1) = 2\rho_1 + \rho_1 P_{m_1} = \underline{0.323} \qquad \text{mit } \rho_1 = \underline{0.156} \text{ und } P_{m_1} = \underline{0.271},$$
$$f_2(\lambda_2) = \underline{0.214} \qquad \text{mit } \rho_2 = \underline{0.1875},$$
$$f_3(\lambda_3) = \underline{0.3} \qquad \text{mit } \rho_3 = \underline{0.25},$$
$$f_4(\lambda_4) = \underline{0.625}.$$

Es folgt:

$$g(\lambda) = \sum_{i=1}^{4} f_i(\lambda_i) = \underline{1.494}.$$

Schritt 2.3: Da $g(\lambda) < K$ ist, wird $\lambda_u = \lambda = 0.625$ gesetzt.

Schritt 2.1:

$$\lambda = \frac{\lambda_u + \lambda_o}{2} = \frac{0.625 + 1.25}{2} = \underline{0.9375}.$$

$$\vdots$$

Schritt	0	1	2	3	4	5	6	7	8	9	10	11
λ_u	0	0	0.625	0.9375	1.094	1.172	1.172	1.172	1.182	1.182	1.184	1.185
λ_o	2.5	1.25	1.25	1.25	1.25	1.25	1.211	1.192	1.192	1.187	1.187	1.187

Tab. 6.2: Intervallgrenzen für Beispiel 6.5

Diese Vorgehensweise wiederholt sich so lange, bis der Wert von $g(\lambda)$ gleich der Auftragsanzahl K ist. Zur Veranschaulichung der Intervallschachtelung ist die Folge der λ_u bzw. λ_o in Tabelle 6.2 aufgezeigt:

Als Ergebnis für den Gesamtdurchsatz des Netzes ergibt sich somit $\lambda = \underline{1.186}$.
Die Durchsätze der einzelnen Knoten lauten:

$$\lambda_1 = \lambda \cdot e_1 = \underline{1.186}, \quad \lambda_2 = \underline{0.593}, \quad \lambda_3 = \underline{0.593}, \quad \lambda_4 = \underline{1.186}.$$

Für die mittlere Anzahl der Aufträge gilt (Gl. 6.14):

$$\overline{k}_1 = f_1(\lambda_1) = \underline{0.653}, \quad \overline{k}_2 = \underline{0.467}, \quad \overline{k}_3 = \underline{0.694}, \quad \overline{k}_4 = \underline{1.186}.$$

Berechnet man den relativen Fehler mit der Formel:

$$\text{Abweichung} = \frac{|\text{exakter Wert} - \text{berechneter Wert}|}{\text{exakter Wert}} \cdot 100,$$

so ergibt sich für das Beispiel ein Fehler für den Gesamtdurchsatz von 2.6%. Ausführliche Untersuchungen der Genauigkeit der Summationsmethode zeigten, daß die Abweichungen im Mittel bei 5% liegen, ein maximaler Fehler von 15% aber nie überschritten wird. Es ist aber zu erwarten, daß sich die Ergebnisse noch weiter verbessern lassen, wenn geeignetere Funktionen f_i gefunden werden.

Aufgabe 6.3
Lösen Sie die Aufgabe 5.3 und 5.4 mit der Summationsmethode!

6.3 Grenzwertanalyse

Eine andere Möglichkeit zur Aufwandsreduzierung bei der Analyse von Warteschlangenmodellen besteht darin, anstatt exakter Lösungen lediglich obere und untere Grenzen für die Leistungsgrößen eines Warteschlangenmodells zu bestimmen. Die „Asymptotische Analyse" und die „Balanced-Job-Bound Analyse", die wir in diesem Kapitel kennenlernen werden, sind zwei Verfahren mit denen anhand einfacher Gleichungen solche Grenzen berechnet werden können. Zum einen werden Grenzwerte für den Systemdurchsatz und zum anderen Grenzwerte für die mittlere Antwortzeit bestimmt. Den größtmöglichen Durchsatz und die kleinstmögliche Antwortzeit eines Netzes bezeichnet man dabei als die *optimistischen Grenzen* und den kleinstmöglichen Durchsatz bzw. die größtmögliche Antwortzeit als die *pessimistischen Grenzen*. Es gilt:

$$\lambda_{\text{pes}} \leq \lambda \leq \lambda_{\text{opt}}$$
$$\text{bzw. } \overline{t}_{\text{opt}} \leq \overline{t} \leq \overline{t}_{\text{pes}}.$$

Hieraus können mit den bekannten Formeln die Grenzen für weitere Leistungsgrößen wie Einzeldurchsätze, Auslastungen etc. gewonnen werden.

Wir wollen bei der Analyse zwischen drei Netzwerkmodellen unterscheiden.

- Modell A beschreibt ein geschlossenes Netz, das keine Terminalknoten enthält.

- Modell B beschreibt ein geschlossenes Netz mit Terminalknoten (Infinite Server Knoten).

- Modell C beschreibt ein beliebiges offenes Netz.

Unsere Betrachtungen bleiben dabei auf Netze mit nur einer Auftragsklasse beschränkt. Es existieren zwar Verallgemeinerungen auf mehrere Auftragsklassen, auf deren Darstellung wir hier jedoch bewußt verzichten wollen, weil dadurch die angestrebte Einfachheit der Lösungsmethoden verlorengeht.

6.3.1   Asymptotische Analyse

Die Asymptotische Analyse (ABA) [MuWo 74B,Klei 76,DeBu 78] liefert obere Grenzen für den Systemdurchsatz und untere Grenzen für die mittlere Antwortzeit eines Warteschlangenmodells, also die optimistischen Grenzen. Die einzige Bedingung, die hierbei an das Modell gestellt wird, ist die, daß die Bedienraten unabhängig von der Anzahl der Aufträge im Knoten oder im Netz sein müssen. Als Eingaben benötigt das ABA-Verfahren die maximale relative Auslastung aller Nicht-IS-Knoten im Netz, x_{max}, und die Summe der relativen Auslastungen dieser Knoten, x_{sum}. Es gilt:

$$x_{\mathrm{max}} = \max_i(x_i) \qquad \text{bzw.} \qquad x_{\mathrm{sum}} = \sum_i x_i,$$

wobei die relative Auslastung x_i in Gl. (2.91) definiert ist. Die relative Auslastung der infinite-server Knoten (Denkzeiten an den Terminals) wird mit Z bezeichnet.

Wir betrachten zunächst den Fall offener Netze (Modell C):

Aus der bekannten Formel für die Auslastung $\rho_i = \lambda_i/\mu_i$ folgt mit $\lambda_i = \lambda \cdot e_i$ die Gültigkeit der Beziehung

$$\rho_i = \lambda \cdot x_i. \tag{6.19}$$

Da kein Knoten im Netz eine größere Auslastung als Eins haben kann, ergibt sich die obere Grenze für den Durchsatz im offenen Netz als die maximal mögliche Ankunftsrate $\lambda_{\mathrm{sat}} = 1/x_{\mathrm{max}}$, bei der das Netz nicht instabil wird. Für jede Ankunftsrate kleiner als λ_{sat} arbeitet das System also noch zufriedenstellend, während eine erhöhte Ankunftsrate vom System nicht mehr verkraftet werden kann. λ_{sat} ist demnach die kleinste Ankunftsrate bei der einer der Knoten des Netzes gerade vollständig ausgelastet ist. Derjenige Knoten, der als erstes ausgelastet ist, ist jener mit der größten relativen Auslastung x_{max}. Für diesen sogenannten „Engpaßknoten" gilt $\rho_{\mathrm{max}} = \lambda \cdot x_{\mathrm{max}} \leq 1$ und die optimistische Grenze für den Durchsatz lautet somit:

$$\lambda \leq \frac{1}{x_{\mathrm{max}}}. \tag{6.20}$$

Zur Bestimmung der optimistischen Grenze für die mittlere Antwortzeit im offenen
Modell geht man von der Annahme aus, daß im bestmöglichen Fall kein Auftrag
im Netz durch einen anderen Auftrag behindert wird. Unter dieser Voraussetzung
entstehen keine Wartezeiten für die einzelnen Aufträge im Netz. Weil die relative
Auslastung $x_i = e_i/\mu_i$ eines Knotens angibt, wie lange ein Auftrag insgesamt von
diesem Knoten bedient wird, ergibt sich also die mittlere Systemantwortzeit ganz
einfach als die Summe der relativen Auslastungen der einzelnen Knoten. Für die
optimistische Grenze erhalten wir somit:

$$\bar{t} \geq x_{\text{sum}}. \tag{6.21}$$

Bei der Bestimmung der Asymptotischen Grenzen für geschlossene Netze beschrän-
ken wir unsere Betrachtungen auf solche Netze, die Terminalknoten beinhalten
(Modell B). Aus den hierbei gewonnenen Ergebnissen können durch Nullsetzen der
Denkzeiten Z an den Terminals leicht die Resultate für Netze ohne Terminalknoten
(Modell A) abgeleitet werden.

Die Grenzen werden durch Untersuchung des Netzwerkverhaltens auf der einen Seite
bei schwacher und auf der anderen Seite bei starker Belastung bestimmt. Wir beginnen mit der Annahme, es befinden sich sehr viele Aufträge im Netz. Je größer dabei
die Auftragsanzahl K ist, desto höher ist auch die Auslastung der einzelnen Knoten.
Der maximal mögliche Durchsatz des Gesamtsystems wird wegen der Gültigkeit von

$$\rho_i(K) = \lambda(K)x_i \leq 1$$

durch jeden einzelnen Knoten des Netzes eingeschränkt, am stärksten durch den
Engpaßknoten. Es gilt also ähnlich wie bei den offenen Modellen:

$$\lambda(K) \leq \frac{1}{x_{\text{max}}}.$$

Nehmen wir nun an, es befinden sich sehr wenige Aufträge im Netz. Dann ergibt
sich im Extremfall $K = 1$ der Systemdurchsatz zu $1/(x_{\text{sum}} + Z)$. Bei $K = 2, 3, \ldots$
Aufträgen im Netz ist der Durchsatz stets genau dann am größten, wenn jeder
einzelne Auftrag nicht durch die anderen Aufträge im Netz behindert wird. In diesem
Fall gilt: $\lambda(K) = K/(x_{\text{sum}} + Z)$.

Diese Beobachtungen werden zu den folgenden Asymptotischen Grenzen für den
Systemdurchsatz zusammengefaßt:

$$\lambda(K) \leq \min\left(\frac{1}{x_{\text{max}}}; \frac{K}{x_{\text{sum}} + Z}\right). \tag{6.22}$$

Zur Bestimmung der Grenzen für die mittlere Antwortzeit $\bar{t}(K)$, also der Gesamtheit
der Zeit, die ein Auftrag im Mittel bei den einzelnen Knoten des Netzes (außer den
Terminals) verbringt, formen wir Gl. (6.22) mit Hilfe des Little'schen Gesetzes um:

$$\frac{K}{\bar{t}(K) + Z} \leq \min\left(\frac{1}{x_{\text{max}}}; \frac{K}{x_{\text{sum}} + Z}\right),$$

woraus folgt:

$$\max\left(x_{\max};\,\frac{x_{\mathrm{sum}}+Z}{K}\right) \leq \frac{\bar{t}(K)+Z}{K}$$

oder $\max(x_{\mathrm{sum}};\,K\cdot x_{\max}-Z) \leq \bar{t}(K).$ (6.23)

In Tabelle 6.3 sind die Asymptotischen Grenzen für alle drei Modelltypen zusammengefaßt.

	Modelltyp	ABA-Grenzen
λ	A	$\lambda(K) \leq \min\left(\dfrac{K}{x_{\mathrm{sum}}};\,\dfrac{1}{x_{\max}}\right)$
	B	$\lambda(K) \leq \min\left(\dfrac{K}{x_{\mathrm{sum}}+Z};\,\dfrac{1}{x_{\max}}\right)$
	C	$\lambda \leq \dfrac{1}{x_{\max}}$
$\bar{t}$	A	$\bar{t}(K) \geq \max\left(x_{\mathrm{sum}};\,K\cdot x_{\max}\right)$
	B	$\bar{t}(K) \geq \max\left(x_{\mathrm{sum}};\,K\cdot x_{\max}-Z\right)$
	C	$\bar{t} \geq x_{\mathrm{sum}}$

Tab. 6.3: Zusammenfassung der ABA-Grenzen

Beispiel 6.6

Als Beispiel zur Anwendung der Asymptotischen Analyse betrachten wir das geschlossene Warteschlangennetz aus Abb. 6.2, von dem wir voraussetzen, daß es Produktform besitzt. Im System befinden sich $K = 20$ Aufträge. Die mittleren Bedienzeiten betragen $\dfrac{1}{\mu_1} = 4.6$, $\dfrac{1}{\mu_2} = 8$, $\dfrac{1}{\mu_3} = 120 = Z$. Für die Besuchshäufigkeit gilt: $e_1 = 2$, $e_2 = e_3 = 1$.

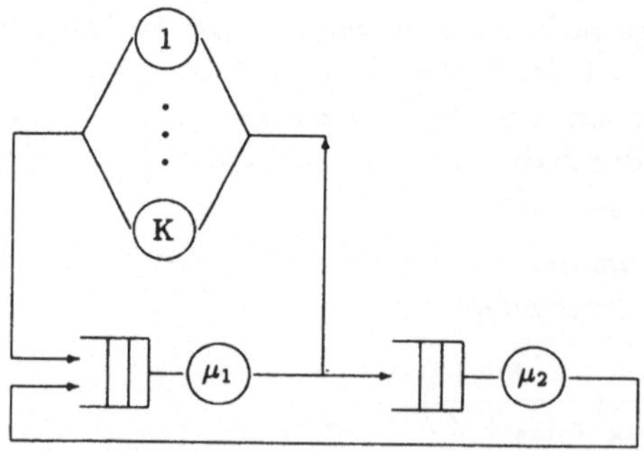

Abb. 6.2: Ein Teilnehmerbetrieb

Wir bestimmen zunächst

$$x_{\max} = \max\left(\frac{e_1}{\mu_1},\frac{e_2}{\mu_2}\right) = \underline{9.2},$$

$$x_{\mathrm{sum}} = \frac{e_1}{\mu_1} + \frac{e_2}{\mu_2} = \underline{17.2},$$

$$Z = \frac{e_3}{\mu_3} = \underline{120},$$

woraus jetzt sofort mit Tab. 6.3 die Asymptotischen Grenzen ermittelt werden können.

Durchsatz:

$$\lambda(K) \leq \min\left(\frac{K}{x_{sum} + Z}; \frac{1}{x_{max}}\right) = \min\left(\frac{20}{137.2}; \frac{1}{9.2}\right) = \underline{0.109}.$$

Antwortzeit:

$$\bar{t}(K) \geq \max(x_{sum}; K \cdot x_{max} - Z) = \max(17.2; 64) = \underline{64}.$$

Hieraus lassen sich die Grenzen weiterer Leistungsgrößen berechnen. Mit der Formel $\rho_i = \lambda \cdot x_i$ ergeben sich beispielsweise die oberen Grenzen für die Auslastung zu $\rho_1 \leq 1$ bzw. $\rho_2 \leq 0.87$. Die exakten Werte für den Durchsatz und die Antwortzeit dieses Beispiels lauten zum Vergleich: $\lambda(K) = \underline{0.100}$ bzw. $\bar{t}(K) = \underline{80.28}$.

6.3.2 Balanced-Job-Bound Analyse

Mit dem Balanced-Job-Bound Verfahren (BJB) [ZSEG 82] können sowohl obere als auch untere Grenzen für den Systemdurchsatz und die mittlere Antwortzeit von Produktformnetzen bestimmt werden. Hierbei werden im allgemeinen genauere Ergebnisse erzielt als sie mit dem ABA-Verfahren möglich sind.

Wir wollen die Herleitung der BJB-Grenzen nur für geschlossene Netze vom Modelltyp A explizit demonstrieren. Die Herleitung der Grenzen für die beiden anderen Modelltypen erfolgt ganz ähnlich und sei dem Leser als Übung empfohlen.

Bei der BJB-Analyse geht man von sogenannten ausgeglichenen oder balancierten Netzen aus. Dies sind Netze, in denen die relativen Auslastungen bei allen Knoten gleich groß sind, d.h. es gilt $x_1 = \ldots = x_N = x$. Der Durchsatz eines balancierten Netzes berechnet sich daher mit Little zu:

$$\lambda(K) = \frac{K}{\sum_{i=1}^{N} \bar{t}_i(K)}.$$

$\bar{t}_i(K)$ bezeichnet die mittlere Antwortzeit beim j-ten Knoten, wenn sich K Aufträge im Netz befinden. Für Produktformnetze gilt nach [RELA 80]:

$$\bar{t}_i(K) = \left[1 + \bar{k}_i(K-1)\right] \cdot x.$$

Faßt man beide obigen Gleichungen zusammen, so erhalten wir

$$\lambda(K) = \frac{K}{\displaystyle\sum_{i=1}^{N} \left[1 + \bar{k}_i(K-1)\right] \cdot x} = \frac{K}{(N + K - 1) \cdot x}. \tag{6.24}$$

Die Gleichung (6.24) zur Bestimmung des Durchsatzes von balancierten Netzen kann nun zur Bestimmung der Durchsatzgrenzen beliebiger Produktformnetze verwendet werden. Hierzu wird mit x_{min} und x_{max} die minimale bzw. maximale relative Auslastung eines Einzelknotens im Netz bezeichnet. Die Grundidee der BJB-Analyse besteht dabei darin, ein zu untersuchendes Netz durch zwei benachbarte balancierte Netze einzugrenzen: Durch ein „optimistisches" Netz, in welchem für alle Knoten die gleiche relative Auslastung x_{min} angenommen wird und durch ein „pessimistisches" Netz mit relativer Auslastung x_{max} für alle Knoten. Mit Gl. (6.24) folgt also für die BJB-Durchsatzgrenzen:

$$\frac{K}{(N+K-1)}\cdot\frac{1}{x_{max}} \leq \lambda(K) \leq \frac{K}{(N+K-1)}\cdot\frac{1}{x_{min}}. \tag{6.25}$$

Entsprechend gilt für die Grenzen der mittleren Antwortzeit nach Anwendung von Little's Gesetz:

$$(N+K-1)\cdot x_{min} \leq \bar{t}(K) \leq (N+K-1)\cdot x_{max}. \tag{6.26}$$

Die optimistischen Grenzen können aber noch verbessert werden, wenn man berücksichtigt, daß von allen Systemen mit relativer Gesamtauslastung x_{sum}, dasjenige den höchsten Durchsatz hat, bei dem die relativen Auslastungen aller Knoten gleich groß sind, d.h. $x_i = x_{sum}/N$ für alle i. Bezeichnet man mit $x_{ave} = x_{sum}/N$ die durchschnittliche relative Auslastung der einzelnen Knoten des Netzes, so erhält man hiermit folgende verbesserte optimistischen Grenzen:

$$\lambda(K) \leq \frac{K}{K+N-1}\cdot\frac{1}{x_{ave}} = \frac{K}{x_{sum}+(K-1)x_{ave}} \tag{6.27}$$

bzw.

$$x_{sum} + (K-1)x_{ave} \leq \bar{t}(K). \tag{6.28}$$

Das optimistische Netz (das Netz mit dem größten Durchsatz) beinhaltet demnach $N = x_{sum}/x_{ave}$ Knoten mit relativer Auslastung x_{ave}. Analog dazu beinhaltet von allen Systemen mit relativer Gesamtauslastung x_{sum} und maximaler relativer Auslastung x_{max} das System mit dem geringsten Durchsatz insgesamt x_{sum}/x_{max} Knoten mit relativer Auslastung x_{max}. Verbesserte pessimistische Grenzen sind daher:

$$\frac{K}{K+\dfrac{x_{sum}}{x_{max}}-1}\cdot\frac{1}{x_{max}} = \frac{K}{x_{sum}+(K-1)x_{max}} \leq \lambda(K). \tag{6.29}$$

bzw.

$$\bar{t}(K) \leq x_{sum} + (K-1)x_{max}. \tag{6.30}$$

Ein ähnlicher Weg führt zu den Ungleichungen für offene Netze. In Tabelle 6.4 sind die BJB-Grenzen für alle drei Modelltypen zusammenfassend angegeben. Die Gleichungen für beide geschlossenen Modelltypen sind identisch, wenn für Z der Wert 0 eingesetzt wird.

Beispiel 6.7
Wir wollen für das Netzwerk aus Beispiel 6.6 nun die Grenzen mit Hilfe des BJB-Verfahrens bestimmen. Diese Grenzen erhalten wir mit $x_{ave} = x_{sum}/N = 8.6$ unmittelbar aus Tabelle 6.4.
Durchsatz:

$$\frac{20}{17.2+120+129.5} \leq \lambda(K) \leq \frac{20}{17.2+120+20.5};$$
$$\underline{0.075} \leq \lambda(K) \leq \underline{0.127}.$$

Antwortzeit:

$$17.2 + \frac{163.4}{7.977} \leq \bar{t}(K) \leq 17.2 + \frac{174.8}{1.349};$$
$$\underline{37.70} \leq \bar{t}(K) \leq \underline{146.8}.$$

Ein Vergleich der Ergebnisse beider Verfahren zeigt, daß für das Beispiel mit dem ABA-Verfahren bessere Resultate erzielt werden können als mit dem BJB-Verfahren.

	Modelltyp	BJB-Grenzen
λ	A	$\dfrac{K}{x_{sum} + (K-1)x_{max}} \leq \lambda(K) \leq \dfrac{K}{x_{sum} + (K-1)x_{ave}}$
	B	$\dfrac{K}{x_{sum} + Z + \frac{(K-1)x_{max}}{1+\frac{Z}{K\cdot x_{sum}}}} \leq \lambda(K) \leq \dfrac{K}{x_{sum} + Z + \frac{(K-1)x_{ave}}{1+\frac{Z}{x_{sum}}}}$
	C	$\lambda \leq \dfrac{1}{x_{max}}$
$\bar{t}$	A	$x_{sum} + (K-1)x_{ave} \leq \bar{t}(K) \leq x_{sum} + (K-1)x_{max}$
	B	$x_{sum} + \dfrac{(K-1)x_{ave}}{1+\frac{Z}{x_{sum}}} \leq \bar{t}(K) \leq x_{sum} + \dfrac{(K-1)x_{max}}{1+\frac{Z}{K\cdot x_{sum}}}$
	C	$\dfrac{x_{sum}}{1-\lambda x_{ave}} \leq \bar{t} \leq \dfrac{x_{sum}}{1-\lambda x_{max}}$

Tab. 6.4: Zusammenfassung der BJB-Grenzen [LZGS 84]

Es ist daher naheliegend, durch Kombination des BJB-Verfahrens mit dem ABA-Verfahren, den Bereich, in dem die Leistungsgrößen liegen, weiter einzuengen. Die Abbildungen 6.3 und 6.4 auf Seite 170 zeigen schematisch den Verlauf der ABA- und BJB-Grenzen für den Durchsatz bzw. die mittlere Antwortzeit in Abhängigkeit von der Anzahl der Aufträge. Der Schnittpunkt der beiden ABA-Grenzen liegt bei

$$K^* = \frac{x_{sum} + Z}{x_{max}}.$$

Ab dem Schnittpunkt

$$K^+ = \frac{(x_{sum} + Z)^2 - x_{sum}x_{ave}}{(x_{sum} + Z)\cdot x_{max} - x_{sum}x_{ave}}$$

des optimistischen Grenzverlaufs liefert das ABA-Verfahren bessere Ergebnisse als das BJB-Verfahren. Die Grenzen besagen, daß der exakte Wert für den Durchsatz bzw. die Antwortzeit im schraffierten Teil der Abbildungen liegen muß.

[EaSe 83] haben mit der Performance-Bound-Hierarchie-Methode ein weiteres Verfahren zur Bestimmung der Grenzen von Leistungsgrößen entwickelt. Danach erhält man eine Hierarchie von iterativ immer genauer werdenden oberen und unteren Durchsatzgrenzen, die gegen die exakte Lösung konvergieren. Die Methode basiert auf der Mittelwertanalyse. Hierbei besteht ein unmittelbarer Zusammenhang zwischen der Genauigkeit der Grenzen und dem Aufwand des Verfahrens: Wählt man eine größere Anzahl von Iterationen, entstehen höhere Aufwendungen, aber genauere Ergebnisse; bei weniger Iterationen entstehen geringere Kosten, aber auch schlechtere Ergebnisse. Die Erweitung dieser Methode auf Mehrklassennetze findet sich in [EaSe 86].

Weitere Ansätze finden sich z. B. bei [McMi 84], [Kero 86], [HsLa 87], [ShYa 88].

Aufgabe 6.4
Lösen Sie Aufgabe 5.3 mit den ABA- und BJB-Verfahren! Vergleichen Sie die Ergebnisse!

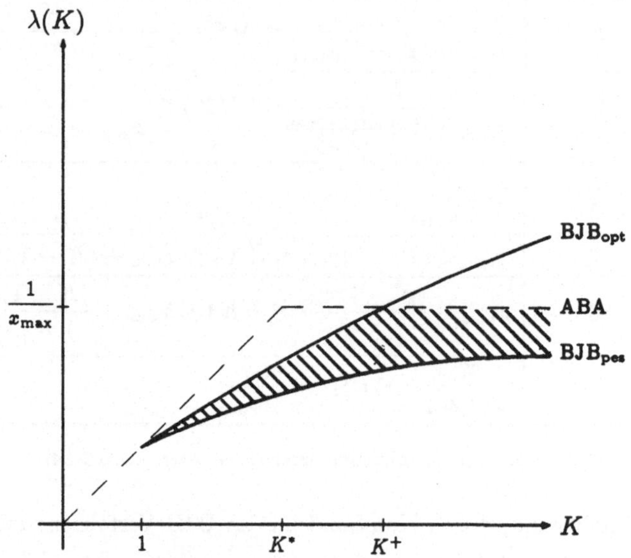

Abb. 6.3: ABA- und BJB-Durchsatzgrenzen in Anhängigkeit von K

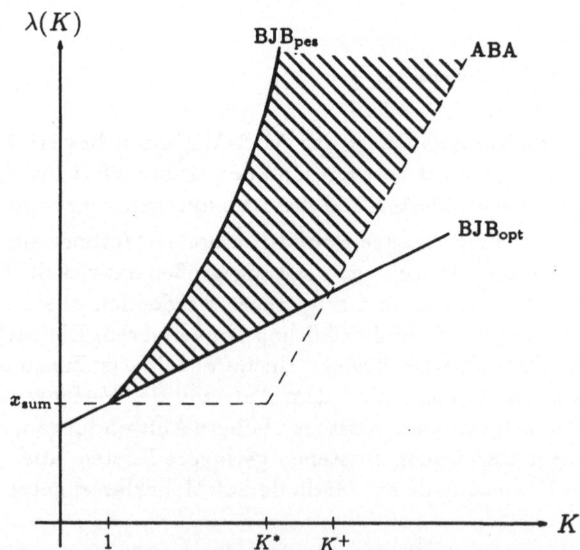

Abb. 6.4: ABA- und BJB-Antwortzeitgrenzen in Anhängigkeit von K

7 Approximative Analyse von Nichtproduktformnetzen

Die Klasse der Produktformnetze hat sich zwar als allgemein nützlich und sehr wertvoll für die Modellierung von Rechensystemen erwiesen, doch trotz ihrer großen Popularität haben Produktformnetze auch einen schwerwiegenden Nachteil: Die einengenden Annahmen, die bei der Modellierung eines Rechensystems gemacht werden müssen, damit das Warteschlangenmodell die Form hat, die die in den vorhergehenden Kapiteln behandelten Algorithmen für Produktformnetze voraussetzen. Diese Annahmen haben wir explizit in Kapitel 5.2.3 angegeben.

Die wachsende Genauigkeit bei der Modellierung von Rechensystemen führt aber oftmals zu Warteschlangennetzen, die mit diesen einschränkenden Annahmen das wirkliche Verhalten des Rechensystems nicht realistisch genug wiedergeben können. So kann für FCFS-Knoten nicht immer die Exponentialverteilung als geeignete Approximation der tatsächlich vorliegenden Verteilung angesehen werden. Zum Beispiel können die Bedienzeiten vieler peripherer Geräte besser mit der Erlang-Verteilung als mit der Exponentialverteilung modelliert werden. Auch können solche Probleme wie die simultane Belegung von mehreren Betriebsmitteln oder die Blockierung von Knoten aufgrund der Endlichkeit von Warteschlangen nicht mit Hilfe von Produktformnetzen dargestellt werden.

Im allgemeinen gibt es drei Möglichkeiten um solche Modelle auf analytischem Wege zu untersuchen:

- Man verschärft die Annahmen für das Modell dahingehend, daß das reale System durch ein Produktformnetz approximiert wird. Dieses Netz kann dann mit einem der in Kapitel 5 oder Kapitel 6 angegebenen Algorithmen analysiert werden.

- Man verwendet die in Kapitel 4 vorgestellten numerischen Methoden, die aber wegen des enormen Rechenaufwands und Speicherplatzbedarfs nur für sehr kleine Netze anwendbar sind.

- Die Analyse des Nichtproduktformnetzes erfolgt durch Anwendung von Approximationsverfahren.

Die letztgenannte Möglichkeit hat in den vergangenen Jahren immer mehr an Bedeutung gewonnen. Mittlerweile existiert eine ganze Reihe approximativer Verfahren zur Lösung von Nichtproduktformnetzen, von denen einige sehr gute Ergebnisse liefern. Approximative Verfahren modifizieren das Netzwerkmodell eines Rechensystems indem sie Knoten hinzufügen oder Parameter so lange verändern, bis letztlich ein Produktformmodell gefunden ist, welches das tatsächliche Verhalten des Rechensystems genau repräsentiert [CHSA 78].

In diesem Kapitel werden wir uns mit den wichtigsten Approximationsmethoden für Warteschlangensysteme befassen, bei denen die Produktform dadurch verletzt wird, weil im Netz andere als die in Kap. 5.1 eingeführten Knotentypen vorliegen. Durch Einführung schon eines einzigen Nichtproduktformknotens geht die Markov-Eigenschaft des Ankunftsprozesses für alle Knoten des Modells verloren, so daß die in den zurückliegenden Kapiteln vorgestellten Algorithmen für Produktformnetze nicht mehr anwendbar sind.

Die Produktform wird z.B. verletzt bei Verzicht auf die Einschränkung, daß die Bedienzeiten für Aufträge verschiedener Klassen an einem FCFS-Knoten identisch sein müssen. In der Praxis unterscheiden sich an einem Knoten die einzelnen Klassen jedoch vor allem durch ihre Bedienzeit. Auch hat häufig die Zufallsvariable für die Bedienzeit eines Auftrags bei einem FCFS-Knoten einen Variationskoeffizient ungleich Eins, d.h. die Bedienzeit ist nichtexponentiell verteilt. Es können dann signifikante Fehler bei den Leistungsgrößen des Rechensystems — insbesondere bei offenen Warteschlangennetzen — auftreten, wenn für die Bedienzeitverteilung unkorrekterweise eine Exponentialverteilung angenommen wird, um Produktformlösungen zu ermöglichen. Geschlossene Netze haben dagegen die Eigenschaft der Robustheit (robustness), d.h. Nichtproduktformenetze mit nichtexponentiell verteilten Bedienzeiten können oftmals relativ gut durch entsprechende Produktformnetze mit exponentiell verteilten Bedienzeiten angenähert werden (siehe Kap. 1.4).

Die wichtigsten Approximationsmethoden zur Analyse von Nichtproduktformnetzen können in drei Klassen eingeteilt werden:

- Dekompositionsverfahren

- Erweiterungen der Mittelwertanalyse

- Produktformapproximationen.

Auf die einzelnen Methoden wollen wir nun genauer eingehen.

7.1   Dekompositionsverfahren

Die wichtigste Approximationsstrategie für Nichtproduktformnetze ist die *Dekomposition*, oft auch *Aggregation* genannt. Man zerlegt das zu untersuchende Netz in Teilnetzwerke, analysiert die Teilnetze isoliert voneinander und faßt die hierbei gewonnenen Einzelergebnisse zu einer Lösung für das Gesamtmodell zusammen. Diese Vorgehensweise liefert für Produktformnetze exakte Ergebnisse (Parametrische Analyse) und für Nichtproduktformnetze approximative Ergebnisse. Es gibt eine Vielzahl unterschiedlichster Dekompositionsverfahren für Nichtproduktformnetze; die wichtigsten wollen wir nun vorstellen.

7.1.1   Methode von Courtois

Aus Kap. 4 wissen wir, daß eine Möglichkeit der Analyse von allgemeinen Warteschlangennetzen darin besteht, die globalen Gleichgewichtsgleichungen mit Hilfe numerischer Methoden zu lösen. Jedoch sind diese numerischen Methoden sehr aufwendig und für umfangreichere Netze nicht mehr durchführbar. Die Dekompositionsmethode von Courtois [COUR 75, COUR 77] geht nun genau wie die numerischen

Analyseverfahren von der Matrixgleichung $\underline{p} \cdot Q = \underline{0}$ aus, die unter Zuhilfenahme der Einheitsmatrix I in $\underline{p} \cdot (Q + I) = \underline{p}$ und mit $\widehat{Q} = Q + I$ in

$$\underline{p} \cdot \widehat{Q} = \underline{p} \tag{7.1}$$

umgeschrieben werden kann. Die Methode von Courtois ermöglicht es den Zustandsvektor $\underline{p}$ mit weit weniger Aufwand als die numerischen Methoden näherungsweise zu bestimmen.

Bei dieser Methode wird versucht die Übergangsratenmatrix $\widehat{Q}$ so in Untermatrizen (Aggregate) zu zerlegen, daß Wechselwirkungen zwischen den Untermatrizen nahezu vernachlässigbar sind gegenüber Wechselwirkungen innerhalb der Untermatrizen. Netze, bei denen dies möglich ist, nennt man *fast-vollständig-zerlegbar* (nearly-completely-decomposable) [BRAN 74]. Den Untermatrizen entsprechen Teilnetzwerke, die zunächst völlig unabhängig vom Gesamtnetz analysiert werden, d.h. man verfährt so, als ob es keine Aktivität zwischen dem Teilnetz (Untermatrix) und seiner Umgebung gäbe. Diese zunächst unberücksichtigten Wechselwirkungen zwischen den Untermatrizen, also die Übergangswahrscheinlichkeiten zwischen den Teilnetzen, faßt man dann in einer Matrix zusammen und bestimmt den Zustandsvektor dieser Matrix. Unter Verwendung dieser Zustandswahrscheinlichkeiten für die Übergänge zwischen den Teilnetzen und der bereits berechneten Zustandswahrscheinlichkeiten der Teilnetze kann dann letztlich der Zustandsvektor $\underline{p}$ des Gesamtsystems approximativ bestimmt werden.

Zum besseren Verständnis wollen wir die einzelnen Schritte der Methode von Courtois, wegen der hierbei auftretenden komplex wirkenden Formeln, anhand eines konkreten Beispiels erläutern.

Beispiel 7.1

Wir betrachten das geschlossene Warteschlangennetz aus Abb. 7.1 mit $N = 3$ Knoten und $K = 2$ Aufträgen.

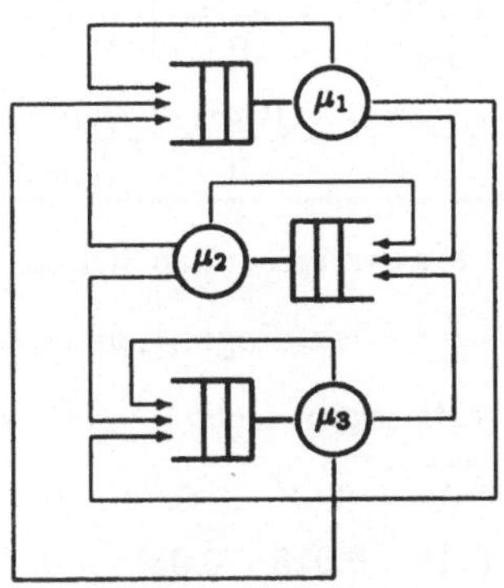

Abb. 7.1: Geschlossenes Warteschlangennetz

Die Warteschlangendisziplin bei allen Knoten ist FCFS. Sämtliche Bedienzeiten im Netz sind exponentiell verteilt mit den folgenden Raten:

$$\mu_1 = 0.6, \qquad \mu_2 = 0.3, \qquad \mu_3 = 0.4.$$

Die Übergangswahrscheinlichkeiten sind gegeben:

$$p_{11} = 0.2, \quad p_{21} = 0.8, \quad p_{31} = 0.05,$$
$$p_{12} = 0.75, \quad p_{22} = 0.15, \quad p_{32} = 0.05,$$
$$p_{13} = 0.05, \quad p_{23} = 0.05, \quad p_{33} = 0.9.$$

Nach Kap. 5.2.2 ist die Anzahl der möglichen Zustände im geschlossenen exponentiellen Einklassen-Netz gleich dem Binomialkoeffizienten $\binom{N+K-1}{N-1}$, d.h. im vorliegenden Beispiel gibt es genau sechs mögliche Systemzustände. Für die Anzahl der Spalten bzw. Zeilen der Übergangsratenmatrix Q, genannt die Ordnung a der Matrix Q, gilt somit: $a = 6$. Wichtig bei der Methode von Courtois ist jetzt die Reihung der einzelnen Zustände in der Übergangsratenmatrix. Sie wird für Einklassennetze entsprechend dem Wert der Summe

$$\sum_{i=1}^{N} k_i \cdot K^i \tag{7.2}$$

festgelegt, die für jeden einzelnen Zustand errechnet werden kann. Beispielsweise ergibt sich für den Zustand (2,0,0) der Summenwert 4 und für den Zustand (0,1,1) der Summenwert 12. Ordnet man die Zustände nach aufsteigenden Summenwerten, erhalten wir folgende Reihenfolge aller möglichen Systemzustände:

$$(2,0,0), \quad (1,1,0), \quad (0,2,0), \quad (1,0,1), \quad (0,1,1), \quad (0,0,2).$$

Damit hat die Übergangsratenmatrix $\widehat{Q} = Q + I$ folgendes Aussehen:

$\widehat{Q}$	$(2,0,0)$	$(1,1,0)$	$(0,2,0)$	$(1,0,1)$	$(0,1,1)$	$(0,0,2)$
$(2,0,0)$	$1-\sum$	$\mu_1 p_{12}$	0	$\mu_1 p_{13}$	0	0
$(1,1,0)$	$\mu_2 p_{21}$	$1-\sum$	$\mu_1 p_{12}$	$\mu_2 p_{23}$	$\mu_1 p_{13}$	0
$(0,2,0)$	0	$\mu_2 p_{21}$	$1-\sum$	0	$\mu_2 p_{23}$	0
$(1,0,1)$	$\mu_3 p_{31}$	$\mu_3 p_{32}$	0	$1-\sum$	$\mu_1 p_{12}$	$\mu_1 p_{13}$
$(0,1,1)$	0	$\mu_3 p_{31}$	$\mu_3 p_{32}$	$\mu_2 p_{21}$	$1-\sum$	$\mu_2 p_{23}$
$(0,0,2)$	0	0	0	$\mu_3 p_{31}$	$\mu_3 p_{32}$	$1-\sum$

Die Diagonalelemente dieser Matrix errechnen sich dabei aus:

$$\text{Diagonalelement} = 1 - \sum \text{Nichtdiagonalelemente der Zeile.}$$

Nach Einsetzen der Zahlenwerte ergibt sich:

$$\widehat{Q} = \begin{pmatrix} 0.52 & 0.45 & 0 & 0.03 & 0 & 0 \\ 0.24 & 0.265 & 0.45 & 0.015 & 0.03 & 0 \\ 0 & 0.24 & 0.745 & 0 & 0.015 & 0 \\ 0.02 & 0.02 & 0 & 0.48 & 0.45 & 0.03 \\ 0 & 0.02 & 0.02 & 0.24 & 0.705 & 0.015 \\ 0 & 0 & 0 & 0.02 & 0.02 & 0.96 \end{pmatrix}.$$

Die Matrix $\hat{Q}$ wird nun so in Untermatrizen Q_{IJ} aufgeteilt, daß M Diagonaluntermatrizen entstehen, die nicht gleicher Ordnung zu sein brauchen.

Allgemein:

$$
\hat{Q} = \left(
\begin{array}{ccccc}
Q_{11} & Q_{12} & \cdots & & Q_{1M} \\
Q_{21} & Q_{22} & \cdots & & Q_{2M} \\
\vdots & & & \vdots & \\
Q_{I1} & & \cdots Q_{IJ} \cdots & & Q_{IM} \\
\vdots & & & \vdots & \\
Q_{(M-1)1} & \cdots & & & Q_{(M-1)M} \\
Q_{M1} & \cdots & & & Q_{MM}
\end{array}
\right)
\begin{array}{c}
1 \\ 2 \\ \\ I \\ \\ M-1 \\ M
\end{array}
$$

$$
\begin{array}{cccc}
1 & 2 & J & M
\end{array}
$$

Q_{IJ} bezeichnet hierbei die Untermatrix der I-ten Zeilenmenge und der J-ten Spal-
tenmenge, während mit $q_{ij[IJ]}$ das Element der i-ten Zeile und der j-ten Spalte der
Untermatrix Q_{IJ} bezeichnet werden soll. In unserem Beispiel könnte als Untermatrix
Q_{22} die Matrix

$$
Q_{22} = \left(
\begin{array}{cc}
0.48 & 0.45 \\
0.24 & 0.705
\end{array}
\right)
$$

festgelegt werden, wobei dann etwa gilt: $q_{21[22]} = 0.24$.

Nach [COUR 77] kann die Unterteilung der Matrix $\hat{Q}$ in Untermatrizen Q_{IJ} allgemein in Abhängigkeit von k_N, der Anzahl der Aufträge im Knoten N erfolgen, wobei stets $(K + 1)$ Diagonaluntermatrizen entstehen. Jede dieser sog. Hauptuntermatrizen ist dann, abgesehen vom Diagonalelement, die Matrix eines Netzwerkes bestehend aus den Knoten $1, 2, \ldots, N - 1$ des gegebenen Netzes und jeweils $K, \ldots, K - k_N, \ldots, 0$ Aufträgen. Darüberhinaus ist jede Untermatrix wieder in
$(K - k_N + 1)$ Hauptuntermatrizen aufteilbar, die, abgesehen vom Diagonalelement,
einem Netzwerk mit den Knoten $1, 2, \ldots, N - 2$ des gegebenen Netzes und jeweils
$(K - k_N), (K - k_N - 1), \ldots, 0$ Aufträgen entsprechen. Wie oft diese mehrschichtige
Dekomposition (multilevel aggregation) wiederholt werden kann, richtet sich nach
der Anzahl der im Netzwerk vorhandenen Knoten.

Die beschriebene Aufteilung in Untermatrizen muß so erfolgen, daß die Wechselwirkungen (Übergangsraten) zwischen den durch die M Diagonaluntermatrizen beschriebenen Teilsystemen gering sind im Vergleich zu den Wechselwirkungen innerhalb dieser Teilsysteme. Dies ist genau dann der Fall, wenn die Elemente der
Nichtdiagonaluntermatrizen klein sind im Vergleich zu den Elementen der Diagonaluntermatrizen. Dann heißt das System fast-vollständig-zerlegbar. Sind die Elemente der Nichtdiagonaluntermatrizen sogar alle gleich Null, dann ist das System
vollständig-zerlegbar in Teilsysteme.

An der Beispielmatrix wurde bereits eine Zerlegung in $(K + 1) = 3$ Hauptuntermatrizen Q_{II} vorgenommen, die dort durch die durchgezogenen Linien hervorgehoben
sind. Die Untermatrix Q_{11} ist demnach die Matrix des Teilnetzwerkes bestehend aus
Knoten 1 und Knoten 2 mit zwei Aufträgen; Q_{22} ist die Matrix des Teilnetzwerkes

von Knoten 1 und Knoten 2 mit einem Auftrag und Q_{33} ist die Matrix des Teilnetzwerkes von Knoten 1 und Knoten 2 ohne Auftrag. Weitere Unterteilungen von $\widehat{Q}$ wurden nicht vorgenommen.

Daraufhin wird $\widehat{Q}$ nun in eine Summe aus zwei Matrizen A und B zerlegt:

$$\widehat{Q} = A + B. \tag{7.3}$$

Matrix A enthält nur die zuvor ermittelten Diagonaluntermatrizen Q_{II}; Matrix B beinhaltet alle Nichtdiagonaluntermatrizen Q_{IJ} mit $I, J = 1, \ldots, M$ und $I \neq J$. Im Beispiel:

$$
\widehat{Q} =
\underbrace{\begin{pmatrix}
0.52 & 0.45 & 0 & & & \\
0.24 & 0.265 & 0.45 & & \underline{0} & \\
0 & 0.24 & 0.745 & & & \\
& & & 0.48 & 0.45 & \\
& \underline{0} & & 0.24 & 0.705 & \\
& & & & & 0.96
\end{pmatrix}}_{A}
+
\underbrace{\begin{pmatrix}
& & & 0.03 & 0 & 0 \\
& \underline{0} & & 0.015 & 0.03 & 0 \\
& & & 0 & 0.015 & 0 \\
0.02 & 0.02 & 0 & & & 0.03 \\
0 & 0.02 & 0.02 & & \underline{0} & 0.015 \\
0 & 0 & 0 & 0.02 & 0.02 & 0
\end{pmatrix}}_{B}.
$$

Durch Addition einer Matrix X zur Blockdiagonalmatrix A wird dann aus jeder Hauptuntermatrix Q_{II} eine stochastische Matrix Q_I^* konstruiert ($I = 1, \ldots, M$), d.h. die Summe jeder Zeile von Q_I^* muß Eins ergeben.

$$
Q^* = (A + X) =
\begin{pmatrix}
Q_1^* & & & & \\
& \ddots & & \underline{0} & \\
& & Q_I^* & & \\
& \underline{0} & & \ddots & \\
& & & & Q_M^*
\end{pmatrix}
$$

mit $\sum_{j=1}^{a(I)} q_{ij[II]}^* = 1$, wobei $a(I)$ die Ordnung der Matrix Q_I^* bezeichnet.

Damit Gl. (7.3) erhalten bleibt, muß die Matrix X wieder von der Matrix B subtrahiert werden:

$$
\begin{aligned}
\widehat{Q} &= (A + X) + (B - X) \\
&= Q^* \quad\;\; + C' \\
&= Q^* \quad\;\; + \epsilon C.
\end{aligned}
\tag{7.4}
$$

Man erhält die Matrix C', die durch Ausklammern einer Größe ϵ in ϵC übergeht. ϵ ist eine im Vergleich zu den Elementen von Q^* relativ kleine, positive, reelle Zahl, die benötigt wird um abzuschätzen, ob die Anwendung des Verfahrens sinnvoll ist. Die Matrix C hat die Eigenschaft, daß die Summe der Elemente jeder Zeile gleich Null ist.

Um in unserem Beispiel aus der Matrix A eine stochastische Matrix zu erzeugen, muß die folgende Matrix X zu A addiert werden, damit die Zeilensummen gleich Eins werden. X muß dann wieder von B subtrahiert werden.

$$X = \begin{pmatrix} 0 & 0 & 0.03 & 0 & 0 & 0 \\ 0 & 0.045 & 0 & 0 & 0 & 0 \\ 0.015 & 0 & 0 & 0 & 0 & 0 \\ 0 & 0 & 0 & 0 & 0.07 & 0 \\ 0 & 0 & 0 & 0.055 & 0 & 0 \\ 0 & 0 & 0 & 0 & 0 & 0.04 \end{pmatrix}.$$

Somit erhalten wir:

$$\widehat{Q} = \underbrace{\begin{pmatrix} 0.52 & 0.45 & 0.03 & & & \\ 0.24 & 0.31 & 0.45 & & \underline{0} & \\ 0.015 & 0.24 & 0.745 & & & \\ & & & 0.48 & 0.52 & \\ & \underline{0} & & 0.295 & 0.705 & \\ & & & & & 1 \end{pmatrix}}_{A+X} + \underbrace{\begin{pmatrix} 0 & 0 & -0.03 & 0.03 & 0 & 0 \\ 0 & -0.045 & 0 & 0.015 & 0.03 & 0 \\ -0.015 & 0 & 0 & 0 & 0.015 & 0 \\ 0.02 & 0.02 & 0 & 0 & -0.07 & 0.03 \\ 0 & 0.02 & 0.02 & -0.055 & 0 & 0.015 \\ 0 & 0 & 0 & 0.02 & 0.02 & -0.04 \end{pmatrix}}_{B-X}.$$

Die Größe ϵ, die zur Überprüfung der Anwendbarkeit der Methode von Courtois benötigt wird, erhält man als die maximale Zeilensumme der Nichtdiagonalblöcke von $\widehat{Q}$. Im Beispiel:

$$\epsilon = \max \left\{ \begin{array}{c} 0.03 \\ 0.015 + 0.03 \\ 0.015 \\ 0.02 + 0.02 + 0.03 \\ 0.02 + 0.02 + 0.015 \\ 0.02 + 0.02 \end{array} \right\} = \underline{0.07},$$

und damit durch Ausklammern von ϵ aus der Matrix $(B - X)$:

$$\widehat{Q} = \underbrace{\begin{pmatrix} 0.52 & 0.45 & 0.03 & & & \\ 0.24 & 0.31 & 0.45 & & \underline{0} & \\ 0.015 & 0.24 & 0.745 & & & \\ & & & 0.48 & 0.52 & \\ & \underline{0} & & 0.295 & 0.705 & \\ & & & & & 1 \end{pmatrix}}_{Q^*} + \underbrace{0.07}_{\epsilon} \underbrace{\begin{pmatrix} 0 & 0 & -0.429 & 0.429 & 0 & 0 \\ 0 & -0.643 & 0 & 0.214 & 0.429 & 0 \\ -0.214 & 0 & 0 & 0 & 0.214 & 0 \\ 0.286 & 0.286 & 0 & 0 & -1 & 0.429 \\ 0 & 0.286 & 0.286 & -0.786 & 0 & 0.214 \\ 0 & 0 & 0 & 0.286 & 0.286 & -0.572 \end{pmatrix}}_{C}.$$

Allgemein berechnet sich für $i = 2, \ldots, N - 1$ die Größe ϵ_i zur Überprüfung der Anwendbarkeit der Methode von Courtois nach folgender Formel:

$$\epsilon_i = \max_{(k_1, \ldots, k_N)} \sum_{t=i+1}^{N} \left(\alpha_t(k_t)\mu_t \sum_{j=1}^{i} p_{tj} + \sum_{t=1}^{i} \alpha_t(k_t)\mu_t \sum_{j=i+1}^{N} p_{tj} \right), \tag{7.5}$$

wobei

$$\alpha_i(k_i) = \begin{cases} k_i & \text{falls } k_i \leq m_i \\ m_i & \text{falls } k_i \geq m_i. \end{cases} \tag{7.6}$$

$\alpha_i(k_i)$ gibt die Anzahl der Aufträge an, die bei Knoten i bedient werden, wenn sich genau k_i Aufträge dort befinden.

Das Kriterium für die Fast-Vollständig-Zerlegbarkeit bzw. für die Anwendung der Methode von Courtois lautet damit [COUR 77]:

Ist für $i = 2, \ldots, N - 1$

$$\epsilon_i \leq \frac{1}{2}(A_i + B_i) - \sqrt{A_i \cdot B_i} \cdot \cos\left(\pi/(K+1)\right) \tag{7.7}$$

mit

$$A_i = \min_{1 \leq j \leq i-1} \{\mu_j p_{ji}\} \tag{7.8}$$

und

$$B_i = \mu_i \sum_{j=1}^{i-1} p_{ij} \tag{7.9}$$

dann definiert die dazugehörige stochastische Matrix $\hat{Q}$ ein fast-vollständig-zerlegbares System. In solchen Systemen sind Wechselwirkungen zwischen den Untersystemen viel geringer als Wechselwirkungen innerhalb der Untersysteme, so daß sich bei der Berechnung der Zustandswahrscheinlichkeiten nur geringe Fehler ergeben.

Für das Beispiel ergibt sich:

$$A_2 = \min_{1 \leq j \leq 1} \mu_j p_{j2} = \underline{0.45},$$

$$B_2 = \mu_2 \cdot \sum_{j=1}^{1} p_{2j} = \underline{0.24}$$

und damit:

$$\epsilon_2 \leq \frac{1}{2}(A_2 + B_2) - \sqrt{A_2 \cdot B_2} \cdot \cos(\pi/3) = \underline{0.181}.$$

Dieser Wert ist größer als das bereits ermittelte $\epsilon_2 = 0.07$, d.h. Bedingung (7.7) ist erfüllt und die Anwendung des Verfahrens von Courtois ist für das gewählte Beispiel gerechtfertigt.

Man kann nun daran gehen, die Zustandswahrscheinlichkeiten zu bestimmen. Hierzu werden zunächst die Hauptuntermatrizen unabhängig voneinander untersucht, indem man die Eigenwerte $\lambda^*(i_I)$ und die linken Eigenvektoren $\ell^*(1_I)$ jeder Untermatrix Q_I^* für $i = 1, \ldots, a(I)$ und $I = 1, \ldots, M$ bestimmt. Der größte Eigenwert von Q_I^* ist dabei wie bei allen stochastischen Matrizen gleich Eins.

Im Beispiel berechnet man also die Eigenwerte $\lambda^*(i_I)$ der drei Untermatrizen

$$Q_1^* = \begin{pmatrix} 0.52 & 0.45 & 0.03 \\ 0.24 & 0.31 & 0.45 \\ 0.015 & 0.24 & 0.745 \end{pmatrix}, \qquad Q_2^* = \begin{pmatrix} 0.48 & 0.52 \\ 0.295 & 0.705 \end{pmatrix}, \qquad Q_3^* = (1).$$

Jedem Eigenwert $\lambda^*(i_I)$ von Q_I^* entspricht ein wahrer Eigenwert $\lambda(i_I)$ von Q_I, wobei die Differenz $(\lambda(i_I) - \lambda^*(i_I))$ gegen Null geht, wenn ϵ nahe bei Null liegt.

Zunächst bestimmen wir die Eigenwerte von Q_1^*:

$$\det(Q_1^* - \lambda I) = \begin{vmatrix} (0.52 - \lambda) & 0.45 & 0.03 \\ 0.24 & (0.31 - \lambda) & 0.45 \\ 0.15 & 0.24 & (0.745 - \lambda) \end{vmatrix} = (\lambda - 1)(\lambda - 0.553)(\lambda - 0.0215).$$

Daraus ergibt sich für die Eigenwerte, die dem Betrag nach geordnet werden:

$$\lambda^*(1_1) = \underline{1}, \quad \lambda^*(2_1) = \underline{0.533}, \quad \lambda^*(3_1) = \underline{0.0215}.$$

Die Eigenwerte von Q_2^* erhält man aus

$$\det(Q_2^* - \lambda I) = \begin{vmatrix} (0.48 - \lambda) & 0.52 \\ 0.295 & (0.705 - \lambda) \end{vmatrix} = (\lambda - 1)(\lambda - 0.185),$$

woraus folgt

$$\lambda^*(1_2) = \underline{1} \text{ und } \lambda^*(2_2) = \underline{0.185}.$$

Der Eigenwert von Q_3^* ist $\lambda^*(1_3) = \underline{1}$.

Zu den Eigenwerten $\lambda^*(i_I)$ können jetzt die linken Eigenvektoren $\ell^*(1_I)$ der Matrizen Q_I^* mit Hilfe der Gleichung

$$\ell^*(1_I) \cdot (Q_I^* - \lambda^*(1_I) \cdot I) = \underline{0} \tag{7.10}$$

berechnet werden, wobei $\ell^*(1_I)$ als Zeilenvektor aufzufassen ist.

Speziell für $\lambda^*(1_I) = 1$ ergibt sich hierbei

$$\ell^*(1_I) \cdot (Q_I^* - I) = \underline{0}. \tag{7.11}$$

Durch Vergleich mit der bekannten Matrixgleichung $\underline{p} \cdot (\hat{Q} - I) = \underline{0}$ sieht man, daß die linken Eigenvektoren $\ell^*(1_I)$ dem Vektor der Zustandswahrscheinlichkeiten für die Untersysteme Q_I^* und damit auch näherungweise für die Q_I entsprechen. Da Q_I^* aus Q_{II} so konstruiert wurde, daß sich eine stochastische Matrix ergibt, muß folglich die Summe der Zustandswahrscheinlichkeiten gleich Eins sein. Es gilt also:

$$\sum_{i=1}^{a(I)} \ell_i^*(1_I) = 1. \tag{7.12}$$

Im Beispiel folgt für Q_1^* mit

$$(\ell_1^*(1_1), \ell_2^*(1_1), \ell_3^*(1_1)) \cdot \begin{pmatrix} (0.52 - 1) & 0.45 & 0.03 \\ 0.24 & (0.31 - 1) & 0.45 \\ 0.015 & 0.24 & (0.745 - 1) \end{pmatrix} = \underline{0}$$

und der Bedingung

$$\ell_1^*(1_1) + \ell_2^*(1_1) + \ell_3^*(1_1) = 1$$

als Ergebnis für die linken Eigenvektoren:

$$\ell_1^*(1_1) = \underline{0.165}, \quad \ell_2^*(1_1) = \underline{0.295}, \quad \ell_3^*(1_1) = \underline{0.54}.$$

Für Q_2^* ergeben sich auf die gleiche Weise aus

$$(\ell_1^*(1_2), \ell_2^*(1_2)) \cdot \begin{pmatrix} (0.48 - 1) & 0.52 \\ 0.295 & (0.705 - 1) \end{pmatrix} = \underline{0}$$

und $\ell_1^*(1_2) + \ell_2^*(1_2) = 1$

die linken Eigenvektoren zu

$$\ell_1^*(1_2) = \underline{0.362} \text{ und } \ell_2^*(1_2) = \underline{0.638}.$$

Der linke Eigenvektor von Q_3^* ist:

$$\ell_1^*(1_3) = \underline{1}.$$

Im zeitlichen Verhalten fast-vollständig-zerlegbarer Systeme muß nach [SiAn 61] zwischen *kurzfristiger Dynamik* und *langfristiger Dynamik* unterschieden werden. Es wurde gezeigt, daß sich aus dieser Unterscheidung zwei Eigenschaften ableiten:

- In der kurzfristigen Dynamik kann das System $\hat{Q}$ als eine Menge unabhängiger Untersysteme Q_{II} betrachtet werden. Die einzelnen Q_{II} können dann näherungsweise analysiert und das lokale Gleichgewicht durch eine Aggregatsvariable repräsentiert werden.

- In der langfristigen Dynamik werden hingegen die Wechselwirkungen zwischen den Untersystemen analysiert, wobei dann die Wechselwirkungen innerhalb der Untersysteme unberücksichtigt bleiben.

Daraus folgt, daß am Ende der kurzfristigen Dynamik die lokalen Gleichgewichtszustände durch die Gleichgewichtszustandvektoren $\ell^*(1_I)$ (linke Eigenvektoren) der Untersysteme Q_I^* approximiert werden können. Langfristig bleibt die Übergangswahrscheinlichkeit (Wechselwirkung) Γ_{IJ} zwischen den Untersystemen Q_{II} und Q_{JJ} mehr oder weniger konstant, so daß sie näherungsweise berechnet werden kann:

$$\Gamma_{IJ} = \sum_{i=1}^{a(I)} \left(\ell_i^*(1_I) \sum_{j=1}^{a(J)} q_{ij[IJ]} \right). \tag{7.13}$$

Die zeitunabhängige Matrix $\Gamma = [\Gamma_{IJ}]$ der Übergangswahrscheinlichkeiten von Untersystem Q_{II} nach Untersystem Q_{JJ} ist stochastisch. Deren Gleichgewichtszustandsvektor $\underline{X}$ kann aus der Gleichung

$$\underline{X} \cdot (\Gamma \cdot I) = \underline{0} \tag{7.14}$$

zusammen mit der Forderung

$$\sum_{I=1}^{M} X_I = 1$$

bestimmt werden. Die Elemente X_I des Vektors $\underline{X}$ heißen *Makrovariable* und geben näherungsweise an, mit welcher Wahrscheinlchkeit sich das System in einem Zustand des Untersystems Q_{II} befindet, wenn das System im Gleichgewichtszustand ist.

Im Beispiel berechnen sich die Werte der Übergangswahrscheinlichkeiten zwischen den Untersystemen aus nachstehenden Gleichungen:

$$\Gamma_{11} = \ell_1^*(1_1)\cdot(q_{11[11]} + q_{12[11]} + q_{13[11]}) + \ell_2^*(1_1)\cdot(q_{21[11]} + q_{22[11]} + q_{23[11]})$$
$$+ \ell_3^*(1_1)\cdot(q_{31[11]} + q_{32[11]} + q_{33[11]}) = \underline{0.9737},$$
$$\Gamma_{12} = \ell_1^*(1_1)\cdot(q_{11[12]} + q_{12[12]}) + \ell_2^*(1_1)\cdot(q_{21[12]} + q_{22[12]})$$
$$+ \ell_3^*(1_1)\cdot(q_{31[12]} + q_{32[12]}) = \underline{0.0263},$$
$$\Gamma_{13} = \ell_1^*(1_1)\cdot q_{11[13]} + \ell_2^*(1_1)\cdot q_{21[13]} + \ell_3^*(1_1)\cdot q_{31[13]} = 1 - \Gamma_{11} - \Gamma_{12} = \underline{0},$$
$$\Gamma_{21} = \ell_1^*(1_2)\cdot(q_{11[21]} + q_{12[21]} + q_{13[21]})$$
$$+ \ell_2^*(1_2)\cdot(q_{21[21]} + q_{22[21]} + q_{23[21]}) = \underline{0.04},$$
$$\Gamma_{22} = \ell_1^*(1_2)\cdot(q_{11[22]} + q_{12[22]}) + \ell_2^*(1_2)\cdot(q_{21[22]} + q_{22[22]}) = \underline{0.9396},$$
$$\Gamma_{23} = 1 - \Gamma_{21} - \Gamma_{22} = \underline{0.0204},$$
$$\Gamma_{31} = \ell_1^*(1_3)\cdot(q_{11[31]} + q_{12[31]} + q_{13[31]}) = \underline{0},$$
$$\Gamma_{32} = \ell_1^*(1_3)\cdot(q_{11[32]} + q_{12[32]}) = \underline{0.04},$$
$$\Gamma_{33} = 1 - \Gamma_{31} - \Gamma_{32} = \underline{0.96}.$$

Die Matrix Γ der Übergangswahrscheinlichkeiten bekommt damit folgendes Aussehen:

$$\Gamma = \begin{pmatrix} 0.9737 & 0.0263 & 0 \\ 0.04 & 0.9396 & 0.0204 \\ 0 & 0.04 & 0.96 \end{pmatrix}.$$

Der Gleichgewichtszustandsvektor $\underline{X}$, also die Makrovariable der Matrix Γ, können jetzt mit Gleichung (7.14) bestimmt werden:

$$(X_1, X_2, X_3)\cdot\begin{pmatrix} (0.9737 - 1) & 0.0263 & 0 \\ 0.04 & (0.9396 - 1) & 0.0204 \\ 0 & 0.04 & (0.96 - 1) \end{pmatrix} = \underline{0}.$$

Mit der Bedingung

$$X_1 + X_2 + X_3 = 1$$

ergeben sich folgende Ergebnisse:

$$X_1 = \underline{0.502}, \quad X_2 = \underline{0.330}, \quad X_3 = \underline{0.168}.$$

Nun ist es möglich, mit Hilfe der Zustandswahrscheinlichkeiten der einzelnen Untersysteme Q_I^* sowie der soeben berechneten Makrovariablen, die Elemente des Zustandsvektors $\underline{p}$ des Gesamtsystems Q näherungsweise durch folgende Gleichungen zu berechnen:

$$x_{i_I} = X_I\cdot\ell_i^*(1_I), \tag{7.15}$$

für $i = 1, \ldots, a(I)$ und $I = 1. \ldots, M$. Die Elemente x_{i_I} heißen *Mikrovariable*, für die sich im Beispiel letztlich die folgenden Ergebnisse einstellen:

$$x_{1_1} = X_1\cdot\ell_1^*(1_1) = \underline{0.0828}, \qquad x_{2_1} = X_1\cdot\ell_2^*(1_1) = \underline{0.1480},$$
$$x_{3_1} = X_1\cdot\ell_3^*(1_1) = \underline{0.2710}, \qquad x_{i_2} = X_2\cdot\ell_1^*(1_2) = \underline{0.1194},$$
$$x_{2_2} = X_2\cdot\ell_2^*(1_2) = \underline{0.2108}, \qquad x_{1_3} = X_3\cdot\ell_1^*(1_3) = \underline{0.1680}.$$

Im Vergleich dazu lauten die mit Hilfe exakter Methoden berechneten Resultate für die Zustandswahrscheinlichkeiten:

$$p(2,0,0) = \underline{0.0787}, \quad p(1,1,0) = \underline{0.1478}, \quad p(0,2,0) = \underline{0.2777},$$
$$p(1,0,1) = \underline{0.1144}, \quad p(0,1,1) = \underline{0.2150}, \quad p(0,0,2) = \underline{0.1664}.$$

Aus den Zustandswahrscheinlichkeiten lassen sich dann die Einzelwahrscheinlichkeiten und damit alle Leistungsgrößen entsprechend Kap 2.3.3 ermitteln.

Der Vorteil der Methode von Courtois besteht darin, daß zur Bestimmung der Zustandswahrscheinlichkeiten nicht ein lineares Gleichungssystem a-ter Ordnung, sondern M kleinere unabhängige Systeme gelöst werden müssen. Das Verfahren ist prinzipiell anwendbar auf alle Warteschlangennetze ($N \geq 3$) mit endlichem Zustandsraum, die das Kriterium für Fast-Vollständig-Zerlegbarkeit erfüllen.

Abschließend sollen die einzelnen Schritte der Methode von Courtois noch einmal übersichtlich zusammengestellt werden:

Schritt 1:   Finden aller möglichen Systemzustände und Festlegen der Reihenfolge dieser Zustände entsprechend Gl. (7.2).

Schritt 2:   Aufstellen der Übergangsratenmatrix $\hat{Q} = Q + I$ und Aufteilen von $\hat{Q}$ in $(K+1)$ Diagonaluntermatrizen Q_{II}. Eventuell Aufteilen von Q_{II} in weitere $(K - k_n - 1)$ Untermatrizen.

Schritt 3:   Überprüfen der Bedingung für Fast-Vollständig-Zerlegbarkeit, d.h. es müssen die mit Gl. (7.5) berechneten Größen ϵ_i für $i = 2, \ldots, N - 1$ genügend klein sein, wobei das Kriterium für „genügend klein" in Gl. (7.7) angegeben ist.

Schritt 4:   Aufspalten von $\hat{Q}$ in $\hat{Q} = Q^* + \epsilon C$, wobei die Matrix Q^* aus den Diagonaluntermatrizen Q_{II} besteht, die mit Hilfe einer Matrix X zu stochastischen Matrizen (Untersystemen) Q_I^* erweitert werden. ϵ ist die maximale Zeilensumme der Nichtdiagonaluntermatrizen Q_{IJ}.

Schritt 5:   Isolierte Analyse der Untersysteme Q_I^*.

Schritt 5.1:   Bestimmung der Eigenwerte $\lambda^*(i_I)$ aus der Gleichung $\det(Q_I^* - \lambda I) = 0$. Hierbei sind die $\lambda^*(1_I)$ die dem Betrag nach größten Eigenwerte.

Schritt 5.2:   Bestimmung der linken Eigenvektoren $\ell^*(1_I)$ mit Gl. (7.10).

Schritt 6:   Untersuchung der Wechselwirkungen zwischen den Untersystemen.

Schritt 6.1:   Aufstellen der Matrix Γ der Übergangswarscheinlichkeiten zwischen den Untersystemen mit Gl. (7.13).

Schritt 6.2:   Bestimmung des Zustandsvektors $\underline{X}$ der Matrix Γ mit Gl. (7.14).

Schritt 7:   Bestimmung des Zustandsvektors $\underline{p}$ des Netzes mit Gl. (7.15).

Schritt 8:   Berechnung der Leistungsgrößen des Netzes aus den Mikrovariablen.

7.1.2 Methode von Marie

Existiert für ein geschlossenes Einklassen-Warteschlangennetz keine Produktformlösung, weil im Netz single-server Knoten mit Warteschlangendisziplin FCFS bei
allgemeiner Verteilung der Bedienzeit enthalten sind, dann kann zur approximativen Analyse ein von Raymond Marie [MARI 79] entwickeltes Iterationsverfahren
angewandt werden.

Bei dieser Methode wird jeder einzelne Knoten des gegebenen Warteschlangennetzes
isoliert von den anderen unter einem Poissonschen Ankunftsprozeß mit lastabhängiger Ankunftsrate $\lambda_i(k)$ analysiert. Zur Bestimmung dieser unbekannten Ankunftsraten $\lambda_i(k)$ wird das gegebene Nichtproduktformnetz durch ein Hilfsnetz approximiert, das den Bedingungen für eine Produktformlösung genügt; d.h. man übernimmt für das Hilfsnetz die topologische Struktur des gegebenen Netzes und ersetzt
lediglich die FCFS-Knoten mit allgemein verteilter Bedienzeit durch FCFS-Knoten
mit exponentiell verteilter Bedienzeit. Da die Bedienraten $\mu_i(k)$ für die Knoten des
Hilfsnetzes wiederum bei den isolierten Analysen der einzelnen Knoten berechnet
werden, ergibt sich ein iterativer Ansatz, wobei zur Initialisierung der Iteration die
Bedienraten des Hilfsnetzes direkt aus dem gegebenen Netz übernommen werden.

Die für die isolierten Analysen der einzelnen Knoten benötigten lastabhängigen Ankunftsraten $\lambda_i(k)$ können für $i = 1, \ldots, N$ durch Kurzschließen von Knoten i im
Hilfsnetz berechnet werden (Abb. 7.2). Alle anderen Knoten des Netzes faßt man
dabei zu einer einzigen Bedienstation c zusammen.

Abb. 7.2: Kurzschluß von Knoten i im Hilfsnetz

Wenn sich k Aufträge im Knoten i befinden, dann ist offensichtlich, daß sich genau
$K - k$ Aufträge im komplementären Knoten c aufhalten müssen. Die lastabhängige
Durchsatzrate durch das Hilfsnetz bei $K - k$ Aufträgen und kurzgeschlossenem Kno-
ten i ist demzufolge genau gleich der gesuchten Ankunftsrate zum i-ten Knoten bei
k Aufträgen im Knoten i:

$$\lambda_i(k) = \lambda_c^{(i)}(K - k) \qquad \text{für } k = 0, \ldots, (K - 1). \tag{7.16}$$

$\lambda_c^{(i)}(k)$ soll hierbei den Durchsatz durch das Netz bei kurzgeschlossenem Knoten i
bezeichnen. Dieser kann z.B. mit dem Faltungsalgorithmus aus Kap. 5.3.1 berechnet
werden.

Die Ankunftsraten $\lambda_i(k)$ werden nun zur isolierten Analyse der einzelnen Knoten
des gegebenen Netzes verwendet. Bei diesen Analysen müssen insbesondere die Zustandswahrscheinlichkeiten $p_i(k)$ der Knoten des Hilfsnetzes berechnet werden, sowie
neue Werte für die lastabhängigen Bedienraten $\mu_i(k)$, die im nächsten Iterationsschritt benötigt werden. Zu diesem Zweck wurde in [MAST 77] bewiesen, daß für

jeden einzelnen isolierten Knoten der betrachteten Netze eine geeignete Zerlegung des Zustandsraumes gefunden werden kann, so daß die folgende Beziehung stets erfüllt ist:

$$\nu_i(k)\cdot p_i(k) = \lambda_i(k-1)\cdot p_i(k-1). \tag{7.17}$$

Nach dieser Gleichung ist die Wahrscheinlichkeit, daß ein Auftrag einen Knoten verläßt, der sich im Zustand k befindet, stets gleich derjenigen Wahrscheinlichkeit, daß ein Auftrag an demselben Knoten ankommt, wenn dieser im Zustand $k-1$ ist. Ein Vergleich von Gl. (7.17) mit Gl. (3.24) besagt zudem, daß sich der stochastische Prozeß, der den einzeln betrachteten Knoten zugeordnet ist, exakt verhält wie ein Geburts-/Sterbeprozeß mit der Geburtsrate $\lambda_i(k)$ und der Sterberate $\nu_i(k)$. Die gesuchten Zustandswahrscheinlichkeiten können daher mit den in Kap. 3.2 (Beispiel 3.1) angegebenen Formeln berechnet werden:

$$p_i(k) = p_i(0) \prod_{j=0}^{k-1} \frac{\lambda_i(j)}{\nu_i(j+1)}, \qquad k = 1, \dots, K \tag{7.18}$$

$$p_i(0) = \frac{1}{1 + \displaystyle\sum_{j=1}^{K} \prod_{k=0}^{j-1} \frac{\lambda_i(k)}{\nu_i(k+1)}} \tag{7.19}$$

Die neuen lastabhängigen Bedienraten für die Knoten des Hilfsnetzes im nächsten Iterationsschritt werden außerdem wie folgt gewählt:

$$\mu_i(k) = \nu_i(k) \qquad \text{für } i = 1, \dots, N. \tag{7.20}$$

Das Hauptproblem besteht nun darin, diese Raten $\nu_i(k)$ für die einzelnen Knoten des Netzes festzulegen.

Da im geschlossenen Netz die Anzahl der Aufträge konstant ist, werden die einzelnen Knoten des zu untersuchenden Netzes bei den isolierten Analysen als elementare $\lambda(k)/G/m/K$-Wartesysteme angesehen. Diese Notation beschreibt den etwas spezielleren Fall eines $GI/G/m$-Knotens, bei dem der Ankunftsprozeß von der Anzahl k der Aufträge im Knoten abhängt und für den zusätzlich eine Zahl K existiert, so daß $\lambda(k) > 0$ für alle $k < K$ und $\lambda(k) = 0$ für alle $k \geq K$.

Bei den isolierten Analysen muß nun zusätzlich unterschieden werden, ob es sich um

- einen Knoten handelt, der die Produktformbedingungen nicht verletzt, oder um

- einen single-server Knoten mit Warteschlangendisziplin FCFS bei allgemeiner Verteilung der Bedienzeiten.

Im ersten Fall zeigt ein Vergleich der Gleichungen (7.18, 7.19) mit den entsprechenden Formeln zur Berechnung der Zustandswahrscheinlichkeiten von Produktformknoten mit lastabhängigen Ankunftsraten [LAVE 83], daß die Raten $\nu_i(k)$ stets den Bedienraten $\mu_i(k)$ entsprechen. Für Knoten mit exponentiell verteilten Bedienzeiten bzw. Knoten mit Warteschlangendisziplin PS, IS, LCFS PR folgt somit unmittelbar aus Gl. (7.20), daß die Bedienraten des Hilfsnetzes in jeder Iterationsstufe unverändert bleiben.

Betrachten wir nun die FCFS-Knoten mit allgemein verteilten Bedienzeiten, die ja als elementare $\lambda(k)/G/1/K$-FCFS Wartesysteme analysiert werden. Unter der Voraussetzung, daß die Verteilung der Bedienzeit eine rationale Laplace-Transformierte hat, wird zur Modellierung der allgemeinen Bedienzeit jetzt die Cox-Verteilung (Kap. 2.2.2.7) verwendet, wobei je nach Größe des quadrierten Variationskoeffizienten der Bedienzeit c_{Bi}^2 ein anderes Cox-Modell zur Darstellung gewählt wird:

Ist $c_{Bi}^2 = \frac{1}{m} \pm \varepsilon$ für $m = 3, 4, \ldots$, wobei ε einen geeigneten Toleranzbereich beschreibt, so dient zur Modellierung ein Erlang-Modell mit m exponentiellen Phasen. Gilt $c_{Bi}^2 \geq 0.5$, dann wird ein Cox-2-Modell gewählt; ansonsten ein spezielles Cox-Modell mit m Phasen.

Nach [MARI 80] werden die Parameter für die einzelnen Modelle wie folgt festgelegt:

– Für das *Cox-2-Modell* (Abb. 7.3):

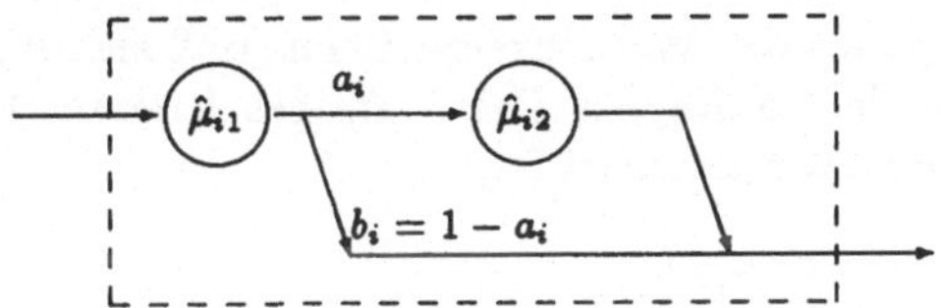

Abb. 7.3: Cox-2-Modell

$$\hat{\mu}_{i1} = 2\mu_i, \qquad \hat{\mu}_{i2} = \mu_i \cdot \frac{1}{c_{Bi}^2}, \qquad a_i = \frac{1}{2c_{Bi}^2}.$$

– Das hier benötigte spezielle *Cox-m-Modell* zeigt Abb. 7.4. Ein Auftrag verläßt dieses Modell mit der Wahrscheinlichkeit b_i nach Bedienung durch die erste Phase oder durchläuft danach noch weitere $(m-1)$ exponentielle Phasen, bevor er fertig bedient ist.

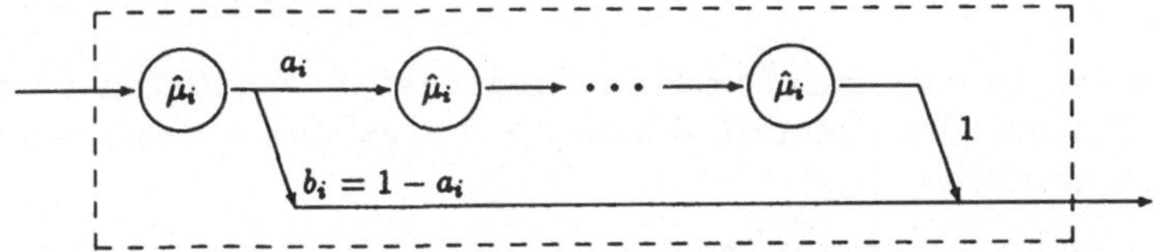

Abb. 7.4: Spezielles Cox-m-Modell

Die Anzahl m der exponentiellen Phasen wird dabei wieder festgelegt durch

$$m = ceil\left(\frac{1}{c_{Bi}^2}\right),$$

so daß die Anzahl der Phasen minimal gehalten wird. Außerdem gilt entsprechend Kap. 2.2.2.7:

$$b_i = \frac{2mc_{Bi}^2 + (m-2) - \sqrt{m^2 + 4 - 4mc_{Bi}^2}}{2(m-1)(c_{Bi}^2 + 1)},$$

$$\hat{\mu}_i = [m - b_i(m-1)]\,\mu_i.$$

– Für das *Erlang-m-Modell* gilt letztlich:

$$\hat{\mu}_i = m \cdot \mu_i.$$

Jedem einzelnen dieser elementaren $\lambda(k)/C_m/1/K$-Knoten kann ein Markov-Prozeß zugeordnet werden, dessen Zustände (k,j) angeben, daß k Aufträge im betrachteten Knoten sind und der Bedienprozeß sich in der j-ten Phase befindet. $p(k,j)$ ist die Gleichgewichtswahrscheinlichkeit für diesen Zustand.

In [MARI 78] wird gezeigt, daß für ein elementares $\lambda(k)/C_m/1/K$-Wartesystem im Gleichgewicht gilt:

$$\sum_{j=1}^{m} b_j \cdot \hat{\mu}_j \cdot p(k,j) = \lambda(k-1) \cdot \sum_{j=1}^{m} p(k-1,j), \qquad k = 1,\dots,K. \tag{7.21}$$

Mit $p(k) = \sum_{j=1}^{m} p(k,j)$ als der Wahrscheinlichkeit, daß sich k Aufträge im Knoten befinden und $\nu(k)$ als dem *bedingten Durchsatz* des Knotens bei k Aufträgen, der für Knoten i folgendermaßen definiert ist,

$$\nu_i(k) = \frac{\sum_{j=1}^{m} b_{ij} \cdot \hat{\mu}_{ij} \cdot p_i(k,j)}{p_i(k)}, \tag{7.22}$$

kann Gl. (7.21) auch geschrieben werden als:

$$\nu_i(k) \cdot p_i(k) = \lambda_i(k-1) \cdot p_i(k-1).$$

Dies ist genau die bekannte Gleichung (7.17). Die Zustandswahrscheinlichkeiten von FCFS-Knoten mit allgemeiner Verteilung der Bedienzeiten können daher ebenfalls mit den Gleichungen (7.18, 7.19) bestimmt werden, wobei zu deren Berechnung die bedingten Durchsätze $\nu_i(k)$ (Gl. 7.22) der einzelnen Knoten verwendet werden müssen.

Zur Bestimmung der bedingten Durchsätze sind in [MARI 80] effiziente Algorithmen angegeben. Für das Cox-2-Modell, d.h. $c_{Bi}^2 \geq 0.5$, existieren dabei sogar einfache Berechnungsformeln:

$$\nu_i(1) = \frac{\lambda_i(1) \cdot \hat{\mu}_{i1} \cdot b_i + \hat{\mu}_{i1} \cdot \hat{\mu}_{i2}}{\lambda_i(1) + \hat{\mu}_{i2} + a_i \cdot \hat{\mu}_{i1}}, \tag{7.23}$$

$$\nu_i(k) = \frac{\lambda_i(k) \cdot \hat{\mu}_{i1} \cdot b_i + \hat{\mu}_{i1} \cdot \hat{\mu}_{i2}}{(\lambda_i(k) + \hat{\mu}_{i1} + \hat{\mu}_{i2}) \cdot \nu_i(k-1)} \qquad \text{für } k > 1. \tag{7.24}$$

Auf die sehr aufwendig zu erläuternden Algorithmen zur Berechnung der bedingten Durchsätze für die beiden anderen Modelltypen, d.h. $c_{Bi}^2 < 0.5$, verweisen wir auf die Originalliteratur. Die Berechnung der Zustandswahrscheinlichkeiten kann in diesen Fällen aber auch mit dem rekursiven numerischen Lösungsverfahren aus Kap. 4.3 durchgeführt werden.

Die so berechneten $\nu_i(k)$ werden wieder im nächsten Iterationsschritt als lastabhängige Bedienraten der Knoten des Hilfsnetzes eingesetzt (Gl. 7.20). Für das Enden der Iterationen müssen letztlich zwei Bedingungen erfüllt sein.

Zum einen wird nach jeder Iteration überprüft, ob die Summe der mittleren Auftragsanzahlen gleich der Gesamtanzahl von Aufträgen im Netz ist:

$$\left| \frac{K - \sum_{i=1}^{N} \bar{k}_i}{K} \right| < \varepsilon, \tag{7.25}$$

wobei ε einen geeigneten Toleranzbereich und $\bar{k}_i = \sum_{k=1}^{K} k \cdot p_i(k)$ die mittlere Anzahl der Aufträge im i-ten Knoten bezeichnet.

Zum anderen wird überprüft, ob die Durchsatzraten jedes Knotens mit der Topologie des Netzes vereinbar sind:

$$\left| \frac{r_j - \frac{1}{N} \sum_{i=1}^{N} r_i}{\frac{1}{N} \sum_{i=1}^{N} r_i} \right| < \varepsilon \ \text{für } j = 1, \ldots, N, \tag{7.26}$$

wobei $r_j = \frac{\lambda_j}{e_j} = \frac{1}{e_j} \left(\sum_{k=1}^{K} p_j(k) \cdot \nu_j(k) \right)$ der normierte Durchsatz von Knoten j und e_j die Besuchshäufigkeit ist. Übliche Werte für ε sind $1.0 \cdot 10^{-3}$ oder $1.0 \cdot 10^{-4}$.

Die Methode von Marie kann nun zusammenfassend in den nachfolgenden vier Schritten beschrieben werden.

Schritt 1: Initialisierung:
Konstruiere ein Hilfsnetz mit derselben Topologie wie das gegebene Netz. Die lastabhängigen Bedienraten $\mu_i(k)$ des Hilfsnetzes werden für $i = 1, \ldots, N$ und $k = 0, \ldots, K$ direkt aus dem gegebenen Netz übernommen:

$$\mu_i(k) = \begin{cases} 0 & \text{für } k = 0 \\ \min(k, m_i) \cdot \mu_i & \text{für } k > 0. \end{cases}$$

Schritt 2: Bestimme mit Gl. (7.16) für alle $i = 1, \ldots, N$ und $k = 0, \ldots, (K - 1)$ durch Analyse des Hilfsnetzes die lastabhängigen Ankunftsraten $\lambda_i(k)$. Hierzu kann ein beliebiger Analysealgorithmus für Produktformnetze verwendet werden. Speziell für $k = K$ gilt: $\lambda_i(K) = 0$.

Schritt 3: Analysiere jeden einzelnen Knoten des gegebenen Nichtproduktformnetzes getrennt von den anderen mit der lastabhängigen Ankunftsrate $\lambda_i(k)$. Berechne hierbei insbesondere die Größen $\nu_i(k)$ und die Zustandswahrscheinlichkeiten $p_i(k)$. Das Berechnungsverfahren für die $\nu_i(k)$ hängt dabei vom Typ des betrachteten Knotens ab, während die $p_i(k)$ aus Gl. (7.18, 7.19) bestimmt werden können.

Schritt 4: Überprüfe die beiden Abbruchbedingungen (7.25, 7.26). Sind beide erfüllt, dann ist das Verfahren beendet und die Leistungsgrößen des Netzes können mit den bekannten Formeln (Kapitel 2.3.3) berechnet werden. Wenn nicht, bestimme mit Gl. (7.20) neue Bedienraten für das Hilfsnetz und gehe zurück zu Schritt 2.

Beispiel 7.2
Die Anwendung der Methode von Marie soll nun noch am Beispiel eines einfachen geschlossenen Warteschlangennetzes mit $N = 3$ Knoten und $K = 2$ Aufträgen demonstriert werden (Abb. 7.5).

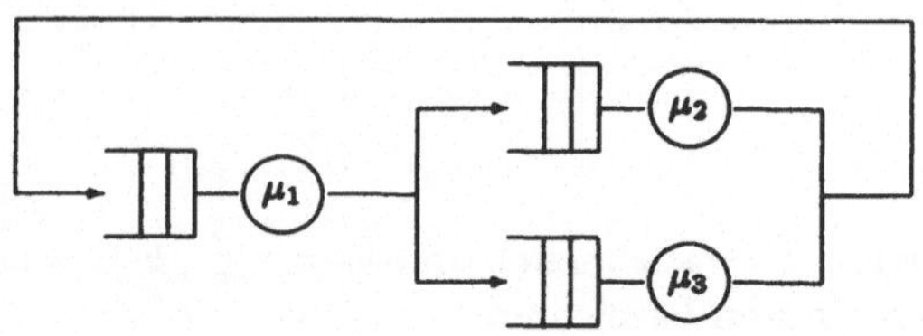

Abb. 7.5: Geschlossenes Warteschlangennetz

Die Warteschlangendissiplin bei allen Knoten ist FCFS. Die Bedienzeiten sind allgemein verteilt mit den Raten

$$\mu_1 = 0.5 \text{ sec}^{-1}, \quad \mu_2 = 0.25 \text{ sec}^{-1}, \quad \mu_3 = 0.5 \text{ sec}^{-1},$$

und den quadrierten Variationskoeffizienten

$$c_{B1}^2 = 1, \quad c_{B2}^2 = 4, \quad c_{B3}^2 = 0.5.$$

Auch die Besuchshäufigkeiten sind gegeben:

$$e_1 = 1, \quad e_2 = 0.5, \quad e_3 = 0.5.$$

Für den Abbruch der Iteration wird eine Fehlertoleranz von $\varepsilon = 0.001$ angenommen.
Die Analyse des Netzes erfolgt in den angegebenen vier Schritten.

Schritt 1: Initialisierung:

Die Bedienraten des Hilfsnetzes werden direkt aus dem gegebenen Netz übernommen:

$$\mu_1(1) = \mu_1(2) = 0.5, \quad \mu_2(1) = \mu_2(2) = 0.25, \quad \mu_3(1) = \mu_3(2) = 0.5.$$

Schritt 2: Berechnung der lastabhängigen Ankunftsraten $\lambda_i(k)$ für $i = 1, 2, 3$ und $k = 0, 1, 2$:

Bei Anwendung des Faltungsalgorithmus am Kapitel 5.3.1 werden zuerst die Normalisierungskonstanten des Hilfsnetzes bestimmt:

$$G(0) = 1, \quad G(1) = 5, \quad G(2) = 17,$$

und hieraus mit Gl. (5.32) die Normalisierungskonstanten G_N^i bei kurzgeschlossenem Knoten i:

$$G_N^1(0) = 1, \quad G_N^2(0) = 1, \quad G_N^3(0) = 1,$$
$$G_N^1(1) = 3, \quad G_N^2(1) = 3, \quad G_N^3(1) = 4,$$
$$G_N^1(2) = 7, \quad G_N^2(2) = 7, \quad G_N^3(2) = 12.$$

Der Durchsatz durch den Kurzschluß bei $(K - k)$ Aufträgen im Hilfsnetz ist dann mit Gl. (5.35) gegeben durch:

$$\lambda_c^{(i)}(K - k) = e_i \frac{G_N^i(K - k - 1)}{G_N^i(K - k)}.$$

Aus Gl. (7.16) können jetzt die lastabhängigen Ankunftsraten berechnet werden:

$$\lambda_1(0) = \lambda_c^{(i)}(2) = e_1 \frac{G_N^1(1)}{G_N^1(2)} = 0.429.$$

Auf ähnliche Weise ergeben sich auch die Werte für die anderen Ankunftsraten:

$$\lambda_2(0) = 0.214, \quad \lambda_3(0) = 0.167,$$
$$\lambda_1(1) = 0.333, \quad \lambda_2(1) = 0.167, \quad \lambda_3(1) = 0.125,$$
$$\lambda_1(2) = 0, \quad \lambda_2(2) = 0, \quad \lambda_3(2) = 0.$$

Schritt 3:   Isolierte Analyse der Knoten des gegebenen Netzes:

Wegen $c_{B1}^2 = 1$ ist die Bedienzeit von Knoten 1 exponentiell verteilt (Produktformknoten) und es gilt mit Gl. (7.20) $\nu_1(k) = \mu_1(k)$. Die Zustandswahrscheinlichkeiten für Knoten 1 werden mit Gl. (7.18, 7.19) berechnet:

$$p_1(0) = \frac{1}{1 + \sum_{j=1}^{2} \prod_{k=0}^{j-1} \frac{\lambda_1(k)}{\mu_1(k+1)}} = \underline{0.412},$$

$$p_1(1) = p_1(0) \cdot \frac{\lambda_1(0)}{\mu_1(1)} = \underline{0.353},$$

$$p_1(2) = p_1(0) \cdot \prod_{j=0}^{1} \frac{\lambda_1(j)}{\mu_1(j+1)} = \underline{0.235}.$$

Die Knoten 2 und 3 sind Nichtproduktformknoten. Weil für $i = 2, 3$ gilt $c_{Bi}^2 \geq 0.5$, wird bei beiden Knoten zur Modellierung der nichtexponentiellen Bedienzeitverteilung das Cox-2-Modell gewählt. Die Parameter dieses Modells werden für Knoten 2 wie folgt festgelegt:

$$\hat{\mu}_{21} = 2\mu_2 = \underline{0.5}, \qquad \hat{\mu}_{22} = \mu_2 \cdot \frac{1}{c_{B2}^2} = \underline{0.0625}, \qquad a_2 = \frac{1}{2c_{B2}^2} = \underline{0.125}.$$

Für Knoten 3 ergibt sich:

$$\hat{\mu}_{31} = \hat{\mu}_{32} = a_3 = 1.$$

Mit Gl. (7.23, 7.24) können hieraus die bedingten Durchsätze berechnet werden:

$$\nu_2(1) = \frac{\lambda_2(1)\hat{\mu}_{21}b_2 + \hat{\mu}_{21}\hat{\mu}_{22}}{\lambda_2(1) + \hat{\mu}_{22} + a_2\hat{\mu}_{21}} = \underline{0.357}, \quad \nu_2(2) = \frac{\lambda_2(2)\hat{\mu}_{21}b_2 + \hat{\mu}_{21}\hat{\mu}_{22}}{(\lambda_2(2) + \hat{\mu}_{21} + \hat{\mu}_{22})\nu_2(1)} = \underline{0.152}.$$

Ebenso:

$$\nu_3(1) = \underline{0.471}, \qquad \nu_3(2) = \underline{0.654}.$$

Für die Zustandswahrscheinlichkeiten folgt mit Gl. (7.18, 7.19):

$$p_2(0) = \underline{0.443}, \quad p_2(1) = \underline{0.266}, \quad p_2(2) = \underline{0.291},$$
$$p_3(0) = \underline{0.703}, \quad p_3(1) = \underline{0.249}, \quad p_3(2) = \underline{0.048}.$$

Schritt 4:   Überprüfen der Abbruchbedingungen (Gl. 7.25, 7.26):

$$\left| \frac{K - \sum_{i=1}^{N} \sum_{k=1}^{K} k \cdot p_i(k)}{K} \right| = \underline{7.976 \cdot 10^{-3}}.$$

Da hier bereits die Fehlertoleranz von $1.0 \cdot 10^{-3}$ überschritten ist, braucht die zweite Abbruchbedingung nicht mehr geprüft zu werden.

Wir berechnen die neuen Bedienraten des Hilfsnetzes mit Gl. (7.20),

$$\mu_i(k) = \nu_i(k) \qquad \text{für } i = 1, 2, 3,$$

und kehren zurück zu Schritt 2.

Schritt 2:   Es werden wieder die lastabhängigen Ankunftsraten mit Gl. (7.16) bestimmt und anschließend die Knoten des Netzes isoliert analysiert:

$$\vdots$$

Nach insgesamt vier Iterationsschritten erhalten wir die folgenden Endresultate:

Randwahrscheinlichkeiten:

$$p_1(0) = \underline{0.438}, \quad p_2(0) = \underline{0.438}, \quad p_3(0) = \underline{0.719},$$
$$p_1(1) = \underline{0.311}, \quad p_2(1) = \underline{0.271}, \quad p_3(1) = \underline{0.229},$$
$$p_1(2) = \underline{0.251}, \quad p_2(2) = \underline{0.291}, \quad p_3(2) = \underline{0.052}.$$

Bedingte Durchsätze:

$$\nu_2(1) = \underline{0.356}, \qquad \nu_3(1) = \underline{0.466}, \qquad \nu_2(2) = \underline{0.151}, \qquad \nu_3(2) = \underline{0.652}.$$

Auslastungen (Gl. 2.105):

$$\rho_1 = 1 - p_1(0) = \underline{0.562}, \qquad \rho_2 = \underline{0.562}, \qquad \rho_3 = \underline{0.281}.$$

Mittlere Anzahl von Aufträgen (Gl. 2.109):

$$\overline{k}_1 = p_1(1) + 2 \cdot p_1(2) = \underline{0.813}, \qquad \overline{k}_2 = \underline{0.853}, \qquad \overline{k}_3 = \underline{0.333}.$$

Die Genauigkeit der Marie-Methode hat sich bei vielen Anwendungen als sehr zufriedenstellend herausgestellt. Die Methode wurde von [STMA 80,MSS 82,AKSI 87] auch auf Netze erweitert, die zusätzlich noch multiple-server Knoten mit FCFS-Strategie und allgemein verteilter Bedienzeit enthalten.

Ein Vorgänger der Methode von Marie war das Iterative Appoximationsverfahren von [CHW 75B], das aus der Kombination der Parametrischen Analyse mit der rekursiven numerischen Analyse hervorgegangen ist. Ein zu analysierendes Netz wird hierbei durch K Hilfsnetze approximiert, wobei das k-te Hilfsnetz aus dem Knoten k des gegebenen Netzes besteht sowie aus einem zusammengesetzten Knoten, der jeweils den Rest des Netzwerks repräsentiert. Die Bedienraten des zusammengesetzten Knotens werden mit Hilfe der Parametrischen Analyse unter der Annahme, daß das gegebene Netz Produktform hat, bestimmt. Anschließend analysiert man die K Hilfsnetze mit der rekursiven numerischen Methode (Kapitel 5.3). Die sich bei diesen Analysen ergebenden Leistungsgrößen sind Näherungslösungen für das gegebene Netz, deren Genauigkeit mit bestimmten Kriterien überprüft wird. Sind die Ergebnisse zu ungenau, untersucht man die Hilfsnetze mit gezielt geänderten Bedienraten mit der beschriebenen Methode erneut. Dieser Vorgang wiederholt sich so oft, bis die Genauigkeitskriterien eingehalten werden. Die sich dann ergebenden Leistungsgrößen stellen die endgültigen Näherungslösungen des gegebenen Netzes dar. Die Ergebnisse sind jedoch in der Regel weniger genau als bei der Marie-Methode.

7.1.3 Methode von Kühn

In diesem Abschnitt wird das Näherungsverfahren von Kühn zur Analyse von allgemeinen offenen Warteschlangennetzen vorgestellt [KUEH 79A]. Die betrachteten Netze enhalten ausschließlich single-server Knoten und Aufträge einer einzigen Auftragsklasse. Es sind bedienzeitunabhängige Warteschlangendisziplinen wie FCFS, LCFS oder SIRO bei den einzelnen Knoten erlaubt. Sowohl die Zwischenankunftszeiten der externen Ankunftsprozesse als auch sämtliche Bedienzeiten können allgemein verteilt sein.

Die näherungsweise Bestimmung der Leistungsgrößen erfolgt beim Verfahren von Kühn durch Dekomposition des Netzes in einzelne Knoten und getrennte Untersuchung dieser Knoten. Die einzelnen Knoten stehen dabei durch ihre Ankunfts- und Abgangsprozesse mit dem Gesamtnetz in Verbindung, wobei man davon ausgeht, daß diese Prozesse vollständig durch ihre ersten und zweiten Momente charakterisiert sind, genauer gesagt durch die Ankunfts- bzw. Bedienraten und durch die jeweiligen Variationskoeffizienten. Die getrennte Untersuchung der Knoten wird dann möglich durch Approximation des Variationskoeffizienten c_{Ai} des Ankunftssprozesses und des Variationskoeffizienten c_{Di} des Abgangsprozesses für jeden einzelnen Knoten i des Netzes.

Dazu zerlegt man den Abgangsprozeß eines Knotens entsprechend den Übergängen zu anderen Knoten in Teilprozesse (Abb. 7.6) und bestimmt die Variationskoeffizienten dieser Teilprozesse. Aus den Variationskoeffizienten sämtlicher Teilprozesse der bei einem Knoten i ankommenden Aufträge (Abb. 7.7) wird dann der Variationskoeffizient des gesamten Ankunftsprozesses von Knoten i ermittelt. Dieser ermöglicht schließlich zusammen mit dem Variationskoeffizienten des Bedienprozesses c_{Bi} die Bestimmung des Variationskoeffizienten des Abgangsprozesses. Zu Beginn dieser iterativen Vorgehensweise werden alle unbekannten Variationskoeffizienten der Teilprozesse gleich Eins gesetzt.

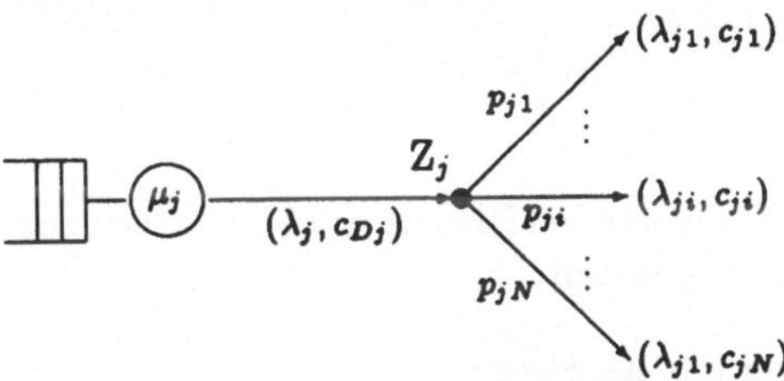

Abb. 7.6: Zerlegung eines Abgangsprozesses in Teilprozesse am Dekompositionspunkt Z_j

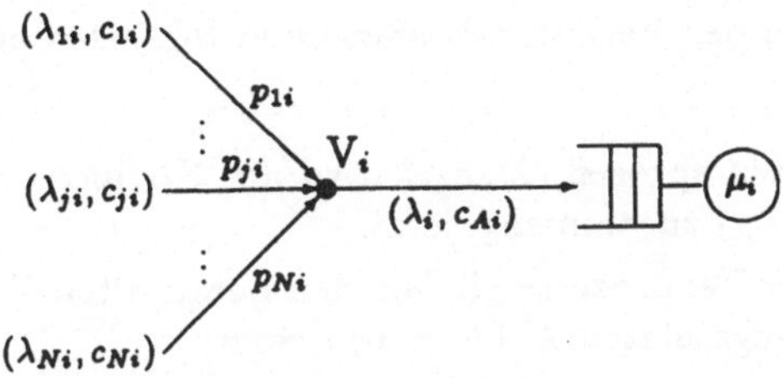

Abb. 7.7: Zusammenfassung von Ankunftsprozessen am Kompositionspunkt V_i

Die Anwendung des Verfahrens kann in den folgenden Schritten zusammengefaßt werden. Die Herleitung ist ausführlich in [KUEH 79A] beschrieben.

Schritt 1: Bestimmung der Ankunftsraten λ_i mit Hilfe des Gleichungssystems (2.86) und Überprüfung der Stabilitätsbedingung $\rho_i = \lambda_i/\mu_i < 1$ für alle Knoten $i = 1,\ldots,N$. Zusätzlich werden für $j = 0,\ldots,N$ die Übergangsraten $\lambda_{ij} = \lambda_i \cdot p_{ij}$ berechnet.

Schritt 2: Rekonfiguration des Netzes:
Zur Vereinfachung werden im Netz alle Knoten, die eine direkte Rückkopplung enthalten, durch Knoten ohne Rückkopplung ersetzt (Abb. 7.8). Für jeden Knoten brauchen dann nur noch die Ankunfts- bzw. Abgangsprozesse von bzw. zu anderen Knoten berücksichtigt werden.

Abb. 7.8: Substitution einer Knotenrückkopplung

Enthält Knoten i eine Rückkopplung, so ermittelt man die veränderten Parameter des rekonfigurierten Netzes mit den folgenden Gleichungen:

$$\mu_i^* = \mu_i(1 - p_{ii}),$$

$$\lambda_i^* = \lambda_i(1 - p_{ii}),$$

$$c_{Bi}^{2*} = p_{ii} + (1 - p_{ii})c_{Bi}^2,$$

$$p_{ij}^* = \frac{p_{ij}}{1 - p_{ii}} \quad \text{für } j \neq i,$$

$$p_{ii}^* = 0.$$

Für die weitere Beschreibung des Verfahrens wird der Stern zur Kennzeichnung der veränderten Parameter weggelassen.

Schritt 3: Initialisierung der Iteration:
Die unbekannten Variationskoeffizienten c_{ij} der Teilprozesse werden gleich Eins gesetzt, $i = 1, \ldots, N$, $j = 0, \ldots, N$ und $i \neq j$.

Schritt 4: Approximation der Variationskoeffizienten für jeden einzelnen Knoten $i = 1, \ldots, N$ des Netzes.

Schritt 4.1: Der Ankunftsprozeß (λ_i, c_{Ai}) wird am Kompositionspunkt V_i aus den Teilprozessen (λ_{ji}, c_{ji}) zusammengesetzt.

Bei Komposition *zweier* Teilprozesse gilt für den quadrierten Variationskoeffizienten c_{Ai}^2 des zusammengesetzten Ankunftsprozesses:

$$c_{Ai}^2 = 2 \cdot \frac{t_1 + t_2}{(t_1 \cdot t_2)^2} \cdot (I_1 + I_2 + I_3 + I_4) - 1 \tag{7.27}$$

$$\text{mit} \quad t_j = \frac{1}{\lambda_{ji}}, \quad j = 1, 2.$$

Zur Bestimmung der Komponenten I_1, I_2, I_3 und I_4 müssen drei Fälle unterschieden werden:

Fall 1: $c_{1i} < 1, c_{2i} < 1$ (d.h. Komposition zweier hypoexponentiell verteilter Teilprozesse):

$$I_1 = t_{1a}^2 \left(\frac{t_2}{2} - \frac{t_{1a}}{3} - t_{1b} \right) + t_{1b}t_1(t_2 - 2t_{1b})$$

$$+ t_{1b}\left[t_{1b}(2t_{2a} + 2t_{1b} - t_2) - t_{2a}t_{2b} \right] \cdot \exp\left\{ -\frac{t_{2a} - t_{1a}}{t_{1b}} \right\},$$

$$I_2 = \frac{t_{1b}t_{2b}^2}{(t_{1b} + t_{2b})^2} \cdot (t_{1b}t_{2a} + t_{1b}t_{2b} + t_{2a}t_{2b}) \cdot \exp\left\{ -\frac{t_{2a} - t_{1a}}{t_{1b}} \right\},$$

$$I_3 = \frac{1}{2}t_1 t_{1a}^2 - \frac{1}{3}t_{1a}^3,$$

$$I_4 = t_{1b}^2 \left[t_1 + \left\{ -t_{1b} - t_{2a} + \frac{t_{2b}}{(t_{1b} + t_{2b})^2} \cdot (t_{1b}t_{2a} + t_{1b}t_{2b} + t_{2a}t_{2b}) \right\} \right. $$
$$\left. \cdot \exp\left\{ -\frac{t_{2a} - t_{1a}}{t_{1b}} \right\} \right],$$

mit

$$t_{ja} = \frac{(1 - c_{ji})}{\lambda_{ji}}, \qquad t_{jb} = \frac{c_{ji}}{\lambda_{ji}} \qquad j = 1,2 \quad \text{und} \quad t_{1a} \leq t_{2a}.$$

Fall 2: $c_{1i} \geq 1, c_{2i} < 1$ (d.h. Komposition eines hyper- und eines hypoexponentiell verteilten Teilprozesses):

$$I_1 = q_{1a}t_{1a}^2 t_2 \left[1 - (1 + \frac{t_{2a}}{t_{1a}}) \cdot \exp\left\{ -\frac{t_{2a}}{t_{1a}} \right\} \right]$$
$$+ q_{1b}t_{1b}^2 t_2 \left[1 - (1 + \frac{t_{2a}}{t_{1b}}) \cdot \exp\left\{ -\frac{t_{2a}}{t_{1b}} \right\} \right]$$
$$- q_{1a}t_{1a} \left[2t_{1a}^2 - \left(2t_{1a}^2 + 2t_{1a}t_{2a} + t_{2a}^2 \right) \cdot \exp\left\{ -\frac{t_{2a}}{t_{1a}} \right\} \right]$$
$$- q_{1b}t_{1b} \left[2t_{1b}^2 - \left(2t_{1b}^2 + 2t_{1b}t_{2a} + t_{2a}^2 \right) \cdot \exp\left\{ -\frac{t_{2a}}{t_{1b}} \right\} \right],$$

$$I_2 = q_{1a} \cdot \frac{t_{1a}t_{2b}^2}{(t_{1a} + t_{2b})^2} (t_{1a}t_{2a} + t_{1a}t_{2b} + t_{2a}t_{2b}) \cdot \exp\left\{ -\frac{t_{2a}}{t_{1a}} \right\}$$
$$+ q_{1b} \cdot \frac{t_{2b}t_{2b}^2}{(t_{1b} + t_{2b})^2} (t_{1b}t_{2a} + t_{1b}t_{2b} + t_{2a}t_{2b}) \cdot \exp\left\{ -\frac{t_{2a}}{t_{1b}} \right\},$$

$$I_3 = q_{1a}t_{1a}^3 \left[1 - \left(1 + \frac{t_{2a}}{t_{1a}} \right) \exp\left\{ -\frac{t_{2a}}{t_{1a}} \right\} \right]$$
$$+ q_{1b}t_{1b}^3 \left[1 - \left(1 + \frac{t_{2a}}{t_{1b}} \right) \exp\left\{ -\frac{t_{2a}}{t_{1b}} \right\} \right],$$

$$I_4 = q_{1a} \cdot \frac{t_{1a}^2 t_{2b}}{(t_{1a} + t_{2b})^2} (t_{1a}t_{2a} + t_{1a}t_{2b} + t_{2a}t_{2b}) \cdot \exp\left\{ -\frac{t_{2a}}{t_{1a}} \right\}$$
$$+ q_{1b} \cdot \frac{t_{1b}^2 t_{2b}}{(t_{1b} + t_{2b})^2} (t_{1b}t_{2a} + t_{1b}t_{2b} + t_{2a}t_{2b}) \cdot \exp\left\{ -\frac{t_{2a}}{t_{1b}} \right\},$$

mit

$$t_{1\nu} = \frac{1}{\lambda_{1i}} \left\{ 1 \pm \sqrt{\frac{c_{1i}^2 - 1}{c_{1i}^2 + 1}} \right\}^{-1},$$

$$q_{1\nu} = \frac{1}{2\lambda_{1i} \cdot t_{1\nu}} \qquad \text{für } \nu = a, b,$$

und

$$t_{2a} = \frac{1 - c_{2i}}{\lambda_{2i}}, \qquad t_{2b} = \frac{c_{2i}}{\lambda_{2i}}.$$

___Fall 9:___ $c_{1i} \geq 1, c_{2i} \geq 1$ (d.h. Komposition zweier hyperexponentiell verteilter Teilprozesse):

$$I_1 = q_{1a}q_{2a} \cdot \frac{t_{1a}^2 t_{2a}^2}{(t_{1a} + t_{2a})}, \quad I_2 = q_{1a}q_{2b} \cdot \frac{t_{1a}^2 t_{2b}^2}{(t_{1a} + t_{2b})},$$

$$I_3 = q_{1b}q_{2a} \cdot \frac{t_{1b}^2 t_{2a}^2}{(t_{1b} + t_{2a})}, \quad I_4 = q_{1b}q_{2b} \cdot \frac{t_{1b}^2 t_{2b}^2}{(t_{1b} + t_{2b})},$$

mit

$$t_{j\nu} = \frac{1}{\lambda_{ji}} \left\{ 1 \pm \sqrt{\frac{c_{ji}^2 - 1}{c_{ji}^2 + 1}} \right\}^{-1},$$

$$q_{j\nu} = \frac{1}{2\lambda_{ji} \cdot t_{j\nu}} \qquad j = 1,2 \quad \text{und} \quad \nu = a, b.$$

Sind _mehr als zwei_ Teilprozesse zu einem resultierenden Prozeß zusammenzufassen, so muß das beschriebene Verfahren der Komposition zweier Teilprozesse mehrmals hintereinander angewendet werden.

___Schritt 4.2:___ Der Variationskoeffizient c_{Di} des Abgangsprozesses von Knoten i kann nach [KUEH 79A] aus den Variationskoeffizienten des Ankunftsprozesses c_{Ai} und des Bedienprozesses c_{Bi} wie folgt bestimmt werden:

$$c_{Di}^2 = c_{Ai}^2 + 2\rho_i^2 c_{Bi}^2 - \rho_i^2 \left(c_{Ai}^2 + c_{Bi}^2 \right) \cdot g \left(\rho_i, c_{Ai}^2, c_{Bi}^2 \right) \tag{7.28}$$

mit

$$g \left(\rho_i, c_{Ai}^2, c_{Bi}^2 \right) = \begin{cases} \exp\left\{ -\frac{2(1 - \rho_i)}{3\rho_i} \cdot \frac{(1 - c_{Ai}^2)^2}{c_{Ai}^2 + c_{Bi}^2} \right\}, & c_{Ai} < 1 \\[3mm] \exp\left\{ -(1 - \rho_i) \cdot \frac{c_{Ai}^2 - 1}{c_{Ai}^2 + 4c_{Bi}^2} \right\}, & c_{Ai} \geq 1. \end{cases} \tag{7.29}$$

___Schritt 4.3:___ Der Abgangsprozeß (λ_i, c_{Di}) aus Knoten i wird am Dekompositionspunkt Z_i entsprechend den Übergangswahrscheinlichkeiten p_{ij} in Teilprozesse (λ_{ij}, c_{ij}) zerlegt. Die quadrierten Variationskoeffizienten c_{ij}^2 dieser Teilprozesse werden ermittelt:

$$c_{ij}^2 = p_{ij}c_{Di}^2 + (1 - p_{ij}). \tag{7.30}$$

___Schritt 5:___ Genauigkeitsüberprüfung durch Vergleich der alten und der neuen Werte von c_{ij}:

$$\left| \frac{c_{ij}^{(n+1)} - c_{ij}^{(n)}}{c_{ij}^{(n+1)}} \right| < \epsilon,$$

wobei "(n)" die Ergebnisse beim n-ten Iterationsschritt bezeichnet.

Falls diese Bedingung nicht für alle $i = 1, \dots, N$ und $j = 0, \dots, N$ erfüllt ist, dann muß der Iterationsschritt 4 mit den neuen Werten c_{ij}^2 erneut ausgeführt werden.

Schritt 6: Bestimmung der Leistungsgrößen des Systems ausgehend von der mittleren Anzahl der Aufträge $\overline{k}_i$ für $i = 1, \ldots, N$ über folgende Approximationsformel:

$$\overline{k}_i = \rho_i \cdot \left[1 + \frac{\rho_i}{2(1 - \rho_i)} \cdot (c_{Ai}^2 + c_{Bi}^2) \cdot g\left(\rho_i, c_{Ai}^2, c_{Bi}^2\right) \right] \tag{7.31}$$

$$\text{mit } g\left(\rho_i, c_{Ai}^2, c_{Bi}^2\right) \text{ aus Gleichung (7.29).}$$

Beispiel 7.3
Das Analyseverfahren wird an einem einfachen offenen Netzwerk mit zwei Knoten demonstriert, das ein Rechensystem mit einer CPU und einem Platten-I/O-Untersystem repräsentiert (Abb. 7.9).

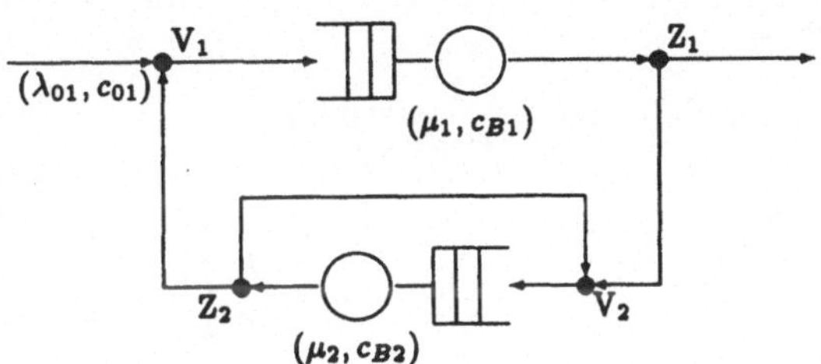

Abb. 7.9: Offenes Warteschlangenmodell eines Rechensystems

Der Ankunftsprozeß von außen hat eine hyperexponentielle Verteilung mit Ankunftsrate $\lambda_{01} = 0.3$ und Variationskoeffizient $c_{01} = 1.5$. Der Bedienprozeß bei Knoten 1 ist ebenfalls hyperexponentiell verteilt mit der Bedienrate $\mu_1 = 1$ und Variationskoeffizient $c_{B1} = 1.5$. Der Bedienprozeß bei Knoten 2 ist Erlang-verteilt mit Bedienrate $\mu_2 = 1.25$ und Variationskoeffizient $c_{B2} = 0.25$. Die Übergangswahrscheinlichkeiten haben die Werte:

$$p_{10} = 0.5, \quad p_{12} = 0.5, \quad p_{21} = 0.8, \quad p_{22} = 0.2.$$

Schritt 1: Bestimme die Ankunftsraten mit Gl. (2.86):

$$\lambda_1 = \lambda_{01} + \lambda_2 \cdot p_{21} = \underline{0.6}, \qquad \lambda_2 = \lambda_1 \cdot p_{12} + \lambda_2 \cdot p_{22} = \underline{0.375},$$

und die Auslastungen mit Gl. (2.107):

$$\rho_1 = \lambda_1/\mu_1 = \underline{0.6}, \qquad \rho_2 = \lambda_2/\mu_2 = \underline{0.3}.$$

Weil sowohl ρ_1 als auch ρ_2 kleiner als Eins sind, ist die Stabilitätsbedingung des offenen Netzes erfüllt. Die Übergangsraten berechnen sich zu

$$\lambda_{10} = \lambda_{12} = \lambda_{21} = \underline{0.3}.$$

Schritt 2: Knoten 2 enthält eine Rückkopplung, und muß daher durch einen Knoten ohne Rückkopplung ersetzt werden. Die veränderten Parameter von Knoten 2 lauten dann:

$$\mu_2^* = \mu_2(1 - p_{22}) = \underline{1},$$
$$\lambda_2^* = \lambda_2(1 - p_{22}) = \underline{0.3},$$
$$c_{B2}^{2*} = p_{22} + (1 - p_{22}) \cdot c_{B2}^2 = \underline{0.25},$$
$$p_{21}^* = p_{21}/(1 - p_{22}) = \underline{1},$$
$$p_{22}^* = \underline{0}.$$

Der Einfachheit halber wird im folgenden der Stern zur Bezeichnung der veränderten Parameter weggelassen.

Schritt 3: Initialisierung der Iteration:
Die Anfangswerte der Variationskoeffizienten c_{ij} werden auf Eins gesetzt:

$$c_{10} = c_{12} = c_{21} = \underline{1}.$$

Schritt 4: Iterative Bestimmung der Variationskoeffizienten beider Knoten.

Schritt 4.1 (Knoten 1): Zusammenfassung des externen Ankunftsprozesses bei Knoten 1 ($c_{01} = 1.5$) mit dem Abgangsprozeß von Knoten 2 ($c_{21} = 1$).
Es liegt Fall 3 vor ($c_{01} \geq 1, c_{21} \geq 1$):
Mit

$$t_{1a} = \frac{1}{\lambda_{01}} \left\{ 1 + \sqrt{\frac{c_{01}^2 - 1}{c_{01}^2 + 1}} \right\}^{-1} = \underline{2.057}, \qquad t_{1b} = \frac{1}{\lambda_{01}} \left\{ 1 - \sqrt{\frac{c_{01}^2 - 1}{c_{01}^2 + 1}} \right\}^{-1} = \underline{8.776},$$

$$t_1 = \frac{1}{\lambda_{01}} = \underline{3.333},$$

$$q_{1a} = \frac{1}{2\lambda_{01}t_{1a}} = \underline{0.810}, \qquad q_{1b} = \frac{1}{2\lambda_{01}t_{1b}} = \underline{0.190}$$

und

$$t_{2a} = \frac{1}{\lambda_{21}} \left\{ 1 + \sqrt{\frac{c_{21}^2 - 1}{c_{21}^2 + 1}} \right\}^{-1} = \underline{3.333}, \qquad t_{2b} = \frac{1}{\lambda_{21}} \left\{ 1 - \sqrt{\frac{c_{21}^2 - 1}{c_{21}^2 + 1}} \right\}^{-1} = \underline{3.333},$$

$$t_2 = \frac{1}{\lambda_{21}} = \underline{3.333},$$

$$q_{2a} = \frac{1}{2\lambda_{21}t_{2a}} = \underline{0.5}, \qquad q_{2b} = \frac{1}{2\lambda_{21}t_{2b}} = \underline{0.5}$$

erhält man die Hilfsgrößen

$$I_1 = q_{1a} \cdot q_{2a} \cdot \frac{t_{1a}^2 \cdot t_{2a}^2}{(t_{1a} + t_{2a})} = \underline{3.534}, \qquad I_2 = q_{1a} \cdot q_{2b} \cdot \frac{t_{1a}^2 \cdot t_{2b}^2}{(t_{1a} + t_{2b})} = \underline{3.534},$$

$$I_3 = q_{1b} \cdot q_{2a} \cdot \frac{t_{1b}^2 \cdot t_{2a}^2}{(t_{1b} + t_{2a})} = \underline{6.710}, \qquad I_4 = q_{1b} \cdot q_{2b} \cdot \frac{t_{1b}^2 \cdot t_{2b}^2}{(t_{1b} + t_{2b})} = \underline{6.710},$$

und damit für den Variationskoeffizienten des Gesamtankunftsprozesses bei Knoten 1:

$$c_{A1}^2 = 2 \cdot \frac{t_1 + t_2}{(t_1 \cdot t_2)^2} \cdot (I_1 + I_2 + I_3 + I_4) - 1 = \underline{1.213}.$$

Schritt 4.2 (Knoten 1): Der Variationskoeffizient c_{D1} des Abgangsprozesses von Knoten 1 wird ermittelt:
Mit

$$g\left(\rho_1, c_{A1}^2, c_{B1}^2\right) = \exp\left\{ -(1 - \rho_1) \cdot \frac{c_{A1}^2 - 1}{c_{A1}^2 + 4c_{B1}^2} \right\} = \underline{0.992}$$

folgt:

$$c_{D1}^2 = c_{A1}^2 + 2\rho_1^2 c_{B1}^2 - \rho_1^2 \left(c_{A1}^2 + c_{B1}^2\right) \cdot g\left(\rho_1, c_{A1}^2, c_{B1}^2\right) = \underline{1.597}.$$

Schritt 4.3 (Knoten 1): Der Abgangsprozeß aus Knoten 1 spaltet sich am Dekompositionspunkt Z_1. Der interessierende Variationskoeffizient c_{12} des entstandenen Teilabgangsprozesses, der zum Ankunftsprozeß bei Knoten 2 wird, kann ermittelt werden:

$$c_{12}^2 = p_{12} \cdot c_{D1}^2 + (1 - p_{12}) = \underline{1.298}.$$

Die erstmalige Analyse von Knoten 1 ist damit abgeschlossen.

Schritt 4.1 (Knoten 2): Die Berechnung der Variationskoeffizienten c_{A2} und c_{D2} von Knoten 2 gestaltet sich einfacher, da der Ankunftsprozeß bei Knoten 2 nur aus einem einzigen Teilprozeß besteht, dessen Variationskoeffizient bereits berechnet worden ist.

$$c_{A2}^2 = c_{12}^2 = \underline{1.298}.$$

Schritt 4.2 (Knoten 2):

$$g\left(\rho_2, c_{A2}^2, c_{B2}^2\right) = \exp\left\{-(1-\rho_2)\cdot\frac{c_{A2}^2 - 1}{c_{A2}^2 + 4c_{B2}^2}\right\} = \underline{0.913},$$

$$c_{D2}^2 = c_{A2}^2 + 2\cdot\rho_2^2\cdot c_{B2}^2 - \rho_2^2\cdot\left(c_{A2}^2 + c_{B2}^2\right)\cdot g\left(\rho_2, c_{A2}^2, c_{B2}^2\right) = \underline{1.216}.$$

Schritt 4.3 (Knoten 2): Es gilt unmittelbar:

$$c_{21}^2 = c_{D2}^2 = \underline{1.216}.$$

Schritt 5: Zur Genauigkeitsüberprüfung wird $\epsilon = 0.005$ gewählt und man erhält:

$$\left|\frac{c_{12}^{(1)} - c_{12}^{(0)}}{c_{12}^{(1)}}\right| = \underline{0.122} > \epsilon \qquad \text{bzw.} \qquad \left|\frac{c_{21}^{(1)} - c_{21}^{(0)}}{c_{21}^{(1)}}\right| = \underline{0.093} > \epsilon,$$

d.h. die Genauigkeitsforderung ist nicht erfüllt. Es müssen daher mit den verbesserten Werten für c_{12} und c_{21} die Schritte 4 und 5 erneut durchgeführt werden.

$$\vdots$$

Nach insgesamt drei Iterationen ist die Genauigkeitsbedingung erfüllt und das Iterationsverfahren kann abgebrochen werden.

Schritt 6: Die Leistungsgrößen werden ausgehend von der mittleren Auftragsanzahl $\overline{k}_i$ bestimmt. Mit den Werten aus der letzten Iteration

$$\frac{1}{\mu_1} = \underline{1}, \quad \rho_1 = \underline{0.6}, \quad c_{A1}^2 = \underline{1.315}, \quad c_{B1}^2 = \underline{2.25},$$

und

$$g\left(\rho_1, c_{A1}^2, c_{B1}^2\right) = \underline{0.988}$$

ergibt sich für die mittlere Auftragsanzahl in Knoten 1:

$$\overline{k}_1 = \rho_1\cdot\left[1 + \frac{\rho_1}{2\cdot(1-\rho_1)}\cdot\left(c_{A1}^2 + c_{B1}^2\right)\cdot g\left(\rho_1, c_{A1}^2, c_{B1}^2\right)\right] = \underline{2.19},$$

und entsprechend mit

$$\frac{1}{\mu_2} = \underline{1}, \quad \rho_2 = \underline{0.3}, \quad c_{A2}^2 = \underline{1.333}, \quad c_{B2}^2 = \underline{0.25},$$

und

$$g\left(\rho_2, c_{A2}^2, c_{B2}^2\right) = \underline{0.905}$$

folgt für die mittlere Auftragsanzahl in Knoten 2:

$$\overline{k}_2 = \underline{0.39}.$$

Außerdem erhält man z.B. für die Gesamtantwortzeit des Netzes wegen $\lambda = \lambda_{01} = 0.3$:

$$\overline{t} = \frac{1}{\lambda}\cdot\sum_{i=1}^{2}\overline{k}_i = \underline{8.59}.$$

Das durch Simulation erzielte Ergebnis für die Gesamtantwortzeit liegt bei $\overline{t} = 9.21$.

Im Falle exponentiell verteilter Zwischenankunfts- und Bedienzeiten sind die Resultate stets exakt. Basierend auf der Methode von Kühn hat [CHYL 86] eine Analysemethode für Netze mit mehreren Auftragsklassen und multiple-server Knoten entwickelt.

7.1.4   Maximum-Entropie-Methode

Ein weiteres iteratives Verfahren zur approximativen Analyse allgemeiner Warteschlangennetze beruht auf dem Prinzip der Maximalen Entropie. Der Entropiebegriff stammt aus der Informationstheorie und bezeichnet ein Maß für die Unsicherheit bezüglich der Vorhersage eines bestimmten Ereignisses. Zur Erklärung des Prinzips der Maximalen Entropie betrachten wir ein beliebiges System, das eine Menge von diskreten Zuständen $\underline{S}$ annehmen kann. Die Wahrscheinlichkeiten $p(\underline{S})$ für die verschiedenen Zustände seien unbekannt; einzige Information über die Wahrscheinlichkeitsverteilung sei eine Anzahl von Nebenbedingungen, die in Form von Mittelwerten geeigneter Funktionen vorliege. Da im allgemeinen die Anzahl der Nebenbedingungen geringer ist als die Anzahl der möglichen Zustände, gibt es meist unendliche viele Wahrscheinlichkeitsverteilungen, die den gegebenen Nebenbedingungen genügen. Dann stellt sich aber die Frage, welche dieser Verteilungen als diejenige ausgewählt werden soll, die am besten zu der durch die Nebenbedingungen gegebenen Information paßt, und die am wenigsten voreingenommen gegenüber der fehlenden Information ist. Das Prinzip der Maximalen Entropie besagt hierzu, daß die geeignetste Verteilung genau diejenige ist, welche die größte Entropie besitzt.

Übertragen auf Warteschlangenmodelle sind nach dem Maximum-Entropie-Prinzip die Zustandswahrscheinlichkeiten $p(\underline{S})$ eines Modells so zu bestimmen, daß die Entropiefunktion

$$H(p) = -\sum_{\underline{S}} p(\underline{S}) \ln p(\underline{S}) \tag{7.32}$$

unter Einhaltung vorgegebener Nebenbedingungen maximal wird. Die Nebenbedingungen liegen dabei in Form von Erwartungswerten vor. Zusätzlich muß stets die Normalisierungsbedingung erfüllt sein, daß sich alle Zustandswahrscheinlichkeiten zu Eins summieren.

Nach [KGT 88] können basierend auf dem Maximum-Entropie-Prinzip offene und geschlossene Netze mit ein oder mehreren Auftragsklassen analysiert werden, deren Knoten vom Typ G/G/1 und G/G|∞ sein müssen. Bedienzeitunabhängige Warteschlangendisziplinen wie FCFS, LCFS oder PS sind ebenso erlaubt wie Prioritäten. Die Erweiterung auf multiple-server Knoten ist möglich [KOAL 88]. Zum besseren Verständnis wollen wir unsere Betrachtungen auf Netze mit nur einer Auftragsklasse und Knoten vom Typ G/G/1-FCFS beschränken [KOUV 85, WALS 85]. Wir beginnen mit der Analyse offener Netze.

7.1.4.1   Maximum-Entropie-Methode für offene Netze

Nach [KOUV 85] erhält man durch Entropiemaximierung unter Einhaltung der Nebenbedingungen bezüglich der mittleren Auftragsanzahl $\overline{k}_i$, Gl. (2.109), und der Auslastung ρ_i, Gl. (2.104), folgenden Produktformansatz zur approximativen Berechnung der Zustandswahrscheinlichkeiten offener Netze:

$$p(k_1, k_2, \ldots, k_N) = p_1(k_1) \cdot p_2(k_2) \cdot \ldots \cdot p_N(k_N). \tag{7.33}$$

Die Maximierung erfolgt in der Regel durch Anwendung der Methode der unbestimmten Multiplikatoren von Lagrange. Für die Randwahrscheinlichkeiten ergibt sich hierbei:

$$p_i(k_i) = \begin{cases} \dfrac{1}{G_i} & \text{falls } k_i = 0 \\[2ex] \dfrac{1}{G_i} \cdot a_i b_i^{k_i} & \text{falls } k_i \geq 1, \end{cases} \tag{7.34}$$

wobei für die Lagrangeschen Multiplikatoren gilt:

$$a_i = \frac{\rho_i^2}{(1 - \rho_i)(\overline{k}_i - \rho_i)}, \tag{7.35}$$

$$b_i = \frac{\overline{k}_i - \rho_i}{\overline{k}_i}, \tag{7.36}$$

$$G_i = \frac{1}{1 - \rho_i}. \tag{7.37}$$

Ein allgemeines offenes Netz läßt sich somit in N elementare Wartesysteme zerlegen, wobei zur Bestimmung der Maximum-Entropie-Lösung die Auslastungen ρ_i und die mittleren Auftragsanzahlen $\overline{k}_i$ der einzelnen Knoten benötigt werden. Die ρ_i lassen sich mit der Formel $\rho_i = \lambda_i/\mu_i$ leicht aus den Netzwerkparametern bestimmen, während zur Berechnung der $\overline{k}_i$ für G/G/1-Wartesysteme keine exakten Verfahren existieren. Nach [KOUV 85] kann die mittlere Auftragsanzahl $\overline{k}_i$ aber näherungsweise als Funktion der Auslastung ρ_i und der quadrierten Variationskoeffizienten des Bedienprozesses und des Ankunftsprozesses formuliert werden:

$$\overline{k}_i = \frac{\rho_i}{2} \left(1 + \frac{c_{Ai}^2 + \rho_i c_{Bi}^2}{1 - \rho_i} \right), \tag{7.38}$$

falls die Bedingung $\dfrac{1 - c_{Ai}^2}{1 + c_{Bi}^2} \leq \rho_i < 1$ erfüllt ist.

Analog zur Methode von Kühn (Kap. 7.1.3) wird die Berechnung von $\overline{k}_i$ durch Approximation des quadrierten Variationskoeffizienten c_{Ai}^2 des Ankunftsprozesses möglich. Da hierzu wiederum die quadrierten Variationskoeffizienten c_{ij}^2 der Teilankunftsprozesse benötigt werden, die ihrerseits vom quadrierten Variationskoeffizienten c_{Di}^2 des Abgangsprozesses abhängen, ergibt sich ein iterativer Ansatz. [KOUV 85] schlägt folgende Berechnungsformeln vor:

$$c_{Ai}^2 = -1 + \left(\sum_{j=0}^{N} \frac{\lambda_{ji}}{\lambda_i \cdot (c_{ji}^2 + 1)} \right)^{-1}, \tag{7.39}$$

$$c_{ji}^2 = 1 + p_{ji} \left(c_{Dj}^2 - 1 \right), \tag{7.40}$$

$$c_{Di}^2 = \rho_i(1 - \rho_i) + (1 - \rho_i)c_{Ai}^2 + \rho_i^2 c_{Bi}^2. \tag{7.41}$$

Es existieren aber noch andere Formeln zur approximativen Berechnung der mittleren Auftragsanzahlen $\overline{k}_i$ bzw. zur Schätzung der benötigten quadrierten Variationskoeffizienten; siehe zum Beispiel [GEPU 76], [SLTZ 77] oder die Formeln von [KUEH 79A] aus Kapitel 7.1.3.

Die Maximum-Entropie-Methode zur Analyse offener Warteschlangennetze kann zusammenfassend in den nachfolgenden Schritten beschrieben werden.

Schritt 1: Bestimmung der Ankunftsraten λ_i mit Hilfe des Gleichungssystems (2.86) und Berechnung der Auslastungen $\rho_i = \lambda_i/\mu_i$ für alle Knoten $i = 1,\dots,N$. Zusätzlich werden die Übergangsraten $\lambda_{ij} = \lambda_i \cdot p_{ij}$ für $j = 0,\dots,N$ ermittelt.

Schritt 2: Bestimmung der quadrierten Variationskoeffizienten.

> *Schritt 2.1:* Initialisierung:
> Die quadrierten Variationskoeffizienten c_{Ai}^2 der Ankunftsprozesse werden für $i = 1,\dots,N$ gleich Eins gesetzt.
>
> *Schritt 2.2:* Bestimmung der quadrierten Variationskoeffizienten c_{Di}^2 und c_{ij}^2 der Abgangs- bzw. Teilabgangsprozesse von Knoten i für $i = 1,\dots,N$ und $j = 0,\dots,N$ mit den Gleichungen (7.41) bzw. (7.40). Hieraus werden mit Gl. (7.39) die quadrierten Variationskoeffizienten c_{Ai}^2 der Ankunftsprozesse berechnet.
>
> *Schritt 2.3:* Überprüfung der Abbruchbedingung:
> Falls sich alte und neue Werte für die c_{Ai}^2 um mehr als ein vorher festzulegendes ϵ voneinander unterscheiden, dann sind die Schritte 2.2 und 2.3 mit den neuen c_{Ai}^2-Werten erneut auszuführen.

Schritt 3: Bestimmung der Leistungsgrößen des Netzes ausgehend von der mittleren Anzahl der Aufträge $\overline{k}_i$ für $i = 1,\dots,N$ mit Gl. (7.38), und Bestimmung der Maximum-Entropie-Lösung für die Zustandswahrscheinlichkeiten mit Gl. (7.33).

Die Maximum-Entropie-Methode approximiert in der Regel weniger genaue Variationskoeffizienten als die Methode von Kühn, weshalb diese bei offenen Netzen mit *einer* Auftragsklasse der Maximum-Entropie-Methode vorzuziehen ist. Ihre eigentliche Anwendung findet die Maximum-Entropie-Methode bei geschlossenen Netzen.

7.1.4.2 Maximum-Entropie-Methode für geschlossene Netze

Für geschlossene Netze, die nur Knoten des Typs G/G/1-FCFS enthalten, ergibt sich durch Entropiemaximierung unter Einhaltung der Nebenbedingungen bezüglich der mittleren Auftragsanzahl $\overline{k}_i$ und der Auslastung ρ_i, der folgende Produktformansatz zur approximativen Bestimmung der Zustandswahrscheinlichkeiten:

$$p(k_1\dots,k_N) = \frac{1}{G(K)} \cdot f_1(k_1) \cdot \ldots \cdot f_N(k_N), \tag{7.42}$$

mit

$$f_i(k_i) = \begin{cases} 1 & \text{falls } k_i = 0 \\ a_i b_i^{k_i} & \text{falls } 1 \le k_i \le K \end{cases} \tag{7.43}$$

und

$$G(K) = \sum_{\substack{N \\ \sum_{i=1}^{} k_i = K}} f_1(k_1) \cdot \ldots \cdot f_N(k_N). \tag{7.44}$$

Die Lagrangeschen Multiplikatoren a_i und b_i sind, wie im Fall offener Netze, durch die Gleichungen (7.35) und (7.36) festgelegt. Problematischer ist jedoch die Berechnung der Zustandwahrscheinlichkeiten geschlossener Netze, da im Gegensatz zu offenen Netzen die ρ_i- und $\overline{k}_i$-Werte der einzelnen Knoten nicht direkt bestimmt werden können. Man greift daher zu folgendem Trick: Anstelle des geschlossenen Netzes wird ein offenes Netz betrachtet, das die gleiche Anzahl von Knoten und Bedieneinheiten, sowie identische Bedienzeitverteilungen und Übergangswahrscheinlichkeiten wie das gegebene geschlossene Netz besitzt. Dieses Netz bezeichnet man als *pseudo-offenes Netz*. Die externen Ankunftsraten dieses Netzes sollen dabei so festgelegt werden, daß sich dort stets genau K Aufträge befinden:

$$\sum_{i=1}^{N} \overline{k}_i^* = K, \tag{7.45}$$

wobei $\overline{k}_i^*$ die mittlere Auftragsanzahl des i-ten Knotens im pseudo-offenen Netz bezeichnet. Bekanntermaßen ist in geschlossenen Netzen das Gleichungssystem (2.87) zur Bestimmung der Ankunftsraten λ_i nicht eindeutig lösbar. Es können jedoch die Besuchshäufigkeiten e_i mit Gl. (2.90) ermittelt werden, deren Lösung sich nur durch eine multiplikative Konstante λ von jeweils anderen Lösungen des Gleichungssystems (2.87) unterscheidet. Diese Konstante λ zur Berechnung der Ankunftsraten $\lambda_i = \lambda \cdot e_i$ wird iterativ unter Zuhilfenahme von Gl. (7.38) aus der getroffenen Voraussetzung (7.45) bestimmt. Hierbei muß stets die Stabilitätsbedingung

$$\max_i \left\{ \frac{\lambda e_i}{\mu_i} \right\} < 1$$

erfüllt sein.

Es können dann mit dem im vorigen Abschnitt angegebenen Algorithmus der Maximum-Entropie-Methode für offene Netze die Leistungsgrößen $\overline{k}_i^*$ und ρ_i^* des pseudo-offenen Netzes berechnet werden, woraus sich die Lagrange-Multiplikatoren und die Zustandswahrscheinlichkeiten für das pseudo-offene Netz ergeben. Um nun hieraus die Wahrscheinlichkeitsverteilung des ursprünglich gegebenen geschlossenen Netzes zu erhalten, zieht man den Faltungsalgorithmus aus Kap. 5.3.1 heran. Unter Verwendung der Funktionen $f_i(k_i)$, Gl. (7.43), können hiermit die Normalisierungskonstante $G(K)$ sowie die Auslastungen und die mittleren Auftragsanzahlen der einzelnen Knoten des geschlossenen Netzes geschätzt werden. Diese Approximation verwendet Werte für die Lagrange-Multiplikatoren a_i und b_i, die für das pseudo-offene Netz berechnet wurden. Um den hieraus resultierenden Fehler für das geschlossene Netz auszugleichen, wendet man das Work-Rate-Theorem (Gl. 2.92) an, was letztlich zu einer iterativen Berechnung der Koeffizienten a_i führt:

$$a_i^{(n+1)} = a_i^{(n)} \cdot K \cdot \rho_i^* \cdot \left(\rho_i \cdot \sum_{j=1}^{N} \frac{\overline{k}_j \cdot \rho_j^*}{\rho_j} \right)^{-1} \tag{7.46}$$

mit Anfangswert

$$a_i^{(0)} = \frac{\rho_i^*}{1 - \rho_i^*} \cdot \frac{\rho_i^*}{\overline{k}_i^* - \rho_i^*}. \tag{7.47}$$

Für die Koeffizienten b_i gilt:

$$b_i = \frac{\overline{k_i^*} - \rho_i^*}{\overline{k_i^*}}. \tag{7.48}$$

Der Stern kennzeichnet immer die für das pseudo-offene Netz berechneten Leistungsgrößen.

Die gesamte Vorgehensweise kann übersichtlich in den nachfolgenden Schritten angegeben werden.

Schritt 1:   Bestimme für $i = 1, \ldots, N$ die Besuchshäufigkeiten e_i mit Gl. (2.87) sowie die relativen Auslastungen $x_i = e_i/\mu_i$.

Schritt 2:   Analyse des pseudo-offenen Netzes.

  Schritt 2.1:   Initialisierung:
Anfangswert für die quadrierten Variationskoeffizienten der Ankunftsprozesse bei den Knoten $i = 1, \ldots, N$:

$$c_{Ai}^2 = 1.$$

Anfangswert für die multiplikative Konstante:

$$\lambda = \frac{0.99}{x_E},$$

wobei $x_E = \max_i \{x_i\}$ die relative Auslastung des Engpaßknotens ist.

Schritt 2.2:   Berechne λ aus der Bedingung (7.45) unter Verwendung von Gleichung (7.38), d.h. λ bestimmt sich aus

$$\sum_{i=1}^{N} \frac{\lambda \cdot x_i}{2} \left(1 + \frac{c_{Ai}^2 + \lambda \cdot x_i \cdot c_{Bi}^2}{1 - \lambda \cdot x_i} \right) - K = 0, \tag{7.49}$$

falls $\dfrac{1 - c_{Ai}^2}{1 - c_{Bi}^2} \leq \lambda \cdot x_i < 1$ für alle i erfüllt ist. Zur Ermittlung der gesuchten Nullstelle wird hierbei das Newtonsche Näherungsverfahren herangezogen.

Schritt 2.3:   Berechne für $i, j = 1, \ldots, N$ die quadrierten Variationskoeffizienten c_{Di}^2, c_{ij}^2 und c_{Ai}^2 mit den Gleichungen (7.39) bis (7.41) analog zur Vorgehensweise bei offenen Netzen. Hierzu werden die Größen $\rho_i = \lambda \cdot x_i$ und $\lambda_i = \lambda \cdot e_i$ benötigt.

Schritt 2.4:   Überprüfe die Abbruchbedingung:
Falls sich die neuen Werte für die c_{Ai}^2 um mehr als ein vorher festzulegendes ϵ von den alten Werten unterscheiden, ersetze sie und führe die Schritte 2.2 bis 2.4 erneut aus.

Schritt 3:   Bestimme für $i = 1, \ldots, N$ die Auslastungen $\rho_i^* = (\lambda \cdot e_i)/\mu_i$ und mit Gl. (7.38) die mittleren Auftragsanzahlen $\overline{k_i^*}$ des pseudo-offenen Netzes.

Schritt 4:   Berechne die Lagrange-Multiplikatoren des pseudo-offenen Netzes aus den Gleichungen (7.47) und (7.48).

Schritt 5:   Analyse des geschlossenen Netzes.

Schritt 5.1:   Berechne mit dem Faltungsalgorithmus die Normalisierungskonstante $G(K)$ des Netzes, wobei die benötigten Funktionen $f_i(k_i)$ durch Gl. (7.43) festgelegt sind.

Schritt 5.2:   Berechne die Leistungsgrößen ρ_i und $\overline{k}_i$ des geschlossenen Netzes. Hierzu wird die in Gl. (5.29) definierte 'Normalisierungskonstante $G_N^i(k)$ des Netzes mit kurzgeschlossenem Knoten i' benötigt. Da nach Gl. (5.28) gilt $p_i(k) = \frac{f_i(k)}{G(K)} \cdot G_N^i(K - k)$, folgt:

$$\rho_i = 1 - p_i(0) = 1 - \frac{G_N^i(K)}{G(K)}, \tag{7.50}$$

$$\overline{k}_i = \sum_{k=1}^{K} k \cdot \frac{f_i(k)}{G(K)} \cdot G_N^i(K - k). \tag{7.51}$$

Schritt 5.3:   Berechne mit Gl. (7.46) einen neuen Wert für die Lagrange-Multiplikatoren a_i. Falls sich diese neuen Werte erheblich von den alten Werten unterscheiden, gehe zurück zu Schritt 5.1

Schritt 6:   Bestimme mit Gl. (7.42) die Maximum-Entropie-Lösung für die Zustandswahrscheinlichkeiten, sowie weitere Leistungsgrößen des Netzes, z.B. $\lambda_i = \mu_i \rho_i$ oder $\overline{t}_i = \overline{k}_i / \lambda_i$.

Beispiel 7.4
Die Maximum-Entropie-Methode soll nun an einem einfachen Netzwerk mit $N = 2$ Knoten und $K = 3$ Aufträgen veranschaulicht werden (Abb. 7.10).

Abb. 7.10: Geschlossenes Netz

Die Warteschlangendisziplin bei allen Knoten ist FCFS. Für die Bedienraten und die quadrierten Variationskoeffizienten gilt:

$$\mu_1 = 1, \qquad \mu_2 = 2, \qquad \text{bzw.} \qquad c_{B1}^2 = 5, \qquad c_{B2}^2 = 0.5.$$

Die Analyse des Netzes erfolgt in den angegebenen Schritten, wobei für den Abbruch der Iterationen eine Fehlertoleranz von $\epsilon = 0.001$ angenommen wird.

Schritt 1:   Bestimmung der Besuchshäufigkeiten und relativen Auslastungen:

$$e_1 = e_2 = \underline{1}, \qquad \text{bzw.} \qquad x_1 = \underline{1}, \quad x_2 = \underline{0.5}.$$

Schritt 2:   Analyse des pseudo-offenen Netzes.

Schritt 2.1:   Initialisierung:

$$c_{A1}^2 = c_{A2}^2 = \underline{1}, \qquad \lambda = 0.99/x_1 = \underline{0.99}.$$

Schritt 2.2:   Berechnung von λ :
Mit Hilfe des Newtonschen Iterationsverfahrens läßt sich die Nullstelle der Gleichung

$$\sum_{i=1}^{2} \frac{\lambda \cdot x_i}{2} \left(1 + \frac{c_{Ai}^2 + \lambda \cdot x_i \cdot c_{Bi}^2}{1 - \lambda \cdot x_i} \right) - 3 = 0$$

näherungsweise zu $\lambda = 0.5558$ bestimmen.

Schritt 2.3: Berechnung der quadrierten Variationskoeffizienten:

$$c_{D1}^2 = \rho_1(1 - \rho_1) + (1 - \rho_1)c_{A1}^2 + \rho_1^2 c_{B1}^2 = \underline{2.236},$$
$$c_{D2}^2 = \rho_2(1 - \rho_2) + (1 - \rho_2)c_{A2}^2 + \rho_2^2 c_{B2}^2 = \underline{0.961},$$
$$c_{12}^2 = 1 + p_{12}\cdot(c_{D1}^2 - 1) = \underline{2.236},$$
$$c_{21}^2 = 1 + p_{21}\cdot(c_{D2}^2 - 1) = \underline{0.961},$$
$$c_{A1}^2 = -1 + \left(\frac{\lambda_2\cdot p_{21}}{\lambda_1\cdot(c_{21}^2 + 1)}\right)^{-1} = \underline{0.961},$$
$$c_{A2}^2 = -1 + \left(\frac{\lambda_1\cdot p_{12}}{\lambda_2\cdot(c_{12}^2 + 1)}\right)^{-1} = \underline{2.236}.$$

Schritt 2.4: Überprüfung der Abbruchbedingung:

$$|c_{A1}^{2(\text{neu})} - c_{A1}^{2(\text{alt})}| = |0.961 - 1| = 0.039 > \epsilon,$$
$$|c_{A2}^{2(\text{neu})} - c_{A2}^{2(\text{alt})}| = |2.236 - 1| = 1.236 > \epsilon.$$

Da die Abbruchbedingung nicht erfüllt ist, wird mit Schritt 2.2 zur Bestimmung eines neuen Wertes für die Konstante λ fortgefahren.

$$\vdots$$

Nach insgesamt 14 Iterationsschritten ist die Abbruchbedingung erfüllt und folgende Ergebnisse stellen sich ein:

$$\lambda = \underline{0.490}, \qquad c_{A1}^2 = \underline{2.130}, \qquad c_{A2}^2 = \underline{2.538}.$$

Schritt 3: Bestimmung von ρ_i^* und $\overline{k}_i^*$:

$$\rho_1^* = \frac{\lambda\cdot e_1}{\mu_1} = \underline{0.49}, \qquad \rho_2^* = \frac{\lambda\cdot e_2}{\mu_2} = \underline{0.245},$$
$$\overline{k}_1^* = \frac{\rho_1^*}{2}\left(1 + \frac{c_{A1}^2 + \rho_1^*\cdot c_{B1}^2}{1 - \rho_1^*}\right) = \underline{2.446}, \qquad \overline{k}_2^* = \frac{\rho_2^*}{2}\left(1 + \frac{c_{A1}^2 + \rho_2^*\cdot c_{B2}^2}{1 - \rho_2^*}\right) = \underline{0.554}.$$

Schritt 4: Berechnung der Lagrange-Multiplikatoren:

$$a_1 = \frac{\rho_1^*}{1 - \rho_1^*}\cdot\frac{\rho_1^*}{\overline{k}_1^* - \rho_1^*} = \underline{0.241}, \qquad a_2 = \frac{\rho_2^*}{1 - \rho_2^*}\cdot\frac{\rho_2^*}{\overline{k}_2^* - \rho_2^*} = \underline{0.257},$$
$$b_1 = \frac{\overline{k}_1^* - \rho_1^*}{\overline{k}_1^*} = \underline{0.8}, \qquad b_2 = \frac{\overline{k}_2^* - \rho_2^*}{\overline{k}_2^*} = \underline{0.558}.$$

Schritt 5: Analyse des geschlossenen Netzes.

Schritt 5.1: Berechnung der Normalisierungskonstante mit dem Faltungsalgorithmus aus Kapitel 5.3.1, wobei für die Funktionen $f_i(k_i)$, $i = 1, 2$, mit Gl. (7.43) gilt:

$$
\begin{aligned}
f_1(0) &= \underline{1}, & f_2(0) &= \underline{1}, \\
f_1(1) &= \underline{0.193}, & f_2(1) &= \underline{0.144}, \\
f_1(2) &= \underline{0.154}, & f_2(2) &= \underline{0.080}, \\
f_1(3) &= \underline{0.123}, & f_2(3) &= \underline{0.045}.
\end{aligned}
$$

Die Vorgehensweise zur Berechnung von $G(K)$ ist entsprechend Abb. 5.4 in der folgenden Tabelle zusammengefaßt.

	1	2
0	1	1
1	0.0125	0.3362
2	0.1026	0.2618
3	0.0842	0.2054

Für die Normalsierungskonstante gilt also:

$$G(K) = \underline{0.2054}.$$

Schritt 5.2: Berechnung von ρ_i und $\overline{k}_i$.

Hierzu wird die Normalisierungskonstante $G_N^i(k)$ des Netzes bei kurzgeschlossenem Knoten i benötigt. Da nur zwei Knoten im Netz sind, folgt unmittelbar:

$$G_N^1(k) = f_2(k), \qquad G_N^2(k) = f_1(k),$$

und damit:

$$\rho_1 = 1 - \frac{G_N^1(K)}{G(K)} = \underline{0.782}, \qquad \rho_2 = 1 - \frac{G_N^2(K)}{G(K)} = \underline{0.400},$$

$$\overline{k}_1 = \sum_{k=1}^{3} k \cdot \frac{f_1(k)}{G(K)} \cdot G_N^1(K-k) = \underline{2.090}, \qquad \overline{k}_2 = \sum_{k=1}^{3} k \cdot \frac{f_2(k)}{G(K)} \cdot G_N^2(K-k) = \underline{0.910}.$$

Schritt 5.3: Neuberechnung der Lagrange-Multiplikatoren a_i:

Mit Gl. (7.46) gilt:

$$a_1^{(\text{neu})} = a_1 \cdot K \cdot \rho_1^* \cdot \left(\rho_1 \cdot \sum_{j=1}^{2} \frac{\overline{k}_j \cdot \rho_j^*}{\rho_j} \right)^{-1} = \underline{0.242},$$

$$a_2^{(\text{neu})} = a_2 \cdot K \cdot \rho_2^* \cdot \left(\rho_2 \cdot \sum_{j=1}^{2} \frac{\overline{k}_j \cdot \rho_j^*}{\rho_j} \right)^{-1} = \underline{0.253}.$$

Da sich alte und neue Werte für die a_i noch um mehr als $\epsilon = 0.001$ voneinander unterscheiden, muß das geschlossene Netz, beginnend mit Schritt 5.1, erneut analysiert werden.

$$\vdots$$

Nach insgesamt drei Iterationsschritten ist die Abbruchbedingung erfüllt und man erhält letztlich folgende Resultate:

$$\rho_1 = \underline{0.787}, \quad \rho_2 = \underline{0.394}, \text{ bzw. } \overline{k}_1 = \underline{2.105}, \quad \overline{k}_2 = \underline{0.895}.$$

Schritt 6: Berechnung weiterer Leistungsgrößen:

$$\lambda_1 = \mu_1 \rho_1 = \underline{0.787}, \quad \lambda_2 = \mu_2 \rho_2 = \underline{0.787},$$
$$\overline{t}_1 = \overline{k}_1/\lambda_1 = \underline{2.675}, \quad \overline{t}_2 = \overline{k}_2/\lambda_2 = \underline{1.137}.$$

Zum Vergleich wollen wir noch die exakten Werte für die mittleren Auftragsanzahlen angeben:

$$\overline{k}_1 = \underline{2.206}, \quad \overline{k}_2 = \underline{0.794}.$$

Die Methode von Marie liefert folgende Resultate:

$$\overline{k}_1 = \underline{2.200}, \quad \overline{k}_2 = \underline{0.800}.$$

Die Ergebnisse der Maximum-Entropie-Methode (MEM) sind umso genauer, je näher die Bedienzeitverteilungen bei der Exponentialverteilung ($c_{B_i}^2 = 1$) liegen. Für exponentiell verteilte Zwischenankunfts- und Bedienzeiten sind die Ergebnisse stets exakt. Eine weitere wichtige Eigenschaft der MEM ist die Tatsache, daß die Rechenzeit relativ unabhängig von der Anzahl der Aufträge im zu untersuchenden Netz ist.

7.1.5 Response-Time-Preservation

Die Response-Time-Preservation (RTP) wurde von [ABS 84] als eine allgemeine Methode zur Entwicklung approximativer Verfahren für die Analyse von Nichtproduktformnetzen entwickelt. Sie ist prinzipiell immer dann anwendbar, wenn der Teil des zu untersuchenden Warteschlangennetzes, der die Produktform verletzt, das sog. Nichtproduktform-Untersystem, losgelöst vom Gesamtsystem analysiert werden kann.

Wir wollen die zugrundeliegende Idee der RTP-Methode am Beispiel geschlossener Warteschlangennetze erläutern, die keine Produktformlösungen besitzen, weil sie genau einen Knoten mit Warteschlangendisziplin FCFS bei allgemeiner Bedienzeitverteilung beinhalten. Die Vorgehensweise ist schematisch in Abb. 7.11 gezeigt.

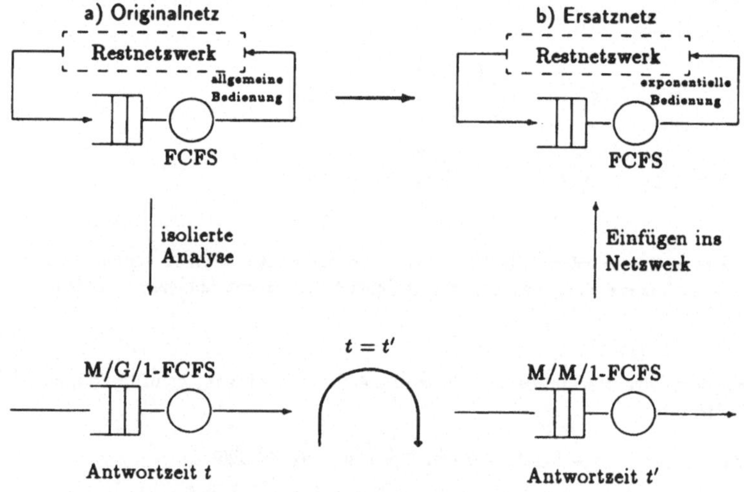

Abb. 7.11: Prinzip der RTP-Methode für ein Netz, das genau einen Knoten mit Warteschlangendisziplin FCFS und allgemein verteilter Bedienzeit enthält

Man transformiert das gegebene geschlossene Nichtproduktformnetz aus Abb. 7.11a in ein einfacher zu analysierendes Ersatznetz (Abb. 7.11b), indem man den FCFS-Knoten mit allgemeiner Verteilung der Bedienzeit, das Nichtproduktform-Untersystem, ersetzt durch einen äquivalenten Knoten mit exponentiell verteilter Bedienzeit.

Zur Schätzung der hypothetischen Bedienzeit des äquivalenten Knotens wird das Nichtproduktform-Untersystem und der dazugehörige äquivalente Knoten unter Annahme eines Poissonschen Ankunftsprozesses losgelöst vom Rest des Netzwerks analysiert (isolierte Analyse). Charakteristisch für die RTP-Methode ist dabei die folgende Approximationsvoraussetzung:

Wenn die Antwortzeit t eines Auftrags im isoliert betrachteten Untersystem gleich ist der Antwortzeit t' eines Auftrags im isoliert betrachteten äquivalenten Knoten, dann ist es wahrscheinlich, daß die Antwortzeiten auch dann gleich sein werden, wenn diese beiden isoliert betrachteten Teilnetze ins gegebene Netzwerk integriert sind.

Aufgrund dieser Annahme wird der FCFS-Knoten mit allgemeiner Verteilung der Bedienzeit durch einen äquivalenten Knoten ersetzt, dessen Antwortzeit t' bei isolierter Analyse unter dem angenommenen (Poissonschen) Ankunftsprozeß gleich ist der Antwortzeit t des zu ersetzenden isolierten Nichtproduktformknotens unter dem gleichen Ankunftsprozeß (Abb. 7.11c)

Zur Bestimmung der mittleren Antwortzeit eines Auftrags im isoliert betrachteten M/G/1-FCFS Knoten existiert die aus Gl. (2.79) ableitbare Pollaczek-Khinchin-Gleichung

$$\bar{t} = \frac{1}{\mu}\left[1 + \frac{\rho \cdot (1 + c_B^2)}{2(1 - \rho)}\right].$$ (7.52)

Die mittlere Antwortzeit $\bar{t}'$ des äquivalenten M/M/1-FCFS Knotens wird mit Gleichung (2.65) berechnet:

$$\bar{t}' = \frac{1/\mu'}{1 - \lambda/\mu'},$$

worin $1/\mu'$ die mittlere Bedienzeit dieses Knotens bezeichnet.

Die RTP-Methode besagt nun, daß diese beiden Antwortzeiten gleichgesetzt werden müssen:

$$\bar{t} = \bar{t}'.$$

Lösen wir Gl. (2.65) nach $1/\mu'$ auf und ersetzen $\bar{t}'$ durch $\bar{t}$ aus Gl. (7.52), so erhalten wir eine einfache Formel zur Bestimmung der hypothetischen Bedienzeit des äquivalenten M/M/1-FCFS Knotens:

$$\frac{1}{\mu'} = \frac{\bar{t}}{1 + \lambda\bar{t}}.$$ (7.53)

Den M/M/1-FCFS-Knoten mit der geschätzten Bedienzeit setzt man in das Warteschlangennetz ein und es entsteht ein Produktformnetz, das mit den bekannten Analysemethoden untersucht werden kann. Da der Durchsatz λ von vornherein nicht bekannt ist, wird er iterativ berechnet.

Der nachfolgende Algorithmus gibt das allgemeine Prinzip der RTP-Methode wieder. Gleichzeitig sind für den Spezialfall derjenigen Nichtproduktformnetze, welche einen oder mehrere Knoten mit Warteschlangendisziplin FCFS bei nichtexponentieller Bedienzeitverteilung und mehreren Auftragsklassen enthalten, alle zur Analyse notwendigen Formeln explizit angegeben.

Schritt 1: Initialisierung:

Lege einen Anfangswert für den Gesamtdurchsatz λ bzw. bei Mehrklassennetzen für den Durchsatz λ_r von Aufträgen der Klasse $r = 1, \ldots, R$ fest.

Schritt 2: Isolierte Analyse der Nichtproduktform-Untersysteme. In unserem speziellen Fall werden also die FCFS-Knoten mit allgemein verteilter Bedienzeit isoliert voneinander unter einem angenommenen (Poissonschen) Ankunftsprozeß analysiert.

Schritt 2.1:   Berechne die Parameter der Ankunftsprozesse, z.B. die Ankunftsrate zum i-ten Untersystem:

$$\lambda_i = \sum_{r=1}^{R} \lambda_r e_{ir}$$

wobei e_{ir} aus Gl. (2.94) berechnet wird.

Schritt 2.2:   Berechne die mittlere Antwortzeit $\bar{t}_{ir}$ für Aufträge der Klasse r im isolierten i-ten Untersystem. Für M/G/1-FCFS Knoten gilt speziell [ABS 84]:

$$\bar{t}_{ir} = \frac{1}{\mu_{ir}} + \overline{w}_i, \tag{7.54}$$

wobei die mittlere Wartezeit $\overline{w}_i$ durch die Pollaczek-Khinchin-Formel berechnet wird:

$$\overline{w}_i = \frac{1 + c_{Bi}^2}{2(1 - \rho_i)} \cdot \frac{\rho_i}{\mu_i} \tag{7.55}$$

mit $\rho_i = \lambda_i/\mu_i$,

$$\frac{1}{\mu_i} = \frac{\displaystyle\sum_{r=1}^{R} \frac{1}{\mu_{ir}} e_{ir}\lambda_r}{\lambda_i}, \tag{7.56}$$

$$c_{Bi}^2 = \frac{\displaystyle\sum_{r=1}^{R} \left(1 + c_{Bir}^2\right) \left(\frac{1}{\mu_{ir}}\right)^2 e_{ir}\lambda_r}{\left(\frac{1}{\mu_i}\right)^2} - 1. \tag{7.57}$$

c_{Bir} gibt hierbei den Variationskoeffizient der Bedienzeit für Aufträge der Klasse r im Knoten i an.

Schritt 3:   Transformation des gegebenen Netzes in ein Produktformnetz, indem die Nichtproduktform-Untersysteme durch äquivalente Produktformknoten ersetzt werden.

Schritt 3.1:   Berechne die hypothetische Bedienzeit des äquivalenten Knotens, der das i-te Untersystem repräsentiert. Hierzu wird die Antwortzeit des Nichtproduktform-Untersystems unter dem angenommenen Ankunftsprozeß gleichgesetzt mit der Antwortzeit des äquivalenten Knotens unter dem selben Ankunftsprozeß. Speziell für einen äquivalenten M/M/1-Knoten gilt hierbei:

$$\frac{1}{\mu'_{ir}} = \frac{\bar{t}_{ir}}{1 + \displaystyle\sum_{r=1}^{R} \lambda_{ir} t_{ir}} \qquad \text{für } r = 1, \ldots, R. \tag{7.58}$$

Schritt 3.2:   Analysiere das so entstandene Netz mit einem der in Kapitel 5.3 vorgestellten Produktformalgorithmen und bestimme einen neuen Wert für den Durchsatz λ_{neu}.

Schritt 4: Überprüfe die Abbruchbedingung:

Ist $|\lambda_{\text{neu}} - \lambda| < \varepsilon$ für ein geeignet gewähltes ε, dann ist das Verfahren beendet, und die übrigen Leistungsgrößen können berechnet werden. Ansonsten setze $\lambda = \lambda_{\text{neu}}$ und gehe zurück zu Schritt 2.

Neben den angegebenen Formeln zur Analyse von Warteschlangennetzen, die FCFS-Knoten mit allgemein verteilten Bedienzeiten bzw. FCFS-Knoten mit exponentiell verteilten Bedienzeiten aber unterschiedlichen Bedienraten für verschiedene Auftragsklassen enthalten, sind in [ABS 84] noch konkrete Formeln zur Analyse von Prioritätennetzen angegeben.

Die RTP-Methode soll nun noch an einem Beispiel verdeutlicht werden.

Beispiel 7.5
Wir betrachten ein einfaches geschlossenes Einklassen-Warteschlangennetz mit $N = 3$ Knoten und $K = 6$ Aufträgen. Die Systemparameter für dieses Beispiel sind in der nachfolgenden Tabelle zusammengefaßt. Die Warteschlangendisziplin bei allen Knoten ist FCFS.

i	e_i	$1/\mu_i$	m_i	c_{Bi}
1	10	28	1	2
2	7	40	1	1
3	2	280	1	1

Die Analyse des Netzes erfolgt in den angegebenen Schritten:

Schritt 1: Initialisierung:

Der Anfangswert für den Durchsatz wird mit $\lambda = 0.002$ willkürlich festgelegt.

Schritt 2: Isolierte Analyse des Nichtproduktformknotens 1.

Schritt 2.1: Bestimmung der Ankunftsrate zum Knoten 1:

$$\lambda_1 = \lambda \cdot e_1 = \underline{0.02}.$$

Schritt 2.2: Berechnung der mittleren Antwortzeit für den isolierten M/G/1-Knoten 1 mit der Pollacsek-Khinchin-Gleichung (7.52):

$$\bar{t}_1 = \frac{1}{\mu_1}\left[1 + \frac{\rho_1}{(1-\rho_1)} \cdot \frac{(1+c_{B1}^2)}{2}\right] = \underline{117.091}.$$

Schritt 3: Transformation des gegebenen Netzes in ein Produktformnetz.

Schritt 3.1: Berechnung der hypothetischen Bedienzeit $1/\mu_i'$ des äquivalenten M/M/1-Knotens mit Gl. (7.53):

$$\frac{1}{\mu_1'} = \frac{\bar{t}_1}{1 + \lambda \cdot \bar{t}_1} = \underline{35.038}.$$

Schritt 3.2: Analyse des gegebenen Netzes, in welchem der Nichtproduktformknoten 1 durch einen M/M/1-Knoten ersetzt wurde. Mit z.B. dem MWA-Algorithmus aus Kapitel 5.3.2.1 erhalten wir als Ergebnis für den Netzwerkdurchsatz:

$$\lambda_{\text{neu}} = 1.7 \cdot 10^{-3}.$$

Schritt 4: Überprüfen der Abbruchbedingung:

$$|\lambda_{\text{neu}} - \lambda| = \underline{0.0003} \quad > \varepsilon = 0.0001.$$

Mit $\lambda = \lambda_{\text{neu}} = 1.7 \cdot 10^{-3}$ wird daher zu Schritt 2 zurückgesprungen.

Schritt 2:   Isolierte Analyse von Knoten 1:

Ankunftsrate: $\lambda_1 = \lambda \cdot e_1 = \underline{0.017}$.

Mittlere Antwortzeit: $\bar{t}_1 = \underline{91.564}$.

Schritt 3:   Transformation in ein Produktformnetz:

Hypothetische Bedienzeit des äquivalenten M/M/1-Knotens:

$$\frac{1}{\mu_1'} = \underline{35.819}.$$

Analyse des entstandenen Produktformnetzes, bei der sich folgende Ergebnisse einstellen:

$$\bar{t}_1 = \underline{78.335}, \qquad \bar{t}_2 = \underline{71.128}, \qquad \bar{t}_3 = \underline{1129.755},$$
$$\lambda_{\text{neu}} = \underline{1.695 \cdot 10^{-3}},$$
$$\bar{k}_1 = \underline{1.327}, \qquad \bar{k}_2 = \underline{0.844}, \qquad \bar{k}_3 = \underline{3.829}.$$

Schritt 4:   Überprüfen der Abbruchbedingung:

$$|\lambda_{\text{neu}} - \lambda| = \underline{5.117 \cdot 10^{-6}} \quad < \epsilon.$$

Somit ist das Verfahren beendet, und die übrigen Leistungsgrößen können berechnet werden, z.B.
die Einzelauslastungen:

$$\rho_1 = \frac{\lambda \cdot e_1}{\mu_1} = \underline{0.474}, \qquad \rho_2 = \underline{0.474}, \qquad \rho_3 = \underline{0.949}.$$

Im allgemeinen muß festgestellt werden, daß die Anwendung der RTP-Methode
auf Nichtproduktformnetze, die FCFS-Knoten mit allgemein verteilten Bedienzeiten
enthalten, wegen des hohen Rechenzeitaufwands bei häufig unbefriedigender Genauigkeit in der Regel nicht gerechtfertigt ist. Zudem unterliegen die Abweichungen sehr
großen Schwankungen. Deshalb ist die zwar ebenfalls aufwendige, aber genauere Methode von Marie vorzuziehen oder bei geringeren Genauigkeitsforderungen die im
nächsten Kapitel vorzustellende Erweiterte Summationsmethode.

7.1.6   Erweiterte Summationsmethode

Das Konzept der Summationsmethode aus Kap. 6.2 läßt sich auch sehr leicht auf
Nichtproduktformnetze erweitern. Man zieht wieder die Funktionen $f_i(\lambda_i) = \bar{k}_i$ für
die einzelnen Knoten des Netzes heran und versieht diese mit geeigneten Korrektur-
faktoren.

Für single-server Knoten mit nichtexponentieller Bedienzeitverteilung geht man von
der bekannten Pollaczek-Khinchin-Gleichung (2.79) für M/G/1-FCFS-Wartesyste-
me aus:

$$\bar{k} = \rho + \frac{\rho^2}{1 - \rho} \cdot a \qquad \text{mit } a = \frac{c_B^2 + 1}{2}.$$

Weil sich bei Auslastung $\rho_i = 1$ alle K Aufträge des Netzes genau bei Knoten i
aufhalten, d.h. aus $\rho_i = 1$ folgt $\bar{k}_i = K$, erhält man hieraus unter Einführung eines
Korrekturfaktors folgende Berechnungsformel:

$$\bar{k}_i = \rho_i + \frac{\rho_i^2 \cdot a}{1 - \frac{K - 1 - a}{K - 1} \rho_i}. \tag{7.59}$$

Für M/G/m-FCFS-Wartesysteme wird in [BOLC 83] folgende Approximationsformel angegeben:

$$\bar{k} = m\rho + \frac{\rho}{1-\rho} \cdot a \cdot P_m, \tag{7.60}$$

wobei für die Wartewahrscheinlichkeiten P_m entweder Gl. (2.75) oder die Näherungen (Gl. 6.16) verwendet werden können. Durch Einführung eines Korrekturfaktors entsprechend Gl. (6.15) erhalten wir hieraus:

$$\bar{k}_i = m_i\rho_i + \frac{\rho_i}{1 - \frac{K - m_i - a}{K - m_i} \cdot \rho_i} \cdot a \cdot P_m \tag{7.61}$$

Mit der Systemgleichung (6.17) können jetzt wieder, z.B. durch Intervallschachtelung, zunächst der Gesamtdurchsatz und dann alle anderen Leistungsgrößen eines zu untersuchenden Netzes ermittelt werden. Da die Vorgehensweise prinzipiell die gleiche ist wie in Kap. 6.2, verzichten wir hier auf ein Beispiel.

Die Untersuchung vieler Beispiele und die Validierung mit Simulation ergab, daß die Summationsmethode weniger genau ist als die Methode von Marie, jedoch etwas genauer als die aufwendigere RTP-Methode. Die Abweichungen sind aber für die meisten Anwendungen tolerierbar, vor allem wenn man den sehr geringen Aufwand, z.B. im Vergleich zur Maximum-Entropie-Methode oder der Methode von Marie, berücksichtigt. Zudem treten nur geringe Schwankungen in der Größe der Abweichungen auf.

7.2   Erweiterung der Mittelwertanalyse

Es gibt auch Versuche aufbauend auf der Mittelwertanalyse approximative Verfahren zur Analyse von Nichtproduktformnetzen zu entwickeln (siehe hierzu auch Kap. 8.1). Hierbei ist man insbesondere daran interessiert, die Mittelwertanalyse bezüglich der verwendbaren Knotentypen zu erweitern. Es sollen also auch solche Knotentypen zugelassen werden, für welche die theoretischen Herleitungen der Mittelwertanalyse nicht mehr unmittelbar anwendbar sind.

[BARD 79] erkannte als erster die Flexibilität der Mittelwertanalyse und gibt konkrete Formeln zur Analyse von Prioritätenmodellen an sowie zur Analyse von Netzen, die FCFS-Knoten mit unterschiedlichen Bedienraten für Aufträge unterschiedlicher Klassen zulassen. [REIS 79] entwickelte eine Formel zur Berechnung der mittleren Antwortzeit von single-server Knoten mit Abarbeitungsstrategie FCFS bei allgemeiner Verteilung der Bedienzeit. Hierbei treten jedoch starke Abweichungen von den exakten Resultaten auf. In vielen Fällen gute Ergebnisse liefert die nachstehende Gleichung für exponentiell verteilte Bedienzeiten. Mit dieser Formel kann die Einschränkung für FCFS-Knoten aufgehoben werden, daß die mittleren Bedienzeiten aller Klassen identisch sein müssen:

$$\bar{t}_{ir}(\underline{k}) = \frac{1}{\mu_{ir}} + \sum_{s=1}^{R} \frac{1}{\mu_{is}} \cdot \bar{k}_{is}(\underline{k} - 1_r). \tag{7.62}$$

Diese Gleichung ist auch auf multiple-server Knoten erweiterbar [HAHN 88].

Um die Genauigkeit dieser Erweiterung der Mittelwertanalyse zu demonstrieren, betrachten wir ein Beispielnetzwerk bestehend aus $N = 6$ Knoten und $R = 2$ Auftragsklassen. Die Knoten 1 bis 5 sind FCFS-Knoten mit jeweils einer Bedieneinheit, Knoten 6 ist ein IS-Knoten. In Klasse 1 befinden sich $K_1 = 10$ und in Klasse 2 $K_2 = 6$ Aufträge. Alle Bedienzeiten sind exponentiell verteilt. Tabelle 7.1 gibt sämtliche Bedienraten und Besuchshäufigkeiten dieses Netzes an.

i	μ_{i1}	μ_{i2}	e_{i1}	e_{i2}
1	*	0.5	8	20
2	1	1	2	2
3	1	1	2	4
4	1	1	2	6
5	1	1	2	8
6	0.1	10^7	1	1

Tab. 7.1: Parameter des Beispielnetzes

Die mit * markierte Bedienrate μ_{11} wird im folgenden variiert, und die mittlere Gesamtantwortzeit für Aufträge der Klasse 1 im Netz bestimmt. Die Ergebnisse werden auf drei unterschiedlichen Wegen ermittelt:

- durch Anwendung des MWA-Algorithmus aus Kap. 5.3.2.2 trotz der nicht existierenden Produktformlösungen (Spalte MWA in Tab. 7.2);

- durch Anwendung des MWA-Algorithmus zusammen mit Gl. (7.62) zur verbesserten Bestimmung der mittleren Einzelantwortzeiten (Spalte MWA-Erw.);

- durch Simulation.

μ_{11}	0.5	2	128
MWA	260.1	73.1	33.4
MWA-Erw.	260.1	143.1	105.4
Simulation	260.1	141.1	102.0

Tab. 7.2: Mittlere Gesamtantwortzeit der Klasse 1 in Abhängigkeit von der Bedienrate μ_{11}

Die Werte (Tab. 7.2) zeigen, daß die Erweiterung der Mittelwertanalyse um die Gl. (7.62) für Warteschlangenmodelle, die FCFS-Knoten mit unterschiedlichen Bedienraten für unterschiedliche Auftragsklassen beinhalten, gute Ergebnisse mit sich bringt. Es werden zwar in der Regel nicht exakt die Simulationsergebnisse erreicht, jedoch stimmen die Resultate viel besser mit den Ergebnissen der Simulation überein als die Resultate der standardmäßigen Mittelwertanalyse, die ja eigentlich auf Netze dieser Art gar nicht angewendet werden dürfte.

Ähnlich gute Ergebnisse erhält man bei entsprechender Erweiterung des SCAT- oder Bard-Schweitzer-Algorithmus [FOER 89].

7.3   Produktformapproximationen

Zu den approximativen Verfahren, die auf einer Produktformlösung basieren, zählen die Diffusionsapproximation und die Erweiterte-Produktform-Methode.

7.3.1   Diffusionsapproximation

Bei der Diffusionsapproximation wird der diskrete Prozeß $k_i(t)$, der das Systemverhalten durch die Angabe der Anzahl der Aufträge im i-ten Knoten zum Zeitpunkt t beschreibt, ersetzt durch einen kontinuierlichen Prozeß (Diffusionsprozeß) $x_i(t)$. Für die Schwankungen der Anzahl der Aufträge in einem Zeitintervall nimmt man dabei eine Normalverteilung an. Die Dichtefunktion $f_i(x)$ des kontinuierlichen Prozesses kann dann für den Gleichgewichtsfall mit Hilfe der sogenannten Fokker-Planck-Gleichung [KOBA 74A] und bestimmter Randbedingungen berechnet werden. Eine Diskretisierung der Dichtefunktion liefert schließlich die approximierten produktformähnlichen Zustandswahrscheinlichkeiten $\hat{p}_i(k_i)$ für den Knoten i (Abb. 7.12).

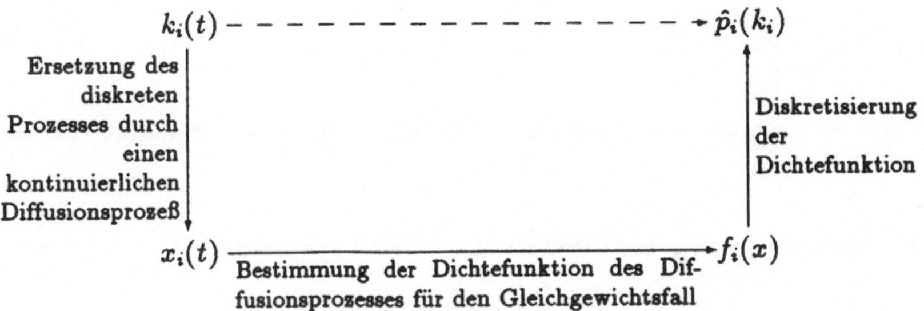

Abb. 7.12: Prinzip der Diffusionsapproximation

Obwohl die Herleitung dieser Methode sehr komplex ist, ist sie dennoch einfach anzuwenden. Es können Netze mit beliebigen Verteilungen der Bedien- und Zwischenankunftszeiten der einzelnen Knoten analysiert werden, wobei die Knoten aber nur eine Bedieneinheit enthalten dürfen. Außerdem gibt es bis jetzt keine Lösungen für Netze mit mehreren Auftragsklassen.

Wir betrachten zunächst ein einfaches G/G/1-Wartesystem mit der Ankunftsrate λ, der Bedienrate μ und den Variationskoeffizienten c_A und c_B des Ankunfts- bzw. Bedienprozesses.

Nach [KOBA 74A,REKO 74] ergeben sich durch Diffusionsapproximation die folgenden approximierten Zustandswahrscheinlichkeiten:

$$\hat{p}(k) = \begin{cases} 1 - \rho & \text{für } k = 0 \\ \rho(1 - \hat{\rho})\hat{\rho}^{k-1} & \text{für } k > 0, \end{cases} \tag{7.63}$$

mit

$$\hat{\rho} = \exp\left\{\frac{-2(1-\rho)}{c_B^2 + \rho c_A^2}\right\} = \exp\{\gamma\} \tag{7.64}$$

und $\rho = \lambda/\mu < 1$.

Für die mittlere Anzahl von Aufträgen erhält man:

$$\overline{k} = \sum_{k=1}^{\infty} k \cdot \hat{p}(k) = \frac{\rho}{1 - \hat{\rho}}. \tag{7.65}$$

[GELE 75] verwendet eine andere Randbedingung und kommt dadurch zu etwas anderen Ergebnissen, die vor allem bei kleinerer Auslastung ρ genauere Werte liefern. Hiernach gilt für die appoximierten Zustandswahrscheinlichkeiten:

$$\hat{p}(k) = \begin{cases} 1 - \rho & \text{für } k = 0 \\ \rho\left[1 - \frac{1}{\gamma}(\hat{\rho} - 1)\right] & \text{für } k = 1 \\ \frac{\rho}{\gamma\hat{\rho}^2}(1 - \hat{\rho})^2 \hat{\rho}^k & \text{für } k \geq 2 \end{cases} \tag{7.66}$$

mit $\hat{\rho}$ und γ wie in Gl. (7.64). Die mittlere Auftragsanzahl beträgt

$$\overline{k} = \rho\left[1 + \frac{\rho c_A^2 + c_b^2}{2(1 - \rho)}\right]. \tag{7.67}$$

Wir wollen nun zeigen, wie die Diffusionsappoximationsmethode auf Warteschlangennetze angewandt wird.

7.3.1.1 Diffusionsapproximation für offene Netzwerke

Wir betrachten offene Netzwerke, die folgende Eigenschaften besitzen:

- Die Zwischenankunftszeiten von außen sind beliebig verteilt mit der Ankunftsrate λ und dem Variationskoeffizient c_A.

- Die Bedienzeiten im Knoten i sind beliebig verteilt mit der Bedienrate μ_i und dem Variationskoeffizient c_{Bi}.

- Alle Knoten im Netz werden nach der FCFS-Strategie abgearbeitet und enthalten nur eine Bedieneinheit (single-server Netzwerk).

Nach [REKO 74] ergibt die Diffusionsapproximation eine Produktformlösung für die approximierten Zustandswahrscheinlichkeiten dieser Netze:

$$\hat{p}(k_1, \ldots, k_N) = \prod_{i=1}^{N} \hat{p}_i(k_i) \tag{7.68}$$

mit den approximativen Randwahrscheinlichkeiten (vgl. Gl. 7.63):

$$\hat{p}_i(k_i) = \begin{cases} 1 - \rho_i & \text{für } k_i = 0 \\ \rho_i(1 - \hat{\rho}_i)\hat{\rho}_i^{k_i - 1} & \text{für } k \geq 1, \end{cases} \tag{7.69}$$

wobei

$$\rho_i = \frac{\lambda \cdot e_i}{\mu_i}, \tag{7.70}$$

$$\hat{\rho}_i = \exp\left(-\frac{2(1 - \rho_i)}{c_{Ai}^2 \cdot \rho_i + c_{Bi}^2}\right), \tag{7.71}$$

$$c_{Ai}^2 = 1 + \sum_{j=0}^{N}(c_{Bj}^2 - 1) \cdot p_{ji}^2 \cdot e_j \cdot e_i^{-1}, \tag{7.72}$$

$$c_{B0}^2 = c_A^2.$$

Für die mittlere Anzahl der Aufträge im Knoten i gilt dann:

$$\overline{k}_i = \sum_{k_i=1}^{\infty} k_i \cdot \hat{p}(k_i) = \frac{\rho_i}{1 - \hat{\rho}_i} \tag{7.73}$$

Ähnliche Ergebnisse werden in [GELE 75] bzw. [GEMI 80] und in [KOBA 74A] vorgestellt. Die Gleichungen sind umfangreicher und führen im allgemeinen zu etwas genaueren Ergebnissen.

Beispiel 7.6
Wir wollen die Anwendung der Diffusionsapproximation für offene Netze an einem einfachen Netzwerk mit $N = 2$ Bedienstationen demonstrieren.

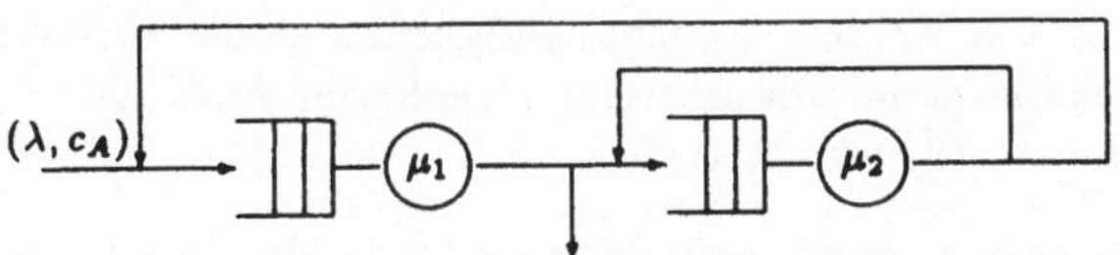

Abb. 7.13: Ein einfaches offenes Netz

Der Ankunftsprozeß von außen hat die Ankunftsrate $\lambda = 0.5$ und den quadrierten Variationskoeffizienten $c_A^2 = 0.94$. Die Parameter der Bedienprozesse lauten:

$$\mu_1 = 1.1, \qquad \mu_2 = 1.2, \qquad c_{B1}^2 = 0.5, \qquad c_{B2}^2 = 0.8.$$

Aus den Übergangswahrscheinlichkeiten $p_{10} = p_{12} = p_{21} = p_{22} = 0.5$ und $p_{01} = 1$ lassen sich mit Gl. (2.89) die Besuchshäufigkeiten berechnen:

$$e_1 = p_{01} + e_2 \cdot p_{21} = \underline{2}, \qquad e_2 = e_1 \cdot p_{12} + e_2 \cdot p_{22} = \underline{2}.$$

Die Auslastung der Knoten kann mit Gl. (7.70) ermittelt werden:

$$\rho_1 = \frac{\lambda \cdot e_1}{\mu_1} = \underline{0.909}, \qquad \rho_2 = \frac{\lambda \cdot e_2}{\mu_2} = \underline{0.833}.$$

Als nächstes müssen die Variationskoeffizienten der Ankunftsprozesse beider Knoten mit Gl. (7.72) berechnet werden:

$$c_{A1}^2 = 1 + \sum_{j=0}^{3}(c_{Bj}^2 - 1)p_{j1}^2 \cdot e_j \cdot e_1^{-1}$$

$$= 1 + (c_A^2 - 1)p_{01}^2 \cdot e_0 \cdot e_1^{-1} + (c_{B1}^2 - 1)p_{11}^2 \cdot e_1 \cdot e_1^{-1} + (c_{B2}^2 - 1)p_{21}^2 \cdot e_2 \cdot e_1^{-1} = \underline{0.920},$$

$$c_{A2}^2 = 1 + \sum_{j=0}^{3}(c_{Bj}^2 - 1)p_{j2}^2 \cdot e_j \cdot e_2^{-1} = \underline{0.825}.$$

Mit Gl. (7.71) werden jetzt die approximierten Auslastungen $\hat{\rho}_i$ bestimmt:

$$\hat{\rho}_1 = \exp\left(-\frac{2(1-\rho_1)}{c_{A1}^2 \cdot \rho_1 + c_{B1}^2}\right) = \underline{0.873}, \qquad \hat{\rho}_2 = \exp\left(-\frac{2(1-\rho_2)}{c_{A2}^2 \cdot \rho_2 + c_{B2}^2}\right) = \underline{0.799}.$$

Für die mittlere Zahl der Aufträge $\bar{k}_i$ ergibt sich hieraus (Gl. 7.73):

$$\bar{k}_1 = \frac{\rho_1}{1-\hat{\rho}_1} = \underline{7.147}, \qquad \bar{k}_2 = \frac{\rho_2}{1-\hat{\rho}_2} = \underline{4.151},$$

und für die Randwahrscheinlichkeiten (Gl. 7.69):

$$p_1(0) = 1 - \rho_1 = \underline{0.091}, \qquad p_1(k) = \rho_1(1-\hat{\rho}_1)\hat{\rho}_1^{k-1} = 0.116 \cdot 0.873^{k-1} \quad \text{für } k > 0,$$

$$p_2(0) = 1 - \rho_2 = \underline{0.167}, \qquad p_2(k) = \rho_2(1-\hat{\rho}_2)\hat{\rho}_2^{k-1} = 0.167 \cdot 0.799^{k-1} \quad \text{für } k > 0.$$

7.3.1.2 Diffusionsapproximation für geschlossene Netzwerke

Zur Anwendung der Diffusionsapproximation bei geschlossenen Netzwerken mit beliebigen Bedienzeitverteilungen kann die Gleichung (7.69) zur Bestimmung der approximierten Randwahrscheinlichkeiten $\hat{p}_i(k_i)$ unverändert übernommen werden. Allerdings müssen die Durchsätze λ_i bzw. die Auslastungen ρ_i der Knoten jetzt abgeschätzt werden. Hierzu werden in [REKO 74] zwei Vorschläge gemacht:

- Bei großen Werten von K wird eine Engpaßanalyse durchgeführt: Man sucht den Engpaßknoten E (Knoten mit der größten Auslastung), setzt dessen Auslastung gleich Eins und erhält mit Gl. (7.70) den Gesamtdurchsatz λ des Netzes, woraus mit Hilfe der Besuchshäufigkeiten e_i die Einzelauslastungen bestimmt werden können. Die mittlere Anzahl der Aufträge wird hier ($K \gg 1$) wieder mit Gl. (7.73) ermittelt.

- Ist kein deutlicher Engpaß vorhanden und/oder die Anzahl K der Aufträge im Netz klein, dann ersetzt man das gegebene Netzwerk durch ein Produktformnetz mit denselben Bedienraten μ_i, Übergangswahrscheinlichkeiten p_{ij} und demselben K und berechnet die Auslastungen ρ_i. Die sich mit Gleichung (7.69) ergebenden Werte der approximierten Randwahrscheinlichkeiten verwendet man dann zur Bestimmung der approximierten Zustandswahrscheinlichkeiten:

$$\hat{p}(k_1, k_2, \ldots, k_N) = \frac{1}{G} \prod_{i=1}^{N} \hat{p}_i(k_i) \tag{7.74}$$

mit G als der Normalisierungskonstanten des Netzes, die die Summe der Zustandswahrscheinlichkeiten auf Eins normiert. Hieraus können dann verbesserte Werte der Randwahrscheinlichkeiten sowie die anderen Leistungsgrößen bestimmt werden.

Eine etwas andere und aufwendigere Vorgehensweise wird in [KOBA 74A] vorgestellt. Dies stellt eine direkte Erweiterung der dort angegebenen Diffusionsapproximation für offene Netze auf geschlossene Netze dar.

Beispiel 7.7

Wir betrachten dasselbe Beispiel wie bei den offenen Netzen, wobei nun jedoch keine Aufträge von außen ins Netz gelangen und auch keine Aufträge dieses Netz verlassen können, d.h. $\lambda = 0$, $p_{10} = 0$, $p_{12} = 1$.

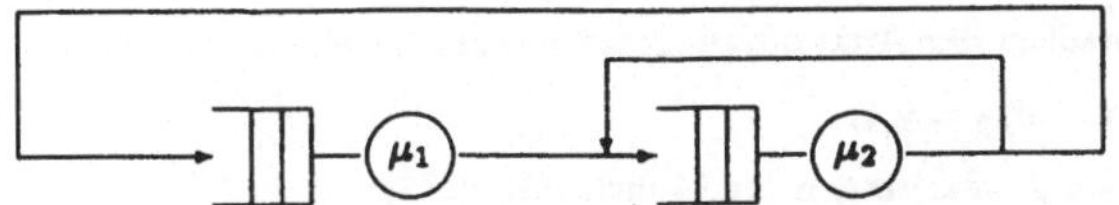

Abb. 7.14: Ein einfaches geschlossenes Netz

Für die Besuchshäufigkeiten ergibt sich jetzt mit Gl. (2.90):

$$e_1 = 1, \qquad e_2 = 2.$$

Wir wählen zunächst $K = 6$ und führen eine Engpaßanalyse des Netzes durch.

a) Lösung mit Engpaßknoten:

Der Engpaßknoten E ist der Knoten mit der größten Auslastung:

$$\rho_E = \max_i \{\rho_i\} = \lambda \cdot \max_{1,2} \left\{ \frac{e_1}{\mu_1}, \frac{e_2}{\mu_2} \right\} = \lambda \cdot \max\{0.909, 1.667\},$$

d.h. Knoten 2 ist der Engpaßknoten, dessen Auslastung nun gleich Eins gesetzt wird:

$$\rho_2 = 1.$$

Mit Gl. (7.70) wird hieraus der Gesamtdurchsatz λ des Netzes bestimmt:

$$\lambda = \rho_2 \cdot \frac{\mu_2}{e_2} = \frac{1}{1.667} = \underline{0.6}.$$

Für die Auslastung von Knoten 1 folgt:

$$\rho_1 = \frac{\lambda \cdot e_1}{\mu_1} = \underline{0.545}.$$

Jetzt werden mit Gl. (7.72) wieder die Variationskoeffizienten der Ankunftsprozesse ermittelt:

$$c_{A1}^2 = 1 + (c_{B1}^2 - 1)p_{11}^2 \cdot e_1 \cdot e_1^{-1} + (c_{B2}^2 - 1)p_{21}^2 \cdot e_2 \cdot e_1^{-1} = \underline{0.9},$$
$$c_{A2}^2 = 1 + (c_{B1}^2 - 1)p_{12}^2 \cdot e_1 \cdot e_2^{-1} + (c_{B2}^2 - 1)p_{22}^2 \cdot e_2 \cdot e_2^{-1} = \underline{0.7}.$$

Die approximierten Auslastungen ergeben sich mit Gl. (7.71):

$$\hat{\rho}_1 = \exp\left(-\frac{2(1-\rho_1)}{c_{A1}^2 \cdot \rho_1 + c_{B1}^2}\right) = \underline{0.3995}, \qquad \hat{\rho}_2 = \exp\left(-\frac{2(1-\rho_2)}{c_{A2}^2 \cdot \rho_2 + c_{B2}^2}\right) = \underline{1},$$

woraus dann die Näherungswerte für die mittleren Auftragsanzahlen mit Gl. (7.73) bestimmt werden können:

$$\overline{k}_1 = \frac{\rho_1}{1 - \hat{\rho}_1} = \underline{0.908}, \qquad \overline{k}_2 = K - \overline{k}_1 = \underline{5.092}.$$

Tabelle 7.3 zeigt zum Vergleich die simulativ ermittelten Resultate. Man erkennt, daß die Ergebnisse

	ρ_i	$\overline{k}_i$
Knoten 1	0.544	0.965
Knoten 2	0.996	5.036

Tab. 7.3: Simulationsergebnisse für das Beispiel ($K = 6$)

hier sehr gut übereinstimmen. Dies ist immer dann der Fall, wenn ein Knoten im Netz sehr stark ausgelastet ist (*bottleneck*) und die Variationskoeffizienten nicht zu weit von 1 entfernt sind.

Um noch die zweite Analysemöglichkeit, nämlich die Lösung mit Hilfe eines Produktformnetzes, demonstrieren zu können, nehmen wir nun an, daß sich $K = 3$ Aufträge im Netz befinden.

b) Lösung mit Produktformnetz:

Ersetzt man das gegebene Netzwerk duch eine Produktformnetz (d.h. $c_{Bi}^2 = 1$ für alle Knoten i), so erhält man für die Auslastungen z.B. mit der Mittelwertanalyse:

$$\rho_1 = \underline{0.501} \quad \text{und} \quad \rho_2 = \underline{0.919}.$$

Die Variationskoeffizienten der Ankunftsprozesse bleiben unverändert:

$$c_{A1}^2 = \underline{0.9} \quad \text{und} \quad c_{A2}^2 = \underline{0.7}.$$

Für die approximierten Auslastungen ergibt sich (Gl. 7.71):

$$\hat{\rho}_1 = \exp\left(-\frac{2(1-\rho_1)}{c_{A_1}^2 \cdot \rho_1 + c_{B_1}^2}\right) = \underline{0.35}, \qquad \hat{\rho}_2 = \underline{0.894}.$$

Die approximierten Randwahrscheinlichkeiten berechnen sich mit Gl. (7.69) zu:

$$\hat{p}_1(0) = 1 - \rho_1 \qquad = \underline{0.499}, \qquad \hat{p}_2(0) = 1 - \rho_2 \qquad = \underline{0.081},$$
$$\hat{p}_1(1) = \rho_1(1 - \hat{\rho}_1) \quad = \underline{0.326}, \qquad \hat{p}_2(1) = \rho_2(1 - \hat{\rho}_2) \quad = \underline{0.0974},$$
$$\hat{p}_1(2) = \rho_1(1 - \hat{\rho}_1)\hat{\rho}_1 = \underline{0.114}, \qquad \hat{p}_2(2) = \rho_2(1 - \hat{\rho}_2)\hat{\rho}_2 = \underline{0.0871},$$
$$\hat{p}_1(3) = \rho_1(1 - \hat{\rho}_1)\hat{\rho}_1^2 = \underline{0.039}, \qquad \hat{p}_2(3) = \rho_2(1 - \hat{\rho}_2)\hat{\rho}_2^2 = \underline{0.0779}.$$

Es sind folgende Netzwerkzustände möglich:

$$(3,0); \ (2,1); \ (1,2); \ (0,3),$$

deren Wahrscheinlichkeiten mit Gl. (7.74) errechnet werden können:

$$\hat{p}(3,0) = \hat{p}_1(3) \cdot \hat{p}_2(0) \cdot \frac{1}{G} = 0.00316 \cdot \frac{1}{G},$$

$$\hat{p}(2,1) = 0.01111 \cdot \frac{1}{G}, \qquad \hat{p}(1,2) = 0.02839 \cdot \frac{1}{G}, \qquad \hat{p}(0,3) = 0.03887 \cdot \frac{1}{G}.$$

Mit der Normalisierungsbedingung

$$\hat{p}(3,0) + \hat{p}(2,1) + \hat{p}(1,2) + \hat{p}(0,3) = 1$$

ergibt sich hieraus für die Normalisierungskonstante:

$$G = 0.00316 + 0.01111 + 0.02839 + 0.03887 = \underline{0.08153},$$

woraus die endgültigen Werte für die Zustandswahrscheinlichkeiten berechnet werden:

$$p(3,0) = \underline{0.039}, \quad p(2,1) = \underline{0.136}, \quad p(1,2) = \underline{0.348}, \quad p(0,3) = \underline{0.477},$$

und unmittelbar daraus auch die verbesserten Werte der Randwahrscheinlichkeiten:

$$p_1(3) = p_2(0) = \underline{0.039}, \qquad p_1(2) = p_2(1) = \underline{0.136},$$
$$p_1(1) = p_2(2) = \underline{0.348}, \qquad p_1(0) = p_2(3) = \underline{0.477}.$$

Für die Zahl der Aufträge erhält man

$$\overline{k}_1 = \sum_{k=1}^{3} k \cdot p_i(k) = \underline{0.737} \quad \text{bzw.} \quad \overline{k}_2 = \underline{2.263}.$$

In Tab. 7.4 sind zum Vergleich die Simulationsergebnisse für dieses Beispiel angegeben.

	ρ_i	$\overline{k}_i$
Knoten 1	0.519	0.773
Knoten 2	0.944	2.229

Tab. 7.4: Simulationsergebnisse für das Beispiel ($K = 3$)

Genauigkeitsuntersuchungen zur Diffusionsapproximation werden in [REKO 74] durchgeführt. Die Genauigkeit wird umso besser je größer die Auslastung ist und je näher die Werte der Variationskoeffizienten bei Eins liegen. Die Diffusionsapproximation ist zwar einfach anzuwenden, jedoch nur dann sinnvoll, wenn keine zu großen Genauigkeitsforderungen gestellt werden.

7.3.2 Erweiterte-Produktform-Methode

Die Erweiterte-Produktform-(EPF)-Methode [SHUM 76,SHBU 77] wurde zur approximativen Analyse geschlossener Warteschlangennetze entwickelt, die einheitlich aus Bedienstationen mit Warteschlangendisziplin FCFS bei allgemeiner Verteilung der Bedienzeiten bestehen. Dabei sind aber nur single-server Knoten erlaubt und es ist auch nur eine Auftragsklasse im Netz zugelassen.

Bei dieser Methode geht man davon aus, daß die Gleichgewichtszustandswahrscheinlichkeiten der zu untersuchenden Netze approximativ über den bekannten Produktformansatz

$$p(k_1, k_2, \ldots, k_N) = \frac{1}{G(K)} \prod_{i=1}^{N} F_i(k_i) \tag{7.75}$$

bestimmt werden können. Das Verfahren liefert somit für den Fall, daß die Bedienzeiten bei allen Knoten des Netzes exponentiell verteilt sind, exakte Resultate. Die Funktionen $F_i(k_i)$ sind in diesem Fall gemäß Gl. (5.17) gegeben durch

$$F_i(k_i) = \left(\frac{e_i}{\mu_i} \right)^{k_i},$$

wobei bekanntlich gilt

$$e_i = \sum_{j=1}^{N} e_j p_{ji}.$$

Bei der Analyse von Produktformnetzen werden also statt der absoluten Ankunftsraten zu den einzelnen Knoten, die im Gleichgewicht gleich den Durchsatzraten λ_i sind, stets nur die relativen Ankunftsraten (Besuchshäufigkeiten) e_i benötigt. Da diese relativen Ankunftsraten nur in Abhängigkeit von einer multiplikativen Konstanten bestimmt werden können (Gl. 2.90), hat somit in Produktformnetzen die Multiplikation von $e_i, 1 \leq i \leq N$, mit einer beliebigen Konstanten λ keinen Einfluß auf die Lösung der Gleichgewichtszustandswahrscheinlichkeiten. In die Produktformgleichung (7.75) könnten also ebensogut die Funktionen

$$F_i(k_i) = \left(\frac{\lambda \cdot e_i}{\mu_i} \right)^{k_i}$$

für beliebige λ eingesetzt werden. Dies ist in [SHBU 77] explizit bewiesen. Desweiteren ist dort gezeigt, daß für Netze mit exponentiell verteilten Bedienzeiten die Multiplikation der Funktionen $F_i(k_i)$ mit einem beliebigen konstanten Faktor L_i ebenfalls ohne Einfluß auf die Lösung der Zustandswahrscheinlichkeiten bleibt.

Wir könnten also genauso gut schreiben:

$$F_i(k_i) = L_i \left(\frac{\lambda \cdot e_i}{\mu_i} \right)^{k_i}.$$

Bei einer Wahl von z.B. $L_i = \left[\sum_{k=0}^{K} \left(\frac{\lambda \cdot e_i}{\mu_i} \right)^{k} \right]^{-1}$ ergibt sich dann die Funktion $F_i(k_i)$

zu

$$F_i(k_i) = \frac{\left(\frac{\lambda \cdot e_i}{\mu_i}\right)^{k_i}}{\sum_{k=0}^{K} \left(\frac{\lambda \cdot e_i}{\mu_i}\right)^{k}}.$$

Dieser Ausdruck entspricht aber genau den Lösungen für die Zustandswahrscheinlichkeiten eines elementaren M/M/1/K-Wartesystems mit mittlerer Ankunftsrate $\lambda \cdot e_i$, mittlerer Bedienrate μ_i und einer auf K Plätze beschränkten Warteschlange [KLEI 75].

Diese für exponentielle Warteschlangennetze gemachten Beobachtungen erweitert man nun zur approximativen Analyse allgemeinerer Netze, d.h. die zur Lösung der Gleichung (7.75) benötigten Funktionen $F_i(k_i)$ werden auch für Warteschlangennetze, die FCFS-Knoten mit allgemein verteilten Bedienzeiten enthalten, approximativ aufgefaßt als die Zustandswahrscheinlichkeiten elementarer M/G/1/K-Wartesysteme mit derselben Bedienzeitverteilung wie die Knoten des gegebenen Netzes sowie geeignet gewählter Ankunftsraten a_i.

Die Bestimmung der Ankunftsraten a_i bildet dabei den Kern der EPF-Methode. Im Gegensatz zu Produktformnetzen, wo die Bestimmung der Gleichgewichtszustandswahrscheinlichkeiten nur von den relativen Ankunftsraten e_i abhängt, sind nämlich in Nichtproduktformnetzen die Zustandswahrscheinlichkeiten sehr wohl von den absoluten Ankunftsraten a_i zu den einzelnen Knoten abhängig.

Da im statistischen Gleichgewicht die Ankunftsraten an einem Knoten gleich den Abgangsraten aus diesem Knoten sind, muß a_i stets gleich λ_i, dem Durchsatz (Abgangsrate) des i-ten Knotens sein. Es gilt:

$$a_i = \lambda \cdot e_i \tag{7.76}$$

Von entscheidender Bedeutung für die Korrektheit der Analyse ist daher eine geeignete Wahl des Faktors λ zur Bestimmung dieser absoluten Ankunftsraten. Dies bildet den Ansatz der EPF-Methode.

Ausgehend von den bekannten Besuchshäufigkeiten e_i und einem Anfangswert für λ berechnet man zunächst die Ankunftsraten a_i zu jedem Knoten i mit Gl. (7.76). Das Netz wird dann mit dem Faltungsalgorithmus analysiert, wobei die Funktionen $F_i(k_i)$ approximativ als die Zustandswahrscheinlichkeiten elementarer M/G/1/K-Wartesysteme aufgefaßt werden. Bei dieser Analyse werden insbesondere die Durchsätze λ_i der einzelnen Knoten des Netzes bestimmt. Unterscheiden sich diese λ_i erheblich von den gewählten Ankunftsraten a_i, so wird ein anderer Wert für die zur Bestimmung der Ankunfstraten a_i notwendigen Konstanten λ gewählt und das Netz von neuem analysiert. Dies wiederholt sich so lange bis die a_i- und λ_i-Werte so gut wie möglich übereinstimmen.

Zur Überprüfung wie nahe die a_i-Werte bei den λ_i-Werten für $i = 1, \ldots, N$ liegen, definiert man die folgende Fehlerfunktion:

$$E(\lambda) = \sum_{i=1}^{N} \left(\frac{a_i}{\mu_i}\right)(d_i - d_E) \tag{7.77}$$

mit $d_i = \lambda_i/a_i$ und d_E als dem Wert von d_i für den Engpaßknoten E, dem Knoten mit der größten relativen Auslastung e_i/μ_i.

Es gilt also:

$$\frac{e_E}{\mu_E} = \max_i \left\{ \frac{e_i}{\mu_i} \right\}. \tag{7.78}$$

Im Idealfall führt man die EPF-Analyse so lange durch und korrigiert den Wert für den Faktor λ, bis die Fehlerfunktion (7.77) gleich Null ist. Diese Vorgehensweise ist aber nicht praktikabel. Das optimale λ wird deshalb nicht dadurch gesucht, daß man den Wert für die Fehlerfunktion unter eine gegebene Fehlertoleranz zu drücken versucht, sondern man gibt sich ein Intervall vor, in dem das λ liegen soll und sucht innerhalb dieses Intervalls systematisch nach dem λ, das die Fehlerfunktion minimiert.

Die detaillierte Vorgehensweise zur Bestimmung des optimalen Wertes für λ gibt der nachfolgende Algorithmus der EPF-Methode wieder, der gegenüber [SHUM 76] leicht abgeändert wurde.

Schritt 1:   Initialisierung:

Bestimme den Engpaßknoten mit Gl. (7.78) und lege die Grenzen des Intervalls fest, in dem das λ liegen soll:

$$\text{untere Grenze: } s_1^u = \min_{1 \leq i \leq N} \left(\frac{\mu_i}{e_i} \right),$$

$$\text{obere Grenze: } s_1^o = \max_{1 \leq i \leq N} \left(\frac{\mu_i}{e_i} \right).$$

Falls $s_1^o = s_1^u$ ist, wähle:

$$s_1^u = s_1^u - 0.5, \qquad s_1^o = s_1^o + 0.5.$$

Dieses Intervall wird mit einer vorgegebenen Schrittweite durchlaufen, wodurch man eine ganze Anzahl von verschiedenen Werten für λ erhält. Der Startwert für die Schrittweite beträgt:

$$w_1 = \max\{0.05 \cdot (s_1^o - s_1^u); 0.05\}$$

Die verschiedenen λ im Intervall ergeben sich im ersten Iterationsschritt mit $j = 1$ aus der folgenden Gleichung:

$$\lambda = s_j^u + x \cdot w_j, \tag{7.79}$$

$$\text{wobei } x = 0, 1, \ldots, \left\lceil (s_j^o - s_j^u) \cdot \frac{1}{w_j} \right\rceil.$$

($\lceil x \rceil$ ist die größte ganze Zahl kleiner oder gleich x)

Schritt 2:   Analysiere das Netz für jedes einzelne λ im Intervall.

Schritt 2.1:   Berechne für $i = 1, \ldots, N$ die absoluten Ankunftsraten $a_i = \lambda \cdot e_i$.

Schritt 2.2:   Betrachte jeden einzelnen Knoten $i = 1, \ldots, N$ des Netzes isoliert von den anderen als elementares M/G/1/K-Wartesystem mit der Ankuftsrate a_i und bestimme die Zustandswahrscheinlichkeiten $F_i(k_i)$ dieser Knoten.

Die allgemein verteilten Bedienzeiten werden dabei als H_2-verteilt angenommen, wenn der quadrierte Variationskoeffizient $c_{B_i}^2$ größer als 1 ist. Ist $c_{B_i}^2 = 0$, wird die

D-Verteilung gewählt; bei $c_{B_i}^2 = 1$ gilt die Exponentialverteilung, ansonsten die E_2-Verteilung. Die Formeln zur Bestimmung der Zustandswahrscheinlichkeiten $p_i(k_i)$ elementarer M/M/1- und M/D/1-Wartesysteme sind in Kapitel 2.2.5 angegeben. Für M/E$_2$/1- und M/H$_2$/1-Knoten müssen die Zustandswahrscheinlichkeiten mit Hilfe der Pollaczek-Khinchin-Transformationsgleichung (2.80) ermittelt werden. Genauere Einzelheiten finden sich bei [SHUM 76]. Aus den M/G/1-Lösungen $p_i(k_i)$ werden dann die benötigten M/G/1/K-Lösungen $F_i(k_i)$ wie folgt bestimmt:

$$F_i(k_i) = f_i \cdot p_i'(k_i) \quad \text{für } k_i = 0, \dots, (K-1) \tag{7.80}$$

$$\text{mit } p_i'(k) = \frac{p_i(k)}{p_i(0)}$$

$$\text{und } f_i = \frac{1}{1 + \rho_i \cdot \sum_{j=0}^{K-1} p_i'(j)},$$

$$F_i(K) = 1 - f_i \cdot \sum_{j=0}^{K-1} p_i'(j) \tag{7.81}$$

Schritt 2.3:   Analysiere mit dem Faltungsalgorithmus aus Kapitel 5.3.1.1 und den eben berechneten $F_i(k_i)$ das gegebene Netz. Bestimme hierbei insbesondere die Durchsätze $\lambda_i = a_i \dfrac{G(K-1)}{G(K)}$.

Schritt 2.4:   Ermittle mit Gl. (7.79) den Wert für die Fehlerfunktion $E(\lambda)$.

Schritt 3:   Vergleiche die für die verschiedenen λ erhaltenen Werte der Fehlerfunktion $E(\lambda)$ und wähle dasjenige λ als optimales $\lambda = \lambda_{\mathrm{opt}}$ aus, das die Fehlerfunktion minimiert.

Schritt 4:   Überprüfe die Abbruchbedingung:

Die Iteration endet, wenn eine vorher festgelegte Höchstanzahl von Iterationsschritten erreicht ist. In der Regel genügen 4 bis 6 Schritte. Die Leistungsgrößen können dann aus den Analyseergebnissen des Netzes bei Verwendung der optimalen Konstanten λ_{opt} durch Verallgemeinerung der bekannten Formeln aus Kap. 2.3.3 ermittelt werden. Ist die Höchstanzahl von Iterationsschritten noch nicht erreicht, dann gehe zu Schritt 5.

Schritt 5:   Lege mithilfe des berechneten λ_{opt} die Grenzen des neuen (eingeschränkten) Intervalls fest, in dem das λ liegen soll:

$$s_{j+1}^u = \lambda_{\mathrm{opt}} - w_j,$$
$$s_{j+1}^o = \lambda_{\mathrm{opt}} + w_j,$$
$$w_{j+1} = 0.1 \cdot w_j.$$

Mit Gl. (7.79) werden dann wieder die verschiedenen λ aus dem Intervall bestimmt und die Iteration mit Schritt 2 fortgesetzt.

Die mit der EPF-Methode erreichbare Genauigkeit ist im allgemeinen recht gut, für exponentiell verteilte Bedienzeiten sind die Ergebnisse exakt. Die Methode kann leicht erweitert werden, um auch Netze mit PS-, IS- und LCFS PR-Knoten analysieren zu können. Eine Erweiterung auf multiple-server Knoten oder mehrere Auftragsklassen ist jedoch mit ziemlich hohem Aufwand verbunden und würde das Problem der ohnehin schon beträchtlichen Rechenzeit noch verstärken.

[BALB 79] hat die EPF-Methode und die Methode von Marie miteinander verglichen. Er kommt zu dem Ergebnis, daß die EPF-Methode zu bevorzugen ist, wenn im Netz lediglich ein einziger FCFS-Knoten mit allgemein verteilter Bedienzeit enthalten ist. Beinhaltet das Netz zwei oder mehrere dieser Knoten, liefert die Methode von Marie bessere Resultate.

Wir wollen hier wegen der hohen Anzahl auszuführender Rechenoperationen (siehe Schritt 2) auf die Angabe eines konkreten Rechenbeispiels verzichten, weil dies kaum zur weiteren Veranschaulichung der EPF-Methode beitragen würde.

Aufgabe 7.1
Für das in Abschnitt 7.1.1 behandelte Beispiel 7.1 berechne man die Zustandwahrscheinlichkeiten approximativ mit der Dekompositionsmethode und zum Vergleich exakt entsprechend Kap. 5 unter der Annahme, daß sich $K = 3$ Aufträge im System befinden.

Aufgabe 7.2
Gegeben ist ein geschlossenes Warteschlangennetz mit $N = 2$ Knoten und $K = 3$ Aufträgen. Die Bedienzeiten sind exponentiell verteilt mit den Mittelwerten $1/\mu_1 = 1/\mu_2 = 1$ sec. Die Übergangswahrscheinlichkeiten betragen

$$p_{11} = p_{22} = 0.9, \qquad p_{12} = p_{21} = 0.1.$$

Man berechne die Zustandwahrscheinlichkeiten appoximativ mit der Dekompositionsmethode und zum Vergleich exakt entsprechend Kap. 5!

Aufgabe 7.3
Berechnen Sie Beispiel 7.4 mit der Methode von Marie!

Aufgabe 7.4
Man betrachte das Rechensystem von Beispiel 7.3 jetzt mit Erlang-verteiltem Ankunftsprozeß ($\lambda_{01} = 0.4$, $c_{01} = 0.5$), Erlang-verteiltem Bedienprozeß bei Knoten 1 ($c_{B1} = 0.5$, $\mu_1 = 1$) und hyperexponentiell verteiltem Bedienprozeß bei Knoten 2 ($c_{B2} = 1.5$, $\mu_2 = 1.25$). Die Übergangswahrscheinlichkeiten bleiben unverändert. Man berechne die mittlere Gesamtantwortzeit $\bar{t}$ mit der Methode von Kühn!

Aufgabe 7.5
Berechnen Sie Beispiel 7.3 mit der Maximum-Entropie-Methode!

Aufgabe 7.6
Berechnen Sie Beispiel 7.7 mit der Maximum-Entropie-Methode!

Aufgabe 7.7
Berechnen Sie die Beispiele 7.4 und 7.7 mit der RTP-Methode!

Aufgabe 7.8
Berechnen Sie die Gesamtantwortzeit der Klasse 1 für das Beispiel in Kap. 7.2 mit $\mu_{11} = 2$ und den Auftragsanzahlen $K_1 = 2$, $K_2 = 1$ sowohl mit der ursprünglichen Mittelwertanalyse als auch mit der Erweiterten Mittelwertanalyse, die unterschiedliche Bedienzeiten eines Knotens für verschiedene Klassen zuläßt. Vergleichen und kommentieren Sie die Ergebnisse!
Durch Simulation erhält man für die Gesamtantwortzeit der Klasse 1 das Ergebnis 33.6.

Aufgabe 7.9
Berechnen Sie Beipiel 7.3 mit der Diffusionsapproximation! Vergleichen und kommentieren Sie die Ergebnisse!

Aufgabe 7.10
Berechnen Sie Beispiel 7.4 mit der Diffusionsapproximation!

Aufgabe 7.11
Berechnen Sie für ein offenes Netz mit $N = 3$ Knoten, der Ankunftsrate $\lambda = 1.0$ und dem Variationskoeffizienten $c_A = 0.8$ die Gesamtantwortzeit und die Leistungsgrößen für die drei Knoten mit der Diffusionsapproximationsmethode. Die übrigen Systemparameter sind in der folgenden Tabelle zusammengefaßt:

Knoten	e_i	μ_i	c_{Bi}
1	1	1.5	1.5
2	0.5	1.0	0.8
3	0.5	1.0	1.0

8 Spezielle Probleme

Neben den in Kapitel 7 behandelten Knotentypen, welche die Bedingungen für Produktformlösungen von Warteschlangennetzen verletzen, gibt es noch andere spezielle Eigenschaften von Rechensystemen, deren Berücksichtigung in Warteschlangenmodellen die Anwendung der effizienten Analysealgorithmen verbietet. Typische Beispiele für solche Eigenschaften sind Prioritätsdisziplinen bei einzelnen Bedienstationen, die simultane Belegung von Betriebsmitteln, oder die Blockierung einer Station durch Aktionen einer anderen. Ebenso müssen Problemstellungen, wie beispielsweise parallele Programmausführung oder die Kommunikation in lokalen Netzen mit Hilfe von Warteschlangenmodellen untersucht werden können.

8.1 Prioritätsnetze

Warteschlangennetze, die Knoten beinhalten, bei denen Aufträge bestimmter Klassen Vorrang vor Aufträgen anderer Klassen haben, verletzen die Produktformbedingungen. Zur appoximativen Analyse solcher sogenannter Prioritätsnetze wurde von [BKLC 84] eine Erweiterung der Mittelwertanalyse vorgeschlagen. Hierbei wird der in Kap. 5.3.2.3 vorgestellte Algorithmus der Mittelwertanalyse für gemischte Netze um Berechnungsformeln für folgende Prioritätsknotentypen erweitert:

- M/M/1-FCFS PR (preemptive resume):
  Es handelt sich um eine unterbrechende Strategie, d.h. ein gerade bearbeiteter Auftrag niedriger Priorität wird bei Ankunft eines Auftrags höherer Priorität unterbrochen, wobei die Unterbrechung keinen Overhead verursacht. Wegen der exponentiellen Bedienzeitverteilung ist es nicht von Bedeutung, ob der unterbrochene Auftrag nach Abarbeitung der Aufträge höherer Priorität neu gestartet oder ob an der Unterbrechungsstelle fortgefahren wird. Die Abarbeitungsstrategie innerhalb einer Prioritätsklasse ist FCFS.

- M/M/1-FCFS HOL (nonpreemptive Head-of-Line):
  Diese Strategie ist nichtunterbrechend, d.h. erst nach Abarbeitung des gerade bedienten Auftrags wird der Auftrag der höchsten Priorität bearbeitet. Die Abarbeitungsstrategie innerhalb einer Klasse ist wieder FCFS.

Die Prioritätsklassen seien linear geordnet, d.h. bei R Klassen im Netz hat Klasse 1 die höchste und Klasse R die niedrigste Priorität.

Wir betrachten zunächst Knoten des Typs M/M/1-FCFS PR und leiten eine Formel zur Bestimmung der mittleren Antwortzeit $\bar{t}_r$ ab: Ein eintreffender Auftrag der Prioritätsklasse r muß zum einen warten bis die im Knoten bereits vorhandenen Aufträge der Klasse r und die bereits vorhandenen Aufträge höherer Prioritätsklassen bedient sind. Desweiteren muß auch noch auf die Abarbeitung der später eintreffenden Aufträge höherer Priorität gewartet werden. Da die mittlere Anzahl der Aufträge höherer Prioritätsklassen s, die nach dem betrachteten Auftrag ankommen, gleich $\lambda_s \cdot \bar{t}_r$ ist, beträgt die hierdurch verursachte zusätzliche Verzögerung $\lambda_s \bar{t}_r/\mu_s$. Letztlich muß bei der Bestimmung der mittleren Antwortzeit $\bar{t}_r$ auch noch die mittlere Bedienzeit $1/\mu_r$ des betrachteten Auftrags berücksichtigt werden, so daß sich ergibt:

$$\bar{t}_r = \sum_{s=1}^{r} \frac{\overline{k}_s}{\mu_s} + \sum_{s=1}^{r-1} \frac{\bar{t}_r \lambda_s}{\mu_s} + \frac{1}{\mu_r},$$

wobei $\overline{k}_s$ die mittlere Anzahl der Aufträge der Klasse s im Knoten bezeichnet. Mit $\rho_s = \lambda_s/\mu_s$ folgt hieraus:

$$\bar{t}_r = \frac{\dfrac{1}{\mu_r} + \sum\limits_{s=1}^{r} \dfrac{\overline{k}_s}{\mu_s}}{1 - \sum\limits_{s=1}^{r-1} \rho_s}. \tag{8.1}$$

Dagegen darf an einem M/M/1-FCFS HOL-Knoten der betrachtete Auftrag nicht mehr unterbrochen werden, sobald dessen Bedienung begonnen hat. Die zusätzliche Verzögerung durch später eintreffende Aufträge höherer Priorität ergibt sich deshalb zu $(\lambda_s/\mu_s) \cdot (\bar{t}_r - 1/\mu_r)$, da Aufträge höherer Priorität den betrachteten Auftrag während der Bedienung nicht mehr beeinflussen. Zusätzlich erfährt der betrachtete Auftrag jedoch eine Anfangsverzögerung durch den bei seiner Ankunft in Bearbeitung befindlichen Auftrag. Es ergibt sich somit:

$$\bar{t}_r = \sum_{s=1}^{r} \frac{\overline{k}_s - \rho_s}{\mu_s} + \sum_{s=1}^{R} \frac{\rho_s}{\mu_s} + \sum_{s=1}^{r-1} \left(\bar{t}_r - \frac{1}{\mu_r} \right) \frac{\lambda_s}{\mu_s} + \frac{1}{\mu_r}$$

oder

$$\bar{t}_r = \frac{1}{\mu_r} + \frac{\sum\limits_{s=1}^{r} \dfrac{\overline{k}_s}{\mu_s} + \sum\limits_{s=r+1}^{R} \dfrac{\rho_s}{\mu_s}}{1 - \sum\limits_{s=1}^{r-1} \rho_s}. \tag{8.2}$$

Die oben entwickelten Gleichungen geben die exakten $\bar{t}_r$-Werte für M/M/1-Prioritätsknoten wieder. In einem Warteschlangennetz ist jedoch der Ankunftsprozeß eines Knotens i.a. nicht exponentiell verteilt, so daß obige Gleichungen angewandt auf ein Prioritätswarteschlangennetz keine exakten Lösungen liefern. Ferner erlauben diese Gleichungen klassenabhängige Bedienzeitverteilungen, während in Produktformnetzen bei FCFS-Knoten klassenunabhängige Bedienzeitverteilungen vorausgesetzt werden. Trotzdem basiert die Approximation von [BKLC 84] hierauf.

Hierzu bezeichne $\overline{k}_{is}^{(r)}(\underline{k})$ die mittlere Anzahl von Aufträgen der Klasse s im Knoten i, die ein dort ankommender Klasse-r Auftrag bei Netzpopulation $\underline{k}$ vorfindet. Die Gleichung (8.1) angewandt auf den Knoten i eines Prioritätsnetzes kann dann folgendermaßen verallgemeinert werden:

$$\bar{t}_{ir}(\underline{k}) = \frac{\dfrac{1}{\mu_{ir}} + \sum\limits_{s=1}^{r} \dfrac{\overline{k}_{is}^{(r)}(\underline{k})}{\mu_{is}}}{1 - \sum\limits_{s=1}^{r-1} \rho_{is}}. \tag{8.3}$$

Analog Gleichung (8.2):

$$\bar{t}_{ir}(\underline{k}) = \frac{1}{\mu_{ir}} + \frac{\displaystyle\sum_{s=1}^{r} \frac{\bar{k}_{is}^{(r)}(\underline{k})}{\mu_{is}} + \sum_{s=r+1}^{R} \frac{\rho_{is}}{\mu_{is}}}{1 - \displaystyle\sum_{s=1}^{r-1} \rho_{is}}. \tag{8.4}$$

Zur Berechnung von $\bar{k}_{is}^{(r)}(\underline{k})$ wird das Ankunftstheorem vorausgesetzt:

$$\bar{k}_{is}^{(r)}(\underline{k}) = \begin{cases} \bar{k}_{is}(\underline{k} - 1_r) & \text{für geschlossene Klassen } r \\ \bar{k}_{is}(\underline{k}) & \text{für offene Klassen } r. \end{cases} \tag{8.5}$$

Für offene Klassen s kann zudem die Gleichung

$$\bar{k}_{is}(\underline{k}) = \lambda_s \cdot e_{is} \cdot \bar{t}_{is}(\underline{k}) \tag{8.6}$$

benutzt werden, um das an dieser Stelle der Berechnung unbekannte $\bar{k}_{is}(\underline{k})$ zu eliminieren. In den Gleichungen (8.3) und (8.4) müssen dann nur noch die Auslastungen ρ_{is} bestimmt werden. Für offene Klassen gilt $\rho_{is} = \lambda_{is}/\mu_{is}$, was unabhängig von der Anzahl der Aufträge (Population) der geschlossenen Klassen ist. Für geschlossene Klassen s hängt ρ_{is} jedoch von dieser Population ab, und es ist nicht offensichtlich, welches $\rho_{is}(\underline{k})$ mit $\underline{0} \leq \underline{k} \leq \underline{K}$ benutzt werden soll.

[BKT 83] verwenden $\rho_{is} = \rho_{is}(\underline{k})$. Dieser Ansatz bringt gute Ergebnisse, solange die Auslastung des Prioritätsknotens s den Wert 0.7 nicht übersteigt. Der Ansatz von [CHLA 83] ist jedoch i.a. der genauere. Sie schlagen vor:

$$\rho_{is} = \rho_{is}(\underline{k} - \bar{k}_{is}), \tag{8.7}$$

wobei $(\underline{k} - \bar{k}_{is})$ die Population der geschlossenen Klassen mit $\bar{k}_{is}$ Aufträgen weniger in der Klasse s ist. Sollte $\bar{k}_{is}$ nicht ganzzahlig sein, verwendet man lineare Interpolation, um einen geeigneten Wert für ρ_{is} zu erhalten. Gl. (8.7) beruht auf der Annahme, daß, wenn am Knoten i bereits $\bar{k}_{is}$ Aufträge sind, die Ankunftsrate von Klasse-s Aufträgen am Knoten i genau durch die restlichen $\underline{k} - \bar{k}_{is}$ Aufträge im Netz bestimmt ist, d.h. $\rho_{is} = \frac{\lambda_{is}(\underline{k} - \bar{k}_{is})}{\mu_{is}} = \rho_{is}(\underline{k} - \bar{k}_{is})$.

Setzt man die Gleichungen (8.5) bis (8.7) in Gl. (8.3) bzw. (8.4) ein, so ergibt sich für die mittlere Antwortzeit der <u>geschlossenen</u> Klassen r bei Prioritätsknoten i und $\underline{k}$ Aufträgen in den geschlossenen Klassen des Netzes:

$$\text{PR: } \bar{t}_{ir}(\underline{k}) = \frac{\dfrac{1}{\mu_{ir}} + \displaystyle\sum_{s=1}^{r} \frac{\bar{k}_{is}(\underline{k} - 1_r)}{\mu_{is}}}{1 - \displaystyle\sum_{s=1}^{r-1} \rho'_{is}}, \tag{8.8}$$

$$\text{HOL: } \bar{t}_{ir}(\underline{k}) = \frac{1}{\mu_{ir}} + \frac{\displaystyle\sum_{s=1}^{r} \frac{\bar{k}_{is}(\underline{k} - 1_r)}{\mu_{is}} + \sum_{s=r+1}^{R} \frac{\rho_{is}(\underline{k} - 1_r)}{\mu_{is}}}{1 - \displaystyle\sum_{s=1}^{r-1} \rho'_{is}}. \tag{8.9}$$

Für die mittlere Antwortzeit der <u>offenen</u> Klassen r bei Prioritätsknoten i gilt, wobei $\underline{k}$ wieder den Populationsvektor der geschlossenen Klassen bezeichnet:

$$\text{PR:}\quad \bar{t}_{ir}(\underline{k}) = \frac{\dfrac{1}{\mu_{ir}} + \sum_{s=1}^{r-1} \dfrac{\overline{k}_{is}(\underline{k})}{\mu_{is}}}{1 - \sum_{s=1}^{r} \rho'_{is}}, \tag{8.10}$$

$$\text{HOL:}\quad \bar{t}_{ir}(\underline{k}) = \frac{\dfrac{1}{\mu_{ir}}\left(1 - \sum_{s=1}^{r-1}\rho'_{is}\right) + \sum_{s=1}^{r-1} \dfrac{\overline{k}_{is}(\underline{k})}{\mu_{is}} + \sum_{s=r+1}^{R} \dfrac{\rho_{is}(\underline{k})}{\mu_{is}}}{1 - \sum_{s=1}^{r} \rho'_{is}}, \tag{8.11}$$

mit

$$\rho'_{is} = \begin{cases} \rho_{is}(\underline{k} - \overline{k}_{is}) & \text{für geschlossene Klassen } s \\ \rho_{is} & \text{für offene Klassen } s. \end{cases}$$

Der modifizierte Algorithmus der Mittelwertanalyse zur zusätzlichen Berücksichtigung der betrachteten Prioritätsknotentypen kann damit angegeben werden. Die geschlossenen Klassen werden wieder mit $1,\dots,CL$ und die offenen Klassen mit $1,\dots,OP$ bezeichnet. Durch die Tatsache, daß die Werte von $\overline{k}_{is}(\underline{k})$ auch für die offenen Klassen s benötigt werden, wird bei diesem Algorithmus die Berechnung der Leistungsgrößen für die offenen Klassen in jedem Iterationsschritt notwendig.

Schritt 1: Initialisierung:

Berechne für alle Knoten $i = 1,\dots,N$ die Auslastung durch Aufträge der offenen Klassen $op = 1,\dots,OP$ mit Gl. (5.75):

$$\rho_{i,op} = \frac{1}{\mu_{i,op}}\lambda_{op}e_{i,op},$$

und überprüfe die Stabilitätsbedingung $\rho_{i,op} \leq 1$.

Setze $\overline{k}_{i,cl}(\underline{0}) = 0$ für alle Knoten $i = 1,\dots,N$ und alle geschlossenen Klassen $cl = 1,\dots,CL$.

Schritt 2: Konstruiere ein geschlossenes Modell, das nur die Aufträge der geschlossenen Klassen enthält und löse dieses Modell mit der Mittelwertanalyse.

Iteration $\underline{k} = \underline{0},\dots,\underline{K}$:

> *Schritt 2.1:* Berechne $\bar{t}_{ir}(\underline{k})$ für alle Knoten $i = 1,\dots,N$ und alle geschlossenen Klassen $r = 1,\dots,CL$ mit Gl. (5.73, 5.74) bzw. Gl. (8.8, 8.9).
>
> *Schritt 2.2:* Berechne $\lambda_r(\underline{k})$ für alle geschlossenen Klassen $r = 1,\dots,CL$ mit Gl. (5.66).
>
> *Schritt 2.3:* Berechne $\overline{k}_{ir}(\underline{k})$ für alle Knoten $i = 1,\dots,N$ und für alle geschlossenen Klassen $r = 1,\dots,CL$ mit Gl. (5.67).
>
> *Schritt 2.4:* Berechne $\overline{k}_{ir}(\underline{k})$ für alle Knoten $i = 1,\dots,N$ und für alle offenen Klassen $r = 1,\dots,OP$ mit Gl. (5.71, 5.72) bzw. mit Gl. (8.6) und Gl. (8.10, 8.11).

Schritt 3:   Berechne alle weiteren Leistungsgrößen aus den ermittelten Resultaten.

Die Berechnungen erfolgen dabei stets von der höchsten zur niedrigsten Priorität.
Der Algorithmus soll noch an einem Beispiel veranschaulicht werden.

Beispiel 8.1
Wir betrachten das Warteschlangennetz aus Abb. 8.1 mit $N = 2$ Knoten und $R = 3$ Auftragsklassen.
Die Klasse 1 mit der höchsten Priorität ist offen, die Klassen 2 und 3 sind geschlossen.

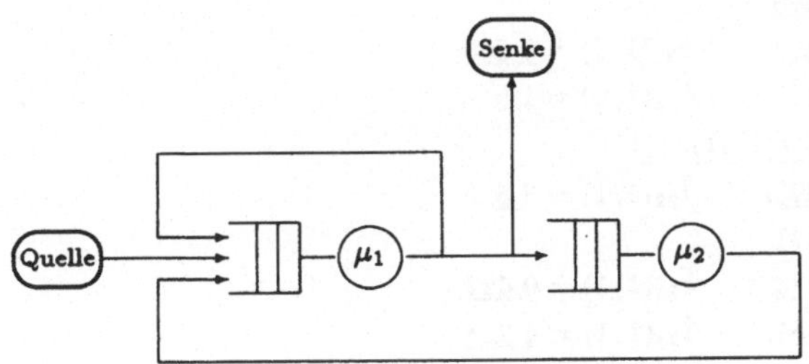

Abb. 8.1: Gemischtes Netz mit Prioritätsknoten

Knoten 1 ist vom Typ M/G/1-PS, Knoten 2 vom Typ M/M/1-FCFS PR. Die Ankunftsrate für
Aufträge der Klasse 1 beträgt $\lambda_1 = 1$. In den geschlossenen Klassen befindet sich jeweils ein Auftrag
$(K_1 = K_2 = 1)$.
Die mittleren Bedienzeiten betragen:

$$\frac{1}{\mu_{11}} = 0.4, \quad \frac{1}{\mu_{12}} = 0.3, \quad \frac{1}{\mu_{13}} = 0.5, \quad \frac{1}{\mu_{21}} = 0.6, \quad \frac{1}{\mu_{22}} = 0.5, \quad \frac{1}{\mu_{23}} = 0.8.$$

Die Besuchshäufigkeiten sind gegeben:

$$e_{11} = 2, \quad e_{12} = 1, \quad e_{13} = 1, \quad e_{21} = 1, \quad e_{22} = 0.5, \quad e_{23} = 0.4.$$

Schritt 1:   Initialisierung:
Berechnung der Auslastungen durch Aufträge der offenen Klassen:

$$\rho_{11} = \lambda_1 e_{11} \cdot \frac{1}{\mu_{11}} = \underline{0.8}, \qquad \rho_{21} = \lambda_1 e_{21} \cdot \frac{1}{\mu_{21}} = \underline{0.6}.$$

Setze $\overline{k}_{12}(\underline{0}) = \overline{k}_{13}(\underline{0}) = \overline{k}_{22}(\underline{0}) = \overline{k}_{23}(\underline{0}) = 0$.

Schritt 2:   Analyse des Modells mit der Mittelwertanalyse.
MWA-Iteration für $\underline{k} = (0,0)$:
Mittlere Auftragsanzahl der offenen Klasse 1:

$$\text{Knoten 1 (Gl. 5.71): } \overline{k}_{11}(0,0) = \frac{\rho_{11} \left[1 + \overline{k}_{12}(0,0) + \overline{k}_{13}(0,0)\right]}{1 - \rho_{11}} = \underline{4},$$

$$\text{Knoten 2 (Gl. 8.6, 8.10): } \overline{k}_{21}(0,0) = \lambda_1 \cdot e_{21} \cdot \frac{1/\mu_{21}}{1 - \rho_{21}} = \underline{1.5}.$$

MWA-Iteration für $\underline{k} = (0,1)$:
Mittlere Antwortzeiten der geschlossenen Klasse 3 (Gl. 5.73, 8.8):

$$\overline{t}_{13}(0,1) = \frac{1}{\mu_{31}} \cdot \frac{1}{1 - \rho_{11}} = \underline{2.5}, \qquad \overline{t}_{23}(0,1) = \frac{\frac{1}{\mu_{23}} + \frac{\overline{k}_{21}(0,0)}{\mu_{21}}}{1 - \rho_{21}} = \underline{4.25}.$$

Durchsatz der Klasse 3 (Gl. 5.66):

$$\lambda_3(0,1) = \underline{0.238}.$$

Mittlere Auftragsanzahl der Klasse 3 (Gl. 5.67):

$$\overline{k}_{13}(0,1) = \underline{0.595}, \qquad \overline{k}_{23}(0,1) = \underline{0.405}.$$

Mittlere Auftragsanzahl der offenen Klasse 1 (Gl. 5.71 bzw. Gl. 8.6, 8.10):

$$\overline{k}_{11}(0,1) = \underline{6.38}, \qquad \overline{k}_{21}(0,1) = \underline{1.5}.$$

MWA-Iteration für $\underline{k} = (1,0)$:

$$\overline{t}_{12}(1,0) = \underline{1.5}, \qquad \overline{t}_{22}(1,0) = \underline{3.5},$$
$$\lambda_2(1,0) = \underline{0.308},$$
$$\overline{k}_{12}(1,0) = \underline{0.462}, \qquad \overline{k}_{22}(1,0) = \underline{0.538},$$
$$\overline{k}_{11}(1,0) = \underline{5.85}, \qquad \overline{k}_{21}(1,0) = \underline{1.5}.$$

MWA-Iteration für $\underline{k} = (1,1)$:

$$\overline{t}_{12}(1,1) = \underline{2.393}, \qquad \overline{t}_{22}(1,1) = \underline{3.5},$$
$$\lambda_2(1,1) = \underline{0.241},$$
$$\overline{k}_{12}(1,1) = \underline{0.578}, \qquad \overline{k}_{22}(1,1) = \underline{0.422},$$
$$\overline{t}_{13}(1,1) = \underline{3.654}, \qquad \overline{t}_{23}(1,1) = \underline{4.923},$$
$$\lambda_3(1,1) = \underline{0.178},$$
$$\overline{k}_{13}(1,1) = \underline{0.65}, \qquad \overline{k}_{23}(1,1) = \underline{0.35},$$
$$\overline{k}_{11}(1,1) = \underline{8.91}, \qquad \overline{k}_{21}(1,1) = \underline{1.5}.$$

Es gibt aber auch noch andere Ansätze zur approximativen Untersuchung von Prioritätsnetzen: [SEVC 77] hat diese Netze dadurch analysiert, indem er die Prioritätsknoten für jede Prioritätsklasse durch sogenannte shadow-server Knoten ersetzt. Die Bedienrate eines shadow-server Knotens wird dabei geeignet herabgesetzt, um den Effekt der Verdrängung durch Aufträge höherer Priorität richtig wiederzugeben. Leider ist diese Methode nicht besonders exakt. [KAUF 84B] präsentierte daher eine Verbesserung dieser Vorgehensweise, mit der erheblich genauere Resultate erzielt werden können. Weitere Ansätze finden sich bei [BOCH 88], [CHYU 83], [EALI 88], [HUET 89], [SCHM 84].

Aufgabe 8.1
Analysieren Sie erneut das Warteschlangennetz aus Beispiel 8.1, wobei Knoten 2 nun vom Typ M/M/1–FCFS HOL ist, während für die Besuchshäufigkeiten gilt:

$$e_{11} = e_{12} = e_{13} = e_{21} = e_{22} = e_{23} = 1.$$

8.2   Simultane Betriebsmittelbelegung

Ein spezielles Problem bei der Betrachtung konventioneller Warteschlangenmodelle besteht darin, daß ein Auftrag immer nur eine einzige Bedienstation im Modell zur gleichen Zeit belegen kann. Bei der Modellierung von Rechensystemen muß jedoch manchmal auch der Fall berücksichtigt werden, daß ein Job zwei oder mehr Betriebsmittel gleichzeitig benutzt. So benötigt ein Computerprogramm beispielsweise zuerst Speicherplatz, bevor es die Dienste des Prozessors in Anspruch nehmen kann, d.h. Speicher und CPU müssen gleichzeitig belegt werden. Um den hieraus resultierenden Effekt auf die Leistungsgrößen berücksichtigen zu können, wurden die sogenannten *Erweiterten Warteschlangenmodelle* [SMK 82] eingeführt. Diese Modelle enthalten zusätzlich zu den gewöhnlichen (aktiven) Knoten noch sogenannte *passive Knoten*, die aus einer Menge spezieller Zeichen, sogenannter tokens, bestehen, sowie aus einer Anzahl „Allocate"-Warteschlangen für Aufträge, die diese tokens anfordern. Zusätzlich können diese passiven Knoten noch Hilfsknoten für spezielle Aktionen, wie das Freigeben (Release), das Zerstören oder das Erzeugen von tokens enthalten. Die tokens eines passiven Knotens entsprechen genau den Bedieneinheiten eines aktiven Knotens: Ein Auftrag, der an einer Allocate-Warteschlange ankommt, fordert eine Anzahl von tokens des dazugehörigen passiven Knotens an. Erhält er diese, so kann er die übrigen Knoten des Netzes besuchen. Bei Ankunft an dem zum betreffenden passiven Knoten gehörigen Release-Hilfsknoten, gibt er dann sämtliche tokens wieder ab, wodurch diese für andere Aufträge verfügbar werden.

Simultane Betriebsmittelbelegung tritt in Warteschlangenmodellen am häufigsten in zwei Zusammenhängen auf: Zum einen bei den sog. Warteschlangenmodellen mit Speicherbeschränkungen (memory constraints) und zum anderen bei E/A-Untersystemmodellen. Auf beide Modelltypen wollen wir nun genauer eingehen.

8.2.1 Modelle mit Speicherbeschränkungen

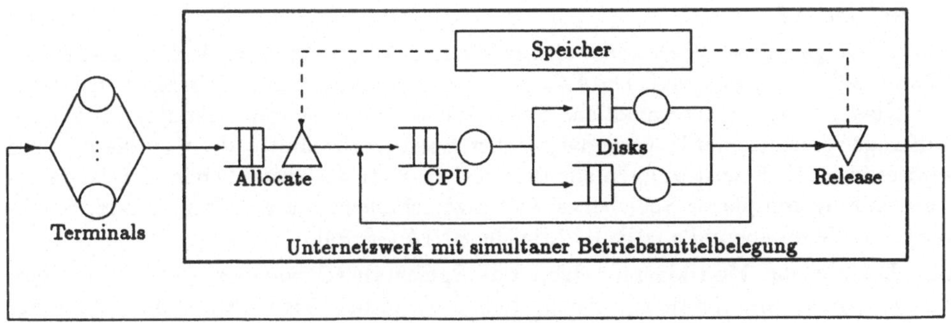

Abb. 8.2: Central Server Modell mit Speicherbeschränkung

In Abb. 8.2 ist der typische Fall eines speicherbeschränkten Warteschlangenmodells zu sehen, worin ein Auftrag zuerst einen Abschnitt des Speichers belegen muß ehe er die Dienste der CPU oder der Disks anfordern kann. Die Warteschlange für die Speicherabschnitte ist durch einen Allocate-Hilfsknoten dargestellt. Ein Auftrag belegt in diesem Modell zwei Betriebsmittel gleichzeitig: Speicherabschnitt und CPU bzw. Speicherabschnitt und Disks. Die maximale Anzahl von Aufträgen, die um die CPU und die Disks konkurrieren können, ist gleich der Anzahl der Speicherabschnitte bzw. gleich der Anzahl der tokens im (passiven) Speicher-Knoten. Hierbei wird vorausgesetzt, daß jeder Auftrag genau einen und nur einen Speicherabschnitt belegen muß um die Dienste der CPU oder der Disks anfordern zu können. Die Speicherzuteilungsstrategie ist FCFS.

Wegen der eingeschränkten Verfügbarkeit von Speicherplatz besitzt logischerweise fast jedes Rechensystem eine Speicherbeschränkung, d.h. eine obere Grenze für die Anzahl der Aufträge, die um die vorhandenen Betriebsmittel konkurrieren dürfen.

Da durch diese Speicherbeschränkung Aufträge im Netz blockiert werden können, existieren keine Produktformlösungen und diese Modelle müssen approximativ analysiert werden.

Die meisten der anwendbaren Approximationstechniken sind Abwandlungen des Dekompositionsprinzips (Kap. 7.1). Dabei wird vorausgesetzt, daß das Netz ohne Berücksichtigung der simultanen Betriebsmittelbelegung Produktformlösungen hätte. Man ersetzt das Untersystem, das die simultane Betriebsmittelbelegung enthält (Abb. 8.2), durch einen fluß-äquivalenten zusammengesetzten Knoten, und analysiert das so entstandene Netz mit Produktformmethoden. Die Bedienraten $\mu(k)$ des zusammengesetzten Knotens erhält man im einfachen Fall von Netzen mit nur einer Auftragsklasse durch isolierte Analyse der aktiven Knoten des Untersystems (CPU, Disks) und Bestimmung der Durchsätze $\lambda(k)$ für jede mögliche Auftragsbelegung. Ist T die Anzahl der Speicherabschnitte, so errechnen sich die Bedienraten wie folgt [BRAN 74,KELL 76]:

$$\mu(k) = \begin{cases} \lambda(k) & \text{für } k = 1, \ldots, T \\ \lambda(T) & \text{für } k > T. \end{cases}$$

Wenn also stets weniger als T Aufträge im Netz sind, so tritt keine Speicherbeschränkung auf.

Erweiterungen dieser Vorgehensweise auf Mehrklassennetze finden sich in [SAUE 81], [BRAN 82] und [LaZa 82]. Die Erweiterung ist einfach, wenn Aufträge verschiedener Klassen auch unterschiedliche Speicherabschnitte belegen. Benutzen hingegen Aufträge verschiedener Klassen die gleichen Speicherabschnitte, dann ist die Analyse sehr aufwendig. Erweiterungen zur Berücksichtigung des zusätzlichen Aufwands bei Verwendung komplexer Speicherverwaltungstechniken, wie z.B. Paging oder Swapping, existieren ebenfalls [BBC 77,SaCh 81,LZGS 84].

Zur Lösung von Mehrklassennetzen mit Speicherbeschränkung gibt es mit dem ASPA-Algorithmus (**A**verage **S**ubsystem **P**opulation **A**lgorithm) von [JaLa 83] eine auch auf andere Fälle von simultaner Betriebsmittelbelegung erweiterbare Methode. Auf dieses Verfahren werden wir in Kap. 8.3 in Zusammenhang mit den sog. 'Warteschlangenmodellen mit Serialisierungsverzögerungen' noch zu sprechen kommen. Diese Methode wurde von [SoMu 87] zusätzlich erweitert, indem das zu untersuchende Netz in eine Menge von Unternetzen zerlegt wird. Jedes dieser Unternetze wird dann zusammen mit dem vereinfachten Rest des Netzwerks, dem sog. Netzwerk-Komplement, isoliert analysiert. Da die Analyse eines bestimmten Unternetzes die Parameter der Komplemente der anderen Unternetzwerke verändert, ergibt sich eine iterative Vorgehensweise. Diese Methode ist auch dann noch anwendbar, wenn Aufträge, die mehr als nur einen einzigen passiven Knoten belegen, aktive Betriebsmittel anfordern.

8.2.2   E/A-Untersystemmodelle

Der andere wichtige Spezialfall von simultaner Betriebsmittelbelegung sind die E/A-Untersystemmodelle, die aus mehreren Disks bestehen, welche über einen gemeinsamen Kanal und einer Steuereinheit mit der CPU verbunden sind. Im Modell

(Abb. 8.3) können dabei Kanal und Steuereinheit als eine einzige Bedienstation angesehen werden, da sie stets entweder gleichzeitig belegt oder gleichzeitig frei sind.

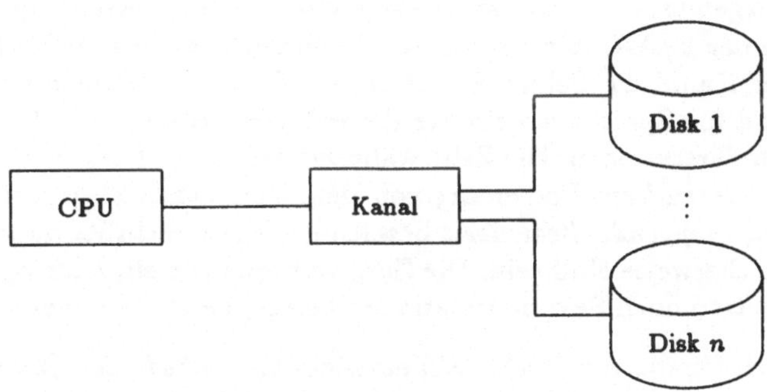

Abb. 8.3: E/A-Untersystem

Eine E/A-Operation von/zu einer bestimmten Disk kann in verschiedene Phasen untergliedert werden: Erstens in die *Suchphase* bis die Schreib-/Leseköpfe positioniert sind, woran sich die *Drehverzögerungsphase* anschließt, die die Latenzzeit umfaßt bis die gewünschte Stelle unter dem S/L-Kopf erscheint, und schließlich in die eigentliche *Datentransferphase*. Während der letzten beiden Phasen benötigt ein Auftrag simultan neben den Diensten der Disk zusätzlich noch die Dienste des Kanals. In Spezialfällen (**R**otational-**P**osition-**S**ensing-Systeme) wird nur während der letzten Phase der Kanal benötigt. Verzögerungen durch simultane Betriebsmittelbelegung treten auf, wenn eine Disk blockiert ist und Daten nicht übertragen kann, weil eine andere Disk den Kanal benutzt.

Zur Analyse von E/A-Untersystemmodellen wurden verschiedene Vorschläge veröffentlicht. So geht der Ansatz von [WILH 77] dahin, approximativ eine verlängerte Bedienzeit für die Disks zu berechnen, mit der die zusätzlichen Verzögerungen berücksichtigt werden können, die sich aufgrund des Wettbewerbs um den Kanal ergeben. Jede Disk wird dann als elementares M/G/1-Wartesystem modelliert und mit der berechneten Bedienzeit analysiert. Zur Bestimmung der Bedienzeitverlängerung verwendet man ein Modell für die Wahrscheinlichkeit, daß der Kanal bei Anforderung frei ist. Hierbei wird angenommen, daß nur ein einziger Zugriffspfad für jede Disk existiert, und eine Disk nicht von verschiedenen Prozessoren gemeinsam benutzt werden kann. Diese Einschränkungen hebt [BARD 80,BARD 82] auf und berechnet die freie Pfadwahrscheinlichkeit mit Hilfe des Maximum-Entropie-Prinzips.

8.2.3   Methode der Stellvertreter

Außer den angesprochenen speziellen Algorithmen zur Analyse von E/A-Untersystemmodellen bzw. zur Analyse von Warteschlangenmodellen mit Speicherbeschränkungen existieren noch allgemeinere Verfahren zur Untersuchung simultaner Betriebsmittelbelegungen in Warteschlangenmodellen. So haben [FRBE 83] und [JALA 82] zwei sehr allgemeine Methoden vorgeschlagen, mit denen trotzdem in vielen Fällen eine zufriedenstellende Genauigkeit erreicht werden kann. Der Ansatz beider Methoden basiert darauf, die simultan belegten Bedienstationen in zwei Gruppen zu unterteilen: Die sog. *Primärstationen* sind diejenigen, die belegt werden bevor auf irgendwelche anderen, die sog. *Sekundärstationen*, zugegriffen werden kann. Im Falle der E/A-Untersystemmodelle bilden somit die Disks die Primärstationen und der Kanal die Sekundärstation; im Falle der Modelle mit Speicherbeschränkung sind die Speicherabschnitte die Primärstationen und die CPU und die Disks die Sekundärstationen. Die Zeit, während der ein Auftrag eine Primärstation belegt ohne zu versuchen, Bedienung von den sekundären Stationen zu erhalten, wird als *nichtüberlappende Bedienzeit* bezeichnet. Diese nichtüberlappende Bedienzeit kann möglicherweise Null sein. Die Zeit, während der ein Auftrag zusätzlich zu einer Primärstation noch Sekundärstationen belegt, heißt *überlappende Bedienzeit*.

Charakteristisch für die von [JALA 82] entwickelte *Methode der Stellvertreter* (method of surrogates) ist es, die durch die simultanen Betriebsmittelbelegungen entstehenden zusätzlichen Verzögerungszeiten danach zu unterteilen, durch welches der simultan belegten Betriebsmittel diese Verzögerung verursacht wurde.

Man unterscheidet:

- Verzögerungen, die durch Überlastung der Sekundärstationen entstehen, wobei Überlastung bedeutet, es kommen bei der Station mehr Aufträge an als sofort bedient werden können.

  Zu beachten ist, daß hierzu auch diejenigen Verzögerungen gerechnet werden, die entstehen, wenn auf eine Primärstationen gewartet werden muß, weil der Auftrag, der diese Primärstation belegt, auf Zugriff zu einer Sekundärstation wartet.

- Verzögerungen, die allein aus der Überlastung der Primärstationen herrühren; also genau die Zeit, die auf eine Primärstation gewartet werden muß, während die Sekundärstationen nicht überlastet sind.

Da zur Schätzung dieser Verzögerungszeiten zwei Modelle generiert werden, die jeweils Parameter für das andere Modell bereitstellen, ergibt sich eine iterative Vorgehensweise zur approximativen Bestimmung der Leistungsgrößen eines zu untersuchenden Warteschlangenmodells. Nachfolgend sind die einzelnen Schritte der Methode der Stellvertreter angegeben. Die Methode ist anwendbar auf geschlossene Warteschlangennetze mit einer Auftragsklasse, die bei Vernachlässigung der simultanen Betriebsmittelbelegung Produktformlösungen hätten. Es wird angenommen, daß sich P Primärstationen und S Sekundärstationen im Netz befinden. Die mittleren nichtüberlappenden Bedienzeiten $1/\mu_i^{(n)}$ sollen bei allen Primärstationen i gleich groß sein; ebenso sollen die mittleren überlappenden Bedienzeiten $1/\mu_{ij}^{(o)}$, während der sowohl Primärstation i als auch Sekundärstation j belegt wird, für alle i gleich sein.

Schritt 1: Berechne wichtige Parameter:

Mittlere Bedienzeit der Primärstationen $i \in P$:

$$\frac{1}{\mu_i} = \frac{1}{\mu_i^{(n)}} + \sum_{j \in S} \frac{1}{\mu_{ij}^{(o)}}.$$

Mittlere Bedienzeit der Sekundärstationen $j \in S$:

$$\frac{1}{\mu_j} = \frac{1}{\mu_{ij}^{(o)}} \qquad \text{für } i \in P.$$

Schritt 2: Um der Tatsache gerecht zu werden, daß sich in den Sekundärstationen höchstens so viele Aufträge befinden können, wie es Primärstationen gibt, werden die Sekundärstationen zunächst isoliert voneinander analysiert.

Schritt 2.1: Bilde das „Modell des erweiterten Sekundärsystems", das neben den Sekundärstationen mit mittleren Bedienzeiten $1/\mu_j$ zusätzlich noch einen sog. delay-server (Knoten, der als reine Verzögerung dient; entspricht infinite-server) mit mittlerer Bedienzeit $1/\mu_i^{(n)}$ zur Berücksichtigung der nichtüberlappenden Bedienzeiten enthält. Die Übergangswahrscheinlichkeiten zwischen den Sekundärstationen werden aus dem gegebenen Netz übernommen.

Schritt 2.2: Analysiere dieses Modell für jede mögliche Anzahl von Aufträgen im Sekundärsystem. Diese Anzahl ist gleich der Zahl der Primärstationen im Netz. Die bei der Analyse ermittelten Durchsätze durch den delay-server werden dann als die lastabhängigen Bedienraten einer zusammengesetzten Bedienstation verwendet, welche im nächsten Schritt das Unternetzwerk, das die simultane Betriebsmittelbelegung enthält, ersetzen soll. Als lastabhängige Bedienrate bei mehr Aufträgen als der maximalen Anzahl von Primärstationen wird die für dieses Maximum ermittelte Durchsatzrate gewählt.

Schritt 3: Konstruiere zwei geschlossene Warteschlangenmodelle des Gesamtsystems. In jedem dieser Modelle wird der Teil des Systems, in dem die simultane Betriebsmittelbelegung auftritt, durch zwei Komponenten ersetzt.

Schritt 3.1: Im ersten Modell erfolgt diese Ersetzung zum einen durch die explizite Darstellung der Primärstationen (mit mittleren Bedienzeiten $\frac{1}{\mu_i}$) und zum andern durch einen delay-server als Stellvertreter für die Verzögerungen, die durch Überlastung des Sekundärsystems entstehen. Die Übergangswahrscheinlichkeiten zu den Primärstationen werden dabei vom gegebenen Netz übernommen.

Schritt 3.2: Im zweiten Modell ist die eine Komponente die zusammengesetzte Bedienstation aus Schritt 2, die das erweiterte Sekundärsystem repräsentiert, und die andere Komponente ein delay-server stellvertretend für die Verzögerungen, die durch Überlastung der Primärstationen entstehen wenn gleichzeitig das Sekundärsystem nicht überlastet ist. Die Übergangswahrscheinlichkeiten in diesem Modell sind alle gleich Eins.

Schritt 4:   Iteriere zwischen den beiden Modellen aus Schritt 3.

Schritt 4.1:   Zur Initialisierung wird im ersten Modell die Bedienzeit des delay-servers gleich Null gesetzt.

Schritt 4.2:   Analysiere mit einem beliebigen Produktformalgorithmus (Kapitel 5.3) das Modell aus Schritt 3.1. Berechne einen Schätzwert für die Verzögerungen, die entstehen, wenn die Primärstationen überlastet sind, während zur gleichen Zeit die Sekundärstationen nicht überlastet sind. Hierzu wird die Differenz zwischen der mittleren Antwortzeit und der mittleren Bedienzeit der Primärstationen gebildet.

Schritt 4.3:   Im Modell aus Schritt 3.2 wird als Bedienzeit des delay-servers der in Schritt 4.2 ermittelte Verzögerungswert eingesetzt. Analysiere dieses Modell und berechne einen Wert für die durch Überlastung der Sekundärstationen entstehenden Verzögerungen. Hierzu bildet man die Differenz zwischen der mittleren Antwortzeit der zusammengesetzten Bedienstation und der mittlere Bedienzeit dieser Station, wobei letztere der Antwortzeit bei einem Auftrag im System entspricht (gleich $\frac{1}{\mu_i^{(n)}} + \sum\limits_{j \in S} \frac{1}{\mu_j}$).

Schritt 4.4:   Vergleiche den in Schritt 4.3 ermittelten Verzögerungswert mit dem in Schritt 4.2 verwendeten Wert für die Bedienzeit des delay-servers. Wenn ein signifikanter Unterschied besteht, ersetze ihn und fahre mit Schritt 4.2 fort. Im anderen Fall endet das Verfahren.

Das folgende Beispiel dient der Erläuterung der eben geschilderten Vorgehensweise.

Beispiel 8.2
Wir betrachten das Modell eines klassischen E/A-Untersystems, das aus insgesamt vier Disks (Primärstationen) besteht, die über einen gemeinsamen Kanal (Sekundärstation) mit der CPU verbunden sind. Abb 8.4 zeigt dieses Modell mit sämtlichen Übergangswahrscheinlichkeiten.

Eine E/A-Operation mit einer bestimmten Disk soll sich aus den bekannten drei Phasen zusammensetzen: Suchphase, Drehverzögerungsphase und Datentransferphase. Die vier Disks können dabei ohne Zuhilfenahme des Kanals suchen, dieser wird jedoch während der Drehverzögerungs- und der Transferphase benötigt.
Die Suchphase dauert im Mittel 0.4 ZE, die Drehverzögerungsphase und die Transferphase zusammen im Mittel 0.1 ZE. Die mittlere Bedienzeit der CPU beträgt $1/\mu_1 = 0.1$ ZE. Alle Zeiten sind exponentiell verteilt. Es soll der Durchsatz dieses Systems bei $K = 7$ Aufträgen mit Hilfe der Methode der Stellvertreter ermittelt werden.
Nach den getroffenen Vereinbarungen ist die mittlere nichtüberlappende Bedienzeit gleich der mittleren Suchzeit und beträgt bei jeder der Primärstationen $1/\mu_i^{(n)} = 0.4$ ZE; die mittlere überlappende Bedienzeit beinhaltet die Drehverzögerungs- und Transferzeit und beträgt $1/\mu_{i6}^{(o)} = 0.1$ ZE für $i = 2, 3, 4, 5$.

Schritt 1:   Berechnung notwendiger Parameter:
Mittlere Bedienzeit der vier Disks (Knoten $i = 2, 3, 4, 5$):

$$\frac{1}{\mu_i} = \frac{1}{\mu_i^{(n)}} + \frac{1}{\mu_{i6}^{(o)}} = 0.4 + 0.1 = \underline{0.5}.$$

Mittlere Bedienzeit des Kanals:

$$\frac{1}{\mu_6} = \frac{1}{\mu_{i6}^{(o)}} = \underline{0.1}.$$

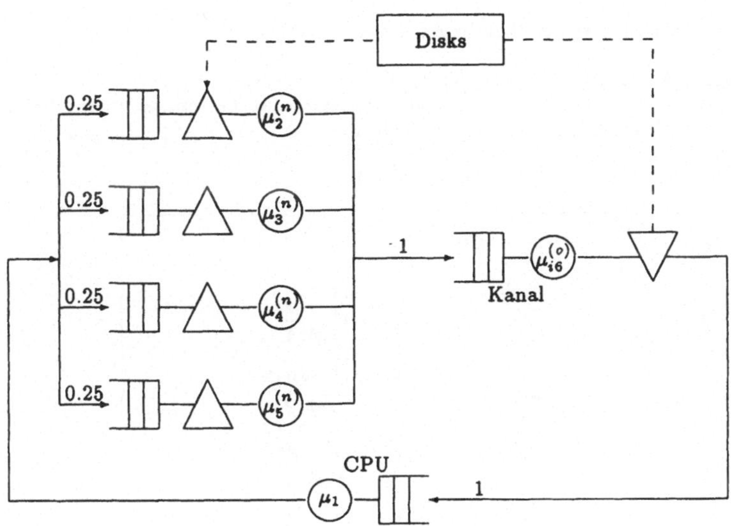

Abb. 8.4: E/A-Untersystemmodell

<u>*Schritt 2:*</u>   Isolierte Analyse der Sekundärstationen.

<u>*Schritt 2.1:*</u>   Konstruktion des „Modells des erweiterten Sekundärsystems" (Abb. 8.5):

Die mittlere Bedienzeit des delay-servers beträgt $1/\mu_i^{(n)} = 0.4$ und die des Kanals $1/\mu_6 = 0.1$.

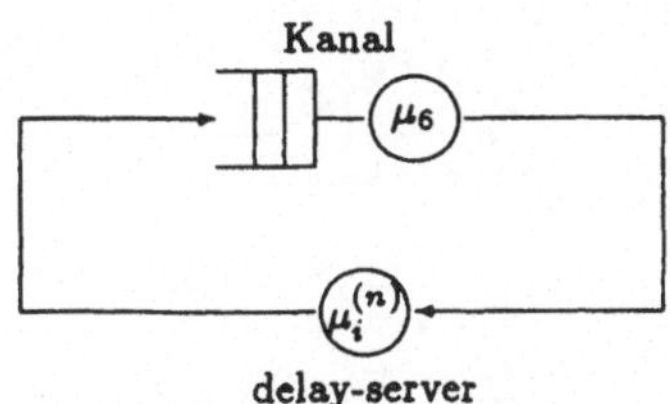

Abb. 8.5: Modell des erweiterten Sekundärsystems

<u>*Schritt 2.2:*</u>   Analyse des Modells aus Schritt 2.1:
Mit der Mittelwertanalyse bestimmt man für alle Auftragsanzahlen von $k = 1$ bis $k = 4$ (Anzahl der Disks) die Durchsätze des delay-servers:

k	1	2	3	4
Durchsatz	2.000	3.846	5.493	6.893

Diese Durchsätze werden im nächsten Schritt als lastabhängige Bedienraten $\mu(k), k = 1, 2, 3, 4$, einer zusammengesetzten Bedienstation eingesetzt. Als lastabhängige Bedienrate bei mehr als vier Aufträgen wählt man die Durchsatzrate, die bei Belegung mit vier Aufträgen ermittelt wurde, d.h. für $k \geq 4$ gilt $\mu(k) = 6.893$.

Schritt 3:   Konstruktion zweier Modelle des Gesamtsystems.

Schritt 3.1:   Konstruktion von Modell 1 (Abb. 8.6).
Der delay-server steht in diesem Modell stellvertretend für die Verzögerungen, die durch Überlastung des Kanals entstehen. Die mittlere Bedienzeit der Disks beträgt $1/\mu_i = 0.5$ für $i = 2, 3, 4, 5$.

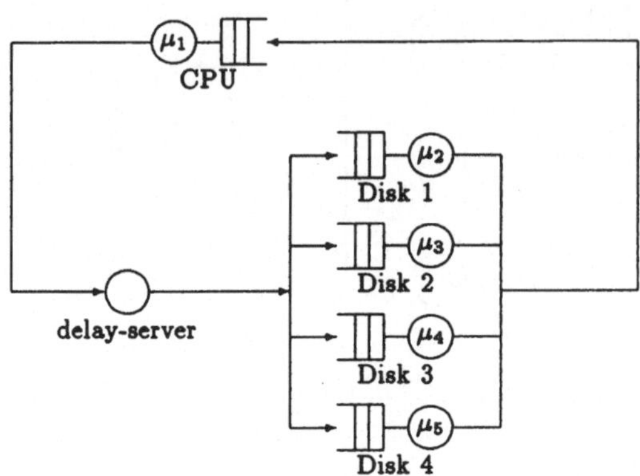

Abb. 8.6: Modell zur Berechnung der durch Überlastung der Disks entstehenden Verzögerungen

Schritt 3.2:   Konstruktion von Modell 2 (Abb. 8.7).
Der delay-server steht in diesem Modell stellvertretend für die Verzögerungen, die durch Überlastung der Disks verursacht werden. Die Bedienraten der zusammengesetzten Bedienstation wurden in Schritt 2 berechnet.

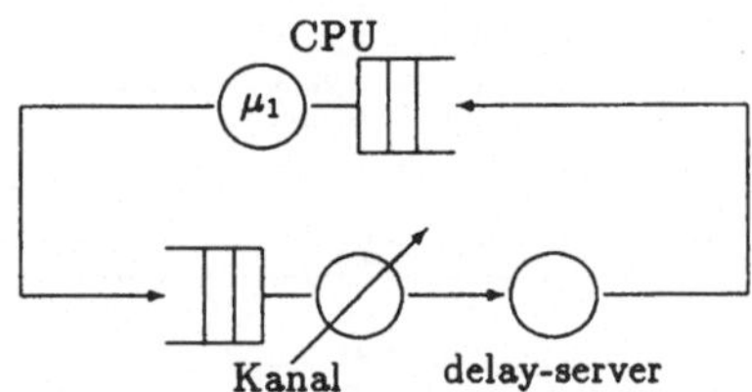

Abb. 8.7: Modell zur Berechnung der durch Überlastung des Kanals entstehenden Verzögerungen

Schritt 4:   Iteration.

Schritt 4.1:   Initialisierung:
Die Bedienzeit des delay-servers von Modell 1 wird Null gesetzt.

Schritt 4.2:   Analyse von Modell 1.
Mit der Mittelwertanalyse (Kap. 5.3.2.1) ergibt sich bei $K = 7$ Aufträgen der Durchsatz zu $\lambda = \underline{5.270}$. Die mittlere Antwortzeit jeder der vier Disks beträgt $\bar{t}_i = \underline{1.142}$. Hiervon subtrahiert man die mittlere Bedienzeit der Disks ($1/\mu_i = 0.5$) und erhält einen Schätzwert für die durch Überlastung der Disks entstehenden Verzögerungen: $1.142 - 0.5 = \underline{0.642}$.

Schritt 4.3:   Analyse von Modell 2.
Als Bedienzeit des delay-servers wird der soeben ermittelte Schätzwert (0.642) eingesetzt. Mit der Mittelwertanalyse für Netze mit lastabhängigen Knoten (Kap. 5.3.2.4) ergibt sich der Durchsatz

bei $K = 7$ Aufträgen im Netz zu $\lambda = \underline{4.973}$. Für die mittlere Antwortzeit der zusammengesetzten Bedienstation erhält man $\bar{t} = \underline{0.599}$. Den Schätzwert für die durch Überlastung des Kanals entstehenden Verzögerungen errechnet man durch Subtraktion der mittleren Bedienzeit der zusammengesetzten Bedienstation von dieser Antwortzeit: $0.599 - 0.5 = \underline{0.099}$.

Schritt 4.4: Überprüfung des Abbruchkriteriums.
Der ermittelte Verzögerungswert (0.099) unterscheidet sich erheblich vom ursprünglich angenommenen Wert (0). Die Iteration wird daher mit Schritt 4.2 fortgesetzt, wobei als Bedienzeit des delay-servers der Wert 0.099 eingesetzt wird.

$\vdots$

Tab. 8.1 zeigt den gesamten Verlauf der Iteration. Die Iteration verläuft zeilenweise von links nach rechts und bricht nach drei Schritten ab. Zum Vergleich beträgt der durch Simulation berechnete Wert für den Durchsatz $\lambda = \underline{5.12}$ [FRBE 83].

Iteration	Modell 1			Modell 2		
	INPUT	OUTPUTS		INPUT	OUTPUTS	
	Kanal-verzögerung	Durchsatz	mittlere Diskantwortzeit	Disk-verzögerung	Durchsatz	mittlere Kanalantwortzeit
1	0.000	5.270	1.142	0.642	4.973	0.599
2	0.099	5.112	1.090	0.590	5.119	0.607
3	0.107	5.099	1.086	0.586	5.130	0.607

Tab. 8.1: Iterationsverlauf für Beispiel 8.2

Genauere Untersuchungen der Methode der Stellvertreter zeigten, daß sie dazu neigt, die Verzögerungen zu überschätzen, und daher den Durchsatz zu unterschätzen. Die Abweichungen gegenüber den exakten Resultaten liegen aber nie über fünf Prozent. Die Methode ist leicht zu erweitern um auch solche Fälle simultaner Betriebsmittelbelegung zu untersuchen, bei denen die mittleren nichtüberlappenden Bedienzeiten bei allen Primärstationen nicht gleich groß sind [JALA 82].

Im Gegensatz zur Methode der Stellvertreter können mit der *Multi-Entrance-Queue-Methode* [FRBE 83] zusätzlich noch diejenigen Verzögerungen berücksichtigt werden, die entstehen, wenn ein Auftrag auf die Freigabe einer ganz bestimmten (belegten) Primärstation warten muß, obwohl andere Primärstationen frei wären. Die Methode basiert auf dem Dekompositionsprinzip; es wird das gesamte Unternetzwerk, das die simultane Betriebsmittelbelegung enthält, ersetzt durch eine zusammengesetzte Bedienstation. Die Ersetzung geschieht dabei unter Zuhilfenahme der sog. Multi-Entrance-Queue, deren Analyse jedoch sehr aufwendig ist.

Aufgabe 8.2
Betrachten Sie das Warteschlangenmodell mit Speicherbeschränkung aus Abb. 8.2 ohne interne Rückkopplung. Es gilt $e_{CPU} = e_{Term} = 1$ und $e_{Disk1} = e_{Disk2} = 0.5$, sowie $1/\mu_{CPU} = 1/\mu_{Disk1} = 1$ und $1/\mu_{Term} = 5$. Die Zahl der Aufträge beträgt $K = 6$. Aufgrund der Speicherbeschränkung können sich maximal $T = 2$ Aufträge im Unternetzwerk aus CPU und den Disks befinden.
Berechnen Sie den mittleren Durchsatz und die mittlere Antwortzeit des Unternetzwerkes, indem Sie das Unternetzwerk zu einem Knoten zusammenfassen und bei der lastabhängigen Bedienrate des resultierenden Knotens berücksichtigen, daß sich maximal $T = 2$ Aufträge dort aufhalten können! Das resultierende Zwei-Knoten-Netz kann dann mit der lastabhängigen Mittelwertanalyse oder dem Faltungsalgorithmus analysiert werden.

Aufgabe 8.3
Betrachten Sie das Beispiel 8.2 mit folgenden Änderungen:
- es gibt nur zwei Platteneinheiten mit jeweils Übergangswahrscheinlichkeit 0.5;

- die Zahl der Aufträge ist $K = 4$;

- die Suchzeit beträgt 0.5 ZE.

Berechnen Sie den Durchsatz mit der Methode der Stellvertreter.

8.3   Serialisierungsverzögerungen

Bislang haben wir ausschließlich die Hardware-Betriebsmittel eines Rechensystems
mit Hilfe von Warteschlangenmodellen betrachtet. In Rechensystemen können jedoch neben den durch Hardware-Betriebsmittel hervorgerufenen Verzögerungszeiten (Warte- und Bedienzeiten) zusätzlich noch Verzögerungen auftreten, die aus
dem Wettbewerb um Software-Betriebsmittel hervorgehen. Dabei bezeichnet man
als *Serialisierungsverzögerungen* diejenigen Zeitverzögerungen, die entstehen, wenn
Prozesse auf die Ausführung von Software-Betriebsmitteln warten müssen, die eine
serielle Verarbeitung im Rechner erforderlich werden lassen. Beispiele für solche
Software-Betriebsmittel sind kritische Abschnitte, die von Semaphoren kontrolliert
werden, sowie nicht-reentrante Unterprogramme. Serialisierung kann als Spezialfall der simultanen Betriebsmittelbelegung aufgefaßt werden, da Aufträge simultan
einen speziellen (passiven) „Serialisierungsknoten" und ein aktives Betriebsmittel
wie CPU oder Platteneinheit belegen.

Der Ausdruck *Serialisierungsphase* wird im folgenden zur Bezeichnung derjenigen
Verarbeitungsphase verwendet, in der zu jedem Zeitpunkt immer nur höchstens
ein einziger Auftrag aktiv sein kann. S sei die Anzahl dieser Phasen. Ein Auftrag, der sich in einer Serialisierungsphase befindet oder diese betreten will, wird
serialisierter Auftrag genannt. Die Verarbeitungsphase, in der Aufträge nicht serialisiert sind, heißt *Nicht-Serialisierungsphase* und ein Auftrag, der sich in der
Nicht-Serialisierungsphase befindet, *nicht-serialisierter Auftrag*. In der Nicht-Serialisierungsphase können sich stets mehrere Aufträge gleichzeitig befinden. Alle
Knoten, die von serialisierten Aufträgen (d.h. von Aufträgen in Serialisierungsphasen) besucht werden können, heißen *serialisierbare Knoten*; alle anderen *nicht-
serialisierbare Knoten*. Es erscheint wichtig zu erkennen, daß jeder serialisierbare
Knoten sowohl von serialisierten als auch von nicht-serialisierten Aufträgen besucht
werden kann.

[JALA 83] haben einen iterativen Algorithmus zur Analyse von Warteschlangennetzen mit Serialisierungsverzögerungen vorgeschlagen. Dieser Algorithmus ist auf
Mehrklassennetze anwendbar, bei denen sich die Aufträge immer nur in höchstens
einer Serialisierungsphase gleichzeitig befinden dürfen. Ausgangspunkt dieses Verfahrens ist die Idee, daß der Eintritt eines Auftrags in eine Serialisierungsphase einen
Wechsel in der Klasse dieses Auftrags nach sich ziehen soll. So wird ein Klasse-r Auftrag, der beabsichtigt in die Serialisierungsphase s einzutreten, ab diesem Zeitpunkt
als Auftrag der Klasse $< s, r >$ bezeichnet. Nach Verlassen der Serialisierungsphase
kehrt der Auftrag wieder in seine vorherige Klasse zurück. Die Einschränkung, daß

sich in jeder Serialisierungsphase stets nur höchstens ein einziger Auftrag befinden darf, kann dann für die einzelnen Serialisierungsphasen mit Hilfe der Anzahl der erlaubten Aufträge in den Klassen $<s, r>$ ausgedrückt werden:

$$\sum_{r \in R} K_{<s,r>} \leq 1 \text{ für alle } s \in S.$$

Für die Nicht-Serialisierungsphase gelten keine Einschränkungen. Die Methode verwendet zwei Modellebenen und kann vollständig in den nachfolgenden Schritten beschrieben werden.

Schritt 1:   Konstruiere zwei geschlossene Warteschlangenmodelle.

Schritt 1.1:   Das High-Level-Modell enthält neben den nicht-serialisierbaren Bedienstationen zusätzlich $S+1$ weitere Knoten. S dieser zusätzlichen Knoten (numeriert mit $1, \ldots, S$) sind FCFS-Knoten mit einer Bedieneinheit und modellieren die S Serialisierungsphasen. Die andere zusätzliche Bedienstation (Knoten 0) ist ein infinite-server Knoten und steht stellvertretend für die Zeit, die die nicht-serialisierten Aufträge bei den serialisierbaren Stationen verbringen.

Die mittlere Bedienzeit $1/\mu_{sr}$, $1 \leq s \leq S$, der zusätzlichen Station s ist äquivalent zur mittleren Antwortzeit eines Klasse-r Auftrags bei allen serialisierbaren Stationen des Netzes in Phase s. Diese wird im Low-Level-Modell berechnet:

$$\frac{1}{\mu_{sr}} = \bar{t}_{<s,r>} = \sum_{\substack{\text{alle serialisierbaren} \\ \text{Knoten } j}} e_{jsr} \cdot \bar{t}_{jsr} \qquad \text{für} \quad \begin{array}{l} s = 0, \ldots, S, \\ r = 1, \ldots, R. \end{array} \tag{8.12}$$

Ein Auftrag der Klasse r besucht den neuen Knoten s immer genau dann, wenn er auch im Originalnetz die serialisierbaren Stationen in Phase s besucht. Das Verhalten an den nicht-serialisierbaren Stationen bleibt unverändert. e_{jsr} ist die Besuchshäufigkeit für Aufträge der Klasse r, die sich in Phase s befinden, bei Knoten j.

Schritt 1.2:   Das Low-Level-Modell enthält genau die serialisierbaren Bedienstationen. Jede ursprüngliche Auftragsklasse $r = 1, \ldots, R$ kombiniert mit jeder Phase $s = 0, \ldots, S$ wird als separate Klasse $<s, r>$ dargestellt. Man erhält somit $R \cdot (S+1)$ Klassen, wobei jede Klasse eine feste Anzahl von Aufträgen enthält, die im High-Level-Modell berechnet wird. Die Besuchshäufigkeiten und Bedienzeiten der neuen Klassen entsprechen denen im Originalmodell.

Schritt 2:   Iteriere zwischen den beiden Modellen aus Schritt 1.

Schritt 2.1:   Nimm zur Initialisierung an, daß bei den serialisierbaren Stationen keine Wartezeiten (Serialisierungsverzögerungen) entstehen . Die mittlere Antwortzeit $\bar{t}_{jsr}$ eines Auftrags der Klasse r in Phase s bei der serialisierbaren Station j ist dann gleich der mittleren Bedienzeit $1/\mu_{jsr}$ dieser Station.

Schritt 2.2:   Im High-Level-Modell wird die mittlere Bedienzeit der zusätzlichen Station s gleich der Antwortzeit $\bar{t}_{<s,r>}$ gesetzt (Gl. 8.12). Analysiere das Modell mit konventionellen Produktformtechniken (Kap. 5.3) und bestimme insbesondere $\bar{k}_{sr}^a$, die mittlere Anzahl aktiver Aufträge der Klasse r bei der zusätzlichen Station s. Für die single-servers, die die Serialisierungsphasen darstellen, wird

$\overline{k}^a_{sr}$ durch die Auslastung des Knotens angenähert. Für den IS-Knoten ist $\overline{k}^a_{sr}$ gleich der mittleren Anzahl von Aufträgen an diesem Knoten.

Schritt 2.3:   Nimm an, daß sich in jeder Klasse $<s,r>$ des Low-Level-Modells die feste Anzahl von Aufträgen $\overline{k}^a_{sr}$ befindet und ermittle die mittlere Antwortzeit $\overline{t}_{<s,r>}$ der Klasse $<s,r>$. Dazu muß ein Algorithmus herangezogen werden, der Nicht-Integerwerte für die Anzahlen der Aufträge in den einzelnen Klassen zuläßt. Ein geeignetes (approximatives) Verfahren ist der SCAT-Algorithmus aus Kap. 7.1.2.

Schritt 2.4:   Vergleiche die in Schritt 2.3 ermittelten Werte für $\overline{t}_{<s,r>}$ mit denen, die in Schritt 2.2 verwendet wurden. Wenn sie sich signifikant voneinander unterscheiden, gehe zurück zu Schritt 2.2 und setze im High-Level-Modell die neuen $\overline{t}_{<s,r>}$-Werte als mittlere Bedienzeiten ein.

Schritt 3:   Ermittle die gewünschten Leistungsgrößen direkt aus dem High-Level-Modell.

Die eben geschilderte Methode läßt sich am besten mit Hilfe eines Beispiels veranschaulichen.

Beispiel 8.3

Das Beispielnetzwerk modelliert ein Rechensystem mit passiven Betriebsmitteln, die kritische Abschnitte darstellen [AGBU 83]. Das Warteschlangennetz, das ohne Berücksichtigung der Serialisierungsverzögerungen Produktformlösungen hätte, besteht aus einer CPU, drei Platteneinheiten (Disks) und zwei kritischen Abschnitten ($S = 2$ Serialisierungsphasen). Die Anzahl der Auftragsklassen im Netz beträgt $R = 1$ und die Anzahl der Aufträge $K = 3$.
Jeder Auftrag befindet sich stets in einer von drei Phasen: Nichtserialisiert (NCS-Phase); serialisiert durch kritischen Abschnitt S_1 (CS1-Phase) oder serialisiert durch kritischen Abschnitt S_2 (CS2-Phase). Abb. 8.8 zeigt das Warteschlangennetz mit sämtlichen Übergangswahrscheinlichkeiten. Ein Auftrag im kritischen Abschitt 1 besucht nur die CPU und Disk 1; ein Auftrag im kritischen Abschnitt 2 besucht die CPU und Disk 2; ein nicht-serialisierter Auftrag kann alle vier Knoten besuchen. Serialisierbare Stationen sind also die CPU sowie die Disks 1 und 2; einzige nicht-serialisierbare Station ist Disk 3.
Die mittleren Bedienzeiten sind wie folgt gegeben:

$$\frac{1}{\mu_c} = 0.02, \quad \frac{1}{\mu_{d1}} = \frac{1}{\mu_{d2}} = \frac{1}{\mu_{d3}} = 0.04,$$

wobei die Indizes $d1, d2, d3$ die drei Disks kennzeichnen und Index c die CPU.

e_{is}	NCS	CS1	CS2
CPU	1.4932	1	1.4440
Disk 1	0.2090	0.48	0
Disk 2	0.1343	0	1.0830
Disk 3	0.1343	0	0

Tab. 8.2: Besuchshäufigkeiten der einzelnen Knoten

In Tabelle 8.2 sind die Besuchshäufigkeiten für jeden einzelnen Knoten in Abhängigkeit davon angegeben, ob sich die Aufträge in der NCS-, CS1- oder in der CS2-Phase befinden. Im Gegensatz dazu sollen die Besuchshäufigkeiten der einzelnen Phasen relativ zur Besuchshäufigkeit in der NCS-Phase ausgedrückt werden. Dann gilt:

$$e_{\mathrm{NCS}} = 1, \quad e_{\mathrm{CS1}} = 0.4478, \quad e_{\mathrm{CS2}} = 0.4179.$$

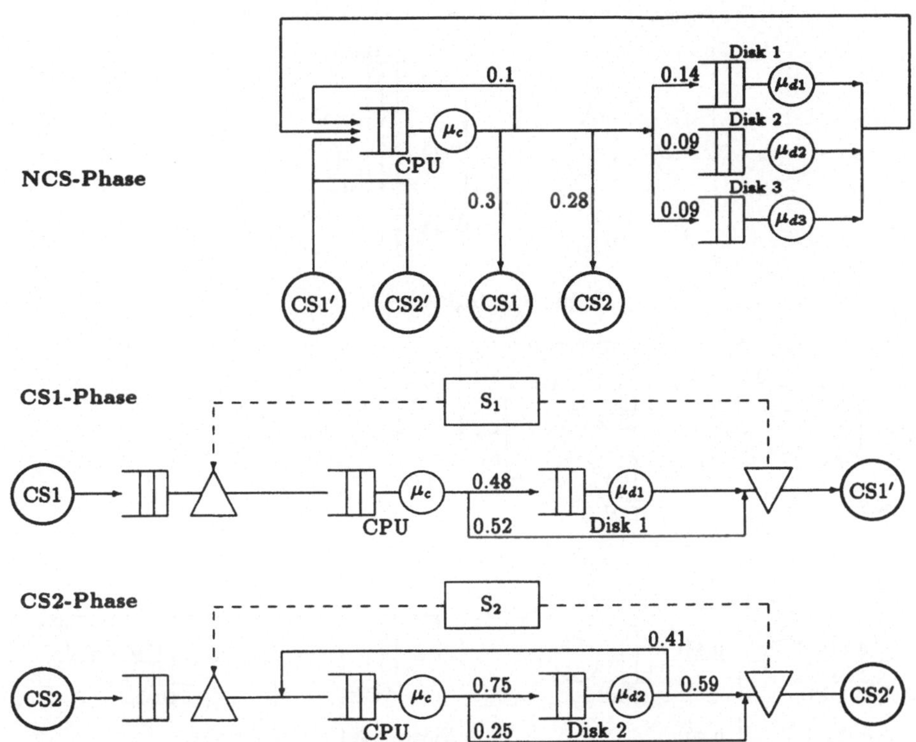

Abb. 8.8: Beispielnetz, in welchem sich die Aufträge in einer von drei Phasen befinden können

Wir ermitteln die approximativen Leistungsgrößen dieses Netzes in den angegebenen drei Schritten.

Schritt 1:   Kontruktion zweier geschlossener Warteschlangenmodelle.

Schritt 1.1:   Das High-Level-Modell (Abb. 8.9) enthält neben der nicht-serialisierbaren Station (Disk 3) noch drei zusätzlich Knoten. Die Knoten 1 und 2 sind FCFS-Knoten mit einer Bedieneinheit und repräsentieren die beiden Serialisierungsphasen CS1 und CS2; Knoten 0 ist ein IS-Knoten und repräsentiert die Zeit, die sich die Aufträge in der NCS-Phase bei den serialisierbaren Knoten aufhalten. Ein Auftrag macht in diesem Modell dieselbe relative Anzahl von Besuchen bei den Knoten 0,1 und 2, die er auch im Originalnetz bei den serialisierbaren Stationen als ein Auftrag in der NCS-, CS1- bzw. CS2-Phase macht.

Schritt 1.2:   Das Low-Level-Modell (Abb. 8.10) enthält die drei serialisierbaren Stationen CPU, Disk 1 und Disk 2 und insgesamt $R \cdot (S + 1) = 3$ Auftragsklassen. Klasse $<0, 1>$ repräsentiert die NCS-Aufträge, Klasse $<1, 1>$ die CS1-Aufträge und Klasse $<2, 1>$ die CS2-Aufträge. Die Besuchshäufigkeiten entsprechen denen im Originalmodell.

Schritt 2:   Iteration.

Schritt 2.1:   Initialisierung:
Es wird angenommen, daß keine Serialisierungsverzögerungen entstehen. Für alle serialisierbaren Knoten j ist dann die mittlere Antwortzeit $\bar{t}_{j,s}$ gleich der mittleren Bedienzeit $1/\mu_{j,s}$.

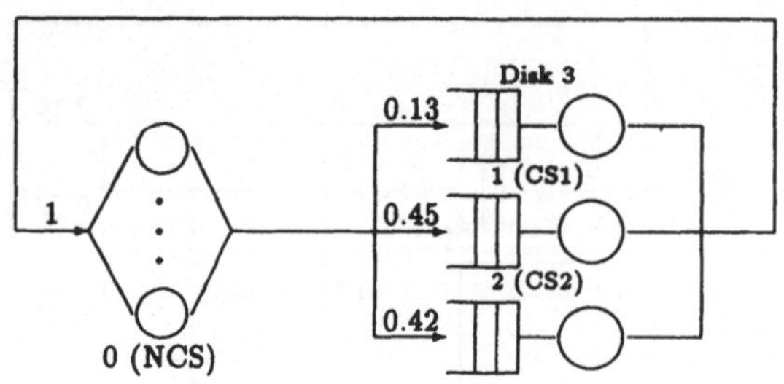

Abb. 8.9: High-Level-Modell

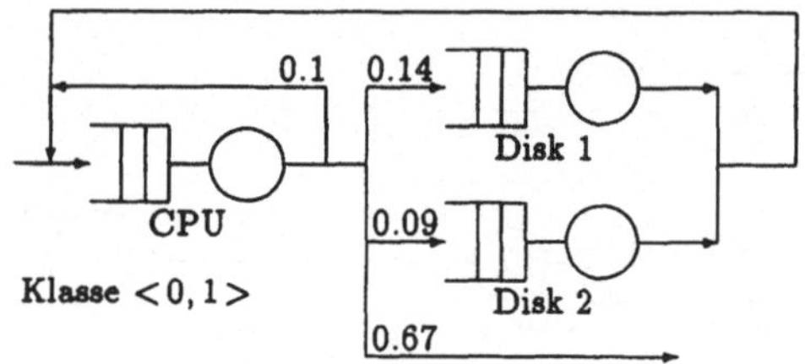

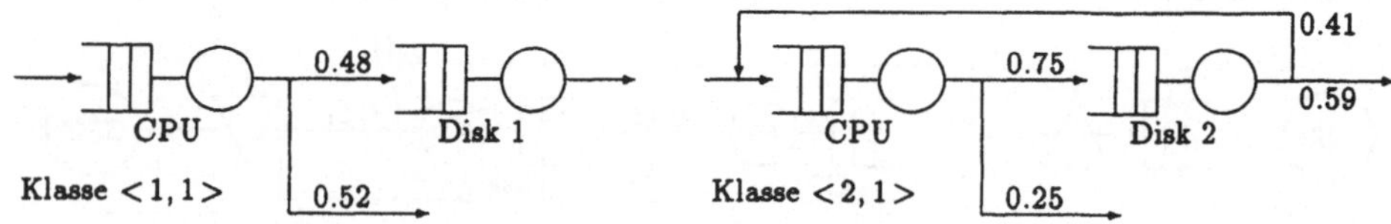

Abb. 8.10: Low-Level-Modell

Daraus folgt mit Gl. (8.12):

$$\bar{t}_{<0,1>} = \sum_{\substack{\text{alle serialisierbaren} \\ \text{Knoten } j}} e_{j\,s}\, \frac{1}{\mu_{j\,s}}$$

$$= e_{c,\text{NCS}}\frac{1}{\mu_{c,\text{NCS}}} + e_{d1,\text{NCS}}\frac{1}{\mu_{d1,\text{NCS}}} + e_{d2,\text{NCS}}\frac{1}{\mu_{d2,\text{NCS}}}$$

$$= 1.4932\cdot 0.02 + 0.209\cdot 0.04 + 0.1343\cdot 0.04 = \underline{0.0436},$$

$$\bar{t}_{<1,1>} = 1\cdot 0.02 + 0.48\cdot 0.04 = \underline{0.0392},$$

$$\bar{t}_{<2,1>} = 1.444\cdot 0.02 + 1.083\cdot 0.04 = \underline{0.0722}.$$

Schritt 2.2: Analyse des High-Level-Modells:

Die mittlere Bedienzeit von Knoten 0 im High-Level-Modell wird gleich $\bar{t}_{<0,1>} = 0.0436$ gesetzt, die von Knoten 1 gleich $\bar{t}_{<1,1>} = 0.0392$ und die von Knoten 2 gleich $\bar{t}_{<2,1>} = 0.0722$. Die mittlere Bedienzeit von Disk 3 beträgt 0.04. Dieses Modell wird z.B. mit der Mittelwertanalyse untersucht, und die mittlere Anzahl aktiver Aufträge in den Knoten $s = 0, 1, 2$ bestimmt. Es ergibt sich:

$$\bar{k}_0^a = \bar{k}_0 = \underline{1.041}, \quad \bar{k}_1^a = \rho_1 = \underline{0.419}, \quad \bar{k}_2^a = \rho_2 = \underline{0.720}.$$

Schritt 2.3: Analyse des Low-Level-Modells:

Die Anzahl der Aufträge in jeder Klasse des Low-Level-Modells wird gleich den eben ermittelten Werten gesetzt: In Klasse $<0,1>$ befinden sich demnach $\bar{k}_0^a = 1.041$ Aufträge, in Klasse $<1,1>$ $\bar{k}_1^a = 0.419$ Aufträge und in Klasse $<2,1>$ $\bar{k}_2^a = 0.720$ Aufträge. Mit dem SCAT-Algorithmus kann das Modell analysiert werden, wobei sich folgende Ergebnisse für die mittleren Antwortzeiten der einzelnen Klassen ergeben:

$$\bar{t}_{<0,1>} = \underline{0.0678}, \quad \bar{t}_{<1,1>} = \underline{0.0544}, \quad \bar{t}_{<2,1>} = \underline{0.0978}.$$

Schritt 2.4: Überprüfen des Abbruchkriteriums:
Neue und alte Werte für die Antwortzeiten unterscheiden sich erheblich voneinander. Es muß daher das High-Level-Modell unter Verwendung der Antwortzeiten aus Schritt 2.3 von neuem analysiert werden (Schritt 2.2).

$\vdots$

Tab. 8.3 zeigt den gesamten Verlauf der Iteration, die nach fünf Schritten abbricht.

Iteration	High-Level-Modell-Input			Low-Level-Modell-Input		
	$\bar{t}_{<0,1>}$	$\bar{t}_{<1,1>}$	$\bar{t}_{<2,1>}$	$\bar{k}_0^a$	$\bar{k}_1^a$	$\bar{k}_2^a$
1	0.0436	0.0392	0.0722	1.041	0.419	0.720
2	0.0678	0.0544	0.0978	1.158	0.416	0.698
3	0.0705	0.0564	0.1002	1.168	0.418	0.694
4	0.0707	0.0566	0.1004	1.168	0.419	0.693
5	0.0707	0.0566	0.1004			

Tab. 8.3: Iterationsverlauf für Beispiel 8.3

Schritt 3: Berechnung der Leistungsgrößen:
Aus dem High-Level-Modell ergibt sich der Durchsatz zu $\lambda = \underline{16.52}$. Dies ist der Durchsatz von Aufträgen durch die NCS-Phase, d.h. die Rate, mit der Aufträge entweder die Disk 3 oder einen der kritischen Abschnitte besuchen. Der exakte Wert, der durch Lösen der globalen Gleichgewichtsgleichungen ermittelt wurde, liegt bei $\lambda = \underline{15.88}$. Bei Vernachlässigung der Serialisierungsverzögerungen würde sich ein Durchsatzwert von $\lambda = \underline{17.42}$ ergeben.

Aus dem approximativ bestimmten Durchsatz λ lassen sich noch weitere Leistungsgrößen des Netzes berechnen. So ergibt sich z.B.:

Durchsatz der CPU in der NCS-Phase:

$$\lambda_{c,NCS} = \lambda \cdot e_{NCS} \cdot e_{c,NCS} = \underline{24.67} \quad \text{(der exakte Wert liegt bei 23.71)}.$$

Auslastung von Disk 3:

$$\rho_{d3} = \lambda \cdot e_{d3} \cdot \frac{1}{\mu_{d3}} = \underline{0.089} \quad \text{(exakt 0.085)}.$$

Gesamtauslastung der CPU:

$$\rho_c = \rho_{c,NCS} + \rho_{c,CS1} + \rho_{c,CS2}$$
$$= \frac{\lambda \cdot e_{c,NCS} \cdot e_{NCS}}{\mu_c} + \frac{\lambda \cdot e_{c,CS1} \cdot e_{CS1}}{\mu_c} + \frac{\lambda \cdot e_{c,CS2} \cdot e_{CS2}}{\mu_c}$$
$$= 0.493 + 0.148 + 0.199 = \underline{0.84} \quad \text{(exakt 0.81)}.$$

Die geschilderte Vorgehensweise wurde von [SoMu 87] modifiziert um Integer-Werte für die Auftragsanzahlen in den einzelnen Klassen des Low-Level-Modells zu erhalten. Dazu wird das Low-Level-Modell für jede Auftragsklasse um einen infinite-server Knoten erweitert, dessen Bedienzeit wiederum im High-Level-Modell berechnet wird. Dieses modifizierte Verfahren ist auch dann noch anwendbar, wenn sich die Aufträge in mehreren Serialisierungsphasen gleichzeitig befinden.

Es gibt aber noch andere Ansätze zur Analyse von Warteschlangennetzen mit Serialisierungsverzögerungen, die jedoch alle auf Netze mit einer Auftragsklasse beschränkt bleiben. Bei der Aggregate-Server-Methode [AGBU 83] wird ein zusätzlicher Knoten für jede Serialisierungsphase eingeführt, und die Bedienzeit dieser Knoten gleichgesetzt mit der mittleren Zeit, die ein Auftrag in der Serialisierungsphase verbringt. Die Bedienzeiten der ursprünglichen Knoten und die der zusätzlichen Knoten müssen dann geeignet vergrößert werden um die Tatsache zu berücksichtigen, daß an den ursprünglichen Knoten die Verarbeitung von nichtserialisierten durch die Verarbeitung von serialisierten Aufträgen behindert werden kann und umgekehrt. Hierzu wird ein iterativer Ansatz verwendet.

[THOM 83] hat zwei verschiedene Techniken zur Modellierung des nachteiligen Effekts von Serialisierungsverzögerungen auf die Leistungsgrößen eines Rechensystems angegeben: Eine iterative Technik und ein Dekompositionsverfahren. Letzteres verwendet zwei Modellebenen: Auf der niederen Ebene werden für jeden Systemzustand die mittleren Systemdurchsätze berechnet. Diese Durchsätze benutzt man dann im Modell höherer Ebene, um die Übergangsraten zwischen den Zuständen zu bestimmen, aus denen dann die Zustandswahrscheinlichkeiten durch Lösen der globalen Gleichgewichtsgleichungen bestimmt werden können.

Weitere Lösungsansätze finden sich bei [AGTR 82], [MURO 87], [SMBR 80].

Eine komplizierte Erweiterung der 'Modelle mit Serialisierungsverzögerungen' sind Modelle zur Untersuchung von Synchronisationsmechanismen in Datenbanksystemen (concurrency control). Diese Mechanismen stellen die Konsistenz der Datenbank sicher, wenn Anfragen an die Datenbank sowie Änderungen konkurrierend ausgeführt werden. Diese Modelle sind Gegenstand aktueller Forschungen und werden z.B. von [BEGO 81], [CGM 83], [MENA 82], [TAY 87], [THRY 85] untersucht.

8.4   Fork-Join-Systeme

In diesem Abschnitt wollen wir uns mit Rechensystemen befassen, die in der Lage sind Programme parallel auszuführen, die unter Verwendung von *Fork-* und *Join-*Operationen (bzw. parbegin/parend-Konstrukten) geschrieben wurden. Die parallelen Programme (Aufträge) setzen sich dabei aus *Tasks* mit bestimmten Reihenfolgevorschriften zusammen; die Reihenfolgevorschriften sollen durch *Task-Präzedenzgraphen* dargestellt werden können. Abb. 8.11 zeigt beispielsweise den Präzedenzgraphen für ein Programm, das die vier parallel ausführbaren Tasks T_1, T_2, T_3 und T_4 enthält.

8.4.1   Modellierung

Nach [DUCZ 87] kann ein (verteiltes) System, bei dem eine Folge externer paralleler Programmausführungswünsche eintrifft, als offenes Warteschlangennetz modelliert werden, mit Knoten, die Prozessoren und externen Ankünften, die Aufträge darstellen. Dabei wird vorausgesetzt, daß jeder Prozessor in der Lage ist, genau einen bestimmten Task auszuführen; d.h. Task i muß stets von Prozessor P_i bearbeitet

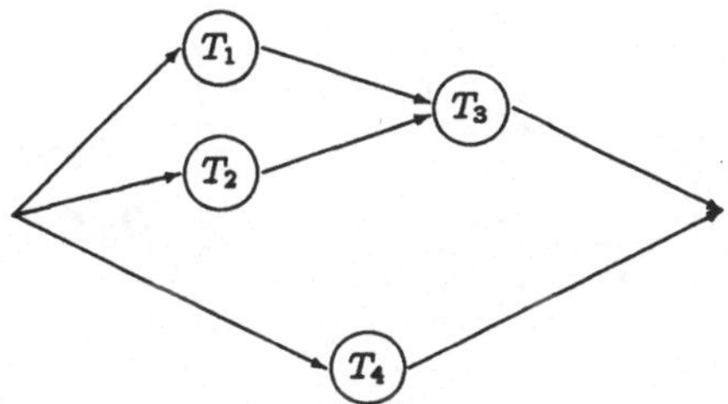

Abb. 8.11: Task-Präzedenzgraph

werden. Es soll immer eine ausreichend große Anzahl von Prozessoren zur Verfügung stehen. Die Zwischenankunftszeiten der Aufträge seien exponentiell verteilt mit Mittelwert $1/\lambda$, und die Bedienzeiten der Tasks allgemein verteilt mit Mittelwert $1/\mu_i$, $i = 1, 2, \ldots, N$. Abb. 8.12 zeigt als Beispiel das Warteschlangenmodell eines parallelen Systems, mit dem Aufträge ausgeführt werden können, die die in Abb. 8.11 gezeigte Struktur besitzen. Die Fork- und Join-Operationen sind als Dreiecke dargestellt.

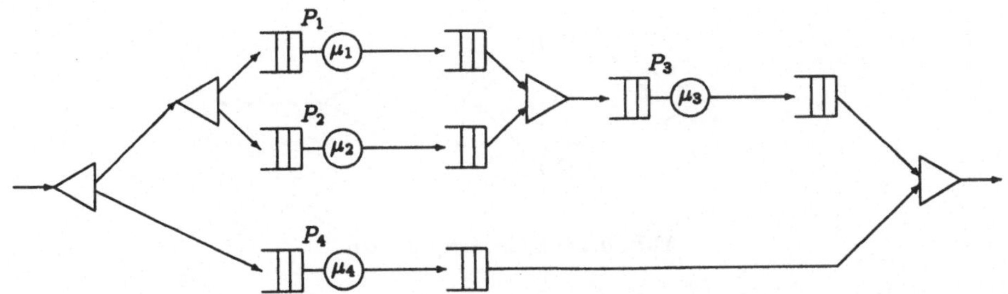

Abb. 8.12: Warteschlangenmodell für die Ausführung eines Auftrags, der den in Abb. 8.11 gezeigten Task-Präzedenzgraphen besitzt

Die Grundstruktur eines *elementaren Fork-Join-Systems* ist in Abb. 8.13 zu sehen. Die Fork-Operation spaltet einen ankommenden Auftrag in N Tasks auf, die simultan bei den N parallelen Prozessoren $P_1, \ldots, P_N$ eintreffen. Sobald Task i fertig bearbeitet ist, betritt er die Join-Warteschlange Q_i und wartet dort bis sämtliche N Tasks vollständig ausgeführt sind. Danach kann der Auftrag das Fork-Join-System verlassen.

Ein Spezialfall des elementaren Fork-Join-Systems ist das *Fission-Fusion-System* (Abb. 8.14), in dem alle Tasks identisch und nicht voneinander zu unterscheiden sind. Ein Auftrag kann dieses System verlassen, sobald N beliebige Tasks fertig bearbeitet sind. Diese Tasks müssen nicht notwendigerweise zum gleichen Auftrag gehören.

Ein anderer Spezialfall ist das *Split-Merge-System* (Abb. 8.15), in welchem die N Tasks eines Auftrags alle N Prozessoren belegen. Erst wenn diese N Tasks bedient sind, kann ein neuer Auftrag sämtliche Prozessoren belegen.

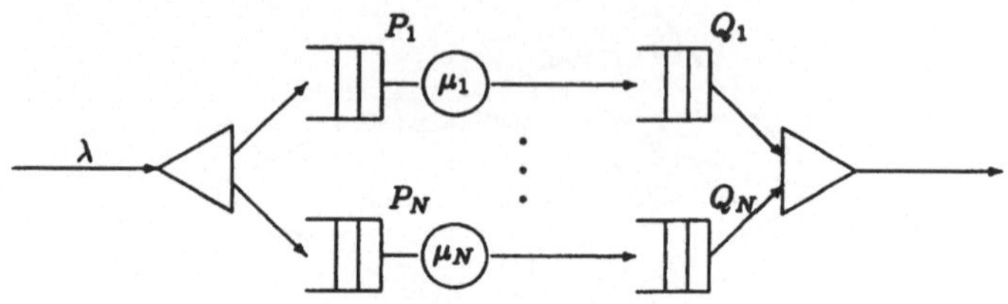

Abb. 8.13: Fork-Join-System

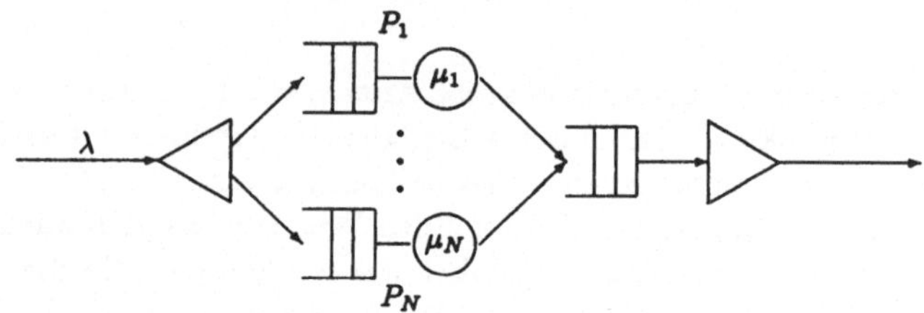

Abb. 8.14: Fission-Fusion-System

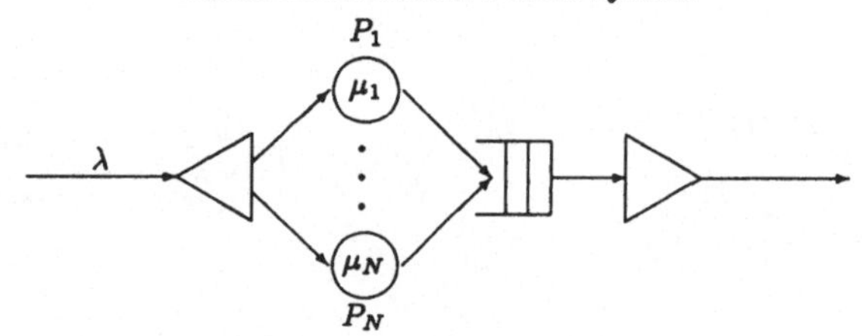

Abb. 8.15: Split-Merge-System

8.4.2   Analyse

Die Methode von [DuCz 87] zur approximativen Analyse von Fork-Join-Systemen
basiert auf einer etwas ungewöhnlichen Anwendung des Dekompositionsprinzips:
Man betrachtet das Fork-Join-System als *offenes* Netz und ersetzt das Unternetz,
das die Fork-Join-Konstruktion enthält, durch einen zusammengesetzten lastabhängigen Knoten. Die Bedienraten des zusammengesetzten Knotens werden dabei durch
Analyse des isolierten und kurzgeschlossenen (d.h. geschlossenen) Unternetzes bestimmt. Die Analyse muß für jede Anzahl Tasks von 1 bis ∞ durchgeführt werden,
wobei diese Anzahl jedoch für die praktische Anwendung auf eine geeignet festzu-
legende große Zahl begrenzt werden kann. Bei der Analyse wird die mittlere Anzahl der Aufträge in den Join-Warteschlangen berechnet, indem man die einzelnen
Systemzustände betrachtet und die dazugehörigen Wahrscheinlichkeiten mit Hilfe
numerischer Methoden bestimmt.

Beispielsweise wird zur Analyse des aus N Prozessoren bestehenden elementaren
Fork-Join-Systems von Abb. 8.13 ein geschlossenes Netz (Abb. 8.16) untersucht,
das $N \cdot k$ Tasks, $k = 1, 2, \ldots$, beinhaltet, die die Aufträge im System darstellen. Die
Analyse dieses Netzes mit numerischen Methoden ergibt die Durchsatzraten $\lambda(j)$,

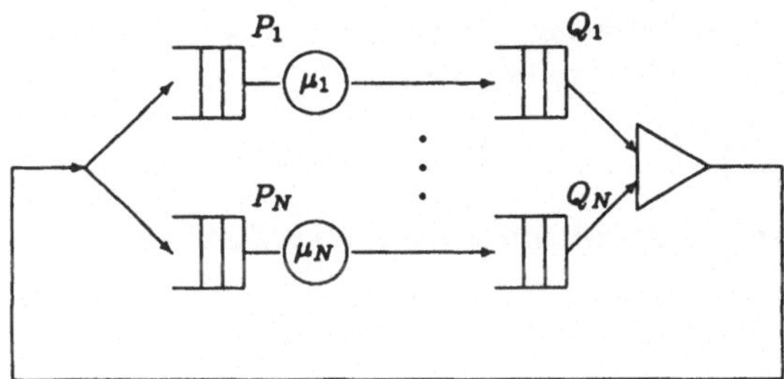

Abb. 8.16: Geschlossenes System mit $N \cdot k$ Tasks

die als lastabhängige Bedienraten $\mu(j)$ eines zusammengesetzten Knotens verwendet werden, der das gesamte Fork-Join-System ersetzt (Abb. 8.17). Die Analyse dieser zusammengesetzten Bedienstation ergibt schließlich die Leistungsgrößen für das Gesamtsystem.

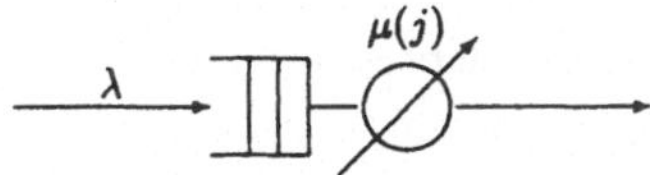

Abb. 8.17: Zusammengesetzte Bedienstation

Dieselbe Vorgehensweise kann auch zur Leistungsanalyse komplexerer Fork-Join-Modelle verwendet werden. Denn ein Auftrag kann Task-Präzedenzgraphen mit mehreren ineinandergeschachtelten Fork- und Join-Konstrukten besitzen. Das Modell der Ausführung eines Auftrags hat dann die Form eines Serien-Parallel-Netzes mit Unternetzen, die selbst wieder Fork-Join-Systeme beinhalten. In Abb. 8.12 haben wir bereits ein Beispiel hierfür angegeben. Das geschilderte Dekompositionsverfahren muß in diesem Fall mehrfach angewendet werden um die Fork-Join-Unternetze nacheinander numerisch zu lösen und durch zusammengesetzte Bedienstationen zu ersetzen.

Für Fork-Join-Systeme mit einer großen Anzahl von Prozessoren oder mit nichtexponentiellen Task-Bedienzeitverteilungen wird die Anzahl der Systemzustände sehr groß, und die numerische Analyse der Unternetzwerke nicht mehr durchführbar. Aus diesem Grund hat [DUDA 87] eine effizientere approximative Methode zur Analyse der Unternetze entwickelt, die voraussetzt, daß sämtliche Bedienzeiten der Tasks exponentiell verteilt sind. Die Methode basiert darauf, ein Produktformnetz zu konstruieren mit derselben Topologie wie das zu untersuchende Fork-Join-Unternetz und der Bedingung, daß beide Netze annähernd die gleiche Anzahl von Zuständen besitzen.

Hauptschwierigkeit bei dieser Vorgehensweise ist die Bestimmung der Anzahl der Zustände des Fork-Join-Unternetzes. Bezeichnet N die Anzahl der parallelen Verzweigungen, wobei die i-te Verzweigung n_i Knoten und genau k Tasks enthält, dann ist die Anzahl der Möglichkeiten, k Tasks auf $n_i + 1$ Knoten (eingeschlossen die Join-Warteschlange Q_i) zu verteilen, gleich

$$z_i(k) = \binom{n_i + k}{n_i}. \tag{8.13}$$

Damit gilt für die Anzahl der Möglichkeiten, $N \cdot k$ Tasks auf alle Knoten zu verteilen:

$$\prod_{i=1}^{N} z_i(k).$$

Diese Anzahl möglicher Zustände kann jedoch noch eingeschränkt werden: Wenn sich nämlich in jeder Join-Warteschlange Q_i genau ein Auftrag befindet, werden die Aufträge sofort wieder zur ersten Station weitergeleitet, d.h. in Wirklichkeit sind genau $\prod_{i=1}^{N} z_i(k-1)$ der angegebenen Task-Konstellationen gar nicht möglich. Die Anzahl der Zustände im Fork-Join-Unternetz brechnet sich daher letztlich zu

$$Z_{FJ}(k) = \prod_{i=1}^{N} z_i(k) - \prod_{i=1}^{N} z_i(k-1). \tag{8.14}$$

Die nachfolgenden Schritte beschreiben die gesamte Vorgehensweise zur Analyse eines Systems mit möglicherweise mehreren ineinander geschachtelten Fork-Join-Untersystemen. Die Ersetzung dieser Untersysteme durch zusammengesetzte Knoten erfolgt iterativ.

Schritt 1:   Wähle ein Untersystem aus, das keine weiteren Fork-Join-Konstrukte enthält. Konstruiere durch Kurzschluß ein geschlossenes Netz mit $N \cdot k$ Tasks.

Schritt 2:   Berechne mit Gl. (8.14) für $k = 1, 2, \ldots$ die Anzahl der Zustände dieses geschlossenen Unternetzes.

Schritt 3:   Berechne den Durchsatz des Unternetzes.

Schritt 3.1:   Konstruiere ein Produktformnetz mit exakt denselben $N = \sum_{i=1}^{N} n_i$ Knoten wie das zu analysierende Unternetz. Die Anzahl K der Aufträge in diesem Produktformnetz wird so gewählt, daß die Zahl der Zustände im Produktformnetz gleich der Zahl der Zustände im Fork-Join-Unternetz ist, d.h.für $k = 1, 2, \ldots$ wird K unter Verwendung der Gleichungen 8.13 und 8.14 jeweils so festgelegt, daß

$$|Z_{FJ}(k) - Z_{PF}(K)| = \min_{l} |Z_{FJ}(k) - Z_{PF}(l)| \tag{8.15}$$

mit $Z_{PF}(K) = z_{n-1}(K)$ gilt.

Schritt 3.2:   Analysiere für alle Auftragsanzahlen K das Produktformnetz mit einem der in Kap. 5.3 angegebenen effizienten Algorithmen und bestimme insbesondere den Durchsatz in Abhängigkeit von K. Dieser Durchsatz $\lambda_{PF}(K)$ des Produktformnetzes ist näherungsweise gleich dem Durchsatz $\lambda_{FJ}(k)$ des Fork-Join-Unternetzes für das dem K entsprechende k.

Schritt 4:   Ersetze das Unternetz im gegebenen System durch einen zusammengesetzten Knoten, dessen lastabhängige Bedienraten gleich den eben ermittelten Durchsatzraten sind:

$$\mu(k) = \lambda_{FJ}(k) \qquad \text{für } k = 1, 2 \ldots.$$

Schritt 5:   Enthält das zu untersuchende System nur noch eine einzige zusammengesetzte Bedienstation, dann erhält ergibt die Analyse dieser Station die Leistungsgrößen für das Gesamtsystem. Ansonsten gehe zurück zu Schritt 1.

In Schritt 5 können zusätzlich zu den bekannten Leistungsgrößen noch spezielle Kenngrößen verteilter Systeme ermittelt werden:

speedup: Verhältnis der mittleren Antwortzeit in einem System mit N sequentiellen Prozessoren zur mittleren Antwortzeit in einem Fork-Join-System mit N parallelen Verzweigungen.

$$G_N = \frac{\bar{t}_{seq}}{\bar{t}_{FJ}}. \tag{8.16}$$

Synchronisationsaufwand: Verhältnis der mittleren Zeit, die insgesamt in den Join-Warteschlangen gewartet werden muß, bis alle Tasks fertig bearbeitet sind, zur mittleren Antwortzeit des Fork-Join-Systems.

$$A_N = \frac{\sum_{i=1}^{N} \bar{t}_{Ji}}{\bar{t}_{FJ}}. \tag{8.17}$$

Der geschilderte Algorithmus soll nun noch an einem Beispiel veranschaulicht werden.

Beispiel 8.4

Wir betrachten ein paralleles Programm mit dem in Abb. 8.11 gegebenen Präsedensgraphen. Das Modell für die Ausführung dieses Programms ist in Abb. 8.12 gezeigt. Die Kommunikation zwischen den Prozessoren im Modell soll ohne Zeitverlust erfolgen. Die Ankunftsrate für Aufträge beträgt $\lambda = 0.04$. Sämtliche Bedienzeiten der Tasks sind exponentiell verteilt mit den Mittelwerten

$$\frac{1}{\mu_1} = 10, \qquad \frac{1}{\mu_2} = 5, \qquad \frac{1}{\mu_3} = 2, \qquad \frac{1}{\mu_4} = 10.$$

Die Analyse dieses Modells erfolgt in den angegebenen Schritten.

Schritt 1:   Zunächst wird das innere Fork-Join-Untersystem bestehend aus den Prozessoren P_1 und P_2 ausgewählt und kurzgeschlossen. Dieses geschlossene Modell enthält $2 \cdot k$ Tasks, $k = 1, 2, \ldots$.

Schritt 2:   Die Anzahl der Zustände Z_{FJ} dieses Untersystems wird mit Gl. (8.14) berechnet. Für $k = 1, \ldots, 10$ sind die Ergebnisse in Tab. 8.4 gezeigt.

k	1	2	3	4	5	6	7	8	9	10
Z_{FJ}	3	5	7	9	11	13	15	17	19	21
K	3	5	7	9	11	13	15	17	19	21
Z_{PF}	3	5	7	9	11	13	15	17	19	21

Tabelle 8.4

Schritt 3:   Berechnung des Durchsatzes des Unternetzes.

Schritt 3.1:   Es wird ein Produktformnetz mit $N = 2$ Knoten konstruiert und die Anzahl K der Aufträge in diesem Netz aus Gl. (8.15) bestimmt. Für $k = 1, 2 \ldots, 10$ sind die Werte für K sowie für die Zustandsanzahlen $Z_{PF}(K)$ ebenfalls in Tab. 8.4 angegeben.

Schritt 3.2:   Mit z.B. der Mittelwertanalyse kann das in Schritt 3.1 konstruierte Produktformnetz für alle Auftragsanzahlen K analysiert werden. Die Durchsätze ergeben sich zu

$$\lambda_{PF}(3) = \underline{0.093},$$
$$\lambda_{PF}(5) = \underline{0.098},$$
$$\lambda_{PF}(7) = \underline{0.100},$$
$$\lambda_{PF}(9) = \underline{0.100},$$
$$\vdots$$

Diese Werte entsprechen den Durchsätzen $\lambda_{FJ}(k)$ des Fork-Join-Unternetzes:

$$\lambda_{FJ}(1) = \lambda_{PF}(3) = \underline{0.093},$$
$$\lambda_{FJ}(2) = \lambda_{PF}(5) = \underline{0.098},$$
$$\lambda_{FJ}(3) = \lambda_{PF}(7) = \underline{0.100},$$
$$\vdots$$

Schritt 4:   Das soeben analysierte Fork-Join-Unternetz, bestehend aus den Prozessoren P_1 und P_2, wird durch einen zusammengesetzten Knoten (Abb. 8.18) mit den lastabhängigen Bedienraten $\mu(k) = \lambda_{FJ}(k)$ für $k = 1, 2, \ldots$ ersetzt.

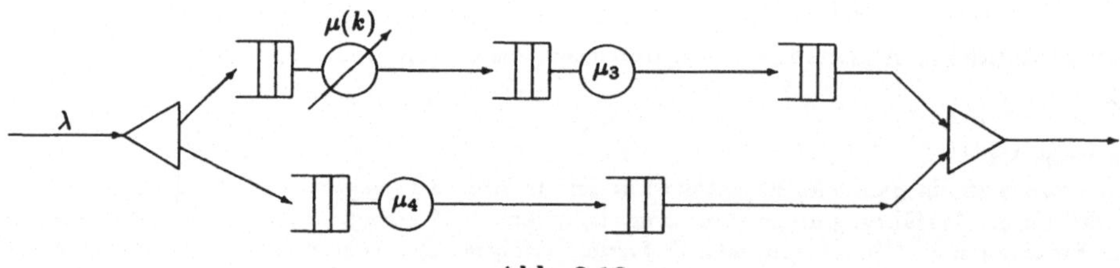

Abb. 8.18

Da dieses Netz mehr als einen Knoten enthält, wird zurück zu Schritt 1 gesprungen.

Schritt 1:   Kurzschließen des in Abb. 8.18 gegebenen Netzwerkes zu einem geschlossenen Netz mit $2 \cdot k$ Tasks, $k = 1, 2, \ldots$

Schritt 2:   Die mögliche Anzahl von Zuständen Z_{FJ} in diesem Netz ergibt sich aus Gl. (8.14) und ist für $k = 1, \ldots, 10$ in Tab. 8.5 angegeben.

k	1	2	3	4	5	6	7	8	9	10
Z_{FJ}	5	12	22	35	51	70	92	117	145	176
K	2	3	5	7	9	10	12	14	16	17
z_{PF}	6	10	21	36	55	66	91	120	153	171

Tabelle 8.5

Schritt 3:   Berechnung des Durchsatzes.

Schritt 3.1:   Konstruktion eines Produktformnetzes mit $N = 3$ Knoten und Bestimmung der Auftragsanzahlen K dieses Netzes mit Gl. (8.15). Für $k = 1, \ldots, 10$ sind die Werte für K und $Z_{PF}(K)$ in Tab. 8.5 angegeben.

Schritt 3.2: Analyse dieses Netzes für alle Auftragsanzahlen K. Für die hierbei ermittelten Durchsätze gilt: $\lambda_{PF}(K) = \lambda_{FJ}(k)$.

Mit der Mittelwertanalyse erhält man:

$$\lambda_{PF}(2) = \lambda_{FJ}(1) = \underline{0.062},$$

$$\lambda_{PF}(3) = \lambda_{FJ}(2) = \underline{0.072},$$

$$\lambda_{PF}(5) = \lambda_{FJ}(3) = \underline{0.082},$$

$$\lambda_{PF}(7) = \lambda_{FJ}(4) = \underline{0.087},$$

$$\lambda_{PF}(9) = \lambda_{FJ}(5) = \underline{0.089},$$

$$\vdots$$

Schritt 4: Das Fork-Join-Unternetz wird durch einen zusammengesetzten Knoten (Abb. 8.19) mit lastabhängigen Bedienraten $\mu'(k) = \lambda_{FJ}(k), k = 1, 2, \ldots$ ersetzt.

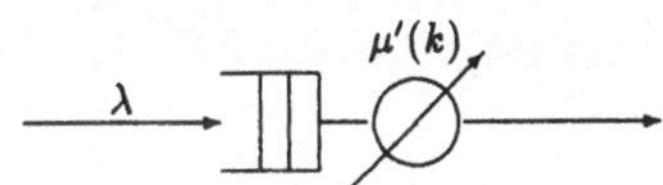

Abb. 8.19: Zusammengesetzte Bedienstation

Schritt 5: Da das zu untersuchende Fork-Join-System nun so weit reduziert ist, daß es nur noch einen einzigen Knoten enthält, endet die Iteration und die Leistungsgrößen des Systems können durch Analyse dieses zusammengesetzten Knotens ermittelt werden. Hierzu bestimmt man zunächst die Gleichgewichtszustandswahrscheinlichkeiten des Knotens über den dazugehörigen Geburts-/Sterbeprozeß mit Hilfe der Gleichungen (3.25, 3.26):

$$p(0) = \underline{0.428},$$

$$p(1) = \underline{0.287},$$

$$p(2) = \underline{0.155},$$

$$p(3) = \underline{0.076},$$

$$\vdots$$

Hieraus erhält man die mittlere Anzahl der Aufträge im Fork-Join-Modell (Gl. 2.109):

$$\overline{k}_{FJ} = \underline{1.116},$$

und die mittlere Antwortzeit (Gl. 2.113):

$$\overline{t}_{FJ} = \underline{27.89}.$$

Der normalisierte speedup ergibt sich zu (Gl. 8.16):

$$G = \frac{G_N}{N} = \underline{0.374}$$

und der normalisierte Synchronisationsaufwand zu (Gl. 8.17):

$$A = \frac{A_N}{N} = \underline{0.292}.$$

Ein Vergleich mit dem durch Simulation ermittelten Resultat für die mittlere Antwortzeit von $\overline{t} = 26.27$ zeigt die gute Genauigkeit der vorgestellten Methode für das gewählte Beispiel. Bei Fork-Join-Systemen mit höheren Ankunftsraten werden die Abweichungen jedoch größer.

Auf diese Weise kann allgemein gezeigt werden, daß die Leistung von Fork-Join-Operationen durch die Join-Synchronisationsoperation erheblich eingeschränkt wird. Denn die Zeit, die in der Join-Warteschlange gewartet werden muß, bis alle Teilaufträge fertig bearbeitet sind, macht einen erheblichen Teil der Gesamtantwortzeit aus. Der speedup, also die Leistungssteigerung, die man durch parallele Ausführung eines Auftrages erhält, wird somit durch die notwendigen Synchronisationserfordernisse wieder stark vermindert.

Es gibt auch noch andere Vorschläge zur Untersuchung paralleler Programmausführungen in Rechensystemen. So wird von [HETR 82] der Fall untersucht, daß der erzeugende Prozeß parallel zu den erzeugten Tasks weiterverarbeitet wird, d.h. es gibt zwar eine Fork-, aber keine Join-Operation. In [HETR 83] wird diese Vorgehensweise dann durch Angabe zweier unterschiedlicher Algorithmen auf die vollständige Fork-Join-Situation ausgedehnt. Weitere Lösungsansätze zur parallelen Programmausführung finden sich bei [FLEI 89], [MURO 87], [NETA 88], [THBA 86].

Aufgabe 8.4
Wir betrachten ein Programm mit dem nachstehenden Präsedensgraphen. Die Ankunftsrate beträgt $\lambda = 1$ und die Bedienraten der Tasks $\mu_1 = 2$, $\mu_2 = 4$, $\mu_3 = 4$, $\mu_4 = 5$. Alle Bedienzeiten sind exponentiell verteilt.

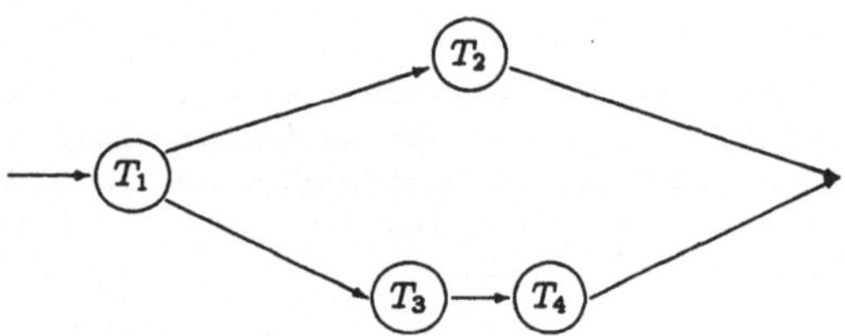

Berechnen Sie die mittlere Antwortzeit und den speedup!

8.5   Blockiernetze

Bei unseren bisherigen Überlegungen sind wir stets davon ausgegangen, daß alle Knoten eines Warteschlangennetzes über Warteschlangen mit unendlicher Aufnahmekapazität verfügen, d.h. jeder Auftrag, der einen Knoten verläßt, muß im nachfolgenden Knoten Platz in der Warteschlange finden. Sind aber bei einem oder mehreren Knoten eines Warteschlangennetzes die Aufnahmekapazitäten begrenzt, was in der Praxis häufig vorkommt, dann können Blockierungen auftreten, d.h. die Warteschlange kann keinen Auftrag mehr aufnehmen. Warteschlangennetze, die solche Knoten endlicher Kapazität enthalten, werden *Blockiernetze* genannt. Blockiernetze haben zur Modellierung und Leistungsbewertung nicht nur bei Rechensystemen und Rechnernetzen große Bedeutung erlangt, sondern auch in der Fertigungstechnik. Entsprechend groß ist auch die Anzahl der Veröffentlichungen hierzu. Exakte Ergebnisse kann man für allgemeine Blockiernetze nur mit der sehr aufwendigen numerischen Analyse erhalten, oder wenn man einschränkende Annahmen voraussetzt, wie z.B., wenn nur zwei Knoten im Netz sind. Die meisten in der Literatur vorgestellten Verfahren zur Analyse von Blockiernetzen sind daher approximativ.

8.5.1 Blockierungsarten

Wir unterscheiden drei Arten der Blockierung [ONPE 86]:

<u>Transferblockierung</u> (Abb. 8.20): Bei diesem Blockiertyp wird eine Station i blokkiert, wenn ein in dieser Station fertig bedienter Auftrag zu einer Station j gehen will, die voll belegt ist. Der Auftrag muß dann solange in der Bedieneinheit der Station i bleiben und diese blockieren, bis ein Auftrag Station j verläßt. Mit diesem Blockiertyp werden z.B. Fertigungssysteme und externe Ein/Ausgabe-Geräte modelliert [AKYI 87], [AKYI 88A], [AKYI 88B], [AKYI 89], [ALTI 82], [ALPE 86], [ONPE 89], [PEAL 86], [PERR 81], [PESN 89], [SUDI 86].

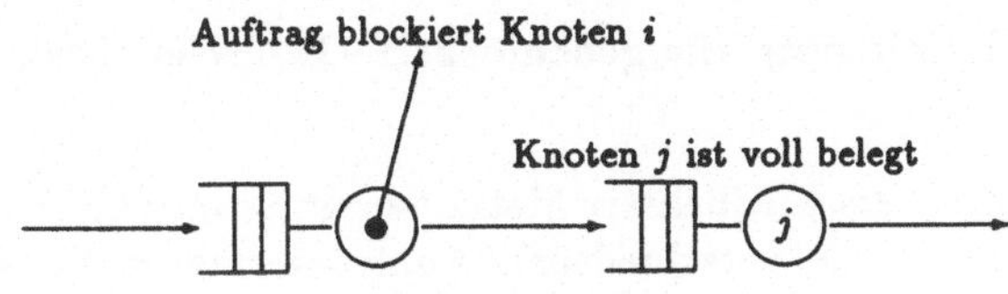

Abb. 8.20: Transferblockierung

<u>Serviceblockierung</u> (Abb. 8.21): Der Auftrag, der als nächster in Station i bedient wird, legt seine Zielstation j fest, bevor er die Bedieneinheit von Station i betritt. Falls die Bedienstation j voll belegt ist, kann der Auftrag nicht die Bedieneinheit der Station i betreten und Station i wird dadurch blockiert. Erst wenn ein anderer Auftrag Station j verlassen hat, wird die Station i deblockiert und der Auftrag, der an der vordersten Stelle der Warteschlange gewartet hat, gelangt in die Bedieneinheit [BOKO 81,GONE 67B,KORE 76,KORE 78].

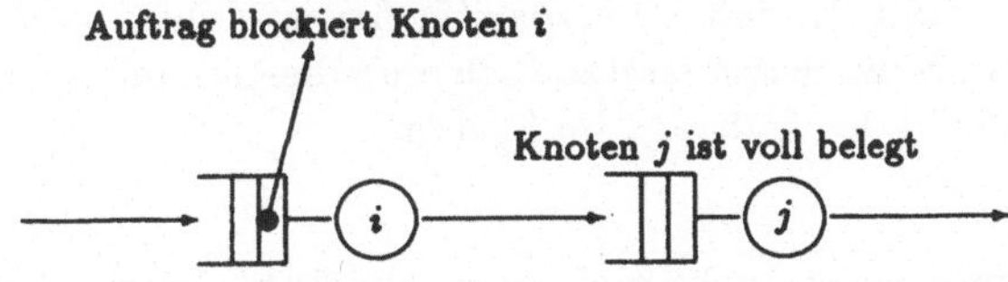

Abb. 8.21: Serviceblockierung

<u>Rückweisungsblockierung</u> (Abb. 8.22): Ein Auftrag, der in Station i bedient worden ist, will zur Station j gehen, deren Warteschlangenkapazität voll belegt ist. Der Auftrag wird jetzt von Station j zurückgewiesen und dann erneut in Station i bedient. Dieser Vorgang wiederholt sich solange, bis ein Auftrag Station j verläßt und somit ein Platz in der Warteschlange von Station j frei wird. Dieser Blockiertyp wird verwendet um Kommunikationsnetze oder flexible Fertigungssysteme zu modellieren [AKBR 89,BAIA 83,HODI 81,PITT 79].

Die unterschiedlichen Arten der Blockierung werden in [ONPE 86] miteinander verglichen. In [YABU 86] wird zudem ein Warteschlangenmodell vorgestellt, das zwar endliche Warteschlangenkapazitäten besitzt, bei dem es aber trotzdem zu keinen Blockierungen kommt. Hierbei wird ein Auftrag, der Station i blockieren würde, weil Station j belegt ist, in einem zentralen Speicher zwischengespeichert bis in

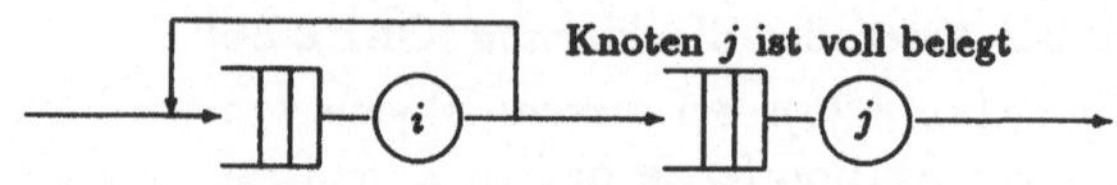

Abb. 8.22: Rückweisungsblockierung

Station j ein Platz freigeworden ist. Solche Modelle sind für die Fertigungstechnik interessant.

8.5.2 Produktformlösung für geschlossene Blockiernetze mit zwei Knoten

Wegen der Vielzahl unterschiedlichster Methoden ist es hier nicht möglich eine umfassende Einführung in die verschiedenen Analyseverfahren für Blockiernetze zu geben. Stattdessen wollen wir ausführlich auf ein einfaches exaktes Lösungsverfahren eingehen, das anwendbar ist auf geschlossene Blockiernetze mit zwei Knoten und Transferblockierung [AKYI 87]. Dieses Verfahren läßt sich aber auch auf Warteschlangennetze mit mehreren Knoten erweitern, ist dann allerdings approximativ und sehr aufwendig und nur zur Durchsatzanalyse geeignet [AKYI 88A]. Es werden nur Warteschlangenetze mit einer Auftragsklasse, exponentiell verteilten Bedienzeiten und der Bedienstrategie FCFS betrachtet. Übergänge in denselben Zustand sind nicht möglich ($p_{ii} = 0$). Jeder Knoten hat eine feste Kapazität M_i, die sich aus der Kapazität der Warteschlange plus der Anzahl m_i der Bedieneinheiten errechnet. Knoten mit unendlicher Kapazität können durch $M_i > K$ ebenfalls berücksichtigt werden, d.h. man nimmt an, daß die Kapazität dieser Knoten größer ist als die Anzahl der Aufträge im Netz. Selbstverständlich muß die Gesamtkapazität des Systems größer sein als die Zahl der Aufträge im System:

$$K < M_1 + M_2. \tag{8.18}$$

Bei Gleichheit kommt es zu Verklemmungen. Die Zahl der möglichen Zustände in einem geschlossenen Netz mit zwei Knoten und unbeschränkter Kapazität beträgt

$$Z = K + 1. \tag{8.19}$$

Das Zustandsdiagramm solch eines Zwei-Knoten-Netzes ohne Blockierungen zeigt Abb. 8.23.

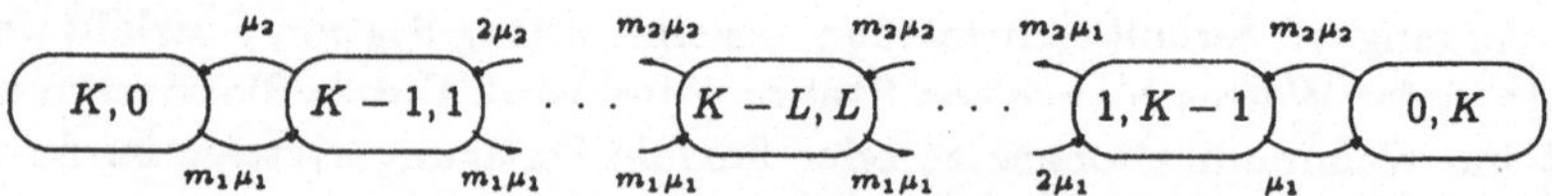

Abb. 8.23: Zustandsdiagramm eines Zwei-Knoten-Netzes ohne Blockierungen

Man sieht, daß jeder Knoten mindestens die Kapazität $M_i = K$ besitzen muß, die Warteschlange also mindestens $K - m_i$ Warteplätze enthalten muß, damit alle Zustände möglich sind. Wenn die Knoten endliche Kapazität besitzen, dann ist

$M_i < K$, und es sind nicht mehr alle $K + 1$ Zustände aus Abb. 8.23 möglich. Die
möglichen Zustände eines Blockiernetzes erhält man mit der Bedingung, daß die Zahl
der Aufträge in einem Knoten nicht größer sein kann als die Kapazität dieses Knotens, d.h. $k_i \leq M_i$. Immer wenn ein Übergang stattfindet zu einem Zustand bei dem
die Kapazitätsgrenze eines Knotens überschritten wird, verursacht der Übergang
eine Blockierung und den dazugehörigen Zustand nennt man Blockierzustand. Der
Auftrag geht hierbei nicht zum anderen Knoten über, sondern bleibt im ursprünglichen Knoten. Auf diese Weise erhält man den vollständigen Zustandsraum des
Blockiernetzes (Abb. 8.24).

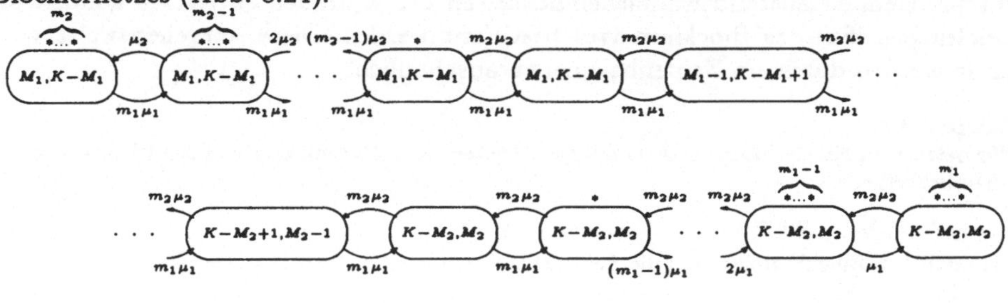

Abb. 8.24: Zustandsdiagramm eines Zwei-Knoten-Netzes mit Blockierungen (mit * sind die Blok-
kierzustände bezeichnet)

Das in Abb. 8.24 dargestellte Zustandsdiagramm des Blockiernetzes unterscheidet
sich von dem in Abb. 8.23 dargestellten Zustandsdiagramm des entsprechenden
Netzes ohne Blockierungen in zwei Punkten. Erstens sind alle Zustände, bei denen
die Kapazitäten überschritten wurden, weggefallen. Zweitens sind die in Abb. 8.24
mit einem * gekennzeichneten Blockierzustände hinzugefügt worden. Dabei gibt die
Anzahl der * die Anzahl der blockierten Bedieneinheiten an. Damit ergibt sich für
die Anzahl $\hat{Z}$ der Zustände des Blockiernetzes, die Summe der möglichen Zustände
plus der Blockierzustände:

$$\hat{Z} = \min\{K, M_1 + m_2\} + \min\{K, M_2 + m_1\} - K + 1 \tag{8.20}$$

Man kann zeigen [AKYI 87], daß zu dem geschlossenen Netz mit zwei Knoten
und Transferblockierung ein äquivalentes geschlossenes Netz mit zwei Knoten ohne
Blockierung existiert. Die Systemparameter bleiben dabei bis auf die Zahl $\hat{K}$ der
Aufträge im äquivalenten Netz unverändert. $\hat{K}$ ergibt sich mit Gl. (8.19) und (8.20)
zu:

$$\hat{K} = \min\{K, M_1 + m_2\} + \min\{K, M_2 + m_1\} - K. \tag{8.21}$$

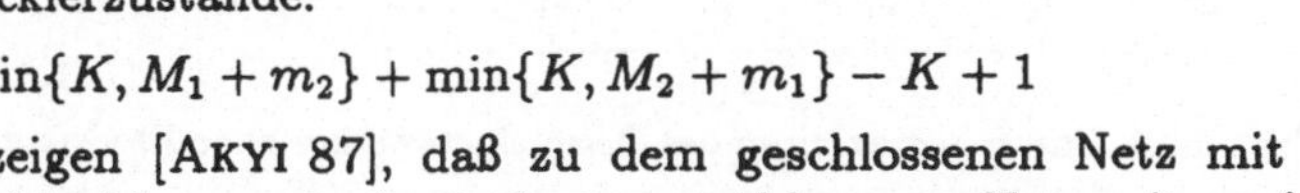

Abb. 8.25: Zustandsdiagramm des äquivalenten Netzes

Das Zustandsdiagramm des äquivalenten Netzes zeigt Abb. 8.25. Das äquivalente
Netz ist ein Produktformnetz mit $\hat{k}_i$ Aufträgen im Knoten i, $0 \leq \hat{k}_i \leq \hat{K}$.

Die Zustandswahrscheinlichkeit des äquivalenten Netzes können wir damit unmittelbar aus Gl. (5.6) berechnen:

$$p(\hat{k}_1, \hat{k}_2) = \frac{1}{G(\widehat{K})} \cdot \prod_{i=1}^{2} \left(\frac{1}{\mu_i}\right)^{\hat{k}_i} \cdot \frac{1}{\beta_i(\hat{k}_i)} \tag{8.22}$$

mit $\beta_i(\hat{k}_i)$ nach Gl. (5.9).

Durch Gleichsetzen der Zustandswahrscheinlichkeiten des Blockiernetzes mit den entsprechenden Zustandswahrscheinlichkeiten des äquivalenten Netzes können die Leistungsgrößen des Blockiernetzes bestimmt werden. Diese Vorgehensweise wird im folgenden durch ein Zahlenbeispiel veranschaulicht.

Beispiel 8.5

Wir betrachten ein geschlossenes Netz mit zwei Knoten, $K = 10$ Aufträgen und den Übergangswahrscheinlichkeiten

$$p_{12} = 1, \qquad p_{21} = 1.$$

Die restlichen Eingabegrößen und die Besuchshäufigkeiten sind in der folgenden Tabelle zusammengestellt:

i	e_i	$1/\mu_i$	m_i	M_i
1	1	2	1	7
2	1	0.9	2	5

Alle Bedienzeiten sind exponentiell verteilt und die Warteschlangendisziplin bei beiden Knoten ist FCFS.

Mit Gl. (8.19) ergibt sich für die Zahl der Zustände des Netzes ohne Blockierung: $Z = K + 1 = 11$, wobei das zugehörige Zustandsdiagramm Abb. 8.26 zeigt.

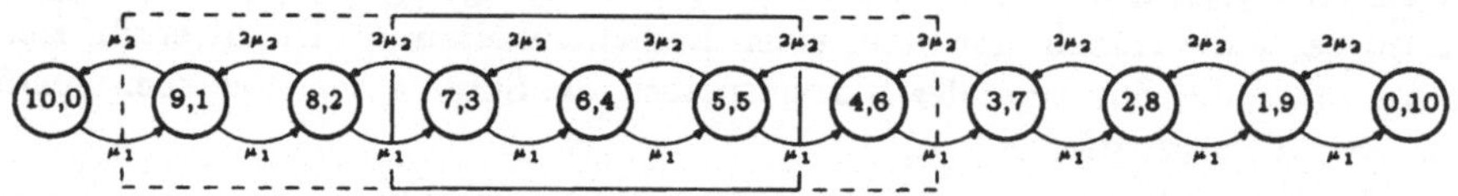

Abb. 8.26: Zustandsdiagramm des Beispielnetzwerkes ohne Blockierung

Das Zustandsdiagramm des Blockiernetzes (Abb. 8.27) enthält die möglichen Zustände aus dem ursprünglichen Netz und die Blockierzustände (mit * gekennzeichnet). Die Zahl der Zustände $\widehat{Z}$ dieses Blockiernetzes ergibt sich nach Gl. (8.20) als die Summe aus den möglichen Zuständen ($= 3$) und den Blockierzuständen ($= 3$): $\widehat{Z} = 6$.

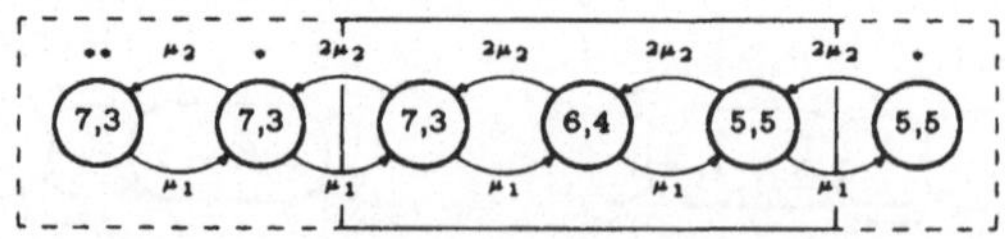

Abb. 8.27: Zustandsdiagramm des Blockiernetzes

Das Zustansdiagramm des dem Blockiernetz äquivalenten Netzes (Abb. 8.28) enthält daher ebenfalls $\widehat{Z} = 6$ mögliche Zustände und für die Anzahl der Aufträge in diesem Netz gilt mit Gl. (8.22): $\widehat{K} = 5$.

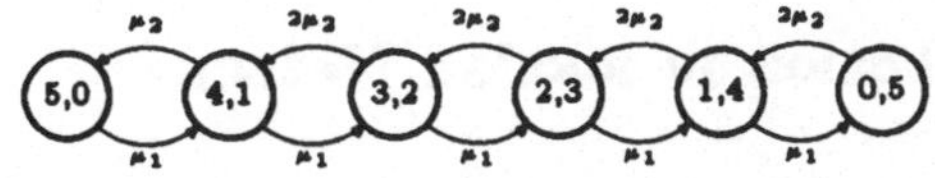

Abb. 8.28: Zustandsdiagramm des äquivalenten Netzes

Der Durchsatz $\lambda_{NB}(5)$ für das äquivalente Netz kann direkt mit der Mittelwertanalyse ermittelt werden und ist wegen der Äquivalenz der beiden Netze identisch mit dem Durchsatz $\lambda_B(10)$ des Blockiernetzes:

$$\lambda_B(10) = \lambda_{NB}(5) = \underline{0.499}.$$

Die Zustandswahrscheinlichkeiten des Blockiernetzes erhält man durch Gleichsetzen mit den entsprechenden Zustandswahrscheinlichkeiten des äquivalenten Netzes, die mit Gl. (8.22) ermittelt wurden:

$$p(7,3)^{**} = p(5,0) = \underline{0.633}, \qquad p(6,4) \;\; = p(2,3) = \underline{0.014},$$
$$p(7,3)^{*} \;\; = p(4,1) = \underline{0.284}, \qquad p(5,5) \;\; = p(1,4) = \underline{0.003},$$
$$p(7,3) \;\;\;\; = p(3,2) = \underline{0.064}, \qquad p(5,5)^{*} = p(0,5) = \underline{0.001}.$$

Die mittlere Anzahl von Aufträgen in den einzelnen Knoten läßt sich aus den Zustandswahrscheinlichkeiten berechnen:

$$\bar{k}_1 = 7\,[p(7,3)^{**} + p(7,3)^{*} + p(7,3)] + 6p(6,4) + 5\,[p(5,5) + p(5,5)^{*}] = \underline{6.978},$$
$$\bar{k}_2 = 3\,[p(7,3)^{**} + p(7,3)^{*} + p(7,3)] + 4p(6,4) + 5\,[p(5,5) + p(5,5)^{*}] = \underline{3.022}.$$

Alle anderen Leistungsgrößen lassen sich hieraus mit den bekannten Formeln (Kap. 2.3.3) ableiten. Interessant für Blockiernetze ist speziell noch die sog. Blockierwahrscheinlichkeit:

$$P_{B_1} = p(5,5) = \underline{0.001},$$
$$P_{B_2} = p(7,3)^{**} + \frac{1}{2}p(7,3)^{*} = \underline{0.775}.$$

Auf P_{B_2} wurde die Zustandswahrscheinlichkeit $p(7,3)^{*}$ nur halb angerechnet, da im Zustand $(7,3)^{*}$ nur eine der beiden Bedieneinheiten des Knotens 2 blockiert ist.

Für Blockiernetze mit mehr als zwei Knoten kann man *im Normalfall* keinen äquivalenten Zustandsraum eines Nichtblockiernetzes angeben. Für diese Fälle gibt es approximative Ergebnisse, die teilweise sehr ungenau sind bzw. weiteren Einschränkungen wie Tandem-Netzen [SUDI 84, SUDI 86] oder offenen Netzen[PESN 89] unterliegen.

Aufgabe 8.5

Gegeben sei ein geschlossenes Blockiernetz mit $N = 2$ Knoten und $K = 9$ Aufträgen. Die Bedienzeiten sind exponentiell verteilt und die Warteschlangendisziplin ist FCFS. Die übrigen Eingabegrößen sind in der folgenden Tabelle zusammengefaßt:

i	e_i	$1/\mu_i$	m_i	M_i
1	1	1	1	6
2	1	1	1	4

a) Zeichnen Sie das Zustandsdiagramm des gegebenen Netzes ohne Blockierung, sowie das Zustandsdiagramm des Blockiernetzes und das des zum Blockiernetz äquivalenten Netzes!

b) Berechnen Sie den Durchsatz λ_B, die mittlere Anzahl von Aufträgen $\bar{k}_i$ und die Blockierwahrscheinlichkeiten $P_{B_i}(i = 1, 2)$ des Blockiernetzes!

8.6   Kommunikation in lokalen Netzen

Die Entwicklung und Auslegung von lokalen Netzen (LAN) war von Anfang an mit
Leistungsuntersuchungen der verschiedenen Systeme verbunden, wobei den Warteschlangenmodellen eine zentrale Rolle zukam. Lokale Netze verbinden Rechnersysteme und Peripherie innerhalb einer begrenzten Fläche, beispielsweise einem
Gebäude oder einem Fabrikgelände. Sie unterscheiden sich zum einen durch die
Anordnung der Kommunikationspartner — hier haben sich im wesentlichen Bus-
und Ringstrukturen durchgesetzt — und zum anderen in der Art und Weise, wie
der Zugriff auf das Übertragungsmedium geregelt wird. Die zentrale Fragestellung
ist hierbei: Mit welchem Zugriffsverfahren erhalte ich bei vorgegebener Anordnung
und Last die kürzesten Transferzeiten über das Kommunikationsmedium? Alle be-
deutenden Systeme basieren mehr oder minder auf folgenden drei Ansätzen:

- Slotted Ring:

  Bei diesem Verfahren zirkulieren eine feste Zahl von sog. Paketen auf einem
  Ring. Die angeschlossenen Stationen können Daten in ein leeres Paket füllen
  und an einen Partner senden; vorbeikommende Pakete werden überprüft, ob
  der Inhalt für sie selbst bestimmt ist und gegebenenfalls geleert.

- Token Ring:

  Die Stationen sind wiederum an einem Ring angeschlossen. Auf diesem kreist
  ein spezielles Bitmuster, der sog. *Token*. Die Stationen haben die Möglichkeit,
  nachdem sie erkannt haben, daß die Information des Tokens 'Frei' bedeutet,
  sofort mit dem Senden einer Nachricht zu beginnen, indem sie diese an das
  Token anhängen. Der Adressat erkennt diese Nachricht und nimmt das Token
  vom Ring. Wenn die Nachricht komplett empfangen wurde, sendet er das
  Token erneut aus.

- CSMA/CD:

  Das am meisten verbreitete System baut auf einer Busarchitektur auf und
  verwendet ein Zugriffsverfahren, bei dem jede sendebereite Station überprüft,
  ob sich gerade eine Nachricht auf dem Bus befindet. Ist dies der Fall, so wartet
  sie, bis dieser Transfer abgeschlossen ist und beginnt danach mit dem eigenen
  Sendevorgang; ansonsten wird sofort begonnen. Dieses Verfahren kann nicht
  ausschliessen, daß mehrere Stationen gleichzeitig zu Senden beginnen und hierbei sog. Kollisionen auftreten. Diese werden erkannt und ein spezieller Wie-
  derholalgorithmus verhindert, daß die Kontrahenten beim erneuten Versuch
  wiederum gleichzeitig mit dem Senden beginnen.

Sehr gute Einführungen in die Thematik, die auch Aspekte der Leistungsanalyse
berücksichtigen, finden sich in [HAOR 86], [KAUF 84A], [KEIS 89], [SPAN 82] und
[STAL 84].

8.6.1 Analyse von Slotted Ring Systemen

Mit Hilfe eines einfachen Warteschlangenmodells mit mehreren Auftragsklassen wird in [BUX 81] unter Verwendung des BCMP-Theorems eine einfache Formel für die mittlere Pakettransferzeit über den Ring hergeleitet:

$$D = \frac{2}{(1-\rho)} \cdot \frac{L_H + L_D}{L_D} \cdot \frac{E[L_P]}{v} + \frac{\tau}{2}$$

$$= \frac{2}{(1-\rho)} \cdot E[T_P] + \frac{\tau}{2}$$

mit

L_H Länge des Headerfelds eines Pakets,

L_D Länge des Datenfeldes,

L_P Gesamtlänge eines Pakets ($L_P = L_H + L_D$, wenn Datenfeld gefüllt),

T_P Paketbedienzeit,

τ Ringumlaufzeit,

v Übertragungsgeschwindigkeit.

ρ ist die Auslastung, d.h. der Zeitanteil den ein Paket mit Daten belegt ist. Diese berechnet sich aus den Raten μ_i, mit denen die Pakete in den einzelnen Stationen generiert werden, wobei exponentiell verteilte Zwischenankunftszeiten der zu sendenden Nachrichten angenommen werden und die Paketbedienzeit T_P beliebig verteilt sein kann:

$$\rho_i = \mu_i \cdot E[T_P]; \qquad \rho = \sum_{i=1}^{S} \rho_i$$

S ist die Zahl der an den Ring angeschlossenen Stationen. Der Slotted Ring ist der früheste Ansatz der drei hier berücksichtigten Systeme. Als Nachteil ist der relativ hohe Anteil von Verwaltungs- zu Nutzinformation zu nennen. Wegen seiner einfachen Struktur wurde er jedoch relativ häufig realisiert. Der bekannteste Vertreter ist der 'Cambridge Ring' [HEYW 81]. Im Gegensatz zu den beiden folgenden Systemen wurde er wegen seiner schlechten Leistungswerte jedoch nicht im IEEE Standard für Lokale Netze (802) berücksichtigt.

8.6.2 Analyse des Token Rings

Für dieses Verfahren sind einfache analytische Ergebnisse nur für den Fall, daß die Stationen identische Bedienraten μ_i haben, bekannt. Für derartige Systeme läßt sich nach [KOME 74] mit Hilfe zyklischer Warteschlangenmodelle eine explizite Lösung angegeben. Hiernach berechnet sich die mittlere Transferzeit zu:

$$D = \frac{\rho E[T_P^2]}{2(1-\rho)E[T_P]} + \frac{\tau(1-\rho/S)}{2(1-\rho)} + E[T_P] + \frac{\tau}{2}$$

mit der Auslastung und der Paketbedienzeit

$$\rho = \mu \cdot E[T_P]; \qquad T_P = \frac{L_H + L_P}{v}.$$

Die einzelnen Summanden lassen sich anschaulich folgendermaßen interpretieren:
Der erste Term steht für die Wartezeit der betreffenden Nachricht in der Stationswarteschlange; der zweite repräsentiert die Zeit, die der betrachtete Auftrag an
der Spitze der Warteschlange verbringt und vorhergehende Stationen für ihre Sendewünsche benötigen bzw. bis das Token bei ihr eintrifft. Der dritte Term ist die
Paketierungszeit und der vierte schließlich steht für die durchschnittliche Zeit, die
vergeht, bis die Nachricht beim Adressaten ankommt. Diese Wartezeit auf das Token im zweiten Term ist in jedem Fall, auch wenn sonst keine weitere Sendewünsche
anstehen, zu berücksichtigen. Hierdurch wird ein schlechterer Durchsatz bei niedriger Last gegenüber dem Verfahren im nächsten Abschnitt bedingt. Die gleichen
Überlegungen gelten sinngemäß für ein weiteres bekanntes Verfahren, dem sog. Token Bus. Hierbei bilden die an einen Bus angeschlossenen Stationen einen logischen
Ring. Zwischen den Stationen wird ein besonderes Token-Telegramm ausgetauscht,
welches wiederum das Senderecht zyklisch vergibt.

Aufbauend auf diesem grundlegenden Ergebnis wurden Erweiterungen, wie beispielweise das von [BECH 83] angegebene Verfahren, welches insbesondere auch asymmetrische Sendelasten berücksichtigt, durchgeführt. Die Autoren geben einen heuristischen Algorithmus an, der die grundsätzlichen Merkmale des Linearizers (Kap. 6.1)
verwendet. Für das Gesamtsystem wird hierbei ein M/G/1-Modell zugrunde gelegt;
die individuellen Warteschlangenlängen werden iterativ verbessert.

Beachtenswerte Untersuchungen sind unter anderem in [KUEH 79B], [TAKA 85] und
[BOME 86] enthalten. Eine gute Übersicht gibt [BUX 87].

8.6.3 Analyse von CSMA/CD Verfahren

Die Analyse des CSMA/CD-Verfahrens basiert auf grundlegenden Überlegungen,
die bereits 1976 von Kleinrock anläßlich der Beurteilung des bekannten "ALOHA
Radio Broadcast System" entstanden. Beim Aloha System senden die beteiligten
Stationen auf Verdacht, ohne Überprüfung, ob bereits andere Nachrichtentransfers
aktiv sind. Die hierdurch bedingte große Zahl von gestörten Übertragungen wird
beim CSMA (Carrier Sense Multiple Access) dadurch verringert, daß die Stationen
vor einem Sendeversuch überprüfen, ob eine andere Station bereits sendet und in
diesem Fall den eigenen Auftrag zurückstellen. Durch die zusätzliche Maßnahme
des CD (Collision Detection) wird erreicht, daß, wenn es bereits zu einer Kollision
gekommen ist, der Sendevorgang sofort abgebrochen wird, und so das Übertragungsmedium früher für erneute Versuche bereit ist.

Dieses relativ komplizierte Verfahren führte von den relativ einfachen Formeln für
das Aloha-System über immer weitere Verfeinerung zu komplizierten Beziehungen,
wie sie etwa in [BUX 81] angegeben werden (s. auch [LAM 80] und [TOHU 80]):

$$D = \frac{\mu\left(E[T_P^2] + (4e + 2)\tau E[T_P] + 5\tau^2 + 4e(2e - 1)\tau^2\right)}{2(1 - \lambda\left(E[T_P] + \tau + 2e\tau\right)}$$

$$+ 2\tau e - \frac{(1 - \exp(-2\lambda\tau)) \cdot \left(\frac{2}{\mu} + \frac{2\tau}{e} - 6\tau\right)}{2 \cdot \left(F_P^*(\lambda) \cdot \exp(-\lambda\tau) \cdot \frac{1}{e} - 1 + \exp(-2\lambda\tau)\right)} + E[T_P] + \frac{\tau}{2},$$

wobei F_P^* die Laplace-Transformierte der Paketbedienzeit T_P ist. In Bussystemen wird mit τ die Signallaufzeit von einem Ende zum anderen angegeben.

Wir sehen, daß der Ausdruck wesentlich schwieriger ist als die für Ringsysteme, was natürlich mit dem komplizierten Protokoll zusammenhängt. Die hier angeführten Anteile lassen sich jedoch wiederum in die Phasen Wartezeit in den Stationswarteschlangen, Zeit für die gegebenenfalls notwendig werdenden Wiederholungen, sowie Paketbedienzeit und durchschnittliche Übertragungsdauer einteilen. Die Ausdrücke werden so schwierig, weil die Paketbedienzeiten bei Wiederholungen mehrfach berücksichtigt werden müssen.

8.6.4 Grenzwertbestimmung

[ArSt 81] schlagen ein bemerkenswert einfaches Verfahren für die Grenzwertbestimmung von LAN-Leistungsparametern vor. Sie sprechen von drei Operationsbereichen eines Netzes:

Niederlastbereich: Die Übertragungskapazität reicht zur Bewältigung der ankommenden Telegramme gut aus.

Hochlastbereich: Das LAN wird zum Engpaß. In diesem Bereich wird relativ mehr Zeit für die Eroberung des Zugriffrechts als für die eigentliche Datenübertragung verwendet.

Überlastbereich: Die ankommenden Telegramme sind mit der Übertragungskapazität nicht mehr zu bearbeiten.

Der letzte Bereich kann leicht ermittelt werden. Betrachten wir etwa ein LAN mit Übertragungskapazität 1Mbps, 1000 angeschlossenen Knoten und Telegrammlängen von 1000 Bit. Wenn nun jeder Knoten pro Sekunde ein Telegramm senden möchte, so ist die maximal mögliche Übertragungskapazität erreicht. Der dritte Bereich ist natürlich zu vermeiden. Es ist jedoch auch nicht wünschenswert, ein LAN im zweiten Bereich arbeiten zu lassen. Die Grenze zwischen den ersten beiden Bereichen ist jedoch nicht einfach festlegbar.

[ArSt 81] ignorieren zunächst das Zugriffsverfahren und geben Grenzen für die Antwortzeit (Zeit zwischen Sendebeginn auf Knoten A bis zum erfolgreichen Empfang auf Knoten B) und dem Durchsatz eines LAN an. Sie verwenden vier Größen:

T_{idle} mittleres Zeitintervall zwischen zwei Sendeversuchen,

T_{msg} Übertragungsdauer eines Telegramms, wenn das Zugriffsrecht bereits erobert ist,

T_{delay} mittlere Antwortzeit,

λ mittlerer Gesamtdurchsatz des LAN [Telegramme/sec].

Sie nehmen an, daß sie N aktive Knoten mit der jeweils gleichen Sendeintensität haben. Um eine obere Grenze des Gesamtdurchsatzes zu ermitteln, betrachten sie den Idealfall, daß keine Wartezeiten in den Knoten auftreten (d.h., bevor das nächste Telegramm gesendet wird, ist das aktuelle bereits vollständig bearbeitet). Die Knoten befinden sich somit entweder im Zustand „idle" oder „msg"; der Durchsatz eines Knotens ist dann $1/(T_{\text{idle}} + T_{\text{msg}})$. Der insgesamt mögliche Durchsatz ist die Summe dieser Durchsätze, also:

$$\lambda \le \frac{N}{T_{\text{idle}} + T_{\text{msg}}}. \tag{8.23}$$

Diese obere Grenze wächst linear mit der Zahl der Knoten N, selbstverständlich nur bis die Gesamtkapazität des Übertragungsmediums erreicht wird. Dies kann durch

$$\lambda \le \frac{1}{T_{\text{msg}}} \tag{8.24}$$

ausgedrückt werden. Der durch diese beiden Ungleichungen gegebene Breakpunkt ist (Gl. 8.23 und Gl. 8.24 kombiniert):

$$N_b = \frac{T_{\text{idle}} + T_{\text{msg}}}{T_{\text{msg}}}. \tag{8.25}$$

Mit mehr als N_b Knoten ist das LAN keinesfalls in der Lage, die ankommenden Telegramme zu bearbeiten.

Mit ähnlichen Überlegungen berechnen [ARST 81] eine untere Grenze für die Verzögerungszeit T_{delay}, die freilich zumindest größer oder gleich T_{msg} sein muß. Da aber für jede Last

$$\lambda = \frac{N}{T_{\text{idle}} + T_{\text{delay}}} \tag{8.26}$$

gilt, ist T_{delay} durch (Gl. 8.24 kombiniert mit Gl. 8.26)

$$T_{\text{delay}} \ge N T_{\text{msg}} - T_{\text{idle}} \tag{8.27}$$

nach unten begrenzt. Auf der anderen Seite ist die obere Grenze für T_{delay} einfach zu bestimmen (beachte, daß das Protokoll nicht berücksichtigt wird). Der Maximalwert wird immer dann erreicht, wenn jeder der Knoten ein Telegramm zu senden hat, also

$$T_{\text{delay}} \le N T_{\text{msg}}. \tag{8.28}$$

Eine untere Grenze für den Durchsatz ist somit durch

$$\lambda \ge \frac{N}{T_{\text{idle}} + N T_{\text{msg}}} \tag{8.29}$$

(aus Gl. 8.26 und Gl. 8.28) festgelegt.

Diese einfachen Überlegungen ermöglichen eine vage Vorstellung von dem Betriebsverhalten eines lokalen Netzes. Wenn eine kurze Überprüfung des Lastprofils ergibt, daß das vorgesehene LAN diese nicht bewältigen kann, so ist viel Zeit eingespart. Wenn ja, so müssen gründlichere Untersuchungen durchgeführt werden.

Ein bei [ARST 81] angegebenes Beispiel soll die Verwendbarkeit dieser Formeln dokumentieren.

Beispiel 8.6
Man betrachte ein LAN mit Übertragungskapazität 1Mbps; die angeschlossenen Knoten generieren pro Minute drei Telegramme mit durchschnittlich 500 Bit Länge. Die Übertragungszeit T_{msg} ist somit $500\mu\text{sec}$, die durchschnittliche Idlezeit 19.999500 sec ($T_{\text{idle}} + T_{\text{msg}} = 20$ sec).

Die Zahl der maximal anschließbaren Knoten beträgt:

$$N_b = \frac{20}{500 \cdot 10^{-6}} = \underline{40\,000}.$$

Wenn die Knotenzahl folglich etwa 1000 ist, braucht man keine Überbelastung zu fürchten. Wenn Protokolle berücksichtigt werden, muß ein entsprechender Aufschlag auf T_{msg} erfolgen.

Aufgabe 8.6
Berechnen Sie für das Beispiel 8.6 mit $N = 4 \cdot 10^4$ die Grenzen für den mittleren Gesamtdurchsatz und die mittlere Antwortzeit des LAN!

8.7 Performability

Grundannahme (nahezu) aller in diesem Buch vorgeschlagenen Algorithmen ist, daß sich das jeweils modellierte Rechensystem in einem eingeschwungenen Zustand befindet. Systeme im Gleichgewicht lassen sich mathematisch relativ leicht handhaben. Da man auf diese Weise, wie zahlreiche Beispiele weiter vorne gezeigt haben, für viele Fragestellungen hinreichend genaue Aussagen erhält, ist ein derartiges Vorgehen gerechtfertigt. Es bleibt aber anzumerken, daß die Erscheinungsform realer Rechensysteme häufig *transient* zu charakterisieren ist. Insbesondere für die Bewertung von Aspekten moderner Architekturen, wie verteilte Systeme oder Parallelrechner (Multiprozessoren), werden zeitabhängige Analysetechniken zunehmend wichtiger.

Klassische Anwendungsbeispiele für transiente Analyse sind Laufzeituntersuchungen paralleler Programme oder Zuverlässigkeitsanalysen [TRIV 82]. Zunehmend an Bedeutung gewinnen Verfahren zur integrierten Bewertung von zeitabhängiger Leistung und Zuverlässigkeit von Rechensystemen. In diesem Zusammenhang ist der auf J.F. Meyer zurückgehende Begriff der *Performability*, der für „ability to perform" steht, zentral [MEYE 80, MEYE 82]. Er soll hier stellvertretend für einen weiten Kreis von Fragestellungen vorgestellt werden, die bei der Bewertung fehlertoleranter Systeme auftreten.

Zunächst sei an einem einfachen Beispiel die Problemstellung erläutert. Man betrachte das Modell eines Multiprozessorsystems in Abb. 8.29.

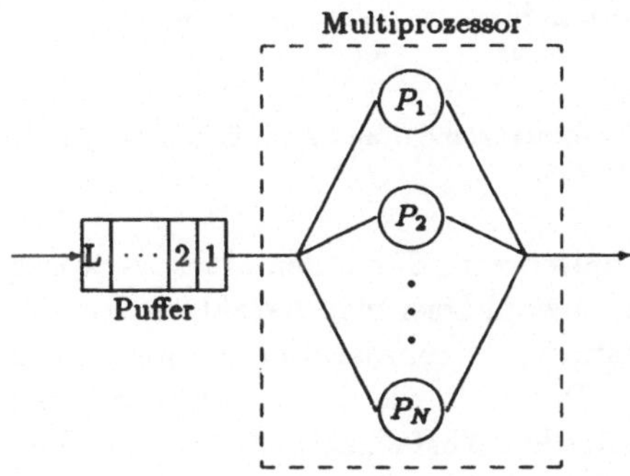

Abb. 8.29: Modell eines Multiprozessors mit endlichem Puffer

Im Normalzustand bedienen N Prozessoren Aufträge, die in einer endlichen Warteschlange mit Kapazität L gepuffert werden. Die Leistungsfähigkeit des Multiprozessors ist jedoch nicht konstant. Bei Ausfall eines Prozessors wird die maximale Bedienrate entsprechend reduziert. Funktionstüchtig ist das charakterisierte System im vorliegenden Beispiel solange, wie mindestens ein Prozessor und der gesamte Puffer intakt sind. Reparaturen sind nicht vorgesehen. Einer bestimmten Anzahl i intakter Prozessoren zusammen mit einem intakten Puffer entspricht jeweils ein *Strukturzustand*. Der Systemausfallzustand wird erreicht, wenn alle N Prozessoren ausgefallen sind, wenn der Puffer nicht mehr funktioniert oder wenn die nach einem Prozessorausfall nötige Systemrekonfiguration nicht erfolgreich ist. In Abb. 8.30 sind die Strukturzustände sowie die möglichen Zustandsübergänge als Markov-Prozeß dargestellt. Der sogenannte *Überdeckungsfaktor* u_i gibt zustandsabhängig die Wahrscheinlichkeit an, mit der eine Rekonfiguration gelingt (typische Werte für u_i liegen bei 99%). Die *Fehlerrate* γ_i hängt mit $\gamma_i = i \cdot \gamma' + \gamma''$ von der Prozessorausfallrate γ', der Pufferausfallrate γ'' sowie dem Zustand i ab.

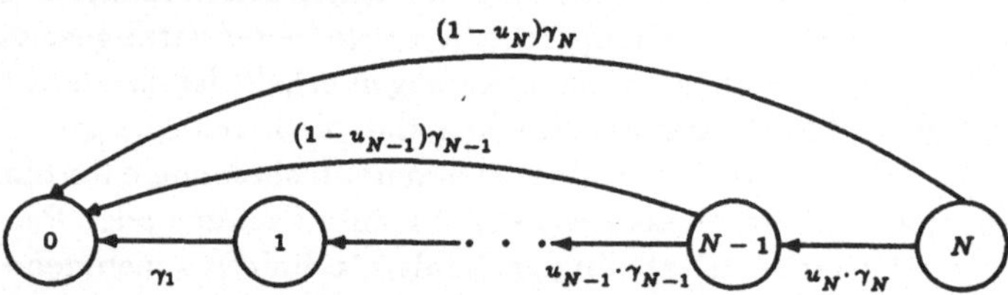

Abb. 8.30: Strukturzustands- und Übergangsmodell des Multiprozessors aus Abb. 8.29

Für jeweils einen Strukturzustand i repräsentiert der Markov-Prozeß aus Abb. 8.31 das für die Leistungsanalyse interessante Übergangsverhalten. Da i Prozessoren intakt und L Pufferplätze verfügbar sind, können sich höchstens $i + L$ Aufträge im betreffenden System befinden. Die maximale (lastabhängige) Bedienrate beträgt $i \cdot \mu$. Die mittlere Ankunftsrate der Aufträge wird, wie üblich, mit λ bezeichnet.

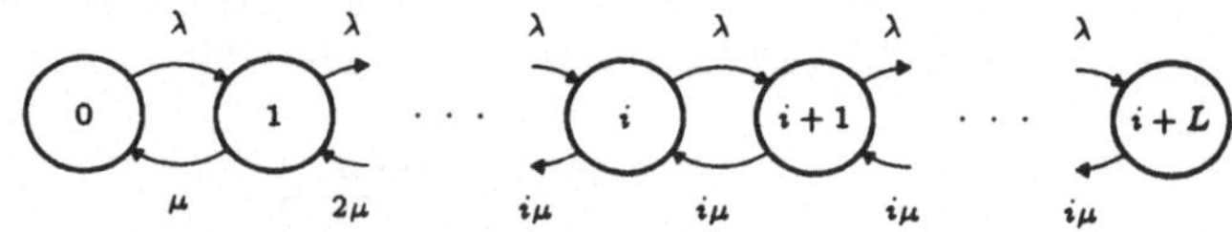

Abb. 8.31: Ein dem Strukturzustand i aus Abb. 8.30 korrespondierendes Zustands- und Übergangsmodell

Das gesamte Systemverhalten wird durch den Markov-Prozeß in Abb. 8.32 beschrieben. Das Modell umfaßt sowohl Leistungscharakteristika als auch Aspekte des Fehlerverhaltens. Ein Zustand (i, k) repräsentiert i intakte Prozessoren einschließlich eines funktionstüchtigen Puffers sowie die Anzahl k der sich im System befindenden Aufträge. $(0,0)$ stellt den Ausfallzustand dar. Zur Vereinfachung werden die Übergänge aus den Zuständen $(i,0)$ bis $(i,\max)$, d.h. für eine festes i und alle k, in den Fehlerzustand $(0,0)$ in der graphischen Darstellung zusammengefaßt.

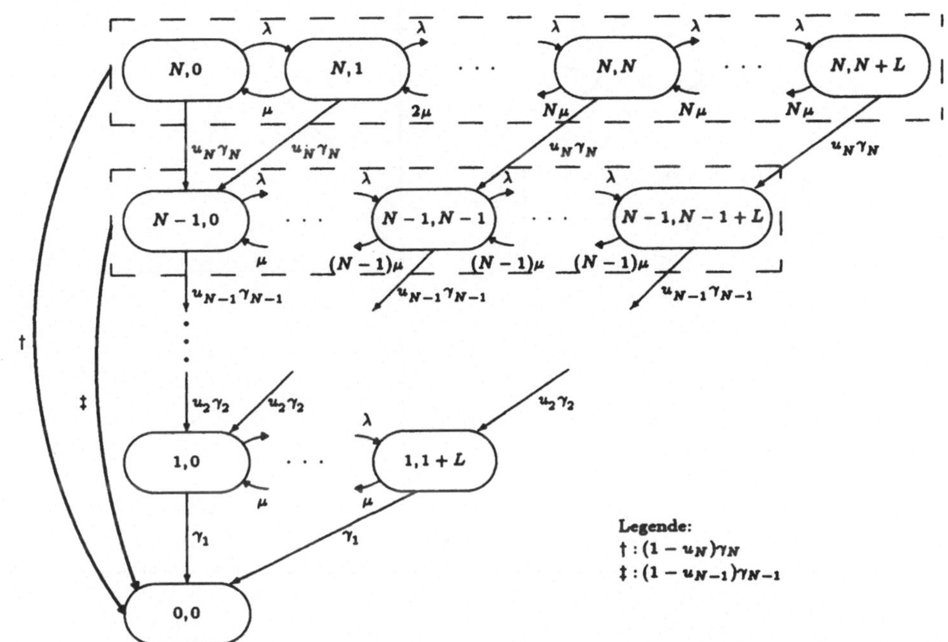

Abb. 8.32: Zustandübergangsdiagramm eines Markov-Prozesses zur Repräsentation des fehlertoleranten, nichtreparierbaren Multiprozessors aus Abb. 8.29

Auf der Basis des oben definierten Modells lassen sich sowohl Aussagen über die Leistung als auch über die Zuverlässigkeit als auch über beide Fragen gemeinsam treffen. Typisch wäre etwa die Problemstellung, mit welcher Wahrscheinlichkeit die betreffende Konfiguration in der Lage ist, unter den gemachten Annahmen eine bestimmte Arbeit innerhalb eines vorgesehenen Zeitraums zu leisten. Eine Antwort hierauf vermag die Performability zu geben.

Definition der Performability

Gegeben sei ein zeitkontinuierlicher, zustandsdiskreter stochastischer Prozeß $\{Z(t) \in S, t \geq 0\}$ mit $S = \{S_i | i \in \mathbf{N_0}\}$ und $r{:}S \rightarrow \mathbf{R}$, so daß gilt: $X(t) = r_{Z(t)}$. Z_t bezeichnet einen Strukturzustandsprozeß und X_t einen Reward-Prozeß.

Mit der Zufallsvariablen $Y(t) = \int_o^t X(\tau)d\tau$, dem akkumulierten Reward, läßt sich die *Performability*

$$\Psi(x,t) = P\left[Y(t) \leq x\right] \tag{8.30}$$

definieren.

Die Interpretation für die Performability Ψ liegt auf der Hand. Mit dem Ausdruck $P[Y(t) > x] = 1 - \Psi(x,t)$ erhält man die Wahrscheinlichkeit, daß im Zeitintervall $[0,t]$ mindestens die (nützliche) Arbeit x vollbracht wird. Die Bedeutung der Größen $Z(t)$, $X(t)$ und $Y(t)$ macht man sich am besten am Beispiel aus Abb. 8.33 deutlich.

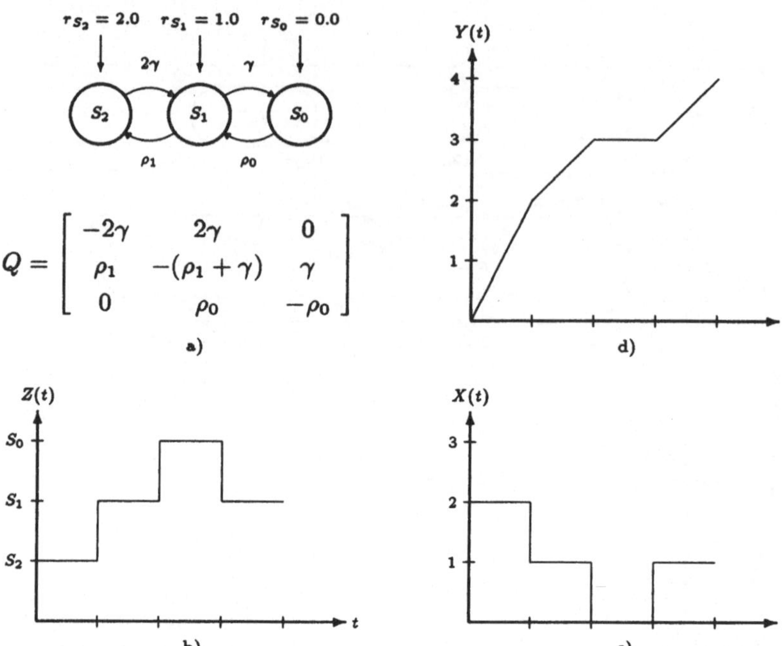

Abb. 8.33: a) Markov-Reward-Modell und Generatormatrix Q für drei Struktur-
zustände nach [STR 88]; b) beispielhafte Strukturzustandsfolge, c)
Verlauf des zugehörigen Leistungsniveaus, d) akkumulierte nützliche
Arbeit

Das Strukturzustandsmodell in Abb. 8.33a repräsentiert ein reparierbares Zwei-Pro-
zessorsystem. Im Beispiel werden lediglich Ausfall- und Reparatureigenschaften der
Prozessoren betrachtet. Nicht berücksichtigt sind Überdeckungsfragen und weitere
Aspekte von Multiprozessorsystemen wie z.B. das weiter oben skizzierte Pufferver-
halten. Auf dem höchsten Leistungsniveau S_2 sind beide Prozessoren, die jeweils mit
der Rate γ ausfallen, funktionstüchtig; ρ bezeichnet die Reparaturrate. Als Reward r
wird jedem der drei Leistungsniveaus aus $S = \{S_0, S_1, S_2\}$ ein Faktor zugeordnet, der
proportional zur jeweiligen Gesamtbedienrate ist. $Z(t)$ charakterisiert zeitabhängig
eine mögliche Strukturzustandsfolge (vgl. Abb. 8.33b). Mit $X(t)$ erhält man auf der
Basis der definierten Reward-Funktion r ein Maß dafür, welche nützliche Arbeit in
bestimmter Zeit verrrichtet wird (vgl. Abb. 8.33c). $Y(t)$ schließlich gibt die über die
gesamte Zeit akkumulierte nützliche Arbeit an (vgl. Abb. 8.33d).

Die Performability vereinigt in sich zwei — an sich völlig verschiedene — Modellie-
rungskonzepte und verallgemeinert diese. Die Modellierung zur Leistungsbewertung
auf der einen Seite und zur Zuverlässigkeits- bzw. Verfügbarkeitsanalyse auf der anderen Seite lassen sich als Spezialfälle der Performability-Modellierung betrachten.
Leistungsuntersuchungen beschäftigen sich damit, „wie gut" ein Rechensystem unter
der Voraussetzung arbeitet, daß alles korrekt funktioniert. Unter der Zuverlässigkeit
$R(t)$ eines Systems dagegen versteht man die Wahrscheinlichkeit, daß das System

bis zum Zeitpunkt t korrekt arbeitet, wenn es zum Zeitpunkt $t = 0$ fehlerfrei ist. Ein Performability-Modell mit genau einem Strukturzustand und einer Leistungsgröße als Reward kann daher als reines Leistungsmodell aufgefaßt werden. Läßt man genau zwei Strukturzustände (funktionstüchtig/ausgefallen) zu und definiert eine Reward-Funktion, die entsprechend nur die Werte „Eins" oder „Null" annehmen kann, bekommt man dagegen ein Zuverlässigkeitsmodell. In obiger Notation erhält man für die Bestimmung der Zuverlässigkeit somit den Ausdruck

$$R(t) = P\left[X(\tau) = 1, \forall \tau \leq t\right]. \tag{8.31}$$

Um die Zuverlässigkeit zu erhöhen, führt man Redundanz ein. Man erhält so fehlertolerante Systeme, die auch in der Anwesenheit von Fehlern fähig sind, ihre spezifizierte Aufgabe — über einen längeren Zeitraum hinweg — zu erfüllen. Aus der Sicht der Leistungsbewertung ist Redundanz dann besonders interessant, wenn sie, quasi in Doppelfunktion, sowohl zur Leistungssteigerung als auch zur Erhöhung der Zuverlässigkeit genutzt werden kann. Im einen Fall spielt die Redundanz die Rolle von Betriebsmitteln, die für bestimmte Funktionen voll genutzt werden können, im anderen Fall werden Aufgaben, für deren Erledigung ein Teil der Ressourcen nicht mehr zur Verfügung steht, den noch verbleibenden Ressourcen zugeteilt. Die Leistungsfähigkeit des Gesamtsystems nimmt dann schrittweise ab. Man erhält sogenannte *degradierende* Systeme. Typische Vertreter für solche Redundanzsysteme sind Multiprozessorkonfigurationen.

Grenzwertbetrachtungen für $t \to \infty$ sind nur bei Systemen mit Reparaturen sinnvoll. Insbesondere im Zusammenhang mit Verfügbarkeitsuntersuchungen spielen Gleichgewichtsannahmen eine wichtige Rolle. Die Performability ist sowohl für transiente Systeme definiert als auch auf stationäre anwendbar. Die Art der mathematischen Behandlung bzw. der Aufwand hängt jedoch vom Systemtyp ab. In [IDH 86] wird ein rekursiver Algorithmus vorgestellt, mit dem man für Systeme mit Reparatur beliebige Momente der Performability berechnen kann. Für einfache, nichtreparierbare Systeme mit monotoner Reward-Funktion hat [MEYE 82] eine geschlossene Lösung angegeben. Der bislang schnellste bekannte Algorithmus zur Berechnung der Performability für allgemeine Systeme, die Reparatur und beliebige Reward-Struktur zulassen, wird in [STR 88] vorgestellt. Um die Performability eines Systems mit n Strukturzuständen zu berechen, beträgt der angegebene Aufwand $O(n^3)$.

9 Operationelle Analyse

Eine alternative Methode zur Analyse von Warteschlangennetzen und zur Errechnung der Leistungsparameter ist die operationelle Analyse, die von [BUZE 76] eingeführt und von [DEBU 78], [ROOD 79], [BUDE 80] weiterentwickelt wurde.

Der Vorteil der operationellen Analyse gegenüber den anderen Methoden, die wir in den vorhergehenden Kapiteln behandelt haben, liegt vor allem darin, daß keine wahrscheinlichkeitstheoretischen Konzepte verwendet werden. Vielmehr wird das System während eines gewissen Zeitraumes beobachtet, der in Vergangenheit, Gegenwart oder Zukunft liegen kann, und es werden bestimmte, einfach zu erfassende Größen gemessen. Aus diesen Basisgrößen werden anschließend über Gleichungen, die die operationelle Analyse zur Verfügung stellt, andere Leistungsgrößen, deren Messung zu aufwendig wäre, abgeleitet. Die Gleichungen, die das aktuelle Systemverhalten direkt beschreiben, sind somit auch ohne Kenntnisse in der Wahrscheinlichkeitstheorie verständlich.

9.1 Operationelle Analyse eines einzelnen Knotens

9.1.1 Basisgrößen

Wir beobachten einen Knoten eine feste, endliche Zeit T und messen während dieser Zeit die folgenden Basisgrößen:

A Anzahl der Ankünfte von Aufträgen während T,

C Anzahl der Abgänge während T,

B Aktiv-Zeit der Bedienstation während T,

W Gesamtverweilzeit aller Aufträge während T.

Zunächst nehmen wir an, daß die Anzahl der Bedieneinheiten gleich Eins ist. Über die Abarbeitungsstrategie werden keinerlei Angaben benötigt; ebenso sind keinerlei Angaben über Ankunfts- und Abgangsprozesse nötig.

Aus diesen wenigen Basisgrößen kann man nun schon eine Reihe von Leistungsgrößen ableiten:

$$\begin{aligned}
\lambda &= A/T & &\text{Zugangsrate,} \\
X &= C/T & &\text{Abgangsrate,} \\
S &= B/C & &\text{mittlere Bedienzeit eines Auftrags,} \\
U &= B/T & &\text{Auslastung der Bedieneinheit,} \\
\bar{k} &= W/T & &\text{mittlere Anzahl der Aufträge des Knotens,} \\
R &= W/C & &\text{mittlere Verweilzeit.}
\end{aligned}$$

Hieraus läßt sich sofort die Gültigkeit der beiden folgenden Gesetze zeigen:

$$\begin{aligned}
U &= X \cdot S & &\text{Auslastungsgesetz,} \\
\bar{k} &= X \cdot R & &\text{operationelle Form des Gesetzes von Little.}
\end{aligned}$$

Ist nun $A = C$, d.h. kommen genausoviele Aufträge beim Knoten an wie Aufträge diesen Knoten verlassen, so ist das System im Flußgleichgewicht. Die beiden Gesetze haben dann die bekannte Form:

$U = \lambda \cdot S$ Auslastungsgesetz,

$\overline{k} = \lambda \cdot R$ klassisches Gesetz von Little.

So einsichtig diese Ergebnisse auch sind, sie bedürfen doch einiger kritischer Anmerkungen:

Alle obigen Größen sind bezüglich der Zeit T definiert; für einen anderen Zeitpunkt oder ein anderes Beobachtungsintervall erhält man möglicherweise ganz andere Ergebnisse. Auch sollte T sehr viel größer sein als der „längste" Auftrag im System. Wenn nämlich gemessen wird, während sich eben dieser längste Auftrag in Bedienung befindet, so wird das Ergebnis hierdurch erheblich beeinflußt. Ein Ausweg wäre die oftmalige Messung bei großer Beobachtungsdauer. Die klassische Analyse liefert ja ebenfalls Ergebnisse nur für den „eingeschwungenen" Zustand, die sich erst bei oftmaliger Messung bestätigen lassen.

Als einen weiteren Punkt sollte man beachten, daß bei Flußungleichgewicht Verfälschungen auftreten, die aber mit großem T, und damit auch großem A und C, gering werden.

Zur Verdeutlichung betrachten wir das folgende Beispiel.

Beispiel 9.1
Wir beobachten ein System während eines Beobachtungsintervalls der Länge 10 sec und messen zu den Zeitpunkten $0, 1, 2, \ldots, 10$ jeweils die Zahl $k(t)$ der Aufträge im Knoten. Daraus erhalten wir folgende Grafik:

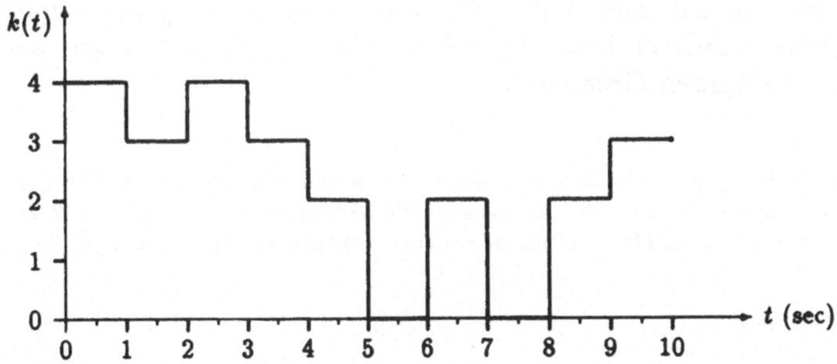

Abb. 9.1: Gemessene Werte der Anzahl der Aufträge $k(t)$

Die Anzahl und Höhe der ansteigenden Treppen gibt die Anzahl der Ankünfte A an, die Anzahl und Höhe der fallenden Treppen die der Abgänge C. Die Gesamtverweilzeit W ist die Fläche unter der Treppenfunktion und die Aktiv-Zeit B die Zeit, in der die Zahl der Ankünfte größer als Null ist, also:

$$A = 6, \quad C = 7, \quad B = 8, \quad W = 23, \quad T = 10.$$

Damit folgt für die Leistungsgrößen:

$$\lambda = 0.6, \quad X = 0.7, \quad U = 0.8, \quad \overline{k} = 2.3, \quad S = 1.14, \quad R = 3.29.$$

Das System ist also nicht im Gleichgewicht. Zur Überprüfung dieser Meßdaten könnten jetzt leicht die beiden obigen Gesetze angewendet werden.

9.1.2   Erweiterung auf mehrere Bedieneinheiten

Zur Erweiterung der geschilderten Vorgehensweise auf Systeme mit mehreren Bedieneinheiten findet man in der Literatur den Ansatz von [BoJa 82], der ein genaues Messen aller Bedieneinheiten voraussetzt. Hieraus erhält man dann Aussagen über jede einzelne Bedieneinheit, wobei man sich letztlich jedoch nur für die Auslastung der Station als Ganzes interessiert.

Daher wurde der obige Ansatz in [Jung 84] etwas vereinfacht: Es werden wie bisher die Werte für die Anzahl der Aufträge in der Station zu den Zeiten $0, 1, ..., T$ gemessen und hieraus, ebenfalls wie bisher, A, C und W bestimmt. Lediglich B wird anders ermittelt. Hierzu führen wir die Hilfsfunktion

$$f(t) = \min\{k(t), m\}$$

mit m als der Anzahl der Bedieneinheiten ein und legen die Aktiv-Zeit B als die Summe über die $f(t)$ fest, d.h.

$$B = \sum_{t=0}^{T} f(t).$$

Die Leistungsgrößen werden damit wie folgt definiert:

$U = B/(m \cdot T)$ Auslastung,

$S = B/(m \cdot C)$ gemessene Bedienzeit,

$\overline{S} = B/C$ tatsächliche Bedienzeit.

Die tatsächliche Bedienzeit ist also größer als die gemessene. Dies wird verständlich, wenn man bedenkt, daß die Aufträge nicht unterschieden werden können; man nimmt also an, daß alle Bedieneinheiten einen Auftrag gleichzeitig bedienen. Die Definition der anderen Leistungsgrößen bleibt unverändert, ebenso gelten natürlich weiterhin die beiden Gesetze.

Beispiel 9.2
Zur Verdeutlichung des eben Gesagten geben wir wieder ein Beispiel an. Um „kontrollierbare" Werte zu erhalten, verwenden wir deterministische Bedienanforderungen: zu den Zeiten 0,1,2,3 soll je ein '5 sec'-Auftrag bei einer Drei-Prozessor-Station ankommen. Abb. 9.2 zeigt die Meßgrafik.

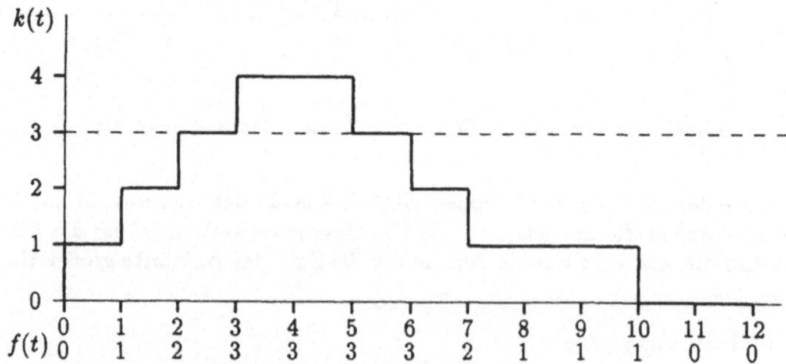

Abb. 9.2: Die gemessenen Werte der Anzahl der Aufträge $k(t)$

Hieraus erhält man:

$$A = 4, \quad C = 4, \quad B = 20, \quad W = 22, \quad T = 12,$$

und weiter:

$$\lambda = 0.3333, \quad X = 0.3333, \quad U = 0.5556, \quad \bar{k} = 1.8333, \quad R = 5.5000.$$

Die tatsächliche Bedienzeit ist $\bar{S} = \underline{5.00}$, während sich für die gemessene Bedienzeit $S = \underline{1.667}$, wegen der drei Bedieneinheiten, ergibt.

9.2 Operationelle Analyse von Warteschlangennetzen

Um jetzt ganze Warteschlangennetze zu analysieren, sind nur noch geringe Erweiterungen nötig. Das betrachtete Netz bestehe aus N Knoten, von denen jeder eine oder mehrere Bedieneinheiten habe. Wir messen wie bisher für jeden Knoten die Größen A_i, C_i, B_i und W_i entweder direkt oder durch Auswerten der $k_i(t)$. Da die Anzahl der Bedieneinheiten bekannt ist, können die Leistungsgrößen für die einzelnen Knoten mit den gleichen Formeln wie in Kap. 9.1 berechnet werden. Auch das Auslastungsgesetz und Little's Gesetz gelten unverändert.

Zusätzlich messen wir noch:

C_{ij} Anzahl der Aufträge, die unmittelbar nach Fertigstellung bei Knoten i zu Knoten j übergehen, $i, j = 0, 1, 2, \ldots, N$.

Es gilt:

$$C_i = \sum_{j=0}^{N} C_{ij}.$$

Im offenen Netz, d.h. im Netz mit wechselnder Gesamtzahl der Aufträge, bezeichne '0' die Außenwelt. Im geschlossenen Netz, d.h. im Netz mit konstanter Gesamtzahl der Aufträge, sei '0' irgendeine beliebige Verbindung zwischen zwei Knoten, möglicherweise eine Rückkopplung. Dieser Rückkopplungsbogen dient als *Bezugsbogen* für die Netzgrößen.

Mit dieser weiteren Meßgröße können wir nun die Übergangshäufigkeiten definieren. Natürlich gilt $C_{00} = 0$, denn was nicht ins Netz gelangt, kann auch nicht gemessen werden. Also ergibt sich für die Übergangshäufigkeit von i nach j (während T):

$$q_{ij} = \begin{cases} \dfrac{C_{ij}}{C_i} & C_i \neq 0 \\ -1 & C_i = 0 \end{cases} \qquad \text{mit } \sum_{j=0}^{N} q_{ij} = 1. \tag{9.1}$$

C_0 ist die Gesamtzahl der Abgänge in die Außenwelt:

$$C_0 = \sum_{i=1}^{N} C_{i0}, \tag{9.2}$$

und X_0 der Systemdurchsatz:

$$X_0 = \frac{C_0}{T}. \tag{9.3}$$

Mit Gl. (9.1) und Gl. (9.2) erhält man

$$C_0 = \sum_{i=1}^{N} q_{i0} \cdot C_i \tag{9.4}$$

und mit Division durch T und Vergleich mit Gl. (9.3)

$$X_0 = \sum_{i=1}^{N} q_{i0} \cdot X_i. \tag{9.5}$$

Damit können wir die operationelle Analyse auf Warteschlangennetze anwenden. Dies sei an einem Beispiel erläutert.

Beispiel 9.3
Wir betrachten einen einfachen 'Multiprogramming'-Betrieb (Abb. 9.3) während einer Beobachtungsdauer von 35 sec:

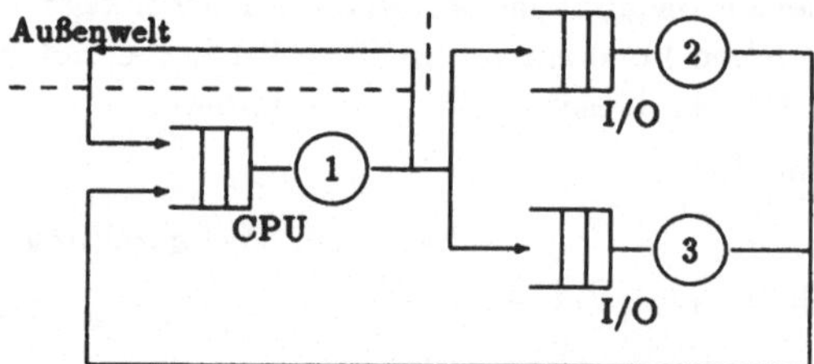

Abb. 9.3: Ein einfacher Multiprogramming-Betrieb

In den folgenden Tabellen sind die gemessenen Basisgrößen für die drei Knoten angegeben:

Knoten	C_i	A_i	B_i	W_i
1	10	10	35	130
2	3	3	21	27
3	1	1	18	18

C_{ij}	0	1	2	3
0	0	6	0	0
1	6	0	3	1
2	0	3	0	0
3	0	1	0	0

Aus diesen Basisgrößen erhalten wir die Leistungsgrößen und mit Gl. (9.1) die Übergangshäufigkeiten:

Knoten	U_i	X_i	R_i	$\bar{k}_i$	S_i
1	1	0.286	13.000	3.714	3.500
2	0.600	0.086	9.000	0.771	7.000
3	0.514	0.029	18.000	0.514	18.000

q_{ij}	0	1	2	3
0	0	1	0	0
1	0.6	0	0.3	0.1
2	0	1	0	0
3	0	1	0	0

Der Systemdurchsatz kann mit Gl. (9.5) berechnet werden:

$$X_0 = X_1 \cdot q_{10} = \underline{0.172}.$$

Mit Little's Gesetz, das wir jetzt auf das Gesamtsystem anwenden, erhalten wir hieraus die Systemverweilzeit:

$$R = \frac{\overline{K}}{X_0} = \underline{29.070}, \qquad \text{wobei } \overline{K} = \bar{k}_1 + \bar{k}_2 + \bar{k}_3.$$

Will man aber ein projektiertes System vor dessen Realisierung analysieren, so kann man nichts messen und die Parameter müsssen geschätzt werden. Einen Verlauf der $k_i(t)$ zu schätzen, ist sehr schwierig und aufwendig, insbesondere bei großem T. Aus diesem Grund ist man bestrebt, die Menge der Eingabedaten (möglichst drastisch) zu verringern. Dies geht leider nicht ohne zusätzliche Annahmen, die ähnlich denen sind, die man bei den klassischen stochastischen Methoden benötigt.

Als erste Annahme setzen wir *Verkehrsflußgleichgewicht* voraus, d.h. die Zugangsrate ins System ist gleich der Abgangsrate.

Damit gilt die folgende Beziehung:

$$C_j = A_j = \sum_{i=0}^{N} C_{ij} \qquad j = 0, 1, 2, \ldots, N.$$

Weiter folgt mit $q_{ij} = C_{ij}/C_i$:

$$C_j = \sum_{i=0}^{N} C_i \cdot q_{ij}$$

und mit $X_i = C_i/T$:

$$X_j = \sum_{i=0}^{N} X_i \cdot q_{ij} \qquad j = 0, 1, 2, \ldots, N. \tag{9.6}$$

Gl. (9.6) drückt das Flußgleichgewicht aus; sie ist im offenen Netz (hier ist X_0 bekannt) eindeutig lösbar. Im geschlossenen Netz ist dagegen X_0 nicht bekannt und die Gleichungen (9.6) sind linear abhängig. Man kann sich jedoch helfen, indem man ein X_i auf einen festen Wert normiert, wodurch man eine eindeutige Menge von Verhältniszahlen V_i erhält. Setzt man speziell

$$V_i = \frac{X_i}{X_0} = \frac{C_i}{C_0}, \tag{9.7}$$

so nennt man die V_i Besuchsraten (oder Besuchshäufigkeiten bzw. relative Besucherzahl). Sie drücken aus, wie oft ein Auftrag den Knoten i „anläuft", wenn er einmal den Bezugsbogen '0' durchläuft.

Aus dieser Gleichung kann man nun einige interessante Folgerungen ziehen:
Wegen der Gültigkeit von

$$X_i = V_i \cdot X_0 \tag{9.8}$$

reicht die Kenntnis der Besuchsraten und eines Durchsatzes, um sämtliche Durchsätze des Systems zu bestimmen. Da außerdem nach Little gilt $R = \overline{K}/X_0$ und $\overline{k}_i = X_i \cdot R_i$, folgt zudem mit Gl. (9.7):

$$R = \sum_{i=1}^{N} V_i \cdot R_i. \tag{9.9}$$

Letztlich lassen sich die V_i ebenfalls für das Verhalten des Systems bei großer Last (bottleneck analysis) gut einsetzen. Genaueres hierzu findet sich in [DEBU 78] (vergleiche auch das ABA-Verfahren aus Kap. 6.3).

Mit den Besuchsraten V_i aus Gl. (9.7) kann Gl. (9.6) nun wie folgt umgeschrieben werden:

$$V_0 = 1, \qquad V_j = q_{0j} + \sum_{i=1}^{N} V_i q_{ij}, \qquad j = 1, 2, \ldots, N. \tag{9.10}$$

Das Gleichungssystem (9.6) ist damit auch für geschlossene Netze eindeutig lösbar.

Beispiel 9.4
Wir betrachten wieder das Warteschlangenmodell aus Beispiel 9.3 und nehmen nun an, es liege Verkehrsflußgleichgewicht vor, d.h. die Abgangsrate X_i von Knoten i ist gleich der Zugangsrate λ_i zum Knoten i.
Für Knoten 1 gilt z.B.:

$$X_1 = X_0 + X_2 + X_3 = 0.172 + 0.086 + 0.029 = \underline{0.286}.$$

Mit diesem X_1 und den Übergangshäufigkeiten kann man jetzt aus Gl. (9.6) X_2 und X_3 bestimmen:

$$X_2 = X_1 \cdot q_{12} = 0.286 \cdot 0.3 = \underline{0.086}, \qquad X_3 = X_1 \cdot q_{13} = \underline{0.029}.$$

Mit Gl. (9.4) werden die Besuchshäufigkeiten aus den Übergangshäufigkeiten ermittelt:

$$V_1 = q_{01} + V_2 \cdot q_{21} + V_3 \cdot q_{31} = \underline{1.667}, \qquad V_2 = V_1 \cdot q_{12} = \underline{0.5}, \qquad V_3 = V_1 \cdot q_{13} = \underline{1.667}.$$

Häufig sind die Besuchshäufigkeiten direkt gegeben. Kennt man dann noch einen Durchsatz, z.B. X_0, dann können mit Gl. (9.8) alle weiteren Durchsätze des Systems bestimmt werden:

$$X_1 = X_0 \cdot V_1 = 0.172 \cdot 1.667 = \underline{0.286}, \qquad X_2 = X_0 \cdot V_2 = \underline{0.086}, \qquad X_3 = X_0 \cdot V_3 = \underline{0.029}.$$

Liegt Verkehrsflußgleichgewicht vor, so kann für Terminalsysteme (Abb. 9.4) mit Hilfe von Little's Gesetz das *Antwortzeitgesetz* hergeleitet werden.

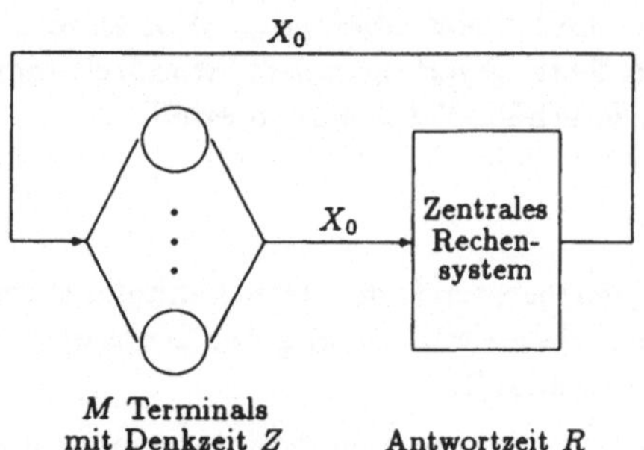

Abb. 9.4: Terminalsystem

Die M Terminalbenutzer denken mit der mittleren Denkzeit Z oder warten auf die Fertigstellung eines Auftrags (Antwortzeit R). Die Gesamtzahl der Aufträge im System ist damit M und die Gesamtzeit für einen Systemdurchlauf $Z + R$. Mit Little's Gesetz erhält man somit:

$$M = X_0(Z + R)$$

und daraus das Antwortzeitgesetz

$$R = \frac{M}{X_0} - Z. \tag{9.11}$$

Beispiel 9.5

Wir betrachten ein Terminalsystem mit $M = 25$ Terminals und der Denkzeit $Z = 18$ sec. Außerdem ist bekannt, daß jeder Auftrag 20 Plattenzugriffe absetzt und die Platte zu 50% ausgelastet ist. Die mittlere Plattenbedienzeit beträgt 25 ms.

Damit gilt für das Plattengerät:

$$U_i = 0.5, \qquad V_i = 20, \qquad S_i = 25 \text{ ms.}$$

Mit dem Auslastungsgesetz kann die Abgangsrate X_i ermittelt werden:

$$X_i = \frac{U_i}{S_i} = \underline{20} \text{ Aufträge/sec.}$$

Bei Verkehrsflußgleichgewicht gilt (Gl. 9.8):

$$X_0 = \frac{X_i}{V_i} = \underline{1} \text{ Auftrag/sec.}$$

Mit dem Antwortzeitgesetz erhält man schließlich:

$$R = \frac{M}{X_0} - Z = \underline{2} \text{ sec.}$$

Um nun bei Verkehrsflußgleichgewicht aus den Angaben über die Besuchsraten und Bedienzeiten die Leistungsgrößen ermitteln zu können, wie dies bei den stochastischen Warteschlangenmodellen möglich ist, müssen weitere Annahmen getroffen werden:

Der Zustandvektor $\underline{k} = (k_1, k_2, \ldots, k_N)$ eines Netzes gibt die Anzahl der Aufträge k_i in den einzelnen Knoten des Netzes an (Kap. 2.3). $T(\underline{k})$ ist die Gesamtzeit, wie lange sich das System während der Beobachtungszeit T im Zustand $\underline{k}$ befindet. Für die Wahrscheinlichkeit, daß der Zustand $\underline{k}$ vorliegt, gilt damit:

$$p(\underline{k}) = \frac{T(\underline{k})}{T}. \tag{9.12}$$

$C(\underline{n}; \underline{k})$ gibt desweiteren die Anzahl der Übergänge von $\underline{n}$ nach $\underline{k}$ während des Beobachtungsintervalls T an. Wegen des Verkehrsflußgleichgewichts muß gelten:

> Die Zahl der Übergänge in einen beliebigen Zustand muß gleich der Zahl der Übergänge aus diesem Zustand während des Beobachtungsintervalls sein.

Damit können wir den Erhaltungssatz für die Übergänge aufstellen:

$$\sum_{\underline{n}} C(\underline{n}; \underline{k}) = \sum_{\underline{m}} C(\underline{k}; \underline{m}). \tag{9.13}$$

Die linke Seite von Gl. (9.13) gibt die Zahl der Übergänge in den Zustand $\underline{k}$ an und die rechte Seite die Zahl der Übergänge aus dem Zustand $\underline{k}$.

Definiert man mit

$$r(\underline{n}; \underline{k}) = \frac{C(\underline{n}; \underline{k})}{T(\underline{n})} \tag{9.14}$$

die Häufigkeit der Übergänge, so geht Gl. (9.13) über in

$$\sum_{\underline{n}} T(\underline{n}) \cdot r(\underline{n}; \underline{k}) = T(\underline{k}) \cdot \sum_{\underline{m}} r(\underline{k}; \underline{m}), \tag{9.15}$$

und mit Gl. (9.12) in die *Gleichgewichtsgleichungen* für die Zustandwahrscheinlichkeiten

$$\sum_{\underline{n}} p(\underline{n}) \cdot r(\underline{n}; \underline{k}) = p(\underline{k}) \cdot \sum_{\underline{m}} r(\underline{n}; \underline{m}) \tag{9.16}$$

mit $\sum_{\underline{k}} p(\underline{k}) = 1$.

Mit Hilfe des Gleichungssystems (9.16) können wir bei gegebenen Übergangshäufigkeiten die Zustandwahrscheinlichkeiten berechnen. Gl. (9.16) entspricht Gl. (3.27) (globale Gleichgewichtsgleichungen), die ja sehr aufwendig und nur bei einfachen Netzen sinnvoll anwendbar ist. Erst Annahmen, die zu den Produktformnetzen führten, konnten den Aufwand reduzieren. Für die operationelle Analyse müssen wir ähnliche Annahmen treffen, die aber den Vorteil haben, daß sie auch ohne wahrscheinlichkeitstheoretische Kenntnisse verständlich sind:

- Einzelschritt-Verhalten:

  Dies bedeutet, daß wir in einem System nur Zustandsänderungen betrachten, die entstehen, wenn ein einziger Auftrag

    - im System ankommt,
    - das System verläßt,
    - von einem Knoten in den nächsten gelangt.

  Andere Zustandsänderungen sollen nicht vorkommen. Bei geschlossenen Netzen ist nur der letzte Übergang möglich. Dies reduziert die Anzahl der von Null verschiedenen Übergangshäufigkeiten drastisch. Wenn z.B. ein Auftrag von Knoten i zum Knoten j übergeht, so geht das System vom Zustand $\underline{k} = (k_1, \ldots, k_i, \ldots, k_j, \ldots, k_N)$ in den Zustand $\underline{k}_{ij} = (k_1, \ldots, k_i - 1, \ldots, k_j + 1, \ldots, k_N)$ über. Das Einzelschrittverhalten findet man in vielen realen Systemen.

- Homogenität der Knoten:

  Die Abgangsrate jedes Knotens hängt nur von dessen Anzahl der Aufträge k_i ab und nicht vom Systemzustand:

$$r(\underline{k}; \underline{k}_{ij}) = \frac{C(\underline{k}; \underline{k}_{ij})}{T(\underline{k})} = \frac{C_{ij}(k_i)}{T_i(k_i)}, \tag{9.17}$$

  wobei $C_{ij}(k_i)$ die Anzahl der Abgänge von Aufträgen bei Knoten i ist, die unmittelbar zu Knoten j übergehen, wenn vor dem Abgang die Zahl der Aufträge im Knoten i k_i war.

- Homogenität der Verzweigungen:

  Die Übergangshäufigkeiten sind nur abhängig von der Gesamtzahl der Aufträge K und ansonsten unabhängig vom Systemzustand. Somit gilt für die Anzahl der Aufträge, die von Knoten i zum Knoten j wechseln:

$$C_{ij}(k_i) = q_{ij} \cdot C_i(k_i) \tag{9.18}$$

$$\text{mit } C_i(k_i) = \sum_{j=0}^{N} C_{ij}(k_i).$$

Aus den Gleichungen (9.17) und (9.18) ergibt sich für die Übergangshäufigkeit:

$$r(\underline{k}; \underline{k}_{ij}) = q_{ij} \cdot \frac{C_i(k_i)}{T_i(k_i)}. \tag{9.19}$$

Mit der Bedienfunktion oder lastabhängigen Bedienzeit

$$S_i(k_i) = \frac{T_i(k_i)}{C_i(k_i)} \tag{9.20}$$

ergibt sich:

$$r(\underline{k}; \underline{k}_{ij}) = \frac{q_{ij}}{S_i(k_i)}. \tag{9.21}$$

Damit reduziert sich das Gleichungssystem (9.16) für die Zustandswahrscheinlichkeiten zu einem homogenen Gleichgewichtssystem, das folgende Lösung besitzt:

$$p(\underline{k}) = \frac{1}{G} \prod_{i=1}^{N} F_i(K_i) \tag{9.22}$$

mit der Normalisierungskonstanten G und

$$F_i(k) = \begin{cases} 1 & \text{für } k = 0 \\ X_i^k \cdot S_i(k) \cdot S_i(k-1) \ldots S_i(1) & \text{für } k > 0. \end{cases} \tag{9.23}$$

Für die Durchsätze X gilt

$$X_i = \begin{cases} V_i \cdot X_0 & \text{im offenen Netz} \\ V_i & \text{im geschlossenen Netz.} \end{cases} \tag{9.24}$$

Man erhält also, ebenso wie bei den klassischen stochastischen Methoden, eine Produktformlösung. Um uns mit den neuen Formeln vertraut zu machen, betrachten wir ein Beispiel:

Beispiel 9.6

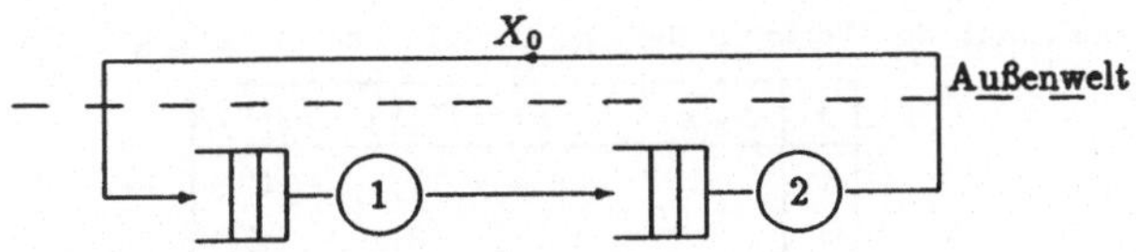

Abb. 9.5: Tandemnetz mit $K = 2$ Aufträgen

Das System (Abb. 9.5) wurde 20 sec beobachtet und dabei die Anzahl der Aufträge $k_1(t)$ und $k_2(t)$ gemessen (Abb. 9.6).
Die Zeile unter Abb. 9.6 gibt den aktuellen Zustand $\underline{k} = (k_1, k_2)$ an. Aus Abb. 9.6 können die Zeiten $T(\underline{k})$ abgelesen und daraus mit Gl. (9.12) die Zustandswahrscheinlichkeiten $p(k)$ berechnet werden (Tab. 9.1).

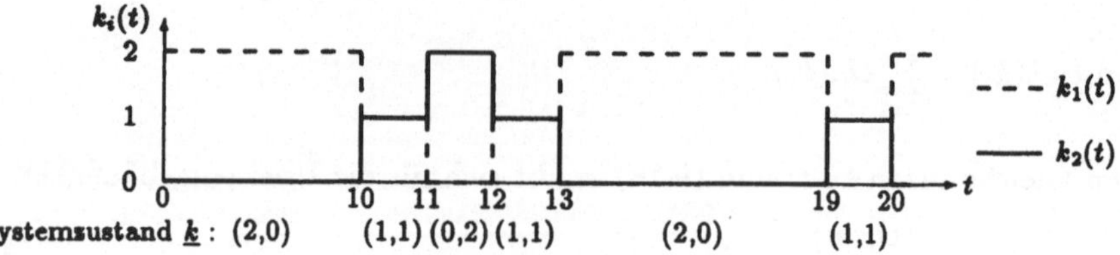

Abb. 9.6: Die gemessenen Werte der Anzahl der Aufträge $k_i(t)$ des beobachteten Tandemnetzes

$\underline{k}$	(2,0)	(1,1)	(0,2)
$T(\underline{k})$	16	3	1
$p(\underline{k})$	0.8	0.15	0.05

Tab. 9.1

Zum Vergleich wollen wir die Zustandswahrscheinlichkeiten mit Gl. (9.16) ermitteln, die nur Verkehrsflußgleichgewicht voraussetzt. Für die hierzu notwendigen Übergangshäufigkeiten ergibt sich mit Gl. (9.14) und Abb. 9.6:

$$r(2,0;1,1) = C(2,0;1,1)/T(2,0) = 2/16 = \underline{0.125},$$
$$r(1,1;0,2) = C(1,1;0,2)/T(1,1) = 1/3 = \underline{0.333},$$
$$r(0,2;1,1) = C(0,2;1,1)/T(0,2) = 1/1 = \underline{1.000},$$
$$r(1,1;2,0) = C(1,1;2,0)/T(1,1) = 2/3 = \underline{0.666}.$$

Diese Werte setzen wir in Gl. (9.16) ein:

$$p(1,1)\cdot 0.666 \qquad\qquad = p(2,0)\cdot 0.125,$$
$$p(2,0)\cdot 0.125 + p(0,2)\cdot 1 = p(1,1)(0.333 + 0.666),$$
$$p(1,1)\cdot 0.333 \qquad\qquad = p(0,2)\cdot 1,$$
$$p(2,0) + p(1,1) + p(0,2) = 1.$$

Die Lösung dieses Gleichungssystems ergibt dieselben Werte für die $p(\underline{k})$ wie in Tab. 9.1.

Nun wollen wir noch die zusätzlichen Annahmen berücksichtigen und zeigen, wie man aus Bedienfunktion, d.h. der lastabhängigen Bedienzeit $S_i(k)$, und den Besuchshäufigkeiten die Zustandswahrscheinlichkeiten ermitteln kann. Die dazu notwendigen Werte kann man wieder Abb. 9.6 entnehmen. Da keine Verzweigungen vorkommen, gilt für die Besuchsraten:

$$V_1 = V_2 = 1.$$

Wegen Gl. (9.24) sind damit auch die Durchsätze bekannt:

$$X_1 = X_2 = 1.$$

Mit Gl. (9.23) erhält man die Werte für die $F_i(k)$, die in Tab. 9.2 angegeben sind.

k	$S_1(k)$	$S_2(k)$	$F_1(k)$	$F_2(k)$
0	–	–	1	1
1	3	1.5	3	1.5
2	8	1	24	1.5

Tab. 9.2

Aus der Normalisierungsbedingung von Gl. (9.22):

$$G = \sum_{\substack{\text{alle} \\ \text{Zustände}}} \prod_{i=1}^{2} F_1\cdot(k_1) = F_1(2)\cdot F_2(0) + F_1(1)\cdot F_2(1) + F_1(0)\cdot F_2(2) = \underline{30},$$

erhalten wir schließlich die gesuchten Zustandswahrscheinlichkeiten mit Gl. (9.15):

$$p(2,0) = F_1(2)\cdot F_2(0)/G = \underline{0.80},$$
$$p(1,1) = F_1(1)\cdot F_2(1)/G = \underline{0.15},$$
$$p(0,2) = F_1(0)\cdot F_2(2)/G = \underline{0.05}.$$

Wir erkennen, daß die errechneten Werte mit den direkt aus Abb. 9.6 ermittelten Werten übereinstimmen; unser Modell ist also richtig.

Annahme der <u>Homogenität der Bedienzeiten</u> (HST-Annahmen; homogeneous service times):
Zur Rechenvereinfachung kann man die Bedienfunktion $S_i(k)$ durch die mittlere Bedienzeit S_i ersetzen; eine Approximation, die zumindest bei Monoprozessoren sinnvoll ist und bei großem T auch durch die Meßwerte bestätigt wird. Damit erhält man eine wesentliche Rechenerleichterung. In unserem Beispiel sind die Bedienfunktionen nicht konstant, die Ergebnisse demnach nur approximativ. Für die mittleren lastunabhängigen Bedienzeiten ergibt sich aus Abb. 9.6:

$$S_1 = B_1/C_1 = 6.333 \text{ sec}, \qquad S_2 = B_2/C_2 = 1.333 \text{ sec}.$$

Mit Gl. (9.21) erhält man die Übergangshäufigkeiten:

$r(\underline{n};\underline{m})$	ohne HST	mit HST	Fehler
$r(2,0;1,1)$	0.125	0.158	+26.4%
$r(1,1;0,2)$	0.333	0.158	-52.5%
$r(0,2;1,1)$	1.000	0.750	-25.0%
$r(1,1,2,0)$	0.667	0.750	+12.5%

Mit der HST-Annahme vereinfachen sich die Faktoren $F_i(k)$ aus Gl. (9.23) zu $F_i(k) = V_i^k \cdot S_i^k$, und wir erhalten:

k	$F_1(k)$	$F_2(k)$
0	1	1
1	19/3	4/3
2	361/9	16/9

Mit der Normalisierungskonstanten $G = \underline{50.33}$ und Gl. (9.22) ergeben sich die Zustandswahrscheinlichkeiten:

$p(k_1 k_2)$	ohne HST	mit HST	Fehler
$p(20)$	0.800	0.797	-0.4%
$p(11)$	0.150	0.168	+11.8%
$p(02)$	0.050	0.035	-29.3%

Die Auslastungen erhalten wir mit $U_1 = 1 - p(0,2)$ und $U_2 = 1 - p(2,0)$:

U_i	ohne HST	mit HST	Fehler
U_1	0.950	0.965	+1.5%
U_2	0.200	0.203	+1.5%

Die mittlere Anzahl von Aufträgen ergibt sich aus $\overline{k}_1 = 1\cdot p(1,1) + 2\cdot p(2,0)$ bzw. $\overline{k}_2 = 2 - \overline{k}_1$:

$\overline{k}_i$	ohne HST	mit HST	Fehler
$\overline{k}_1$	1.750	1.762	+0.7%
$\overline{k}_2$	0.250	0.238	+4.8%

Das Beispiel zeigt, was auch häufig in der Praxis beobachtet wird, daß die HST-Annahme zu guten Approximationen bei Auslastungen und Anzahl der Aufträge führt, aber zu schlechteren Ergebnissen bei den Zustandswahrscheinlichkeiten.

9.3   Vergleich mit stochastischen Methoden

Bei der operationellen Analyse werden, ausgehend von einem realen, meßbaren System, durch Messung einiger leicht zugänglicher Basisgrößen die Leistungsgrößen hergeleitet. Um nun diese Ergebnisse auch auf projektierte Systeme anzuwenden bzw. den Meßaufwand zu reduzieren, müssen einige Annahmen über das Systemverhalten getroffen werden, und man erhält eine Produktformlösung, die nur von den Besuchsraten und den Bedienfunktionen abhängt.

Für ein reales System ist die operationelle Analyse also ein gutes Werkzeug, um aus einfach zu erhaltenden Meßwerten Leistungsgrößen zu bestimmen. Sie ist in diesem Fall für beliebige Verteilungen der Bedien- und Ankunftszeiten zu verwenden. Die einzige Problematik ist die starke Abhängigkeit vom Zeitpunkt und der Länge der Beobachtung. Durch oftmaliges Messen in Phasen gleicher Last kann man aber hier gute Mittelwerte erhalten, möglicherweise verschiedene Werte für verschiedene Lasten.

Die Annahmen zur Eingabereduzierung sind ähnlich denen, die man bei den klassischen stochastischen Methoden machen muß. Dem Verkehrsflußgleichgewicht entspricht der Gleichgewichtszustand. Dem Einzelschrittverhalten entspricht keine explizite Annahme auf der stochastischen Seite, jedoch arbeitet man hier mit infinitesimal kleiner Abtastintervall-Länge, so daß man ebenfalls Einzelschrittverhalten erreicht. Der Homogenität der Verzweigungen entspricht die Modellierung des Netzes als Markov-Kette, und der Knoten-Homogenität entspricht die Exponentialverteilung der Zwischenankunftszeiten [DeBu 78].

Für den realen Fall sind diese Annahmen überprüfbar, doch wird man hier wohl über die Basisgrößen messen. Für den projektierten Fall sind die Annahmen ähnlich denen der stochastischen Methoden. Der Vorteil der operationellen Analyse ist aber ohne Zweifel ihre Anschaulichkeit; die Produktformlösung kann über einige plausible Annahmen sehr leicht hergeleitet werden. Eine Vorgehensweise also, die auch der wahrscheinlichkeitstheoretisch nicht vorgebildete Anwender nachvollziehen kann.

Ein Vergleich mit den klassischen Produktformlösungen zeigt den Zusammenhang zwischen Bedienfunktion und Bedienrate:

$$p(\underline{k}) = \frac{1}{G} \cdot F_1(k_1) \cdot \ldots \cdot F_K(k_K), \quad \text{wobei} \quad G = \sum_{\underline{k}} \prod_{i=1}^{N} F_i(k)$$

mit

klassisch:

$$F_i(k) = \left(\frac{e_i}{\mu_i}\right)^k \cdot \frac{1}{\beta_i(k)},$$

$$\beta_i(k) = \begin{cases} k! & k \leq m \\ m! m^{k-m} & k \geq m \end{cases}$$

operationell:

$$F_i(k) = V_i^k \cdot S_i(k) \cdot \ldots \cdot S_i(1),$$

$$S_i(k) = \begin{cases} \dfrac{1}{k\mu_i} & 1 \leq k \leq m_i \\ \dfrac{1}{m_i \mu_i} & k > m_i. \end{cases}$$

Zusammenfassend können wir festhalten:

Die operationelle Analyse ist ein auf Meßwerten beruhendes, einsichtiges und nachvollziehbares Verfahren zur Analyse von Rechensystemen. Für den realen Fall übernimmt sie das Auswerten von einfach zu messenden Basisgrößen, und für den Projektierungsfall arbeitet sie mit Schätzwerten über das zukünftige Systemverhalten. Auch die stochastischen Methoden arbeiten mit Schätzwerten, so daß zwischen beiden Vorgehensweisen, zumindest im Einklassenfall, kein Unterschied besteht. Im Mehrklassenfall scheitert die operationelle Analyse an ihrer Komplexität und bietet nur Näherungslösungen an [JUNG 84,ROOD 79].

Aufgabe 9.1
Für einen einzelnen Knoten wird die Zahl der Aufträge $k(t)$ zu den Zeitpunkten $0, 1, 2, \ldots, 8$ gemessen. Das Ergebnis der Messung ist im folgenden Bild graphisch festgehalten.

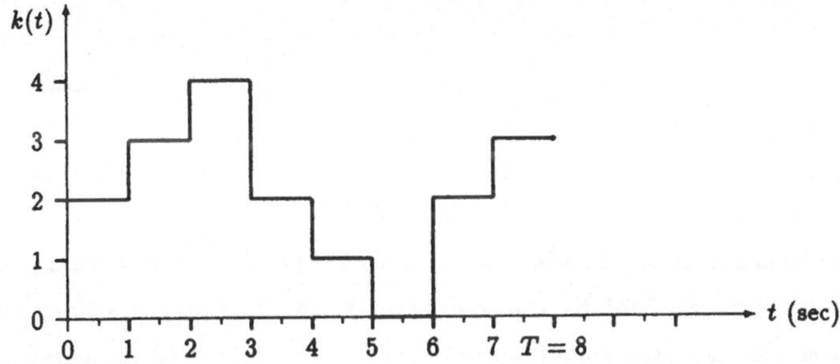

a) Geben Sie die Basisgrößen an!

b) Ist das System in Flußgleichgewicht?

c) Berechnen Sie die Leistungsgrößen $\lambda, X, S, U, \overline{k}$ und R!

d) Zeigen Sie, daß das Auslastungsgesetz und Little's Gesetz gilt!

Aufgabe 9.2
Ermitteln Sie für einen Knoten mit $m = 2$ Bedieneinheiten die Basisgrößen und Leistungsgrößen bei demselben Verlauf von $k(t)$ wie in Aufgabe 9.1!

Aufgabe 9.3
Wir betrachten ein Warteschlangennetz mit zwei Knoten

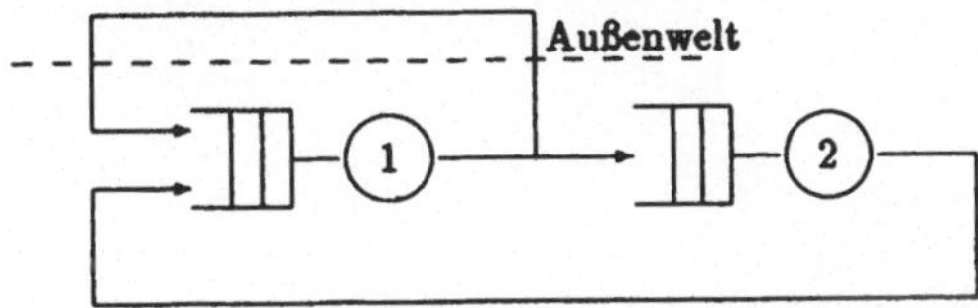

und beobachten es $T = 20$ sec, Dabei erhalten wir die folgenden Basisgrößen:

Knoten	C_i	A_i	B_i	W_i
1	8	8	20	100
2	3	3	12	20

C_{ij}	0	1	2
0	0	4	0
1	4	0	4
2	0	3	0

a) Berechnen Sie die Leistungsgrößen für die einzelnen Knoten, die Übergangshäufigkeiten, den Systemdurchsatz und die Systemverweilzeit!

b) Zeigen Sie, daß Verkehrsflußgleichgewicht vorliegt und berechnen Sie die Besuchshäufigkeiten! Ermitteln Sie die Durchsätze durch die einzelnen Knoten aus dem Systemdurchsatz und den Besuchshäufigkeiten!

Aufgabe 9.4

Betrachten Sie ein Terminalsystem mit Denkzeit $Z = 20$ sec, der Plattenbedienzeit 50 ms und 70% Plattenauslastung. Jeder Auftrag setzt 30 Plattenzugriffe ab. Wie groß darf die Zahl der Terminals maximal sein, damit die Antwortzeit nicht größer als 10 sec wird?

Aufgabe 9.5

Betrachten Sie dasselbe Tandemnetzwerk mit 2 Aufträgen wie in Beispiel 9.5. Das Verhalten des Systems während eines Beobachtungsintervalls von 30 sec wird in einem Zeitdiagramm dargestellt.

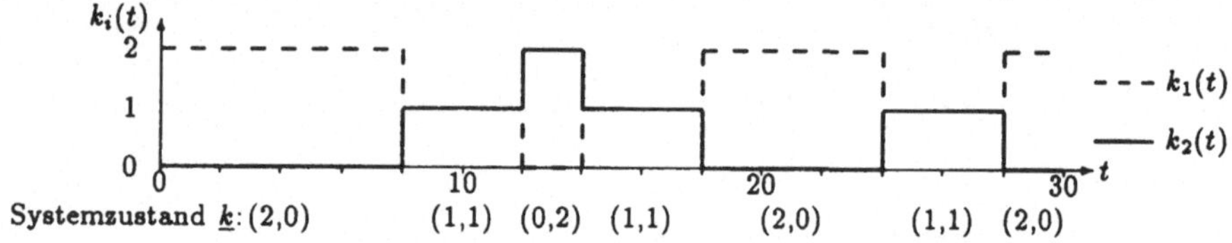

a) Ermitteln Sie für alle Zustände $\underline{k}$ die Zeiten $T(\underline{k})$ und die Zustandswahrscheinlichkeiten $p(\underline{k})$!

b) Ermitteln Sie die Zahl der Übergänge $C(\underline{n};\underline{k})$ und die Übergangshäufigkeiten $r(\underline{n};\underline{k})$!

c) Zeigen Sie, daß Verkehrsflußgleichgewicht vorliegt und ermitteln Sie mit den Übergangshäufigkeiten die Zustandswahrscheinlichkeiten! Vergleichen Sie diese mit den Ergebnissen aus Teilaufgabe a)!

d) Nehmen Sie an, daß Einzelschrittverhalten vorliegt, sowie Homogenität der Knoten und Homogenität der Verzweigungen. Berechnen Sie die Durchsätze X_i, die lastabhängigen Bedienzeiten $S_i(k)$, die Werte für die $F_i(k)$, die Normalisierungskonstante und damit wieder die Zustandswahrscheinlichkeiten $p(\underline{k})$! Vergleichen und kommentieren Sie die Ergebnisse!

e) Nehmen Sie zusätzlich Homogenität der Bedienzeiten an und ermitteln Sie die lastunabhängigen Bedienzeiten, die Werte $F_i(k)$, die Zustandswahrscheinlichkeiten $p(\underline{k})$, die Auslastungen U_i und die Zahl der Aufträge $\overline{k}_i$. Vergleichen Sie die Ergebnisse mit denjenigen, die Sie ohne die Homogenitätsannahme erhalten haben! Kommentieren Sie etwaige Abweichungen!

10 Beispiele für Anwendungen in der Praxis

Die Anwendung der Warteschlangentheorie zur Untersuchung von existierenden oder geplanten Rechenanlagen hat eine lange Tradition, die bis in die Anfangsjahre der kommerziell genutzten Datenverarbeitung zurückreicht. Mit der Verbesserung der Warteschlangentheorie im Laufe der Zeit haben sich auch die Modelle für Rechensysteme verfeinert. Es existieren Arbeiten sowohl über Rechner, Rechnerkomponenten als auch über Rechnernetze, die sich mit deren Leistungsbewertung mittels analytischer Warteschlangenmodelle befassen. Wir geben in diesem Kapitel eine Übersicht über wichtige Anwendungsstudien und stellen einige Modellierungswerkzeuge vor. Die Details können in der Originalliteratur nachgelesen werden.

10.1 Rechenanlagen

Eine der frühen Anwendungen von Warteschlangenmodellen mit erstaunlich genauen Ergebnissen findet sich in [SCHE 67]. Mit Hilfe des Modells einer IBM 7094 unter CTSS (Compatible Time-Sharing System) wurde das Antwortzeitverhalten dieses Systems in Abhängigkeit von der Benutzerzahl untersucht.

Der Rechner IBM 360/75 wurde durch ein geschlossenes zyklisches Warteschlangenmodell und ein Central Server Modell analysiert. [CDW 75] ermittelten, inwieweit einige Konfigurationsänderungen eine Durchsatzsteigerung des Systems mit sich bringen würde. In mehreren Fällen konnte eine deutliche Leistungsverbesserung vorhergesagt werden, woraufhin die entsprechenden Modifikationen implementiert wurden. [LICH 77] erstellte ein Warteschlangenmodell für die IBM 360/65 Anlage und zeigte, daß das System mit IBM 3330 Platten schneller ist als mit IBM 2314 Platten.

In [BBC 77] wird ein Modell für eine CDC 6400/6600 mit Betriebssystem UT-2D entwickelt. Mit Hilfe des Modells kann man drei unterschiedliche Ziele der Leistungsbewertung verfolgen: Es ist möglich, die bestehende Anlage zu analysieren, Vorhersagen über ihr Leistungsverhalten bei verschiedenen Konfigurationen zu treffen und das Modell beim Entwurf einer neuen Anlage einzusetzen.

Der von [BARD 78] entwickelte „VM/370 Performance Predictor" ist ein Hilfsmittel zur Untersuchung des virtuellen Betriebssystems VM/370. An der Technischen Universität Wien wurde von [KOST 81] ein Warteschlangenmodell für die CYBER 74 und -172 erstellt und mit der Mittelwertanalyse ausgewertet, wobei durchgeführte Messungen gut mit den vorhergesagten Ergebnissen übereinstimmten.

[LZGS 84] gibt ein Beispiel für den Einsatz von Warteschlangenmodellen bei der Kapazitätsplanung einer Rechenanlage. Eine AMDAHL 470 wurde untersucht und man stellte dabei fest, daß das System für weitere zwei Jahre (bei entsprechender Speichererweiterung) den Kapazitätsanforderungen entspricht. Weiterhin wurden folgende Anlagen modelliert: IBM 3790, 8130, 8140; IBM 360-65j; CYBER 173; IBM VMS; VAX/VMS.

[LANG 85] analysierte die Anlage SIEMENS 7.551/BS2000 durch ein aus einem inneren und einem äußeren Modell bestehendes Warteschlangensystem, wobei er die Maximum-Entropie-Methode verwendete. Am Rechenzentrum der TU Braunschweig führten Unzufriedenheiten der Benutzer mit den Antwortzeiten im Dialogbetrieb sowie fehlende Möglichkeiten zur Lokalisierung von Engpässen dazu, daß [HIVE 85] ein benutzerorientiertes Modell der Last und ein approximatives analytisches Modell der Konfiguration erstellten. An einem Beispiel wird der Gebrauchswert der Modelle für typische in der Praxis auftretende Fragen der Leistungsbewertung demonstriert.

Bei der Firma Opel (Rüsselsheim) wird ein IBM 3083J/MVS hauptsächlich für CAD-Anwendungen eingesetzt. Die Analyse von [ROHD 85] zeigte, daß mit Hilfe eines Produktformnetzwerks einige Parameter wie CPU-Auslastung und Durchsatz an graphischen Transaktionen recht genau bestimmt werden können, während insbesondere die mittlere Antwortzeit an den Bildschirmen deutlich vom gemessenen Wert abweicht. Durch Hinzunahme weiterer Eingabedaten und Verwendung eines LA2-Netzwerks, bei dem es möglich ist, einzelne Knoten durch lastabhängige Knoten zu ersetzen, können alle wichtigen Kenngrößen (einschließlich der Antwortzeit) exakt nachgebildet werden.

[FILI 86] beschreibt ein Modell zur Analyse von Rechensystemen mit zwei Auftragsklassen und beliebigen Bedienzeiten. Die Gliederung des Modells erfolgt in zwei Ebenen. Das äußere Modell wird durch ein Repairman-Modell mit zwei unabhängigen Kundenklassen (Dialog- und Batchanwendung) dargestellt, wobei das innere Teilsystem als Repairman mit beliebig wählbaren Bedienzeitverteilungen dient. Das innere Modell läßt sich mit Hilfe zweier verschiedener Warteschlangennetze analysieren. Mit diesem Modell wurden sehr brauchbare Ergebnisse bei der Analyse des Rechners IBM 370-168/SVS erreicht, während sich diese Methode bei der Bewertung des SIEMENS 7.551/BS2000 nicht erfolgreich anwenden ließ.

[WOSH 88] konstruierte ein geschlossenes Warteschlangennetzwerk, mit dem man das Verhalten des bei der NASA/AIRLAB eingesetzten Fehlertoleranten Multiprozessors (FTMP) darstellen kann. Besonders auffällig ist hierbei die unkonventionelle Modellierung des Systems. Man folgte dem Konzept des „Travelling Serviceman", bei dem die Bedeutung von Knoten und Kunden vertauscht wird, d.h. das Modell stellt Bedienstationen dar, die von einem zum anderen Kunden wandern und dabei die vom Kunden gewünschten Dienste leisten.

[TOTZ 88] benutzte ein Warteschlangenmodell, um eine schnelle Antwort auf Fragen bezüglich der Systemkonfiguration einer Nixdorf-Anlage der Familie 8860 zu geben. Zur Auswertung des Modells setzte er die Bard-Schweitzer-Approximation ein, die hinreichend genaue Ergebnisse lieferte.

10.2   Rechnerkomponenten

Bisher beschränkten sich die Fallstudien auf die Leistungsanalysen oder -vorhersagen von vollständigen Rechenanlagen. Damit ist jedoch die Vielfalt der Einsatzmöglichkeiten der Warteschlangentheorie in der Praxis der Rechnerbewertung nicht erschöpft. Weitere Anwendungen beziehen sich auf die Untersuchung von Teilkomponenten eines Systems.

Zum Beispiel wurde von [GEIH 83] ein Warteschlangenmodell zur Analyse eines Multiplexors mit Time-Out konstruiert. Die analytischen Berechnungen lieferten genaue Ergebnisse über den Einfluß der Eingangsparameter auf die Paketverzögerung. [PEDO 84] erstellte innerhalb der Leistungsbewertung eines UNIX-Systems ein Warteschlangenmodell für die möglichen Verteilungen von Dateisystemen eines Sekundärspeichers. Die aus dem Modell ermittelten Leistungsvorhersagen wurden durch Messungen an einer PERKIN-ELMER 3220 validiert.

Um den Einfluß der Auslastung von Datenübertragungspfaden auf die Plattenbedienzeiten zu untersuchen, stellte [GÜRI 85] ein geschlossenes Mehrklassenwarteschlangennetzwerk für ein IBM-Rechensystem auf. Er verglich die analytischen Ergebnisse, die er mit Hilfe des Bard–Schweitzer-Algorithmus errechnete, mit den von einem Softwaremonitor gemessenen Daten.

[RAEM 89] führten einen Leistungsvergleich zwischen File- und Disk-Servern durch, wobei sie ein geschlossenes Mehrklassen-Warteschlangennetz verwendeten.

10.3 Verbindungsstrukturen und -netze

Mehrere Anwendungsstudien befassen sich mit der analytischen Modellierung der Verbindungsnetzwerke von Mehrprozessorsystemen. Dabei geht die klassische Arbeit von [BHAN 75] von der günstigen Struktur eines Kreuzschienenverteilers aus und leitet grundlegende Beziehungen für solche Netze her. In [GOKU 79] wird hierauf aufbauend ein Vergleich zwischen verschiedenen Strukturen durchgeführt. Rechnernetze wie z.B. ARPA in USA, CYCLADES in Frankreich, DATAPAC in Kanada sind intensiv analytisch untersucht worden.

[GROS 83] modellierte einen Knotenrechner des autonomen Datenübertragungssystems COSY durch ein offenes Warteschlangennetz. [FRED 86] benutzt einfache Warteschlangennetze mit FCFS-Strategie, um Verzögerungen beim Einsatz virtueller Abschnitte in *Switch*-verwalteten LAN's zu analysieren. Dabei lieferte das Modell ebenso gute Ergebnisse wie Simulation oder Messungen.

An der Universität von Michigan plante man ein universitätsinternes Netz sämtlicher verfügbarer Rechenanlagen zu installieren. Um die günstigste Konfiguration zu ermitteln, setzten [CST 88] sowohl simulative als auch analytische Methoden (Kühn-Verfahren) ein.

[MASM 88] untersuchten ein MAP-Netzwerk (bestehend aus IBM PC's), um die Leistungsfähigkeit eines INI-Adapters zu bewerten. Zur Analyse eines LAN führten [MUTA 88] ein Zwei-Schichten-Modell ein, bestehend aus einer MAC (Media Access Control) und einer Transportschicht. Mit Hilfe der modifizierten Mittelwertanalyse hat man sehr genaue Ergebnisse (innerhalb des 90% Konfidenzintervalls) erzielt.

10.4   Modellierungswerkzeuge

Neben den bisher betrachteten Anwendungen von Warteschlangenmodellen auf spezielle Problemstellungen gibt es eine Vielzahl von Modellierungswerkzeugen, die zur Leistungsbewertung analytische Warteschlangenmodelle einsetzen. Es existieren sowohl rein analytische, rein simulative als auch gemischte Verfahren, wobei die simulativen hier nicht betrachtet werden sollen. Zu den rein analytischen Programmsystemen zählen u.a.:

BEST/1 der Firma BGS Systems [BGS 83]. Es basiert auf dem Buzen-Algorithmus und wird bei der Kapazitätsplanung für spezielle Zielsystemumgebungen wie IBM-MVS, IBM-VM oder IBM-SNA verwendet.

SLANG ist ein an der Technischen Universität München entwickeltes Modellierungssystem, in dem Vielteilnehmerrechensysteme wie z.B. das Bildschirmtext-System oder das Datex-P-Netz der DBP als spezielle offene Warteschlangenmodelle mit mehreren Auftragsklassen betrachtet werden [CHYL 86]. Als Berechnungsverfahren wird ein approximatives Dekompositionsverfahren benutzt, das als Weiterentwicklung des Kühn-Verfahrens angesehen werden kann.

SNAP, entwickelt an der Universität Stellenbosh [BOKR 84,BOOY 85], ist ein Analysepaket für Warteschlangennetze mit mehreren Auftragsklassen. Es basiert insbesondere auf der Mittelwertanalyse und verschiedenen approximativen Erweiterungen. Für sehr große Netzwerke bietet es den Linearizer-Algorithmus an. Es existieren lauffähige Versionen von SNAP auf IBM/MVS, IBM/VM, SPERRY 1100 und SIEMENS 7000 Systemen.

TOTO, entwickelt bei der Firma Nixdorf [TOTZ 87], ist ein auf dem Bard–Schweitzer-Algorithmus basierendes Modellierungswerkzeug zur mathematischen Analyse von Warteschlangennetzwerken.

Die zweite hier erwähnte Klasse von Modellierungswerkzeugen bietet neben den analytischen Methoden auch noch simulative Verfahren an. Folgende Programmpakete zählen zu den gemischten:

COPE wurde an der Universität Dortmund in Zusammenarbeit mit den Firmen Nixdorf und Siemens entwickelt und ist auf SIEMENS- und IBM-Rechensystemen implementiert [MASC 75]. Es kann sowohl für den Entwurf neuer Systeme als auch für die Analyse bestehender Systeme eingesetzt werden. Dabei werden Warteschlangenmodelle, die Produktformlösungen besitzen, analytisch behandelt, andere Modelle simulativ. Die analytischen Verfahren basieren auf dem Convolution-Algorithmus und der Mittelwertanalyse.

HIT ist als Fortführung von COPE angelegt worden [BESC 85]. Die zugehörige Beschreibungssprache HI-SLANG erlaubt eine hierarchische Modellierung von Wartesystemen, wobei der Anwender die Möglichkeit hat, simulative oder analytische Lösungstechniken zu verwenden. Die implementierten analytischen Lösungsverfahren (exakt: Mittelwertanalyse, Convolution; approximativ: Linearizer, SCAT) sind nur auf eine Teilmenge der beschreibbaren Modelle anwendbar.

MAOS wurde an der Universität Hamburg [JOBM 85] entwickelt und wird zur Leistungsbewertung von Rechensystemen und Rechnernetzen (LAN) verwendet. Es soll neben einer Modellanalyse auch Möglichkeiten für Systemoptimierung bieten. MAOS besteht aus exakten und approximativen analytischen Lösungsverfahren (basierend auf der Mittelwertanalyse) und der Simulation.

OSCAR ist ein Programmpaket für die Analyse von Rechensystemen, das analytische (Mittelwertanalyse und Convolution) und simulative Lösungsverfahren bietet. Es ist sowohl bei der Bewertung als auch bei der Entwicklung von Rechenanlagen einsetzbar. OSCAR ist auf einem IBM Rechner 3081k mit OS/VS 2 MVS-System unter TSO implementiert. Es wurde in Frankreich bei SYSECA-Temps Reel mit Unterstützung des Ragowski-Instituts Aachen entwickelt.

PANACEA ist ein unter UNIX lauffähiges Werkzeug zur Leistungsanalyse von Rechensystemen, Rechnernetzen und Fertigungsanlagen [RAMI 88]. Es bietet exakte, z.B. Mittelwertanalyse, Convolution, und approximative analytische Lösungsverfahren sowie Simulation. PANACEA ist auf der VAX-, AMDAHL- und IBM-Familie, SUN 2-, SUN 3-Workstations und auf CRAY/XMP-Rechnern lauffähig.

PEPSY, entwickelt an der Universität Erlangen-Nürnberg [BOJU 87,BOZE 87], ist eine Bibliothek von Unix-Tools, die eine Leistungsanalyse von Rechensystemen auf der Grundlage von Warteschlangenmodellen ermöglicht. Mit diesem Programmsystem hat man ein Werkzeug zur Hand, mit dem relativ leicht verschiedene Analyseverfahren miteinander verglichen werden können und deren Genauigkeit beurteilt werden kann. Aus diesem Grund sind in PEPSY die meisten der im Buch beschriebenen Verfahren implementiert. Als Basis für die Beurteilung von approximativen Verfahren zur Analyse von Nichtproduktformnetzen wurde zusätzlich eine Simulationskomponente integriert. Es existiert auch eine auf PEPSY aufbauende Optimierungskomponente PEPSY.O [SPIT 88,BAUE 89], mit deren Hilfe optimale Systemparameter bezüglich unterschiedlicher Optimierungsziele, wie z.B. minimale Antwortzeit bei Kostenbeschränkung oder maximaler Durchsatz bei Antwortzeitbeschränkung, ermittelt werden können.

QNAP 2 ist ein äußerst umfangreiches Analysesystem [BADE 82], das von verschiedenen Firmen (INRIA, BULL, METRA) entwickelt wurde. Es stellt eine Vielzahl bekannter Lösungsverfahren, z.B. Mittelwertanalyse, SCAT-Algorithmus und exakte Markov-Verfahren, unter einer gemeinsamen Beschreibungssprache zur Verfügung.

QNET 4 ist eines der historisch wichtigsten Programmpakete für die Analyse von Warteschlangennetzen [REIS 75]. Es stellt ein exaktes analytisches Lösungsverfahren für Produktformnetze auf der Basis des Convolution-Algorithmus zur Verfügung, kann aber auch mit Simulationsmethoden verbunden werden.

RESQ ist ein Modellierungspaket, dessen Entwicklung stark von IBM gefördert wurde. Es besteht aus der oben erwähnten Komponente QNET 4 und dem Simulator APLOMB [REIS 76]. Die Integration und Verfeinerung beider Pakete ergab das Modellsystem RESQ 2, welches nicht nur zur Analyse von Rechensystemen und Kommunikationsmodellen eingesetzt wird , sondern auch bei Fabrikationsprozessen.

STEP-1 wurde an der Universität von Maryland entwickelt [AGRA 85]. Es bietet exakte und approximative Verfahren (basierend auf Convolutionalgorithmus und Mittelwertanalyse), Simulation und hybride Verfahren. STEP-1 ist besonders benutzerfreundlich und noch erweiterbar.

Monographien, Bücher

Allen O.A.: „Probability, Statistics and Queueing Theory"; Academic Press, 1978.

Arthurs E.; Stuck B.W.: „A Computer and Communications Network Performance Analysis Primer"; Prentice-Hall, 1985.

Bolch G.; Akyildiz I.F.: „Analyse von Rechensystemen "; Teubner, 1982.

Boxma O.J.; Syski R. (eds.): „Queueing Theory and its Applications"; North-Holland, 1988.

Bruell S.C; Balbo G.: „Computational Algorithms for Closed Queueing Networks"; North-Holland, 1980.

Courtois P.J.: „Decomposability: Queueing and Computer System Applications"; Academic Press, 1977.

Ferrari D.: „Computer System Performance Evaluation"; Prentice-Hall, 1978.

Ferrari D.; Serazzi G.; Zeigner A.: Measurement and Tuning of Computer Systems"; Prentice-Hall, 1983.

Gelenbe E.; Mitrani I.: „Analysis and Synthesis of Computer Systems"; Academic Press, 1980.

Gelenbe E.; Pujolle G.: „Introduction to Queueing Networks"; John Wiley & Sons, 1987.

Jessen E.; Valk R.: „Rechensysteme — Grundlagen der Modellbildung"; Springer, 1987.

Kleinrock L.: „Queueing Systems"; 2 Volumes, John Wiley & Sons, 1975/76.

Kobayashi H.: „Modeling and Analysis: An Introduction to System Performance Evaluation Methodology"; Addison-Wesley, 1978.

Lavenberg S.S.: „Computer Performance Modeling Handbook"; Academic Press, 1983.

Lazowska E.D.; Zahorjan J.; Graham G.S.; Sevcik K.C.: „Quantitative System Performance — Computer System Analysis Using Queueing Network Models"; Prentice-Hall, 1984.

Marsan M.A.; Balbo G.; Conte G.: „Performance Models of Multiprocessor Systems"; MIT-Press, 1986.

Mitrani I.: „Modelling of Computer and Communication Systems"; Cambridge University Press, 1987.

Pflug G.: „Stochastische Modelle in der Informatik"; Teubner, 1986.

Sauer C.H.; Chandy K.M.: „Computer Systems Performance Modeling"; Prentice-Hall, 1981.

Spies P.P.: „Grundlagen stochastischer Modelle"; Hanser, 1983.

Tijms H.C.: „Stochastic Modelling and Analysis: A Computational Approach"; John Wiley & Sons, 1986.

Trivedi K.S.: „Probability and Statistics with Reliability, Queuing and Computer Science Applications"; Prentice-Hall, 1982.

Walke B.: „Realzeitrechner-Modelle, Theorie und Anwendung"; Oldenbourg, 1978.

Literaturverzeichnis

[ABP 85]   Akyildiz I.F.; Bolch G.; Paterok M.: „Die Erweiterte Parametrische Analyse für geschlossene Warteschlangennetze"; Informatik-Fachberichte 110, Springer-Verlag, pp. 170–185, 1985.

[ABS 84]   Agrawal S.C.; Busen J.P.; Shum A.W.: „Response Time Preservation: A General Technique for Developing Approximate Algorithms for Queueing Networks"; ACM Sigmetrics Performance Evaluation Review, Vol. 12, No. 3, pp. 63–77, Aug. 1984.

[AgBu 83]   Agrawal S.C.; Busen J.P.: „The Aggregate Server Method for Analysing Serialisation Delays in Computer Systems"; ACM Transactions on Computer Systems, Vol. 1, No. 2, pp. 116–143, May 1983.

[Agra 83]   Agrawal S.C.: „Metamodeling: A Study of Approximations in Queueing Models"; Ph.D. Thesis, Dept. of Computer Science, Purdue Univ., 1983.

[Agra 85]   Agrawala A.K. et al.: „STEP-1: A User Friendly Performance Analysis Tool"; Proc. Int. Conf. on Modelling Techniques and Tools for Performance Analysis, pp. 201–221, 1985.

[AgTr 82]   Agre J.R.; Tripathi S.K.: „Modeling Reentrant and Nonreentrant Software"; ACM Sigmetrics Performance Evaluation Review, Vol. 11, No. 4, pp. 163–178, Winter 1982–83.

[AkBo 83]   Akyildiz I.F.; Bolch G.: „Erweiterung der Mittelwertanalyse zur Berechnung der Zustandswahrscheinlichkeiten für geschlossene und gemischte Netze"; Informatik-Fachberichte 61, Springer-Verlag, pp. 267–276, 1983.

[AkBo 88a]   Akyildiz I.F.; Bolch G.: „Mean Value Analysis Approximation for Multiple Server Queuing Networks"; Performance Evaluation, Vol. 8, No. 2, pp. 77–91, April 1988.

[AkBo 88b]   Akyildiz I.F.; Bolch G.: „Throughput and Response Time Optimisation in Queueing Network Models of Computer Systems"; Proc. of the Int. Seminar on Performance of Distributed and Parallel Systems, Kyoto, Dec. 1988.

[AkBr 89]   Akyildiz I.F.; von Brand H.: „Exact Solutions for Open, Closed and Mixed Queueing Networks with Rejection Blocking"; Journal Theoretical Computer Science, North-Holland, 1989.

[AkSi 87]   Akyildiz I.F.; Sieber A.: „Approximate Analysis of Load Dependent General Queueing Networks"; IEEE Transactions on Software Engineering, Vol. 14, No. 11, pp. 1537–1545, Nov. 1988.

[Akyi 87]   Akyildiz I.F.: „Exact Product Form Solution for Queueing Networks with Blocking", IEEE Transactions on Computers, Vol. 36, No. 1, pp. 122–125, Jan. 1987.

[Akyi 88a]   Akyildiz I.F.: „On the Exact and Approximate Throughput Analysis of Closed Queueing Networks with Blocking"; IEEE Transactions on Software Engineering, Vol. 14, No. 1, pp. 62–70, Jan. 1988.

[Akyi 88b]   Akyildiz I.F.: „Mean Value Analysis for Blocking Queueing Networks"; IEEE Transactions on Software Engineering, Vol. 14, No. 4, pp. 418–428, April 1988.

[Akyi 89]   Akyildiz I.F.: „Product Form Approximations for Queueing Networks with Multiple Servers and Blocking"; IEEE Transactions on Computers, Vol. 38, No. 1, pp. 99–114, Jan. 1989.

[Alle 78]   Allen O.A.: „Probability, Statistics and Queueing Theory"; Academic Press, 1978.

[AlPe 86]   Altiok T.; Perros H.G.: „Approximate Analysis of Arbitrary Configurations of Open Queueing Networks with Blocking"; AIIE Transactions, March 1986.

[ALTI 82]   Altiok T.: „Approximate Analysis of Exponential Tandem Queues with Blocking"; European Journal of Operations Research, Vol. 11, pp. 390–398, Oct. 1982.

[ARST 81]   Arthurs E.; Stuck B.W.: „A Theoretical Performance Analysis of Polling and Carrier Sense Collision Detection Communication Systems"; Proc. 7th Data Communication Symposium, 1981.

[BADE 82]   Badel M. et al: „QNAP 2 Reference Manual CII"; Honeywell Bull and INRIA, 1982.

[BAIA 82]   Balsamo S.; Iaseolla G.: „An Extension of Norton's Theorem for Queueing Networks"; IEEE Transactions on Software Engineering, Vol. 8, No. 4, pp. 298–305, July 1982.

[BAIA 83]   Balsamo S.; Iaseolla G.: „Some Equivalence Properties for Queueing Networks with and without Blocking"; Performance '83, Agrawala A.K. and Tripathi S. (eds.), North-Holland, pp. 351–360, 1983.

[BALB 79]   Balbo G.: „Approximate Solutions of Queuing Network Models of Computer Systems"; Ph.D. Thesis, Dept. of Computer Science, Purdue Univ., 1979.

[BARD 78]   Bard Y.: „The VM/370 Performance Predictor"; Computing Surveys, Vol. 10, No. 3, pp. 333–342, Sept. 1978.

[BARD 79]   Bard Y.: „Some Extensions to Multiclass Queueing Network Analysis"; 4th Int. Symp. on Modelling and Performance Evaluation of Computer Systems, Vol. 1, Wien, Feb. 1979.

[BARD 80]   Bard Y.: „A Model of Shared DASD and Multipathing"; Communications of the ACM, Vol. 23, No. 10, pp. 564–572, Oct. 1980.

[BARD 81]   Bard Y.: „A Simple Approach to System Modeling"; Performance Evaluation, Vol. 1, pp. 225–248, 1981.

[BARD 82]   Bard Y.: „Modeling I/O Systems with Dynamic Path Selection, and General Transmission Networks"; ACM Sigmetrics Performance Evaluation Review, Vol. 11, No. 4, pp. 118–129, Winter 1982–83.

[BAUE 89]   Bauer G.: „Optimierung von Leistungsgrößen mit Hilfe der Lagrangemethode"; Studienarbeit am IMMD IV der FAU Erlangen-Nürnberg, 1989.

[BBA 84]   Bruell S.C; Balbo G.; Afshari P.V.: „Mean Value Analysis of Mixed, Multiple Class BCMP Networks with Load Dependent Service Stations"; Performance Evaluation, Vol. 4, pp. 241–260, 1984.

[BBC 77]   Brown R.M.; Browne J.C.; Chandy K.M.: „Memory Management and Response Time"; Communications of the ACM, Vol. 20, No. 3, pp. 153–165, March 1977.

[BBS 77]   Balbo G.; Bruell S.C.; Schwetmann H.D.: „Customer Classes and Closed Network Models — A Solution Technique"; Proc. IFIP Congress, North Holland, pp. 559–564, 1977.

[BCMP 75]   Baskett F.; Chandy K.M.; Muntz R.R.; Palacios F.G.: „Open, Closed, and Mixed Networks of Queues with Different Classes of Customers"; Journal of the ACM, Vol. 22, No. 2, pp. 248–260, April 1975.

[BECH 83]   Berry R.; Chandy K.M.: „Performance Models of Token Ring Local Area Networks"; ACM Sigmetrics Performance Evaluation Review, Special Issue, pp. 266–274, Aug. 1983.

[BEGO 81]   Bernstein P.A.; Goodman N.: „Concurrency Control in Distributed Database Systems"; Computing Surveys, Vol. 13, No. 2, pp. 185–221, June 1981.

[BESC 85]   Beilner H.; Scholten H.A.: „Strukturierte Modellbeschreibung und strukturierte Modellanalyse: Konzepte des Modellierungswerkzeuges HIT", Informatik-Fachberichte 110, Springer-Verlag, pp. 65–81, 1985.

[BFS 87]   Bolch G.; Fleischmann G.; Schreppel R.: „Ein funktionales Konzept zur Analyse von Warteschlangennetzen und Optimierung von Leistungsgrößen"; Informatik-Fachberichte 154, Springer-Verlag, pp. 327–342, 1987.

[BGS 83]   BGS Systems: „BEST/1 — MVS User's Guide"; Waltham, 1983.

[BHAN 75]   Bhandarkar D.P.: „Analysis of Memory Interference in Multiprocessors"; IEEE Transactions on Computers, Vol. 24, No. 9, pp. 897–908, Sept. 1975.

[BKLC 84]   Bryant R.M.; Krzesinski A.E.; Lakshmi M.S.; Chandy K.M.: „The MVA Priority Approximation"; ACM Transactions on Computer Systems, Vol. 2, No. 4, pp. 335–359, Nov. 1984.

[BKT 83]   Bryant R.M.; Krzesinski A.E.; Teunissen P.: „The MVA Pre-empt Resume Priority Approximation"; ACM Sigmetrics Performance Evaluation Review, Special Issue, pp. 12–27, Aug. 1983.

[BoCH 88]   Bondi A.B.; Chuang Y.M.: „A New MVA-Based Approximation for Closed Queueing Networks with a Preemptive Priority Server"; Performance Evaluation, Vol. 8, No. 3, pp. 195–221, June 1988.

[BoJa 82]   Bolch G.; Jarschel, W.: „Zur Leistungsanalyse von symmetrischen Mehrprozessorsystemen"; Elektronische Rechenanlagen, Vol. 24, Heft 1, 1982.

[BoJu 87]   Bolch G.; Jung H.: „PEPSY, Performance Evaluation and Prediction System"; Arbeitsgespräch Werkzeuge zur Modellierung und/oder Leistungsbewertung von Rechensystemen, Dortmund, Juni 1987.

[BoKo 81]   Boxma O.J.; Konheim A.G.: „Approximate Analysis of Exponential Queueing Systems with Blocking "; Acta Informatica, Vol. 15, pp. 19–66, 1981.

[BoKr 84]   Booyens M.; Kritzinger P.S.: „SNAPL/1: Language to Describe and Evaluate Queuing Network Models"; Performance Evaluation, Vol. 4, pp. 171–181, 1984.

[BoLc 83]   Bolch G.: „Approximation von Leistungsgrößen symmetrischer Mehrprozessorsysteme"; Computing, Vol. 31, pp. 305–315, 1983.

[BoMe 86]   Boxma O.J.; Meister B.: „Waiting-Time Approximations for Cyclic-Service Systems with Switch-Over Times"; ACM Sigmetrics Performance Evaluation Review, Vol. 14 No. 1, pp. 254–262, May 1986.

[Booy 85]   Booyens M. et al.: „SNAP: An Analytic Multiclass Queueing Network Analyzer"; Proc. Int. Conf. on Modelling Techniques and Tools for Permormance Analysis", pp. 67–79, 1985.

[BoZe 87]   Bolch G.; Zeis G.: „Softwaretools zur Leistungsbewertung von Rechensystemen"; Angewandte Informatik, No. 11, pp. 470–480, 1987.

[BRAN 74]   Brandwajn A.: „A Model of a Time Sharing Virtual Memory System Solved Using Equivalence and Decomposition Methods"; Acta Informatica, Vol. 4, pp. 11–47, 1974.

[BRAN 82]   Brandwajn A.: „Fast Approximate Solution of Multiprogramming Models"; ACM Sigmetrics Performance Evaluation Review, Vol. 11, No. 4, pp. 141–149, Winter 1982–83.

[BRBa 80]   Bruell S.C; Balbo G.: „Computational Algorithms for Closed Queueing Networks"; North-Holland, 1980.

[BuDe 80]   Buzen J.P.; Denning P.J.: „Measuring and Calculating Queue Length Distributions"; Computer, Vol. 13, No. 4, pp. 33–44, April 1980.

[Bux 81]   Bux W.: „Local-Area Subnetworks: A Performance Comparison"; IEEE Transactions on Communications, Vol. 29, No. 10, pp. 1465–1473, Oct. 1981

[Bux 87]   Bux W.: „Modeling Token Ring Networks — A Survey"; Informatik-Fachberichte 154, Springer-Verlag, pp. 192–221, 1987.

[Buze 71]   Busen J.P.: „Queuing Network Models of Multiprogramming"; Ph.D. Thesis, Div. of Engineering and Applied Physics, Harvard University, 1971.

[Buze 73]   Busen J.P.: „Computational Algorithms for Closed Queueing Networks with Exponential Servers"; Communications of the ACM, Vol. 16, No. 9, pp. 527–531, Sept. 1973.

[Buze 76]   Busen J.P.: „Fundamental Operational Laws of Computer System Performance"; Acta Informatica, Vol. 7, pp. 167–182, 1976.

[CDW 75]   Chiu W.; Dumont D.; Wood R.: „Performance Analysis of a Multiprogrammed Computer System"; IBM Journal of Research and Development, Vol. 19, No. 3, pp. 263–271, May 1975.

[CGM 83]   Chesnais A.; Gelenbe E.; Mitrani I.: „On the Modeling of Parallel Access to Shared Data"; Communications of the ACM, Vol. 26, No. 3, pp. 196–202, March 1983.

[Chan 72]   Chandy K.M.:„The Analysis and Solutions for General Queuing Networks"; Proc. Sixth Annual Princeton Conf. on Information Sciences and Systems, Princeton University, pp. 224–228, March 1972.

[ChLa 71]   Chang A.; Lavenberg S.S.: „Work Rates in Closed Queueing Networks with General Independent Servers"; Operations Research, Vol. 22, pp. 838–847, 1971.

[ChLa 83]   Chandy K.M.; Lakshmi M.S.: „An Approximation Technique for Queueing Networks with Preemptive Priority Queues"; Techn. Rep. Dept. Computer Sciences, Univ. of Texas at Austin, Feb. 1983.

[ChMa 83]   Chandy K.M.; Martin A.J.: „A Characterization of Product-Form Queuing Networks"; Journal of the ACM, Vol. 30, No. 2, pp. 286–299, April 1983.

[ChNe 82]   Chandy K.M.; Neuse D.: „Linearizer: A Heuristic Algorithm for Queueing Network Models of Computing Systems"; Communications of the ACM, Vol. 25, No. 2, pp. 126–134, Feb. 1982.

[Chow 83]   Chow W.M.: „Approximations for Large Scale Closed Queueing Networks"; Performance Evaluation, Vol. 3, No. 1, pp. 1–12, 1983.

[ChSa 78]   Chandy K.M.; Sauer C.H.: „Approximate Methods for Analyzing Queueing Network Models of Computing Systems"; Computing Surveys, Vol. 10, No. 3, pp. 281–317, Sept. 1978.

[ChSa 80]   Chandy K.M.; Sauer C.H.: „Computational Algorithms for Product Form Queueing Networks"; Communications of the ACM, Vol. 23, No. 10, pp. 573–583, Oct. 1980.

[CHT 77]   Chandy K.M.; Howard J.H.; Towsley D.F.: „Product Form and Local Balance in Queueing Networks"; Journal of the ACM, Vol. 24, No. 2, pp. 250–263, April 1977.

[CHW 75A]   Chandy K.M.; Herzog U.; Woo L.: „Parametric Analysis of Queuing Networks"; IBM Journal of Research and Development, Vol. 19, No. 1, pp. 36–42, Jan. 1975.

[CHW 75B]   Chandy K.M. ; Herzog U.; Woo L.: „Approximate Analysis of General Queuing Networks"; IBM Journal of Research and Development, Vol. 19, No. 1, pp. 43–49, Jan. 1975.

[Chyl 86]   Chylla P.: „Zur Modellierung und approximativen Leistungsanalyse von Vielteilnehmer-Rechensystemen"; Dissertation an der Fakultät für Mathematik und Informatik der TU München, 1986.

[ChYu 83]   Chow W.; Yu P.S.: „An Approximation Technique for Central Server Queueing Models with a Priority Dispatching Rule"; Performance Evaluation, Vol. 3, pp. 55–62, 1983.

[CoGe 86]   Conway A.E.; Georganas N.D.: „RECAL — A New Efficient Algorithm for the Exact Analysis of Multiple-Chain Closed Queuing Networks"; Journal of the ACM, Vol. 33, No. 4, pp. 768–791, Oct. 1986.

[COUR 75]   Courtois P.J.: „Decomposability, Instabilities and Saturation in Multiprogramming Systems"; Communications of the ACM, Vol. 18, No. 7, pp. 371–377, July 1975.

[COUR 77]   Courtois P.J.: „Decomposability: Queueing and Computer System Applications"; Academic Press, 1977.

[Cox 55]   Cox D.R.; „A Use of Complex Probabilities in the Theory of Stochastic Processes"; Proc. of the Cambridge Philosophical Society, Vol. 51, pp. 313–319, 1955.

[CSL 89]   Conway A.E.; de Souza e Silva E.; Lavenberg S.S.: „Mean Value Analysis by Chain of Product Form Queueing Networks"; IEEE Transactions on Computers, Vol. 38, No. 3, pp. 432–442, March 1989.

[CST 88]   Chiarawangse J.; Srinivasan M.M.; Teorey T.J.: „Performance Analysis of a Large Interconnected Network by Decomposition Techniques"; IEEE Network, Vol. 2, No. 4, pp. 19–27, July 1988.

[DEBU 78]   Denning P.J.; Buzen J.P.: „The Operational Analysis of Queueing Network Models"; Computing Surveys, Vol. 10, No. 3, pp. 225–261, Sept. 1978.

[DEME 89]   de Meer H.: „Systematic Modelling of Computers Using Queueing Networks"; Interner Bericht 1/89 des IMMD IV der Universität Erlangen-Nürnberg, 1989.

[DUCZ 87]   Duda A.; Czachórski T.: „Performance Evaluation of Fork and Join Synchronization Primitives"; Acta Informatica, Vol. 24, pp. 525–553, 1987.

[DUDA 87]   Duda A.:„Approximate Performance Analysis of Parallel Systems"; Proc. 2nd Int. Workshop on Applied Mathematics and Performance/Reliability Models an Computer/Communication Systems, pp. 189–202, 1987.

[EALI 88]   Eager D.L.; Lipscomb J.N.: „The AMVA Priority Approximation"; Performance Evaluation, Vol. 8, No. 3, pp. 173–193, June 1988.

[EASE 83]   Eager D.L.; Sevcik K.C.: „Performance Bound Hierarchies for Queueing Networks"; ACM Transactions on Computer Systems, Vol. 1, No. 2, pp. 99–115, May 1983.

[EASE 86]   Eager D.L.; Sevcik K.C.: „Bound Hierarchies for Multiple-Class Queueing Networks"; Journal of the ACM, Vol. 33, No. 1, pp. 179–206, Jan. 1986.

[FELL 68]   Feller W.: „An Introduction to Probability Theory and its Applications"; 2 Volumes, John Wiley & Sons, 1968.

[FERR 78]   Ferrari D.: „Computer System Performance Evaluation"; Prentice-Hall, 1978.

[FILI 86]   Filip W.: „Analyse von Rechensystemen mit zwei Auftragsklassen und beliebigen Bedienungszeiten"; Dissertation im Fachbereich Informatik der TH Darmstadt, 1986.

[FLEI 89]   Fleischmann G.: „Modellierung und Bewertung paralleler Programme"; Dissertation am IMMD IV der FAU Erlangen-Nürnberg, 1989.

[FOER 89]   Förster C.: „Implementierung und Validierung von MWA–Approximationen"; Studienarbeit am IMMD IV der FAU Erlangen-Nürnberg, 1989.

[FRBE 83]   Freund D.J.; Bexfield J.N.: „A New Aggregation Approximation Procedure for Solving Closed Queueing Networks with Simultaneous Resource Possession"; ACM Sigmetrics Performance Evaluation Review, Special Issue, pp. 214–223, Aug. 1983.

[FRED 86]   Fredericks A.A.: „An Approximation Method for Analysing a Virtual Circuit Switch Based LAN — Solving the Simultaneous Resource Possession Problem"; Teletraffic Analysis and Computer Performance Evaluation, North Holland, 1986.

[FSZ 83]   Ferrari D.; Serazzi G.; Zeigner, A.: „Measurement and Tuning of Computer Systems"; Prentice-Hall, 1983.

[GEIH 83]   Geihs K.: „Analytische und simulative Untersuchung eines Multiplexors mit Time-Out"; Informatik-Fachberichte 61, Springer-Verlag, pp. 165–177, 1983.

[GELE 75]   Gelenbe E.: „On Approximate Computer System Models"; Journal of the ACM, Vol. 22, No. 2, pp. 261–269, April 1975.

[GEMI 80]   Gelenbe E.; Mitrani I.: „Analysis and Synthesis of Computer Systems"; Academic Press, 1980.

[GEPU 76]   Gelenbe E.; Pujolle G.: „The Behaviour of a Single Queue in a General Queueing Network"; Acta Informatica, Vol. 7, pp. 123–136, 1976.

[GODO 80]   Gordon K.D.; Dowdy L.W.: „The Impact of Certain Parameter Estimation Errors in Queueing Network Models"; ACM Sigmetrics Performance Evaluation Review, Vol. 9, No. 2, pp. 3–9, 1980.

[GOKU 79]   Gonsalves T.A.; Kumar B.: „Analysis of Interconnection Structures for Distributed Computer Systems"; ACM Sigmetrics Performance Evaluation Review, Vol. 8, No. 3, pp. 89-98, Fall 1979.

[GONE 67A]   Gordon W.J.; Newell G.F.: „Closed Queuing Systems with Exponential Servers"; Operations Research, Vol. 15, No. 2, pp. 254–265, April 1967.

[GONE 67B]   Gordon W.J.; Newell G.F.: „Cyclic Queuing Systems with Restricted Queues"; Operations Research, Vol. 15, No. 2, pp. 266–277, April 1967.

[GROS 83]   Groß S.R.: „Architektur und Bewertung eines autonomen Datenübertragungssystems"; Dissertation TU Braunschweig, 1983.

[GÜRI 85]   Gürich W.: „Eine iterative Methode zur Modellierung gemeinsam benutzter Plattenperipherie bei einem lose gekoppelten Rechnersystem"; Informatik-Fachberichte 110, Springer-Verlag, pp. 277–290, 1985.

[HAHN 88]   Hahn T.: „Implementierung und Validierung der Mittelwertanalyse für höhere Momente und Verteilungen"; Studienarbeit am IMMD IV der FAU Erlangen-Nürnberg, 1988.

[HAOR 86]   Hammond J.L.; O'Reilly P.J.P.: „Performance Analysis of Local Computer Networks"; Addison-Wesley, 1986.

[HBAK 86]   Hoyme K.P.; Bruell S.C.; Afshari P.V.; Kain R.Y.: „A Tree-Structured Mean Value Analysis Algorithm"; ACM Transactions on Computer Systems, Vol. 4, No. 2, pp. 178–185, Nov. 1986.

[HEIN 83]   Heinselman R.: „Heuristic Iterative Mean Value Analysis: Evaluation of Some Issues"; Rept. TM-49-9, Sperry Research Center, Sudbury, 1983.

[HERZ 87]   Herzog U.: „Tutorium im Rahmen der 4. GI/ITG Fachtagung für Messung, Modellierung und Bewertung von Rechensystemen"; Erlangen, 1987.

[HERZ 89]   Herzog U.: „Leistungsbewertung und Modellbildung für Parallelrechner"; Informationstechnik, Vol. 1, No. 1, pp. 31–38, 1989.

[HETR 82]   Heidelberger P.; Trivedi K.S.: „Queueing Network Models for Parallel Processing with Asynchronous Tasks"; IEEE Transactions on Computers, Vol. 31, No. 11, pp. 1099–1109, Nov. 1982.

[HETR 83]   Heidelberger P.; Trivedi K.S.: „Analytic Queueing Models for Programs with Internal Concurrency"; IEEE Transactions on Computers, Vol. 32, No. 1, pp. 73–82, Jan. 1983.

[HEYW 81]   Heywood P.: „The Cambridge Ring is Still Making the Rounds"; Data Communications, July 1981.

[HITS 88]   Hitson B.L.: „Knowledge Based Monitoring and Control"; Computer Communication Review, Vol. 18, No. 4, pp. 210–221, Aug. 1988.

[HIVE 85]   Hildebrandt J.; Vering M.: „Ein Modellsystem zur Untersuchung des Rechenzentrums der Technischen Universität in Braunschweig"; Informatik-Fachberichte 110, Springer-Verlag, pp. 291–303, 1985.

[HODI 81]   Hordijk A.; van Dijk N.: „Networks of Queues with Blocking"; Performance '81, F.J. Kylstra (ed.), North-Holland, pp. 51–65, 1981.

[HOFM 84]   Hofmann F.: „Betriebssysteme: Grundkonzepte und Modellvorstellungen"; Teubner-Verlag, 1984.

[HSLA 87]   Hsieh C.T.; Lam S.S.: „Two Classes of Performance Bounds for Closed Queueing Networks "; Performance Evaluation, Vol. 7, No. 1, pp. 3–30, Feb. 1987.

[HSLA 89]   Hsieh C.T.; Lam S.S.: „PAM — A Noniterative Approximate Solution Method for Closed Multichain Queueing Networks "; Performance Evaluation, Vol. 9, No. 2, pp. 119–133, April 1989.

[HUET 89]   Hütter T.: „Summationsmethode zur Leistungsbewertung von Rechensystemen mit Prioritäten"; Studienarbeit am IMMD IV der FAU Erlangen-Nürnberg, 1989.

[HWC 75]   Herzog U.; Woo L.; Chandy K.M.: „Solution of Queuing Problems by a Recursive Technique"; IBM Journal of Research and Development, Vol. 19, No. 3, pp. 295–300, May 1975.

[IDH 86]   Iyer B.R.; Donatiello L.; Heidelberger P.: „Analysis of Performability for Stochastic Models of Fault-Tolerant Systems"; IEEE Transactions on Computers, Vol. 35, No. 10, pp. 902–907, Oct. 1986.

[JACK 57]   Jackson J.R.: „Networks of Waiting Lines"; Operations Research, Vol. 5, No. 4, pp. 518–521, 1957.

[JACK 63]   Jackson J.R.: „Jobshop-Like Queuing Systems"; Management Science, Vol. 10, No. 1, pp. 131–142, Oct. 1963.

[JALA 82]   Jacobson P.A.; Lazowska E.D.: „Analyzing Queueing Networks with Simultaneous Resource Possession"; Communications of the ACM, Vol. 25, No. 2, pp. 142–151, Feb. 1982.

[JALA 83]   Jacobson P.A.; Lazowska E.D.: „A Reduction Technique for Evaluating Queueing Networks with Serialization Delays"; Performance '83, Agrawala A.K. and Tripathi S. (eds.), North-Holland, pp. 45–59, 1983.

[JOBM 85]   Jobmann M.R.: „Modellbildung und -analyse von Rechensystemen mit Hilfe des Programmsystems MAOS"; Informatik-Fachberichte 110, Springer-Verlag, pp. 51–64, 1985.

[JUNG 84]   Jung H.: „Implementierung von Verfahren zur Leistungsanalyse von Rechensystemen. Teil 5: Operationelle Analyse"; Studienarbeit am IMMD IV der FAU Erlangen-Nürnberg, 1984.

[KAUF 84A]   Kauffels F.-J.: „Lokale Netze"; Verlagsgesellschaft R. Müller, 1984.

[KAUF 84B]   Kaufman J.S.: „Approximation Methods for Networks of Queues with Priorities"; Performance Evaluation, Vol. 4, pp. 183–198, 1984.

[KEIS 89]   Keiser G.E.: „Local Area Networks"; McGraw-Hill, 1989.

[KELL 76]   Keller T.W.: „Computer Systems Models with Passive Resources", Ph.D. Thesis, Univ. of Texas at Austin, 1976.

[KERO 86]   Kerola T.: „The Composite Bound Method for Computing Throughput Bounds in Multiple Class Environments"; Performance Evaluation, Vol. 6, No. 1, pp. 1–9, March 1986.

[KGT 88]   Kouvatsos D.D.; Georgatsos H.E.P.; Tabet-Aouel N.M.: „A Universal Maximum Entropy Algorithm for General Multiple Class Open Networks with Mixed Service Disciplines"; Tech. Rep. DK|PG|NT-A|1, Bradford University, 1988.

[KLEI 75]   Kleinrock L.: „Queueing Systems. Volume I: Theory"; John Wiley & Sons, 1975.

[KLEI 76]   Kleinrock L.: „Queueing Systems. Volume II: Computer Applications"; John Wiley & Sons, 1976.

[KOAL 88]   Kouvatsos D.D.; Almond J.: „Maximum Entropy Two-Station Cyclic Queues with Multiple General Servers"; Acta Informatica, Vol. 26, pp. 241–267, 1988.

[KOBA 74A]   Kobayashi H.: „Application of the Diffusion Approximation to Queueing Networks, Part I: Equilibrium Queue Distributions"; Journal of the ACM, Vol. 21, No. 2, pp. 316–328, April 1974.

[KOBA 74B]   Kobayashi H.: „Application of the Diffusion Approximation to Queueing Networks, Part II: Nonequilibrium Distributions and Applications to Computer Modeling"; Journal of the ACM, Vol. 21, No. 3, pp. 459–469, July 1974.

[KOBA 78]   Kobayashi H.: „Modeling and Analysis: An Introduction to System Performance Evaluation Methodology"; Addison-Wesley, 1978.

[KOBA 79]   Kobayashi H.: „A Computational Algorithm for Queue Distributions via Polya Theory of Enumeration"; 4th Int. Symp. on Modelling and Performance Evaluation of Computer Systems, Vol. 1, Wien, Feb. 1979.

[KOME 74]   Konheim A.G.; Meister B.: „Waiting Lines and Times in a System with Polling"; Jornal of the ACM, Vol. 21, No. 3, pp. 470–490, July 1974.

[KORE 76]   Konheim A.G.; Reiser M.: „A Queueing Model with Finite Waiting Room and Blocking", Journal of the ACM, Vol. 23, No. 2, pp. 328–341, April 1976.

[KORE 78]   Konheim A.G.; Reiser M.: „Finite Capacity Queuing Systems with Applications in Computer Modeling", SIAM Journal on Computing, Vol. 7, No. 2, pp. 210–229, May 1978.

[KOST 81]   Kostro K.: „Realistische Warteschlangenmodelle für Großrechner der Type CYBER-70 und -170"; Informatik-Fachberichte 41, Springer-Verlag, pp. 322–338, Feb. 1981.

[KOUV 85]   Kouvatsos D.D.: „Maximum Entropy Methods for General Queueing Networks"; Proc. Int. Conf. on Modelling Techniques and Tools for Performance Analysis, pp. 589–608, 1985.

[KRGR 84]   Krzesinski A.E.; Greyling J.: „Improved Lineariser Methods for Queueing Networks with Queue Dependent Centers"; ACM Sigmetrics Performance Evaluation Review, Vol. 12, No. 3, pp. 41–51, Aug. 1984.

[KRZE 87]   Krzesinski A.E.: „Multiclass Queueing Networks with State-Dependent Routing"; Performance Evaluation, Vol. 7, No. 2, pp. 125–143, June 1987.

[KTK 81]   Krzesinski A.E.; Teunissen P.; Kritzinger P.S.: „Mean Value Analysis for Queue Dependent Servers in Mixed Multiclass Queueing Networks"; Tech. Report ITR 81–03–00, Univ. of Stellenbosch, July 1981.

[KUEH 79A]   Kühn P.J.: „Approximate Analysis of General Queuing Networks by Decomposition"; IEEE Transactions on Communications, Vol. 27, No. 1, pp. 113–126, Jan. 1979.

[KUEH 79B]   Kühn P.J.: „Multiqueue Systems with Nonexhaustive Cyclic Service"; Bell System Tech. Jour., Vol. 58, pp. 671–698, March 1979.

[KUTZ 82]   Kutz S.: „Vergleich neuerer Verfahren zur Analyse von Rechensystemen anhand von Beispielen"; Studienarbeit am IMMD IV der FAU Erlangen-Nürnberg, 1982.

[KWK 82]   Kritzinger P.S.; van Wyk S.; Krzesinski A.E.: „A Generalization of Norton's Theorem for Multiclass Queueing Networks"; Performance Evaluation, Vol. 2, pp. 98–107, 1982.

[LaLi 83]   Lam S.S.; Lien Y.L.: „A Tree Convolution Algorithm for the Solution of Queueing Networks"; Communications of the ACM, Vol. 26, No. 3, pp. 203–215, March 1983.

[Lam 80]   Lam S.S.: „A Carrier Sense Multiple Access Protocol for Local Networks"; Computer Networks, Vol. 4, pp. 21–32, 1980.

[Lam 81]   Lam S.S.: „A Simple Derivation of the MVA and LBANC Algorithms from the Convolution Algorithm", Technical Report No. 184, Univ. of Texas at Austin, Nov. 1981.

[Lang 85]   Lang E.: „Untersuchungen zur Leistungsbewertung von Rechensystemen"; Dissertation im Fachbereich Informatik der TH Darmstadt, 1985.

[LaRe 80]   Lavenberg S.S.; Reiser M.: „Stationary State Probabilities at Arrival Instants for Closed Queueing Networks with Multiple Types of Customers"; Journal Applied Probability, Vol. 17, pp. 1048–1061, 1980.

[Lave 83]   Lavenberg S.S.: „Computer Performance Modeling Handbook"; Academic Press, 1983.

[LaZa 82]   Lazowska E.D.; Zahorjan J.: „Multiple Class Memory Constrained Queueing Networks"; ACM Sigmetrics Performance Evaluation Review, Vol. 11, No. 4, pp. 130–140, Winter 1982–83.

[Lehm 87]   Lehmann A.: „Taxonomy and Application of Expert Systems in Simulation"; Proc. of IMACS, Int. Sympos. on AI, Expert Systems and Languages in Modelling and Simulation, Barcelona, June 1987.

[LeSz 87]   Lehmann A.; Szczerbicka H.: „Leistungsanalyse mit INT^3: einer interaktiven, intelligenten und integrierten PC-Modellierungsumgebung"; Informatik-Fachberichte 154, Springer–Verlag, pp. 279–293, 1987.

[LiCh 77]   Lipsky L.; Church J.D.: „Applications of a Queueing Network Model for a Computer System"; Computing Surveys, Vol. 9, No. 3, pp. 205–221, Sept. 1977.

[Litt 61]   Little J.D.C.: „A Proof of the Queuing Formula $L = \lambda W$"; Operations Research, Vol. 9, No. 3, pp. 383–387, May 1961.

[LZCZ 84]   Lazowska E.D.; Zahorjan J.; Cheriton D.R.; Zwaenepoel W.: „File Access Performance of Diskless Workstations"; Techn. Report 84–06–01, Univ. of Washington, 1984.

[LZGS 84]   Lazowska E.D.; Zahorjan J.; Graham G.S.; Sevcik K.C.: „Quantitative System Performance — Computer System Analysis Using Queueing Network Models"; Prentice-Hall, 1984.

[LZS 86]   Lazowska E.D.; Zahorjan J.; Sevcik K.C.: „Computer System Performance Evaluation Using Queueing Network Models"; Annual Review of Computer Science 1, 1986.

[Mari 78]   Marie R.: „Méthodes itératives de résolution de modèles mathématiques de systèmes informatiques"; R.A.I.R.O. Informatique/Computer Science, Vol. 12, No. 2, pp. 107–122, 1978.

[Mari 79]   Marie R.: „An Approximate Analytical Method for General Queueing Networks"; IEEE Transactions on Software Engineering, Vol. 5, No. 5, pp. 530–538, Sept. 1979.

[Mari 80]   Marie R.: „Calculating Equilibrium Probabilities for $\lambda(n)/C_k/1/N$ Queues"; ACM Sigmetrics Performance Evaluation Review, Vol. 9, No. 2, pp. 117–125, Summer 1980.

[MaSc 75]   Maeter J.; Scholten H.A.: „COPE — Benutzerhandbuch, Version 3.0"; Univ. Dortmund, 1984.

[MaSm 88]   Marathe M.V.; Smith R.A.: „Performance of a MAP Network Adapter"; IEEE Network, Vol. 2, No. 3, pp. 82–89, May 1988.

[MaSt 77]   Marie R.; Stewart W.J.: „A Hybrid Iterative-Numerical Method for the Solution of a General Queueing Network"; Proc. 3rd Symp. on Measuring, Modelling and Evaluating Computer Systems, North-Holland, pp. 173–188, 1977.

[McKe 88]   McKenna J.: „A New Proof and a Tree Algorithm for RECAL"; Performance '87, P.J. Courtois and G. Latouche (eds.), North-Holland, pp. 3–16, 1988.

[McMi 84]   McKenna J.; Mitra D.: „Asymptotic Expansions and Integral Representations of Moments of Queue Lengths in Closed Markovian Networks"; Journal of the ACM, Vol. 31, No. 2, pp. 346–360, April 1984.

[MeNa 82]   Menasce D.A.; Nakanishi T.: „Optimistic Versus Pessimistic Concurrency Control Mechanisms in Database Management Systems"; Information Systems, Vol. 7, No. 1, pp. 13–27, 1982.

[Meye 80]   Meyer J.F.: „On Evaluating the Performability of Degradable Computing Systems"; IEEE Transactions on Computers, Vol. 29, No. 8, pp. 720–731, Aug. 1980.

[Meye 82]   Meyer J.F.: „Closed-Form Solutions of Performability"; IEEE Transactions on Computers, Vol. 31, No. 7, pp. 648–657, July 1982.

[MFH 85]   McRoberts M.; Fox M.; Husain N.: „Generating Model Abstraction Scenarios in KBS"; Proc. AI, Graphics and Simulation, San Diego, pp. 106–109, 1985.

[Moor 72]   Moore F.R.: „Computational Model of a Closed Queuing Network with Exponential Servers"; IBM Journal of Research and Development, Vol. 16, No. 6, pp. 567–572, Nov. 1972.

[MSS 82]   Marie R.; Snyder P.M.; Stewart W.J.: „Extensions and Computational Aspects of an Iterative Method", ACM Sigmetrics Performance Evaluation Review, Vol. 11, No. 4, pp. 186–194, Winter 1982–1983.

[Munt 73]   Muntz R.R.: „Poisson Departure Process and Queueing Networks"; Proc. of the 7th Annual Princeton Conf. on Information Sciences and Systems, Princeton University, pp. 435–440, March 1973.

[MuRo 87]   Mueller-Clostermann B.; Rosentreter G.: „Synchronized Queueing Networks: Concepts, Examples and Evaluation Techniques"; Informatik-Fachberichte 154, Springer-Verlag, pp. 176–191, 1987.

[MuTa 88]   Murata M.; Takagi H.: „Two-Layer Modeling for Local Area Networks"; IEEE Transactions on Communications, Vol. 36, No. 9, pp. 1022–1034, Sept. 1988.

[MuWo 74a]   Muntz R.R.; Wong J.W.: „Efficient Computational Procedures for Closed Queueing Network Models", Proc. of the 7th Hawaii Int. Conf. on System Science, pp. 33–36, Jan. 1974.

[MuWo 74b]   Muntz R.R.; Wong J.W.: „Asymptotic Properties of Closed Queueing Network Models"; Proc. of the 8th Annual Princeton Conf. on Information Sciences and Systems, Princeton University, pp. 348–352, March 1974.

[NeCh 81]   Neuse D.; Chandy K.M.: „SCAT: A Heuristic Algorithm for Queueing Network Models of Computing Systems"; ACM Sigmetrics Performance Evaluation Review. Vol. 10, No. 3, pp. 59–79, Fall 1981.

[NeTa 88]   Nelson R.; Tantawi A.N.: „Approximate Analysis of Fork/Join Synchronization in Parallel Queues"; IEEE Transactions on Computers, Vol. 37, No. 6, pp. 739–743, June 1988.

[Noet 79]   Noetzel A.S.: „A Generalized Queueing Discipline for Product Form Network Solutions"; Journal of the ACM, Vol. 26, No. 4, pp. 779–793, Oct. 1979.

[OKee 86]   O'Keefe R.M.: „Simulation and Expert Systems — A Taxonomy and Some Examples"; Simulation, Vol. 46, No. 1, pp. 10–16, Jan. 1986.

[ONPE 86]   Onvural R.O.; Perros H.G.: „On Equivalencies of Blocking Mechanisms in Queueing Networks with Blocking"; Operations Research Letters, Vol. 5, No. 6, pp. 293–298, Dec. 1986.

[ONPE 89]   Onvural R.O.; Perros H.G.: „Some Equivalencies between Closed Queueing Networks with Blocking"; Performance Evaluation, Vol. 9, No. 2, pp. 111–118, April 1989.

[PEAL 86]   Perros H.G.; Altiok T.: „Approximate Analysis of Open Networks of Queues with Blocking: Tandem Configurations"; IEEE Transactions on Software Engineering, Vol. 12, No. 3, pp. 450–461, March 1986.

[PEDO 84]   Perez-Davila A.; Dowdy L.W.: „Parameter Interdependencies of File Placement Models in an Unix System"; ACM Sigmetrics Performace Evaluation Review, Vol. 12, No. 3, pp. 15–26, Aug. 1984.

[PERR 81]   Perros H.G.: „A Symmetrical Exponential Open Queue Network with Blocking and Feedback"; IEEE Transactions on Software Engineering, Vol. 7, No. 4, pp. 395–402, July 1981.

[PERR 84]   Perros H.G.: „Queuing Networks with Blocking: A Bibliography"; ACM Sigmetrics Performance Evaluation Review, Vol. 12, No. 2, pp. 8–12, Aug. 1984.

[PESN 89]   Perros H.G.; Snyder P.M.: „A Computationally Efficient Approximation Algorithm for Feed-Forward Open Queueing Networks with Blocking"; Performance Evaluation, Vol. 9, No. 9, pp. 217–224, June 1989.

[PITT 79]   Pittel B.: „Closed Exponential Networks of Queues with Saturation: The Jackson Type Stationary Distribution and Its Asymptotic Analysis"; Mathematics of Operations Research, Vol. 4, pp. 367–378, 1979.

[RAEM 89]   Ramakrishnan K.K.; Emer J.S.: „Performance Analysis of Mass Storage Service Alternatives for Distributed Systems"; IEEE Transactions on Software Engineering, Vol. 15, No. 2, pp. 120–133, Feb. 1989.

[RAMI 88]   Ramakrishnan K.G.; Mitra D.: „PANACEA: An Integrated Set of Tools for Performance Analysis"; Fourth Internat. Conf. on Modelling Techniques and Tools for Computer Performance Evaluation, Vol. 1, Palma de Mallorca, Sept. 1988.

[REIS 75]   Reiser M.: „QNET 4 User's Guide"; IBM Research Report RA 71, Yorktown Heights, New York, 1975.

[REIS 76]   Reiser M.: „Interactive Modeling of Computer Systems"; IBM Systems Journal, Vol. 15, No. 4, pp. 309–327, 1976.

[REIS 79]   Reiser M.: „A Queueing Network Analysis of Computer Communication Networks with Window Flow Control"; IEEE Transactions on Communications, Vol. 27, No. 8, pp. 1199–1209, Aug. 1979.

[REIS 81]   Reiser M.: „Mean-Value Analysis and Convolution Method for Queue-Dependent Servers in Closed Queueing Networks"; Performance Evaluation, Vol. 1, pp. 7–18, 1981.

[REKO 74]   Reiser M.; Kobayashi H.: „Accuracy of the Diffusion Approximation for Some Queuing Systems"; IBM Journal of Research and Development, Vol. 18, No. 2, pp. 110–124, March 1974.

[REKO 75]   Reiser M.; Kobayashi H.: „Queuing Networks with Multiple Closed Chains: Theory and Computational Algorithms"; IBM Journal of Research and Development, Vol. 19, No. 3, pp. 283–294, May 1975.

[RELA 80]   Reiser M.; Lavenberg S.S.: „Mean-Value Analysis of Closed Multichain Queuing Networks"; Journal of the ACM, Vol. 27, No. 2, pp. 313–322, April 1980.

[RIED 85]   Riedel H.: „Analyse von Simultanen Betriebsmittelbelegungen"; Studienarbeit am IMMD IV der FAU Erlangen-Nürnberg, 1985.

[RIED 88]   Riedel H.: „Analytische Methoden zur Leistungsbewertung von Rechensystemen"; Diplomarbeit am IMMD IV der FAU Erlangen-Nürnberg, 1988.

[ROHD 85]   Rohde H.: „Analyse geschlossener Warteschlangennetzwerke unter Verwendung von lastabhängigen Knoten"; Dissertation im Fachbereich Informatik der TH Darmstadt, 1985.

[ROOD 79]   Roode J.D.: „Multiclass Operational Analysis of Queueing Networks"; 4th Int. Symp. on Modelling and Performance Evaluation of Computer Systems, Vol. 2, Wien, 1979.

[SACH 81]   Sauer C.H.; Chandy K.M.: „Computer Systems Performance Modelling"; Prentice-Hall, 1981.

[SAUE 81]   Sauer C.H.: „Approximate Solution of Queueing Networks with Simultaneous Resource Possession"; IBM Journal of Research and Development, Vol. 25, No. 6, pp. 894–903, Nov. 1981.

[SAUE 83]   Sauer C.H.: „Computational Algorithms for State-Dependent Queueing Networks"; ACM Transactions on Computer Systems, Vol. 1, No. 1, pp. 67–92, Feb. 1983.

[SCHE 67]   Scherr A.L.: „An Analysis of Time-Shared Computer Systems"; MIT-Press, 1967.

[SCHM 84]   Schmitt W.: „On Decompositions of Markovian Priority Queues and their Application to the Analysis of Closed Priority Queueing Networks"; Performance '84, E. Gelenbe (ed.), North-Holland, pp. 393–407, 1984.

[SCHM 85]   Schmidt B.: „Systemanalyse und Modellaufbau"; Springer-Verlag, 1985.

[SCHW 79]   Schweitzer P.: „Approximate Analysis of Multiclass Closed Networks of Queues"; Proc. Int. Conf. on Stochastic Control and Optimization, Amsterdam, 1979.

[SEMI 81]   Sevcik K.C.; Mitrani I.: „The Distribution of Queuing Network States at Input and Output Instants"; Journal of the ACM, Vol. 28, No. 2, pp. 358–371, April 1981.

[SEVC 77]   Sevcik K.C.: „Priority Scheduling Disciplines in Queueing Network Models of Computer Systems"; Proc. IFIP Congress, North-Holland, pp. 565–570, 1977.

[SHBU 77]   Shum A.W.; Buzen J.P.: „The EPF Technique: A Method for Obtaining Approximate Solutions to Closed Queueing Networks with General Service Times"; Proc. 3rd Symp. on Measuring, Modelling and Evaluating Computer Systems, North-Holland, pp. 201–220, 1977.

[SHUM 76]   Shum A.W.: „Queueing Models for Computer Systems with General Service Time Distributions"; Ph.D. Thesis, Div. of Engineering and Applied Physics, Harvard Univ., Dec. 1976.

[SHYA 88]   Shanthikumar J.G.; Yao D.D.: „Throughput Bounds for Closed Queueing Networks with Queue-Dependent Service Rates"; Performance Evaluation, Vol. 9, No. 1, pp. 69–78, Nov. 1988.

[SIAN 61]   Simon H.A.; Ando A.: „Aggregation of Variables in Dynamic Systems"; Econometrica, Vol. 29, pp. 111–138, 1961.

[SLM 86]   de Souza e Silva E.; Lavenberg S.S.; Muntz R.R.: „A Clustering Approximation Technique for Queueing Networks with a Large Number of Chains"; IEEE Transactions on Computers, Vol. 35, No. 5, pp. 419–430. May 1986.

[SLTZ 77]   Sevcik K.C.; Levy A.I.; Tripathi S.K.; Zahorjan J.: „Improving Approximations of Aggregated Queueing Network Subsystems"; In Computer Performance, Chandy K.M. and Reiser M. (eds.), North-Holland, pp. 1–22, 1977.

[SMBR 80]   Smith C.; Browne J.C.: „Aspects of Software Design Analysis: Concurrency and Blocking"; ACM Sigmetrics Performance Evaluation Review, Vol. 9, No. 2, pp. 245–253, Summer 1980.

[SMK 82]   Sauer C.H.; MacNair E.A.; Kurose J.F.: „The Research Queueing Package: Past, Present and Future", Proc. Nat. Comp. Conf., pp. 273–280, 1982.

[SoLA 89]   de Souza e Silva E.; Lavenberg S.S.: „Calculating Joint Queue-Length Distributions in Product-Form Queuing Networks"; Journal of the ACM, Vol. 36, No. 1, pp. 194–207, Jan. 1989.

[SoMu 87]   de Souza e Silva E.; Muntz R.R.: „Approximate Solutions for a Class of Non-Product Form Queueing Network Models"; Performance Evaluation, Vol. 7, No. 3, pp. 221–242, Aug. 1987.

[SPAN 82]   Spaniol O.: „Konzepte und Bewertungsmethoden für lokale Rechnernetze"; Informatik Spektrum, Vol. 5, pp. 152–170, 1982.

[SPIR 79]   Spirn J.P.: „Queuing Networks with Random Selection for Service"; IEEE Transactions on Software Engineering, Vol. 5, No. 3, pp. 287–289, May 1979.

[SPIT 88]   Spitz P.: „Entwicklung und Implementierung eines Programmsystems zur Ermittlung optimaler Leistungsgrößen von Rechensystemen"; Studienarbeit am IMMD IV der FAU Erlangen-Nürnberg, 1988.

[STAL 84]   Stallings W.: „Local Networks — An Introduction"; Macmillan, 1984.

[STEW 78]   Stewart W.J.: „A Comparison of Numerical Techniques in Markov Modeling"; Communications of the ACM, Vol. 21, No. 2, pp. 144–152, Feb. 1978.

[STEW 79]   Stewart W.J.: „A Direct Numerical Method for Queueing Networks"; 4th Int. Symp. on Modelling and Performance Evaluation of Computer Systems, Vol. 1, Wien, Feb. 1979.

[STMA 80]   Stewart W.J.; Marie R.: „A Numerical Solution for the $\lambda(n)/C_k/r/N$ Queue"; European Journal of Operational Research, Vol. 5, pp. 56–68, 1980.

[STR 88]   Smith R.M.; Trivedi K.S.; Ramesh A.V.: „Performability Analysis: Measures, an Algorithm and a Case Study"; IEEE Transactions on Computers, Vol. 37, No. 4, pp. 406–417, April 1988.

[STRE 85]   Strelen J.C.: „Eine Verallgemeinerung der Mittelwertanalyse auf höhere Momente"; Informatik-Fachberichte 110, Springer-Verlag, pp. 156–169, 1985.

[STRE 86]   Strelen J.C.: „A Generalization of Mean Value Analysis to Higher Moments: Moment Analysis"; ACM Sigmetrics Performance Evaluation Review, Vol. 14, No. 1, pp. 129–140, May 1986.

[STUC 83]   Stuck B.W.: „Which Local Net Bus Access is Most Sensitive to Traffic Congestion?"; Data Communications, pp. 107–122, Jan. 1983.

[SuDI 84]   Suri R.; Diehl G.W.: „A New Building Block for Performance Evaluation of Queueing Networks with Finite Buffers"; ACM Sigmetrics Performance Evaluation Review, Vol. 12, No. 3, pp. 134–142, Aug. 1984.

[SuDI 86]   Suri R.; Diehl G.W.: „A Variable Buffer-Size Model and its Use in Analyzing Closed Queueing Networks with Blocking"; Management Science, Vol. 32, No. 2, pp. 206–225, Feb. 1986.

[TAKA 85]   Takagi H.: „Mean Message Waiting Times in Symmetric Multi-Queue Systems With Cyclic Service"; Performance Evaluation, Vol. 5, No. 4, pp. 271–277; Nov. 1985.

[TAY 87]   Tay Y.C.: „Locking Performance in Centralized Databases"; Academic Press, 1987.

[THBA 86]   Thomasian A.; Bay P.F.: „Analytic Queueing Network Models for Parallel Processing of Task Systems"; IEEE Transactions on Computers, Vol. 35, No. 12, pp. 1045–1054, Dec. 1986.

[THOM 83]   Thomasian A.: „Queueing Network Models to Estimate Serialization Delays in Computer Systems"; Performance '83, Agrawala A.K. and Tripathi S.(eds.), North-Holland, pp. 61–81, 1983.

[THRY 85]   Thomasian A.; Ryu I.K.: „Analysis of Some Optimistic Concurrency Control Schemes Based on Certification"; ACM Sigmetrics Performance Evaluation Review, Vol. 13, No. 2, pp. 192–203, Aug. 1985.

[TOHU 80]   Tobagi F.A.; Hunt V.B.: „Performance Analysis of Carrier Sense Multiple Access with Collision Detection"; Computer Networks, Vol. 4, pp. 245–259, 1980.

[TOTZ 87]   Totzauer G.: „TOTO — Ein Werkzeug zur mathematischen Analyse von Warteschlangennetzwerken"; Dok. No. 3-27-1-1-754, Nixdorf AG, Paderborn, 1987.

[TOTZ 88]   Totzauer G.: „Solving Some Practical Problems of Computing System Configuration and Design by Throughput Control in Closed Separable Queuing Networks"; Fourth Internat. Conf. on Modelling Techniques and Tools for Computer Performance Evaluation, Vol. 2, Palma de Mallorca, Sept. 1988.

[TOWS 80]   Towsley D.: „Queuing Network Models with State-Dependent Routing"; Journal of the ACM, Vol. 27, No. 2, pp- 323–337, April 1980.

[TRIV 82]   Trivedi K.S.: „Probability and Statistics with Reliability, Queuing, and Computer Science Applications"; Prentice-Hall, 1982.

[TURI 85]   International Workshop on Timed Petri Nets, Turin, July 1–3, 1985.

[TUSA 85]   Tucci S.; Sauer C.H.: „The Tree MVA Algorithm"; Performance Evaluation, Vol. 5, No. 3, pp. 187–196, Aug. 1985.

[WALS 85]   Walstra R.J.: „Nonexponential Networks of Queues: A Maximum Entropy Analysis"; ACM Sigmetrics Performance Evaluation Review, Vol. 13, No. 2, pp. 27–37, Aug. 1985.

[WARO 66]   Wallace V.L.; Rosenberg R.S.: „RQA - 1, The Recursive Queue Analyzer", Technical Report 2, Dept. of Electrical Engineering, Univ. of Michigan, Feb. 1966.

[WILH 77]   Wilhelm N.C.: „A General Model for the Performance of Disk Systems"; Journal of the ACM, Vol. 24, No. 1, pp. 14–31, Jan. 1977.

[WONG 75]   Wong J.W.: „Queueing Network Models for Computer Systems"; Ph.D. Thesis, School of Engineering and Applied Science, Univ. of California, Oct. 1975.

[WOSH 88]   Woodbury M.H.; Shin K.G.: „Performance Modeling and Measurement of Real-Time Multiprocessors with Time-Shared Buses"; IEEE Transactions an Computers, Vol. 37, No. 2, pp. 214–224, Feb. 1988.

[YABU 86]   Yao D.D.; Buzacott J.A.: „The Exponentialization Approach to Flexible Manufacturing System Models with General Processing Times"; European Journal of Operational Research, No. 24, pp. 410–416, 1986.

[ZALA 84]   Zahorjan J.; Lazowska E.D.: „Incorporating Load Dependent Servers in Approximate Mean Value Analysis"; ACM Sigmetrics Performance Evaluation Review, Vol. 12, No. 3, pp. 52–62, Aug. 1984.

[ZAWO 81]   Zahorjan J.; Wong E.: „The Solution of Separable Queueing Network Models Using Mean Value Analysis"; ACM Sigmetrics Perfomance Evaluation Review, Vol. 10, No. 3, pp. 80–85, Fall 1981.

[ZES 88]   Zahorjan J.; Eager D.L.; Sweillam H.M.: „Accuracy, Speed, and Convergence of Approximate Mean Value Analysis"; Performance Evalutation, Vol. 8, No. 4, pp. 255–270, Aug. 1988.

[ZSEG 82]   Zahorjan J.; Sevcik K.C.; Eager D.L.; Galler B.: „Balanced Job Bound Analysis of Queueing Networks"; Communications of the ACM, Vol. 25, No. 2, pp. 134–141, Feb. 1982.

Stichwortverzeichnis